天津市科协资助出版

柴达木盆地盐湖卤水体系
介稳相平衡与相图

邓天龙　王士强　郭亚飞　著

科学出版社

北　京

内 容 简 介

　　本书以青海柴达木盆地盐湖卤水提钾后的老卤资源为研究对象，结合盐湖区冷能、风能和太阳能等自然资源，系统地阐述了老卤五元体系及其子体系多温多体系介稳相平衡与相图及其溶液物化性质。本书对于揭示盐湖中发生的卤水蒸发、结晶沉积、溶解转化，预测盐湖演化及其环境变化，促进盐湖卤水资源综合利用的系统性、配套化和精细化分离具有指导意义。同时，对于推动盐湖化工、盐湖化学、盐湖地球化学相关交叉学科领域发展具有理论价值。

　　本书可作为盐湖化学化工研究的科技人员，化学工程、化学工艺、无机化学、物理化学、海洋化学、地球化学等专业的教师、研究生、本科生和盐湖生产人员的参考书。

图书在版编目(CIP)数据

柴达木盆地盐湖卤水体系介稳相平衡与相图／邓天龙，王士强，郭亚飞著 . —北京：科学出版社，2017.4

ISBN 978-7-03-049008-7

Ⅰ.①柴⋯ Ⅱ.①邓⋯ ②王⋯ ③郭⋯ Ⅲ.①柴达木盆地−盐湖卤水−相平衡−研究②柴达木盆地−盐湖卤水−相图−研究 Ⅳ.①TS392

中国版本图书馆 CIP 数据核字（2016）第 141117 号

责任编辑：王　运／责任校对：张小霞
责任印制：肖　兴／封面设计：耕者设计工作室

科 学 出 版 社 出版
北京东黄城根北街 16 号
邮政编码：100717
http://www.sciencep.com

中国科学院印刷厂 印刷
科学出版社发行　各地新华书店经销
*
2017 年 4 月第 一 版　开本：787×1092　1/16
2017 年 4 月第一次印刷　印张：19 1/2
字数：460 000

定价：156.00 元
（如有印装质量问题，我社负责调换）

序

我国拥有丰富的卤水资源，特别是在我国西部地区，盐湖资源是当地的优势资源，也是我国重要的战略资源，对其科学合理的开发利用对于促进区域经济的快速发展、保障相关战略资源的储备等具有重要意义。

众所周知，水盐体系相平衡与相图是盐类矿物分离提取的重要理论基础。利用水盐体系相平衡研究成果，不仅可以预测卤水体系盐类的析出、溶解等相转变行为，而且可为卤水开发的蒸发、冷冻、兑卤和结晶等工艺提供科学依据。值得注意的是，大量的盐田生产实践表明，盐湖卤水蒸发过程中普遍存在介稳现象，导致盐类的结晶顺序与稳定平衡相图出现偏离。然而，迄今为止，国内外涉及水盐溶液体系介稳相化学的相关著作实属罕见。

《柴达木盆地盐湖卤水体系介稳相平衡与相图》一书，以我国柴达木盆地盐湖提钾后老卤为研究对象，并考虑到当地的自然条件，基于利用当地冷能、风能和太阳能资源思考，通过创新实验研究方法和手段，系统深入地开展了复杂卤水体系 Li^+，Na^+，$Mg^{2+}//Cl^-$，$SO_4^{2-}-H_2O$ 及其子体系的多温介稳相平衡及其溶液物理化学性质的实验及预测研究，获得了该五元体系及其子体系多温介稳相图以及相关溶液物理化学性质参数，揭示了盐湖卤水结晶沉积、溶解转化等的过程机制，为我国柴达木盆地盐湖老卤资源的综合利用提供了十分重要的热力学基础数据。

该著作是中国科学院"百人计划"入选者、天津市特聘教授邓天龙博士领导的科研团队主持完成国家自然科学基金重点项目（20836009）所取得的系列成果之一。

该著作的出版，对于推动我国盐湖介稳相平衡与相图的科学研究、促进盐湖卤水资源的合理利用，具有重要参考价值。

郑绵平

中国工程院院士

2017 年 3 月

前　言

　　青海柴达木盆地盐湖是我国无机盐资源的宝库，其潜在经济价值超过 12 万亿元。《柴达木盆地盐湖卤水体系介稳相平衡与相图》是作者面对国家盐湖科技的重大战略需求和盐湖卤水资源化利用的关键科学问题，在国家自然科学基金重点项目等资助下所取得的研究成果形成的学术著作。

　　本书以青海柴达木盆地盐湖提钾后老卤资源为对象，结合盐湖区冷能、风能和太阳能资源等自然条件，深入系统地阐述了老卤五元体系（Li^+、Na^+、$Mg^{2+}//Cl^-$、$SO_4^{2-}-H_2O$）及其子体系多温介稳相平衡及其溶液物化性质，有助于揭示盐湖中发生的卤水蒸发、结晶沉积、溶解转化，预测盐湖演化及其环境变化，为柴达木盆地盐湖卤水资源综合利用的系统性、配套化和精细化分离提供重要的介稳相平衡基础数据，推动盐湖化学化工、盐湖地球化学交叉学科的发展。

　　全书共 8 章，第 1、2 章为基础理论，较详细介绍了柴达木盆地盐湖卤水资源概况、水盐体系相平衡研究现状和相平衡研究方法；第 3～6 章，系统地介绍了老卤五元体系及其三元、四元子体系的多温介稳相化学研究结果；第 7 章，丰富和发展了浓电解质溶液理论，阐述了介稳溶解度理论预测结果；第 8 章，探讨了盐湖卤水介稳体系相图的应用。主要取得了如下重要进展：

　　（1）首次发现了在高镁锂比卤水体系中，大量锂离子的存在对镁离子浓度测定干扰严重，并成功建立了高镁锂比卤水中镁离子的滴定测定方法，揭示了多羟基醇掩蔽剂的醇掩作用机理。

　　（2）创新了介稳相化学实验研究方法和手段。本书考虑实际蒸发、风速、日照等自然条件因素，自行设计制作了开放式的低温溶液介稳相平衡装置、多温相转化实验装置，系统深入地研究了提钾后老卤在 0℃、35℃、50℃、75℃的多温、多体系平衡相化学特征。

　　（3）盐湖介稳相化学（低温）多温实验研究和浓电解质溶液体系溶解度与预测领域取得创新成果和重大发现。共涉及揭示了 2 个三元体系、4 个四元体系和 1 个五元体系分别在多温（0～75℃）条件下的介稳相关系及其溶液物理化学性质，建立了盐湖老卤体系介稳理论预测模型及其多温关联式，填补了国内外至今未见报道的硫酸盐型盐湖介稳相化学空白。

　　（4）首次报道了老卤介稳体系中发现的锂光卤石新矿物及其光学性质，丰富和发展了锂盐矿物及其光学性质参数。

　　全书由邓天龙统稿，邓天龙和余晓平撰写了第 1、2 章，王士强和高洁撰写了第 3、4章，郭亚飞和李增强撰写了第 5、6 章，王士强和郭亚飞撰写了第 7 章，孟令宗撰写了第 8

章。张思思和李珑参与了本书附录的编写和校对工作，特此感谢！

多年来，柴达木盆地盐湖卤水体系介稳相平衡与相图研究工作得到多项国家自然科学基金项目的资助，本书出版还得到了天津市自然科学学术著作出版资助，王静康院士、郑绵平院士和韩布兴院士对书稿提出了宝贵意见，郑绵平院士还为本书欣然作序，在此一并表示衷心的感谢！

限于作者水平有限，缺点和不足之处，诚请专家、学者、同行和读者批评指正。

目　　录

第1章 盐湖相化学研究概况

1.1 柴达木盆地盐湖资源

1.1.1 盐湖资源分布

柴达木盆地位于青海省西北部，是地处青藏高原东北的一个大型内陆断陷盆地。地理坐标：东经 $90°00'\sim98°20'$，北纬 $35°55'\sim39°10'$，北面为祁连山，南面为昆仑山，西面为阿尔金山，构成一个不规则菱形向心的汇水盆地，面积 $12\times10^4 km^2$。盆地海拔一般为 $2675\sim3350m$，相对高差约 $200\sim300m$。东部盐碱沼泽地海拔 2700m 左右，西部和北部丘陵山地，海拔一般在 $2800\sim3000m$ 左右[1-3]。

盆地气温特征是边缘较低，中部较高，西部低东部高。每年 6、7、8 三个月为暑期，月平均温度在 $12.3\sim17.9℃$，极端最高温度 $34.2℃$（冷湖）。低温月份为 1、2、11、12 月等，月平均温度均在 $0℃$ 以下，为 $-4.0\sim-16.1℃$，极端最低温度为 $-37.2℃$（德令哈）。年温差可达 $50\sim60℃$。冰冻期为 9 月至次年 5 月，冻结深度在 $0.89\sim1.73m$。太阳辐射强烈，全年日照时数 $3100\sim3554h$，太阳辐射总量 $550\sim740J/(cm^2\cdot a)$，日照百分率达 67%；盆地刮风日数多，频率大，以西风或西北风为主，最多年刮 180 天，风速一般为 $8\sim10m/s$，最大风速达 $30m/s$，是全国总辐射和刮风日数最多的地区之一。

盆地内为典型的干旱荒漠气候特征，风多雨少，日温差大。盆地西部年降水量在 50mm 以下，冷湖、茫崖等地不足 20mm；东部雨量稍大，大柴旦镇、德令哈市及都兰地区为 $50\sim150mm$。年蒸发量在 $2000\sim3000mm$，湿度系数为 0.02 左右。有随地势升高降水量增加而蒸发量减少的特征（地势升高 100m，降水量增加 13mm，蒸发量约减少 190mm）。这种现象形成了周边山区水量充沛、盆地内十分干燥的气候特征。盐湖分布区俗称"地上不长草、天上无飞鸟"的地区，为典型的沙漠气候区。

柴达木盆地素有"聚宝盆"之称，柴达木在蒙语是"盐泽"的音译名。盆地中有大小盐湖 43 个，总面积 $31800km^2$，约占盆地总面积的 26.5%。柴达木盆地干盐湖面积巨大，盐类矿产资源储量极其丰富，其中有 6 个面积巨大的干盐湖（表1-1），盐类沉积储量居世界之冠，故称柴达木盆地为盐的世界。主要的钾镁盐矿床分布在盆地中、西部；硼矿床和锂矿床分布在盆地中部；锶矿床分布在盆地西部；湖盐矿床则遍布柴达木盆地。

截止到 2000 年年底，青海省累计探明盐湖矿产总储量 $3464.20\times10^8 t$，潜在经济价值 167365.41 亿元，占全省矿产资源潜在总价值的 97%。探明矿产储量以湖盐、镁盐、芒硝、石膏为主，四者的潜在经济价值占盐湖矿产的 94.71%，其中湖盐高达 73.08%。钾盐、硼矿、锂矿、锶矿的开发前景较好，其潜在经济价值达 5931.72 亿元。

表 1-1　柴达木盆地 6 个大型干盐湖简况[1]

序号	干盐湖名称	面积/km²	含盐沉积最大厚度/m	盐类沉积矿物
1	察尔汗	5856	73	石盐、光卤石、钾石盐、水氯镁石、石膏、南极石、杂卤石
2	昆特依	1680	300	石盐、芒硝、钙芒硝、南极石、光卤石、泻利盐、石膏
3	马海	2000	198	石盐、芒硝、泻利盐、光卤石、钠硼解石、硼砂
4	察汗斯拉图	2000	452	石盐、芒硝、钙芒硝、石膏、白钠镁矾、光卤石、钠硼解石、硼砂
5	大浪滩	500	417	石盐、光卤石、钾石盐、钾盐镁矾、软钾镁矾、芒硝、钾石膏、泻利盐、六水泻利盐、四水泻利盐
6	一里坪	360	200	石盐、泻利盐、光卤石、石膏

　　柴达木盆地盐湖资源是我国西部地区得天独厚的优势资源，该资源具有三大特点。一是探明储量大，钾盐、镁盐、芒硝、锂矿和锶矿 5 种矿产居全国第一位；湖盐、硼矿和溴居全国第二位；石膏、天然碱和铷居全国第三位；碘居全国第四位。二是品位较高，如一里坪和东台吉乃尔湖的锂，卤水中 $LiCl$ 的平均含量高达 2.2 ~ 3.12g/L，比美国大盐湖中锂含量高出 5 ~ 8 倍，但其中含镁较高，镁锂分离较困难；大柴旦盐湖和东台吉乃尔湖的卤水经日晒后，B_2O_3 高度富集，其含量可达 2.5% 左右。三是类型全，资源组合好。从化学成分看，既有氯化物型，又有硫酸盐型和碳酸盐型；按矿种分有钾镁盐矿、湖盐矿、硼矿、锂矿和锶矿等；按元素分有 Na、Mg、K 等主元素和 B、Li、Br、I、Rb 等共伴生元素。

　　柴达木盆地盐湖矿产资源均属于固液共存，多种稀有元素共生的综合性矿床。矿床可分为：以钾为主的矿床有察尔汗、昆特依、大浪滩、马海；以硼为主的矿床有大柴旦湖、小柴旦湖；以锂为主的矿床有一里坪、东台吉乃尔湖、西台吉乃尔湖和尕斯库勒。各矿床的储量情况见表 1-2。

表 1-2　柴达木盆地盐湖钾、硼、锂资源储量表[3]　（10⁴ t）

盐湖矿床	KCl		K₂SO₄	B₂O₃		LiCl
	固体	液体		固体	液体	
察尔汗	11206.39	24032			548.93	995
东台吉乃尔			2137.45		163.79	284.78
西台吉乃尔			3060.19		169.47	307.5
一里坪			1964.01		91.57	179.94
马海	815.1		6736.04			
大柴旦			432.33	562.1	60.87	38.8
昆特依	101.66	110.55	15662.91			
大浪滩	2451.73		23581.22			
察汗斯拉图	105.98		1083.68			
尕斯库勒			2166.01			

续表

盐湖矿床	KCl		K_2SO_4	B_2O_3		LiCl
	固体	液体		固体	液体	
小柴旦			6.18	76.87	3.33	0.20
合计	14680.86	24142.55	56830.02	639.07	1037.96	1816.69
总计	38823.41			1677.03		

注：储量数字为表内、表外和地质储量之和。

氯化物型盐湖钾矿资源：是指盐类（或卤水蒸发析盐）钾矿物主要为氯化物，如钾石盐和光卤石，可作为生产氯化钾的原料。这种资源主要分布在察尔汗盐湖达布逊至霍布逊区段和昆特依钾矿田钾湖、北部新盐带，其卤水和固体钾矿均属此类。察尔汗盐湖别勒滩区段、盆地西部硫酸盐型盐湖中的固体钾矿因其中硫酸盐含量较低，也可以作为生产氯化钾的原料利用，如马海钾矿床、大浪滩钾矿田、大盐滩钾矿床和察汗斯拉图矿床中的固体钾矿、西台吉乃尔湖锂矿西段部分孔隙卤水。氯化物型钾矿 KCl 资源量为 38823.41 万 t，绝大部分分布于察尔汗盐湖。

硫酸盐型盐湖钾矿资源：主要赋存在硫酸盐型卤水中，分布在东台吉乃尔湖、西台吉乃尔湖、一里坪、马海、大盐滩、察汗斯拉图、大浪滩、朵斯库勒湖、大柴旦湖和小柴旦湖等矿床中，这种卤水蒸发析出的钾矿石中含有硫酸盐矿物，即钾石盐、光卤石、软钾镁矾、钾盐镁矾等钾矿物与石盐、泻利盐的混合物，也叫"钾混盐"，可以用来加工软钾镁矾，进而生产硫酸钾。柴达木盆地硫酸盐型盐湖中，硫酸盐型钾矿资源 K_2SO_4 总量达到 56830.02 万 t。

盐湖硼、锂矿产资源：柴达木盆地盐湖硼、锂资源丰富，特别是锂矿资源，号称"世界三大锂矿区之一"。硼、锂资源均与钾矿相伴产出。硼矿分为固体硼矿和液体硼矿两种类型，B_2O_3 总资源量 167.03 万 t。其中固体硼矿产于大柴旦湖和小柴旦湖湖底，勘探查明的 B_2O_3 资源量达到 639.07 万 t；液体硼矿主要产于察尔汗盐湖、东台吉乃尔湖、西台吉乃尔湖、一里坪和大柴旦湖卤水之中，与液体钾矿、锂矿共生，B_2O_3 资源量达到 1037.96 万 t。锂矿全部赋存于卤水之中，分布区与液体硼矿相同，LiCl 资源量达 1816.69 万 t。

西部古近系和新近系油田水钾、硼、锂、碘资源：盆地西部古近系和新近系地层中赋存有大量的卤水资源，与石油天然气共生，所以也叫"油田水"，其中钾、硼、锂和碘含量高，大部分已超过一般工业品位要求。含水层数多，厚度大，分布面积非常广，均属承压自流含水层，部分钻孔自喷卤水流量非常大。2002 年青海省地质调查院完成的"柴达木盆地西部油田水资源远景区评价"，估算的远景资源量为氯化钾 11.396 亿 t、三氧化二硼 4.10 亿 t、氯化锂 1.22 亿 t、碘 491 万 t。此外，还含有储量极为丰富的锶、铷、铯、溴、氨，综合利用价值很大。该地区资源较为集中且开发条件较好的南翼山地区，其资源量为[4]：氯化钾 2.5 亿 t、三氧化二硼 6193 万 t、氯化锂 2248 万 t、碘 79.56 万 t。选矿试验结果证明，从油田水中提取钾、硼、锂和碘的技术简单，成本低。该资源的开发利用必将对我国和世界相关资源格局产生重要影响。

1.1.2　盐湖水化学特征

柴达木盆地盐湖卤水属于高矿化度卤水，矿化度平均为 212.10g/L，最高 555.07g/L，相对密度 1.0200 ~ 1.3384g/cm³，pH 为 6 ~ 8。盐类卤水化学成分，以 K、Na、Mg、Ca 和 Cl、SO_4、HCO_3、CO_3 含量居多，属于主要水化学成分（表 1-3）[1]。此外，卤水中还含有 B、Li、U、Rb、Cs、Se 等 50 多种微量元素。次要成分虽然含量有限，但在青海盐湖卤水中占有重要地位。尤其是 B、Li、K 等含量高，在察尔汗盐湖、一里坪盐湖、台吉乃尔湖等卤水中形成富集，构成我国西部地区的优势资源，具有重要的开发利用价值。

表 1-3　柴达木盆地盐湖卤水主要化学成分[1]（g/L）

矿化度	Na	K	Mg	Ca	Cl	SO_4	HCO_3	CO_3
319.81	6.868	4.708	28.397	6.587	195.338	15.255	0.336	0.498

柴达木盆地的盐湖锂资源丰富，储量占到全国盐湖锂资源储量的 94.1%，估计 LiCl 储量可达 1800 万 t（其中仅台吉乃尔湖和一里坪盐湖就高达 500 万 t）。其主要分布于察尔汗、一里坪、西台吉乃尔、东台吉乃尔、大柴旦等盐湖中。柴达木盆地的台吉乃尔盐湖、一里坪盐湖锂平均含量为 0.21g/L，对比世界主要的富含锂的天然卤水的组成（表 1-4）可见，该盐湖卤水锂含量比银峰卤水高 10 倍，比大盐湖高 52 倍，比死海高出 100 多倍，比一般海水高出 1 万多倍，比工业开采品位高出 40 ~ 50 倍，具有很高的开采价值和巨大的经济效益。

表 1-4　国内外部分盐湖卤水的组成[5]（%）

盐湖	Li⁺	Na⁺	K⁺	Mg²⁺	Ca²⁺	Cl⁻	SO₄²⁻	Mg/Li
银峰	0.02	7.5	1.0	0.03	0.05	11.7	0.75	1.5
乌尤尼*	0.05	0.7	0.4	0.12	16.7	0.7	8.0	7.6
阿塔卡玛*	0.15	7.6	1.8	0.96	0.03	16.0	1.78	18.3
大盐湖	0.004	7.0	0.4	0.8	0.03	14.0	1.5	200
死海	0.002	3.0	0.6	4.0	0.3	16.0	0.05	2000
扎布耶	0.12	14.17	3.96	0.001	19.63		4.35	0.008
西台吉乃尔*	0.0210	8.256	0.689	1.284	0.016	14.974	2.882	61
大柴旦	0.02	10.6	0.4	1.3	0.04	18.7	2.25	65
一里坪*	0.0216	6.694	0.906	2.00	0.0308	16.167	1.138	93
察尔汗	0.0013	5.903	1.00	2.372	0.084	16.674	0.531	1824
海洋水	0.000017	1.8	0.038	0.13	0.04	1.94	0.27	7647

* 表示有晶间卤水。

柴达木盆地盐湖锂资源储量大，但卤水中镁/锂值高达 40 ~ 1500，国外生产锂盐的盐湖卤水镁/锂值低，主要采用自然蒸发-碳酸钠沉淀法，提锂工艺相对简单，目前尚没有从高镁/锂值盐湖卤水中生产锂盐的成熟技术，因而解决锂资源的高效分离提取技术，是开发我国盐湖锂资源的关键。表 1-5 列出柴达木盆地主要含锂盐湖卤水中锂、镁分布情况，由表 1-5 可见，东台吉乃尔湖的镁/锂值最小，因此提取锂的条件最好。

表 1-5　柴达木盆地主要含锂盐湖卤水中锂、镁分布情况[6,7]

编号	湖名	镁含量/(mg/L)	锂含量/(mg/L)	Mg/Li
80-40	西台吉乃尔湖（湖水）	13578	109	68.2
80-41	西台吉乃尔湖（湖水）	13722	204	67.2
80-42	西台吉乃尔湖（晶间水）	15737	256	61.5
80-43	东台吉乃尔湖（湖水）	5278	141	36.6
80-44	东台吉乃尔湖（湖水）	6093	159	38.3
80-45	一里坪 ck 孔（晶间水）	24182	262	64.7

1.1.3　盐湖锂资源开发

锂具有较强的化学活性，被誉为"推动世界进步的能源金属"。锂及其化合物广泛应用于传统的陶瓷、玻璃、金属冶炼及合金、润滑剂、医药以及激光技术、航空航天、军事工业等新兴领域，近年来在锂电池材料、未来新能源等领域，其重要性越来越显现，用途越来越广泛，其国际市场需求量以平均每年 7%～11% 的速度增长[8-10]。

世界上锂资源主要赋存在盐湖和花岗岩型矿床中，早期锂盐生产主要采用的是矿石法工艺，自 20 世纪 90 年代开始，世界主要锂盐生产国（美国）将锂盐生产转向盐湖提锂，南美盐湖提锂工业发展也十分迅速，美国和智利成为生产锂盐的主要国家，由于生产成本比矿石法降低了一半以上，因而矿石法生产工艺基本上被淘汰，目前世界锂盐总产量中的 80% 以上来自盐湖卤水[11]，盐湖卤水锂资源成为我国今后发展锂盐工业最重要的资源基础。目前世界主要的卤水锂资源有智利 Atacama 盐湖（Minsal 公司开发）、阿根廷 Hombre Muerto 盐湖（美国 FMC 公司开发）、美国 Silver Peak 卤水资源（美国 Crprus Foote 矿物公司开发）、玻利维亚 Uyuni 盐湖（未开发）、西藏扎布耶盐湖和柴达木盆地的台吉乃尔盐湖。

1.1.3.1　高镁锂比卤水提锂方法

柴达木盆地盐湖卤水锂矿共有 10 个矿区，保有 LiCl 资源储量 1800 多万 t，以东台吉乃尔、西台吉乃尔、一里坪、察尔汗 4 个大型矿床为主。针对青海盐湖高镁锂比卤水锂资源的开发，自 20 世纪 60 年代以来，全国有许多研究院所、大专院校和企业进行过不同程度的试验研究，主要技术工艺有：硼镁、硼锂共沉淀法、溶剂萃取法、离子交换吸附法、碳化法、煅烧浸取法、盐析法、电渗析法等。

（1）硼镁、硼锂共沉淀法：钟辉等[12,13]采用硼镁、硼锂共沉淀法从高镁锂比盐湖卤水中进行了锂、镁、硼的分离和碳酸锂的制取，该法分离工序简单，分离效率较高。硼镁共沉淀法是将盐田析出钾镁混盐后的卤水经盐田脱镁，加入沉淀剂如氢氧化物、纯碱等，在一定温度、压力和 pH 条件下使硼镁共沉淀与锂分离，母液加 NaOH 深度除镁后再加 Na_2CO_3 沉淀出碳酸锂，锂回收率达 80% ~ 90%。硼锂共沉淀法采用了盐田析出钠、钾盐的老卤脱 SO_4^{2-} 后，自然蒸发去镁，加酸进行硼锂共沉淀，沉淀用水洗溶、深度除钙镁、加沉淀剂 Na_2CO_3 制取碳酸锂，锂回收率达 75% ~85%。魏新俊等[14]采用另一种工艺流程进行硼锂共沉淀，即一次冷冻、兑卤蒸发、一次蒸发、二次冷冻、二次蒸发，再过量硫酸沉淀硼锂，该方法硼锂的回收率有很大提高，实用性较强。此外，沉淀法从盐湖卤水中提锂还有氨和碳酸氢铵两段沉镁提锂法、硫酸根沉淀剂法、磷酸盐沉淀法等方法。但总体而言，工业上应用的碳酸盐沉淀法提锂对于高镁锂比的盐湖卤水（如青海柴达木盆地盐湖卤水以及以色列的死海海水），因浓缩卤水中过饱和的 $MgCl_2$ 导致纯碱耗量大，生产成本较高而失去应用价值。最近针对高镁锂比的盐湖卤水提锂所出现的碳酸盐沉淀法、硼镁或硼锂共沉淀法、氨和碳酸氢铵两段沉镁提锂法等方法，尚需进一步的扩试或中试考察，以期进一步完善。

（2）溶剂萃取法：针对盐卤尤其是高氯化镁盐湖卤水体系，国内外曾研究过多种萃取剂，如含磷有机萃取剂、胺类萃取剂、双酮、酮、醇、冠醚、混合萃取剂等。其中，中性磷类萃取剂效果最好，TBP（磷酸三丁酯）是最为常用的萃取剂。1979 年，中国科学院青海盐湖研究所[15]提出以 TBP 为萃取剂，200 号磺化煤油为稀释剂，$FeCl_3$ 为协萃剂的萃取体系，提钾除硼后浓缩老卤中，加入 TBP–$FeCl_3$–煤油萃取体系，将形成的络合物 $LiFeCl_4$ 萃取入有机相，形成络合物 $LiFeeh \cdot 2TBP$，经酸洗涤后用 6 ~9mol/L 盐酸反萃取，再经除杂、焙烧等最后可得无水氯化锂。锂萃取率达 99.1%，锂镁分离系数达 $1.87×10^5$，卤水中大量存在的氯化镁具有盐析剂作用，使高镁锂比的难点转变成促进锂被萃取的有利因素，铁和有机相一起处理可恢复萃取能力继续循环使用。在我国以 TBP 萃取法提锂研究的实验规模大且最为深入，从高镁锂比卤水中提锂最为有效，是具有工业应用前景的盐湖高镁锂比卤水提锂方法之一，但该方法尚存在设备腐蚀和萃取剂的溶损等问题，应当进一步进行工艺优化，萃取关键设备选型以及萃取剂和盐酸的循环利用研究，以期尽早实现工业化。

（3）离子交换吸附法：关于锂吸附剂合成与试验研究的报道较多，但该方法主要适用于从含锂较低的卤水中提锂。目前研究表明较有希望的锂吸附剂是二氧化锰，MnO_2 离子筛对 Li^+ 有特殊选择吸附性，该方法是先将锂盐与锰氧化物反应生成具有立方尖晶石结构的锂锰氧化物前驱体，它通过酸除去晶格中的 Li^+ 而转变为尖晶石结构的 λ–MnO_2，其再吸附盐湖卤水中的 Li^+ 还原为正尖晶石结构的锂锰氧化物，再用 HCl 溶液洗脱提取锂离子，适用于矿化度高、Ca^{2+} 和 Mg^{2+} 浓度大的卤水。马培华等[16]用硫酸锰和硫酸电解制微粒 MnO_2，经 LiOH 溶液浸泡、高温灼烧重结晶制得 MnO_2 粉末离子筛，用聚丙烯酰胺造粒，颗粒大小在 10 ~80 目，所得二氧化锰吸附剂工作吸附容量为 10.4 ~12.5mgLi/g，洗脱酸液浓度为 0.1 ~0.5mol/L，吸附剂从高镁锂比含锂盐湖卤水提锂时锂收率可达 98%。

其他已见报道的提锂离子交换吸附有二氧化钛、金属磷酸盐、复合锑酸盐以及铝盐型吸附剂和有机离子交换树脂等，并以铝盐型锂吸附剂研究较多。张绍成[17]针对高镁锂比含锂盐湖卤水和盐田浓缩含锂老卤，发明了铝盐型吸附剂 $LiCl \cdot 2Al(OH) \cdot nH_2O$，用高分子聚合物醋酸丁酸纤维素等造粒，吸附剂工作吸附容量为 2 ~3mgLi/g，吸附—解吸装置和水或 0.02~4g/LiCl 溶液分级逆流洗脱，锂收率达 92%。该发明工艺流程简单用水洗脱而不用酸，降低了成本。但与二氧化锰离子筛比较，铝盐型离子交换吸附剂交换容量小、溶损较大。

（4）碳化法：碳化法主要依据碳酸锂和二氧化碳、水反应生成溶解度较大的碳酸氢锂将卤水中锂与其他元素分离。钟辉等[18]进行了碳化法从硫酸镁亚型盐湖卤水中分离镁锂制取碳酸锂的研究。该方法是在硫酸镁亚型盐湖卤水经盐田蒸发析出钾镁混盐、再脱硼后的老卤液中（Mg^{2+}/Li^+重量比约 2:1），加入沉淀剂使 Mg^{2+}、Li^+ 分别以氢氧化物、碳酸盐、磷酸盐或草酸盐形式沉淀出来，将沉淀进行煅烧分解，通过碳化或碳酸化作用，使锂进入溶液而镁仍保持在沉淀中，从而达到镁锂分离，再将富锂溶液深度除杂，随后蒸发浓缩或用纯碱沉淀制备碳酸锂，该方法工艺流程较长、能耗大，成本较高。

（5）煅烧浸取法：此法是将提硼后的卤水蒸发去水 50%，得到四水氯化镁，在 700℃煅烧 2h，得到氧化镁，然后加水浸取锂（浸取液含 Li^+ 为 0.14%），用石灰乳和纯碱除去钙、镁等杂质，将溶液蒸发浓缩至含 Li^+ 为 2% 左右，加入纯碱沉淀出碳酸锂，锂的收率90% 左右。煅烧后的氧化镁渣精制后可得到纯度 98.5% 的氧化镁副产品。这种方法有利于综合利用锂镁等资源，原料消耗少，但镁的利用使流程复杂，设备腐蚀严重，需要蒸发的水量较大、动力消耗大。杨建元等[19,20]在这方面做了大量研究工作，曾利用东台吉乃尔湖卤水提硼后母液进行了煅烧法提锂工艺实验，镁的分离率和锂的浸收率均在95%以上，较好地解决了镁锂分离。目前杨建元等以提钾、提硼后的含锂水氯镁石饱和卤水为原料，采用喷雾干燥、煅烧、加水洗涤、蒸发浓缩及沉淀的工艺流程，从高镁锂比盐湖卤水中进行镁锂分离，获得了优质的碳酸锂和高纯氧化镁及副产品工业盐酸。该法有利于综合利用盐湖卤水中的锂镁，生产碳酸锂并副产镁砂，近期已在柴达木盆地西台进行扩大试验，可望取得较大进展。

（6）盐析法：高世扬等[21]针对高镁卤水中提取锂盐，提出用 HCl 盐析氯化镁制取锂盐的工艺。经天然冷冻及蒸发浓缩除去大部分的 NaCl 和芒硝后，可获得含 6%~7% LiCl 的氯化镁饱和卤水；为制定浓缩盐卤高镁卤水锂盐分离，胡克源等对 H^+，Li^+，$Mg^{2+}//Cl^--H_2O$四元体系在 -10℃、0℃、20℃和 40℃时的等温平衡相图进行测定[22,23]。通过对采用氯化氢盐析水氯镁石、富集锂盐的工艺相图解析，制定了锂盐提取的工艺方案。但该工艺全流程封闭循环试验尚待进行，卤水净化时使用活性氧化镁除硼过程中锂盐夹带损失量过多，四元体系(H^+，Li^+，$Mg^{2+}//Cl^--H_2O$) 低温以及有关气、液、固相平衡数据需要进一步给予补充。

（7）电渗析法：中国科学院青海盐湖研究所马培华等[24]进行了电渗析法从盐湖卤水中分离镁和浓缩锂的研究。该方法将含镁锂盐湖卤水或盐田日晒浓缩老卤（Mg/Li 重量比1:1~300:1）通过一级或多级电渗析器，利用一价阳离子选择性离子交换膜和一价阴离子选择性离子交换膜进行循环（连续式、连续部分循环式或批量循环式）工艺浓缩锂，产生的母液可循环利用。该法中锂的单次提取率达 80% 以上，镁的脱除率≥95%，硼的脱除率≥99%，硫酸根离子的脱除率≥99%，解决了高镁锂比盐湖卤水中锂与镁和其他离子的分离，实现了盐湖锂、硼、钾等资源综合利用。该技术在 2000 年年底通过青海省科技厅主持的年产 100t 碳酸锂的中试技术鉴定。目前在青海东台吉乃尔盐已完成年产 3000t 碳酸锂工业化生产试验。

1.1.3.2　高镁锂比卤水提锂状况

目前，东台吉乃尔盐湖有 2 个提锂项目：一是由中国科学院和青海省发展计划委员会共同主持，青海锂业有限公司承担建设的国家高技术产业化示范工程"青海盐湖提锂及资源综合利用"示范项目，采用中国科学院青海盐湖研究所取得的"高镁锂比盐湖卤水中锂资源选择性分离的关键技术研究"和"高镁锂比盐湖卤水提锂新技术产业化工程问题研究"研究成果，并应用于青海盐湖提锂和资源综合利用产业化示范工程，在青海东台盐湖建设年产碳酸锂 3000t、硫酸钾 25000t 和硼酸 2500t 项目，已于 2007 年 10 月投产运行。二是青海中信国安科技发展有限公司，采用硼、锂共沉淀反循环工艺，开展规模为年产 1000t 碳酸锂、10000t 硫酸钾、400t 硼酸工业试验项目，2004 年完成试验工作，目前已投入生产[25]。

青海中信国安科技发展有限公司在西台吉乃尔盐湖还有一个钾、锂、硼开发项目，于 2004 年 11 月开工建设，计划用 8~10 年时间建成年产硫酸钾镁肥 100 万 t，硼酸 5 万 t，碳酸锂 5 万 t 生产规模的综合加工厂[26]。2007 年 1 月，其碳酸锂车间建成投产。另外，青海盐湖集团公司与核工业北京冶金化工研究院合作，以察尔汗盐湖卤水为原料，采用吸附法卤水提锂工艺技术，进行碳酸锂的生产。其年产 1 万 t 碳酸锂工程于 2007 年 6 月在察尔汗盐湖开工建设[27]。

我国有着丰富的卤水锂资源，但规模工业开发技术还不成熟。目前，我国盐湖提锂工艺与国外相比，整体水平较低：生产工艺落后，综合利用程度低，从科研到投产的周期长。因此，我们必须加快我国盐湖提锂产业的发展，优化盐湖提锂及资源综合利用技术，加快锂盐产品的深加工及高附加值的开发。

1.2　盐湖卤水体系相平衡研究现状

热力学是研究物质的性质与化学变化之间关系的一门学科，它是以众多质点组成的宏观体系作为研究对象的。热力学平衡时所研究的体系处于平衡状态，它是以两个经典热力学定律为基础，用一系列热力学函数及其变量，描述体系从始态到终态的宏观变化。热力学相平衡是研究在特定条件下，物质的浓度与物相组成、性质、温度和压力等之间的关系。

相平衡是热力学在化工领域中的重要应用之一。研究多相体系的相平衡和介稳平衡在化学、化工的科研和生产中有重要的意义。例如，溶解、蒸馏、重结晶、萃取、提纯及金相分析等方面都要用到相平衡的知识和基础。

相平衡与相图是无机化工生产及盐湖资源开发利用的基础，利用相图可以预先分析当体系在外界条件发生变化时，体系将要发生一系列变化的方向和限度。可以预测体系中盐类的析出顺序及变化规律，以便使我们需要的某种盐从溶液中析出，而另一种（或几种盐）溶解，从而将实现盐类物质的分离提取，这对于多组分的复杂卤水体系更是如此。

应用水盐体系相平衡与相图的原理和方法，在化工生产中，仅采用兑卤、蒸发、加水、升温、降温、冷冻、干燥、分离、加入某种物质（如某种气体或盐）等简单操作单元中的几种方式，即可以经济有效地应用于大规模化工产品的生产，例如海盐、食盐、芒硝、无水硝、硼砂、纯碱、碳酸铵及氯化钾、硫酸钾、钾镁复合肥等生产。水盐体系相平衡与相图可应用在如下几个方面：

（1）通过相图分析时所获得的（或通过计算相图）信息，确定某种化工产品工艺路线，并通过相图计算和相图的工艺过程解析，确定化工过程所需的原料用量、蒸发水量、加水量、析盐数量和质量等。

① 混合盐类的分离和提取：从混合盐或混合溶液中分离出一种或多种纯物质，如钾石盐的分离生产氯化钾肥料。

② 复盐的制备与分解：以单盐制备水合盐、复盐，或与之相反的过程，即复盐的分解，如光卤石分解制取氯化钾肥料。

③ 盐类生产尾液的再利用：寻找和挖掘化工生产过程中的部分或全部母液的方法的合理循环利用，提高母液中有效成分的回收率，达到节约资源和节能减排目的。

（2）应用相图的原理、方法和手段，改进和优化现有的生产工艺和生产条件。

（3）利用盐类物质的温差效应的多温、多体系相图，挖掘相图的工艺过程解析，探索和开发新工艺、新流程、新产品。

1.2.1 稳定相平衡研究

在世界范围内，自 Van't Hoff[28] 首先研究 Stastfort 钾盐矿的成因起，各国学者采用等温溶解平衡法、湿固渣法、合成复体法等方法开始了水盐体系相平衡系统的研究工作。按照体系组成，研究较为完善且最具代表性的主要有如下三种水盐体系：

（1）海水体系 Na^+，K^+，Mg^{2+}（Ca^{2+}）//Cl^-，SO_4^{2-}-H_2O。覆盖地球表面 70% 以上，总体积 $1135 \times 10^9 km^3$ 的海洋水即属于这一体系。

（2）碱湖卤水体系 Na^+，K^+//Cl^-，CO_3^{2-}（HCO_3^-），SO_4^{2-}-H_2O。我国内蒙古的某些碱湖，美国的西尔斯盐湖（Searles lake）皆属于此体系。

（3）硝酸盐（硝石）体系 Na^+，K^+//Cl^-，NO_3^-，SO_4^{2-}-H_2O。智利硝石矿和某些盐湖卤水属于这一体系。

我国青藏高原上的盐湖以其卤水中富含硼、锂而闻名于世，其成分极为复杂，可概括为 Li^+，Na^+，K^+，Mg^{2+}（Ca^{2+}）//Cl^-，CO_3^{2-}（HCO_3^-），SO_4^{2-}，borate-H_2O 多组分水盐体系，成为我国独具特色的盐湖卤水体系。

从 19 世纪末至今，对水盐体系的研究主要集中在海水体系及其子体系多温相平衡的研究，苏联和美国已分别将其编辑成系列溶解度数据手册[29-31]。目前，国内水盐体系相平衡研究主要有：中国科学院青海盐湖研究所针对柴达木盆地盐湖 Li^+，Na^+，K^+，Mg^{2+}//Cl^-，SO_4^{2-}，borate-H_2O 体系的研究，成都理工大学针对西藏扎布耶盐湖 Li^+，Na^+，K^+//Cl^-，CO_3^{2-}，$B_4O_7^{2-}$-H_2O 体系的研究，新疆大学针对含硝酸盐固液态盐湖卤水的研究，西北大学针对过渡金属和稀土元素体系的研究。

对含锂水盐体系溶解度及溶液物化性质的变化规律研究，是制定从天然卤水中提取锂盐工艺过程必不可少的基础性研究工作。由于 Li^+ 水化性极强，易形成高度过饱和现象，所以含锂体系性质比较复杂，与经典的海水体系也不大相同。目前已完成的含锂四元和五元体系稳定相平衡列于表1-6。

通过表1-6中含锂水盐体系稳定相平衡的研究，发现：①锂盐的溶解度较大，且对其他盐有较大的盐析作用；②目前关于含锂水盐体系的研究主要集中在15℃、25℃，其他温度研究较少；③ Li^+ 易与其他离子形成复盐，在上述体系中发现了锂复盐 $LiCl \cdot MgCl_2 \cdot 7H_2O$、$Li_2SO_4 \cdot 3Na_2SO_4 \cdot 12H_2O$、$Li_2SO_4 \cdot Na_2SO_4$ 和 $2Li_2SO_4 \cdot Na_2SO_4 \cdot K_2SO_4$。

表1-6　含锂水盐体系稳定相平衡研究

体系	温度 /℃	作者	参考文献
Li^+，$Na^+//B_4O_7^{2-}-H_2O$	15、25	桑世华	[32，33]
Li^+，$Na^+//SO_4^{2-}-H_2O$	15、35	郭亚飞	[34]
Li^+，K^+（Mg^{2+}）$//SO_4^{2-}-H_2O$	25	李冰	[35]
Li^+，$Ca^{2+}//Cl^--H_2O$	10、50	曾德文	[36]
Li^+，$K^+//B_4O_7^{2-}-H_2O$	15、25	桑世华、于涛	[32，37]
$Li^+//CO_3^{2-}$，$B_4O_7^{2-}-H_2O$	15、25	桑世华、曾英	[38，39]
$Li^+//Cl^-$，$B_4O_7^{2-}-H_2O$	0、30、40	姜相武	[40]
$Li^+//SO_4^{2-}$，$B_4O_7^{2-}-H_2O$	15、25	桑世华、宋彭生	[41，42]
Li^+，Na^+，$K^+//Cl^--H_2O$	25	苑庆忠	[43]
Li^+，Na^+，$Mg^{2+}//Cl^--H_2O$	25、75	Лепешков И. Н.	[44]
Li^+，Na^+，$K^+//SO_4^{2-}-H_2O$	25、50、100	Лепешков И. Н.	[45-47]
Li^+，Na^+，$K^+//B_4O_7^{2-}-H_2O$	15	桑世华	[48]
Li^+，Na^+，$K^+//CO_3^{2-}-H_2O$	15、25	桑世华，曾英	[49，50]
$Li^+//Cl^-$，CO_3^{2-}，$B_4O_7^{2-}-H_2O$	15、25	杨红梅	[51]
$Li^+//Cl^-$，SO_4^{2-}，$B_4O_7^{2-}-H_2O$	0、15、25	Yang H X、李明、宋彭生	[52-54]
Li^+，K^+，$Mg^{2+}//Cl^--H_2O$	25、75	张逢星	[55]
H^+，Li^+，$Mg^{2+}//Cl^--H_2O$	−10、0、20、40	王继顺、胡克源	[22，23]
Li^+，K^+，$Mg^{2+}//SO_4^{2-}-H_2O$	25	房春晖	[56]
Li^+，$Na^+//Cl^-$，$SO_4^{2-}-H_2O$	25，35，50，75	Campbell A N	[57]
Li^+，$K^+//Cl^-$，$SO_4^{2-}-H_2O$	0～100	宋彭生、任开武	[58，59]
Li^+，$Mg^{2+}//Cl^-$，$SO_4^{2-}-H_2O$	25	任开武	[60]
Li^+，$Na^+//Cl^-$，$CO_3^{2-}-H_2O$	25	邓天龙	[61]
Li^+，$K^+//Cl^-$，$CO_3^{2-}-H_2O$	25	邓天龙	[62]
Li^+，$K^+//CO_3^{2-}$，$B_4O_7^{2-}-H_2O$	15，25	殷辉安、曾英	[63，64]
Li^+，$Na^+//CO_3^{2-}$，$B_4O_7^{2-}-H_2O$	15，25	桑世华、曾英	[65，66]
Li^+，$K^+//Cl^-$，$B_4O_7^{2-}-H_2O$	25	汪蓉	[67]
Li^+，$Mg^{2+}//SO_4^{2-}$，$B_4O_7^{2-}-H_2O$	15，25	桑世华、宋彭生	[68，69]
$Li^+//Cl^-$，CO_3^{2-}，SO_4^{2-}，$B_4O_7^{2-}-H_2O$	25	曾英	[70]
Li^+，Na^+，K^+，$Mg^{2+}//Cl^--H_2O$	25	张逢星	[71]

续表

体系	温度/℃	作者	参考文献
Li^+、Na^+、K^+、$Mg^{2+}//SO_4^{2-}-H_2O$	25	李冰	[72]
Li^+、Na^+、$K^+//Cl^-$、$SO_4^{2-}-H_2O$	25	Campbell A N	[73]
Li^+、K^+、$Mg^{2+}//Cl^-$、$SO_4^{2-}-H_2O$	25	孙柏	[74]
Li^+、K^+、$Mg^{2+}//SO_4^{2-}$、$B_4O_7^{2-}-H_2O$	15	肖龙军	[75]
Li^+、Na^+、$K^+//CO_3^{2-}$、Cl^--H_2O	25	曾英	[76]
Li^+、Na^+、$K^+//CO_3^{2-}$、$B_4O_7^{2-}-H_2O$	25	桑世华	[77]
Li^+、Na^+、$K^+//Cl^-$、$B_4O_7^{2-}-H_2O$	15	邓天龙	[78]
Li^+、$K^+//Cl^-$、CO_3^{2-}、$B_4O_7^{2-}-H_2O$	25	王志坚	[79]
Li^+、$Mg^{2+}//Cl^-$、SO_4^{2-}、$B_4O_7^{2-}-H_2O$	25	宋彭生	[80]
Li^+、$Na^+//Cl^-$、CO_3^{2-}、$B_4O_7^{2-}-H_2O$	25	殷辉安	[81]

1.2.2　介稳相平衡研究

盐湖卤水在蒸发浓缩过程中能形成盐类过饱和溶解度现象，盐在水中的溶解度往往比相应的平衡溶解度数值明显偏高，有时偏高达数倍甚至数十倍，这样形成的溶液就是过饱和溶液，也有人称之为超饱和溶液。过饱和溶液存在的原因，主要是由于溶质不容易在溶液中形成结晶中心（即晶核）。因为每一晶体都有一定的排列规则，要有结晶中心才能使原来作无秩序运动的溶质质点集合，并按照这种晶体所特有的次序排列起来。不同的物质实现这种规则排列的难易程度不同，有些晶体要经过相当长的时间才能自行产生结晶中心，因此，有些物质的过饱和溶液看起来比较稳定。但从总体而言，过饱和溶液是处于热力学非平衡状态，是不稳定的。当受到振动、搅拌、引入溶质的晶体等，则溶液里过量的溶质就会析出而成为饱和溶液，即转化为稳定状态，因此，过饱和溶液平衡状态是一种介稳平衡状态。

水盐溶液体系在蒸发过程中形成的过饱和程度与溶液的组成和蒸发速率密切相关。水盐溶液在蒸发过程中形成的过饱和度与蒸发速率有关，蒸发速率越快，盐水溶液形成的过饱和程度也就越大。水盐溶液的组成不同，在温度相同、蒸发速率恒定的条件下，NaCl和KCl的水溶液形成的过饱和度小（或者称介稳现象不严重），$MgCl_2$和$MgSO_4$的水溶液形成的过饱和度相对而言就要大得多，而硼酸盐水溶液最容易形成过饱和溶液，因此，涉及硼酸盐溶液体系等温蒸发时，其介稳现象最为严重。

介稳现象普遍存在于自然界中，在盐湖卤水或海水的盐田自然蒸发过程中，盐类的结晶顺序往往与稳定平衡相图不符而呈现介稳平衡。在自然条件下，由于温度、风速、湿度等自然条件不稳定，平衡实际处于一种介稳状态。介稳相图是一种或几种稳定平衡固相呈介稳态不析出时，其他固相之间的稳定平衡溶解度关系图，有如下几个特点[82]：①稳定相图中的某些相区可能在介稳相图中发生变化，如扩大、缩小甚至消失，乃至出现新的相区，但仍可能有些相区没有发生变化；②在介稳相图中某种固相由于不能克服其能峰而不出现，它的相区被邻近区域分割，但是形成的新的界限仍然服从彼此之间的热力学平衡关系，即可以确定分割的多少；③一般而言，介稳相图中相区和共饱点的数目少于稳定相图中的数目，但对于任何一个共饱和点，相的数目仍然遵循 $P + F = C + 2$ 的相律关系。对介稳现象的研究，能够客观地反映和再现开放体系自发发生的卤水蒸发结晶过程及液固相相互作用和数量关系。

卤水在自然蒸发过程中，盐类的结晶顺序往往与稳定平衡相图偏离而呈现介稳平衡，因而人们开展介稳相平衡及相图的研究。早在 1849 年，意大利学者 Usiglio[83] 对地中海海水进行蒸发实验，确定了海水的析盐序列。其后，苏联科学院院士 Курнаков 等[84] 通过盐湖现场湖水的天然蒸发和室内等温蒸发的大量实验研究，于 1938 年提出了介稳平衡的"太阳相图"，即介稳相图，这种介稳相图描述水盐体系在等温蒸发时所呈现的水盐溶解度关系。其后人们开始在实验室内采用等温蒸发的方法，模拟特定的自然蒸发条件，进行介稳平衡相图的实验测定。对水盐体系介稳相平衡的研究主要集中在海水型体系，Кашкаров 等[85,86] 研究了 50℃、75℃ 时钾盐介稳结晶区域；Autenrieth 等[87,88] 进行了 70 ~ 110℃ 的测定，但这些工作均局限于海水型五元体系的一个狭小区域，不能反映整个介稳相图的全貌。

1980 年，金作美等[89] 采用合成卤水进行了 25℃ 等温蒸发实验，根据蒸发结晶路线，绘制了 Na^+，K^+，$Mg^{2+}//Cl^-$，$SO_4^{2-}-H_2O$ 海水五元体系 25℃ 完整的介稳相图，补充和完善了 Курнаков 的"太阳相图"。其后金作美[90,91]、苏裕光等[92] 又相继完成了 15℃、35℃ 海水五元体系的介稳相图，比较该五元体系不同温度的介稳相图，发现软钾镁矾（包括钾镁矾）相区以 25℃ 时最大，35℃ 时最小；随温度升高，钾钠芒硝结晶区依次向 KCl 相区平行移动，导致 KCl 相区缩小，Na_2SO_4 相区扩大；相应点的钠含量和水含量依次减小。研究发现软钾镁矾结晶区域增大约 20 倍，这对钾盐和硫酸盐型钾盐的提取具有重要的理论意义和实用价值。

近年来，针对含锂水盐体系介稳相平衡也开展了大量的研究工作，已完成的四元和五元体系见表 1-7。

表 1-7　含锂水盐体系介稳相平衡体系

体系	温度/℃	作者	参考文献
$Li^+//CO_3^{2-}$，$B_4O_7^{2-}$，$SO_4^{2-}-H_2O$	0	曲树栋	[93]
$Li^+//Cl^-$，CO_3^{2-}，$B_4O_7^{2-}-H_2O$	25	阎书一	[94]
Li^+，Na^+，$Mg^{2+}//Cl^--H_2O$	15	彭江	[95]
Li^+，K^+，$Mg^{2+}//SO_4^{2-}-H_2O$	15	邓天龙	[96]
Li^+，Na^+，$Mg^{2+}//Cl^--H_2O$	35	张宝军	[97]
Li^+，Na^+，$Ca^{2+}//Cl^--H_2O$	15	邓天龙	[98]
Li^+，Na^+，$K^+//B_4O_7^{2-}-H_2O$	0、15	桑世华	[99, 100]
Li^+，Na^+，$Mg^{2+}//SO_4^{2-}-H_2O$	-10	李治阳	[101]

续表

体系	温度/℃	作者	参考文献
Li^+，Na^+//CO_3^{2-}，SO_4^{2-}–H_2O	0、15	Li J J、桑世华	[102, 103]
Li^+，Na^+//CO_3^{2-}，$B_4O_7^{2-}$–H_2O	0、15	桑世华	[104, 99]
Li^+，K^+//SO_4^{2-}，CO_3^{2-}–H_2O	0、15	桑世华	[105, 106]
Li^+，K^+//Cl^-，$B_4O_7^{2-}$–H_2O	0、25	彭芸、阎书一	[107, 108]
Li^+，K^+//Cl^-，SO_4^{2-}–H_2O	0、35	彭芸、刘元会	[109, 110]
Li^+，Na^+//Cl^-，SO_4^{2-}–H_2O	0、35、50、75	王士强、韩海军	[111–114]
Li^+，Mg^{2+}//Cl^-，SO_4^{2-}–H_2O	25、35、50	郭智忠、高洁、孟令宗	[115–117]
Li^+，Na^+//SO_4^{2-}，$B_4O_7^{2-}$–H_2O	0、15	Zeng Y、桑世华	[118, 119]
Li^+，Na^+//CO_3^{2-}，$B_4O_7^{2-}$，SO_4^{2-}–H_2O	0、15	虞海燕、桑世华	[120, 121]
Li^+，K^+//Cl^-，SO_4^{2-}，$B_4O_7^{2-}$–H_2O	0	彭芸	[108]
Li^+，K^+//Cl^-，CO_3^{2-}，$B_4O_7^{2-}$–H_2O	0、15、25	王瑞麟、曾英、阎书一	[122–124]
Li^+，K^+//CO_3^{2-}，$B_4O_7^{2-}$，SO_4^{2-}–H_2O	0、15	桑世华	[125, 126]
Li^+，Na^+，K^+//CO_3^{2-}，$B_4O_7^{2-}$–H_2O	0、15	桑世华、周梅	[127, 128]
Li^+，Na^+，K^+//Cl^-，SO_4^{2-}–H_2O	35	刘元会	[129]
Li^+，Na^+，K^+//SO_4^{2-}，$B_4O_7^{2-}$–H_2O	0、15	林晓峰、曾英	[130, 131]
Li^+，Na^+，Mg^{2+}//Cl^-，SO_4^{2-}–H_2O	0、35、50、75	王士强、高洁、郭亚飞	[132–134, 114]
Li^+，Mg^{2+}//Cl^-，SO_4^{2-}，$B_4O_7^{2-}$–H_2O	50	孟令宗	[135]

我国学者从 20 世纪 50 年代起开始对青藏高原的盐湖进行调查，对各类型的卤水进行等温蒸发、天然蒸发和日晒工艺的研究[136-147]，测定了卤水的蒸发结晶路线，液固相物理化学性质及蒸发中卤水的物料关系，为了解盐湖卤水的成盐演化、成矿规律以及开发利用提供科学依据。高世扬等[136-138]针对柴达木盆地盐湖卤水，运用不同盐卤日晒蒸发结晶工艺，进行天然蒸发和等温蒸发实验研究，绘制出含硼锂天然盐卤的"蒸发相图"；张宝全等[139-141]，杨建元等[142-145]针对东台吉乃尔盐湖卤水、晶间卤水进行了盐田日晒蒸发结晶的试验，获得了蒸发过程中析盐路线与析盐规律以及钠、钾、镁、锂、硼等盐类富集行为，提出了该卤水钾、硼、锂综合利用的工艺路线。

目前盐湖资源开发利用过程中，主要应用金作美等的五元海水型体系（Na^+，K^+，Mg^{2+}//Cl^-，SO_4^{2-}–H_2O）介稳相图作理论依据。卤水蒸发前期，由于锂离子浓度很小，此相图可以有效地指导蒸发工艺，但当卤水蒸发浓缩至后期，钠盐和钾盐几乎全部析出，使卤水中锂离子的浓度高度富集，海水型介稳相图不能再作为依据指导提锂工艺。因此，为了对我国盐湖锂资源进行合理的开发和利用，就必须针对我国优势的盐湖卤水，对相应含锂体系进行多温介稳相平衡和溶液物理化学性质的研究，提供盐湖卤水基础物理化学数据，并依据所获得的数据建立数学模型，用以对相关卤水体系的性质进行预测，为制定从卤水中提取锂盐的工艺过程提供理论基础和科学指导。

1.3　电解质溶液理论

1.3.1　电解质溶液理论发展概况

电解质溶于水中形成带电离子的溶液体系称为电解质溶液，如酸、碱、盐的溶液。电解质溶液广泛存在于化学化工、湿法冶金、生命科学、材料科学、地球化学、环境保护、土壤科学及盐湖卤水资源开发等领域，而电解质溶液理论研究将推动微观结构的深入研究和统计力学理论的发展，它也是相平衡和化学平衡计算、新工艺和新产品开发的理论基础。

水盐体系中单组分或多组分的溶解度数据主要由相平衡实验测定，由于实验测定多组分水盐体系溶解度是一项非常繁琐的工作，除海水体系溶解度数据较全外，尚有许多的水盐溶液体系溶解度数据并不完善，加之由于受定量分析条件的限制，有些数据也很不准确，这给利用多温多组分水盐体系相图进行盐类在工业生产的工艺计算带来困难。近几十年来，国内外溶液化学家对寻找一些理论方法补充、修正水盐体系中盐的溶解度数据做了有益的尝试。根据统计力学、经典理论及建立的半经验模型等推导出各种模型，虽然有的模型可用到实际高浓溶液，但模型的参数多、公式复杂，很难真正应用。而在众多模型中，Pitzer 电解质溶液理论模型方程以其形式简单，结构紧凑，可以应用到实际高浓度溶液而得到广泛应用。

电解质溶液理论发展至今出现了众多的模型，根据理论基础及推导依据的不同，电解质溶液模型可归纳成三类：①经典电解质溶液理论；②半经验模型；③统计热力学模型。

1.3.1.1　经典电解质溶液理论

电解质溶液理论始于 Debye-Hückel 理论，虽然 Debye-Hückel 理论仅适用于低浓度的溶液，但是它是其他电解质溶液理论的基础，在电解质溶液理论中有十分重要的意义。Debye 和 Hückel 在 1923 年提出了强电解质溶液理论，它是基于点电荷静电相互作用的一种理论[148,149]。该理论的基本假设是：①在强电解质溶液中，溶质完全解离成离子；②离子是带电的硬球，离子中电场球形对称，且不会被极化；③只考虑离子间的库仑力，而将其他作用力忽略不计；④离子间的吸引能小于热运动能；⑤溶剂水是连续介质，它对体系的作用仅在于提供介电常数，并且电解质加入后引起的介电常数的变化以及水分子与离子间的水化作用可完全忽略。由于 Debye-Hückel 理论模型只考虑了离子间的库仑力而忽略了其他相互作用力，只适用于浓度小于 0.1mol/kg 的稀溶液，因而在高浓度范围内偏差很大，但到目前为止仍然是很重要的电解质溶液理论，也是其他理论发展的基础。

基于 Debye-Hückel 理论基础上，对该理论的改进研究主要有：①寻求离子在离子氛中的更合适的分配函数，如离子水化理论模型、离子缔合模型等，可扩大模型的浓度适用范围。但由于这些理论假设过于简单化，模型的适用浓度范围较小，适用的电解质类型也较为有限。②对模型本身加以改进，如考虑短程相互作用，特别是离子和溶剂偶极之间的相互作用。

1.3.1.2　半经验模型

20 世纪 70 年代统计力学理论得到了迅速的发展，并大大地促进了电解质溶液理论的进展。半经验模型是以统计力学为基础，通过一系列的假设，在方程的最终表达式上采用经验式，这类方程实用方便且具有一定的准确度，其在实际工业中应用较广。

Pitzer 模型：自 1973 年起 Pitzer 发表了系列论文，提出了 Pitzer 电解质溶液理论[150-156]。Pitzer 从电解质水溶液的径向分布函数出发，借助于 Virial 展开式，提出了溶液的总过量自由能表达式，考虑溶液中离子间的长程作用能和离子间的短程排斥作用能，推导出渗透系数和活度系数的计算公式，并通过大量实验数据回归了 280 多种单一电解质水溶液以及一些混合电解质水溶液的参数，利用拟合的参数得到的计算值与实验值吻合较好，使用的浓度范围达到 6mol/kg，同时也给出了原始热力学数据的浓度范围及拟合参数的标准偏差。Pitzer 模型已为工程界所广泛采用，如计算海水的活度系数，多组分水盐体系的溶解度，预测卤水蒸发变化趋势，化工工艺中物料反应配比等，已成为目前世界上使用最广泛的一种电解质溶液理论。

20 世纪 70 ~ 80 年代以来，随着对原始模型的改进和对混合溶剂电解质溶液研究的需要，将溶剂也作为作用粒子，形成了现代非原始模型。综合考虑离子长程静电作用、粒子短程作用、粒子体积和形状、离子溶剂化以及溶液化学贡献等因素，将电解质理论与非电解质溶液模型有机结合，开发了许多有效的电解质溶液模型。如 Renon 和 Prausnitz 在 1968 年提出的 NRTL（non-random two liquid）方程[157]，Sander 等[158] 提出的扩展的 UNIQUAC（universal quasi chemical equations）- Debye- Hückel 方程和 Fredenslund 等[159] 提出的 UNIFAC（universal functional group activity coefficients）方程。上述几个模型均属于半经验模型的范畴，由于这些模型均是从经验出发，因而他们的实际应用效果较好，尤其是现今应用非常广泛的 Pitzer 方程和 NRTL 模型。然而，也是由于这些模型均是从经验出发，因而模型中的参数较多，参数的物理意义不明确，尤其是在多元体系中，拟合的参数数量多，从而限制了模型的应用。

1.3.1.3　统计热力学模型

统计热力学模型是随着计算机技术的不断演进而发展起来的，应用积分方程理论和微扰理论，从分子、离子的微观参数出发构筑热力学理论模型。用统计力学原理来研究电解质溶液，代表性统计热力学模型有：

（1）平均球近似理论模型（MSA）。该模型是用统计力学方法，考虑硬球斥力、离子间静电交互作用和粒子间短程作用建立起来的一个理论模型，可应用于混合溶剂和高压电解质溶液的气液平衡中。

（2）Monte Carlo 模拟（MC）。该方法是利用统计力学原理和计算机技术来研究热力学问题的方法，已用来计算电解质溶液的热力学性质，如活度系数、渗透系数及含盐溶液的气液平衡。MC 方法是将宏观现象与微观结构特征联系起来，从分子水平理解宏观测量值，有助于人们了解研究对象的微观结构特征和作用机理。

（3）微扰理论。微扰理论是近年出现的研究电解质溶液的统计力学方法，由 Zwanzig 在 1954 年创立[160]，其基本原理是将系统的 Helmholtz 自由能围绕用 Taylor 级数予以展开，过程中采用统计力学方法和分子力学理论，并建立相关的统计理论方程。随着该理论的不断深入发展，已可用于实际电解质水溶液体系。

统计力学理论在应用到电解质溶液时，不仅没有全面地考虑不同作用对溶液非理想性的影响，如粒子间的化学作用（溶剂化），而且在定量描述这些作用时还有困难。目前统计力学模型对工程应用来说，由于模型方程很复杂，数学处理过程复杂，模型参数较多，应用起来也较为麻烦而不能实用。

目前，电解质溶液的热力学已逐渐从经典的溶液理论和半经验模型转向用统计力学理论来进行研究，以期能从分子、离子的微观参数来建立分子水平的热力学理论模型，以预测体系的各种宏观热力学性质。尽管目前还不能完全解决电解质溶液中的问题，但如能充分吸收各种理论的长处，取长补短，相互渗透，相互结合，如将经典的溶液理论与近代统计力学理论相结合，积分方程理论与微扰理论相结合，统计力学理论与分子模拟方法相结合，必将逐步地解决在复杂的电解质溶液中面临的各种难题。热力学模型的研究也必将经历一个由简到繁，再由繁到简的过程，以满足化学化工过程的需求。

1.3.2　Pitzer 电解质溶液理论

1973 年，Pitzer 从电解质水溶液的径向分布函数出发，提出了溶液的总过量自由能表达式，建立了电解质溶液热力学离子相互作用模型，这是一种半经验的统计力学模型。在模型中，考虑溶液中离子间相互作用存在三种位能：①一对离子间的长程静电位能；②短程“硬心效应”位能，主要是两个粒子间的排斥能；③三离子间的相互作用能，它们的贡献较小，只有在较高浓度下才起作用。在此基础上 Pitzer 建立了一个“普遍方程”，电解质水溶液的过量 Gibbs 自由能的计算公式为

$$\frac{G^{\mathrm{ex}}}{RT} = n_{\mathrm{w}} f(I) + \frac{1}{n_{\mathrm{w}}} \sum_i \sum_j \lambda_{ij}(I) n_i n_j + \frac{1}{n_{\mathrm{w}}^2} \sum_i \sum_j \sum_k \mu_{ijk} n_i n_j n_k \qquad (1\text{-}1)$$

$$I = \frac{1}{2} \sum m_i Z_i^2 \qquad (1\text{-}2)$$

式中，n_{w} 为溶剂（水）的质量，kg；i，j，k 为溶质（即离子）；m_i，Z_i 为离子浓度（单位为 monality，mol/kgH$_2$O）和该离子的价数；n_i 为在 n_{w}（kg）水中离子 i 的物质的量，mol；$f(I)$ 为描述长程静电作用的函数，是离子强度 I 的函数；$\lambda_{ij}(I)$ 表示两粒子 i、j 之间短程作用系数，也是离子强度 I 的函数，称为第二维里系数；μ_{ijk} 表示三粒子 i、j、k 间作用系数，忽略了与离子强度的关系，称为第三维里系数。

该公式建立了过量 Gibbs 自由能与溶液组分活度系数和渗透系数之间的联系，从而获得可以实际应用的表达式。Pitzer 对方程进行推导，用经验的数学表达式代替尚难于从理论上得到准确数学关系的一些项，使用三或四个（对 1–n 或 n–1 型，n = 1~5，电解质为 3 个；对 2–2 型电解质为 4 个）系数来描述任一电解质：1–n 或 n–1 型（n = 1~5）电解

质参数为 $\beta^{(0)}$、$\beta^{(1)}$、C^{ϕ}；对 2–2 型电解质参数 $\beta^{(0)}$、$\beta^{(1)}$、$\beta^{(2)}$、C^{ϕ}。用一个二元作用系数 θ_{MN} 描述两个同号离子的相互作用，一个三元作用系数 ψ_{MNX} 描述两个同号、一个异号离子间的三元相互作用。Pitzer 模型利用单独电解质参数加上混合参数，可以精确地表达混合电解质水溶液的热力学性质，适用浓度可以达到 6mol/kg。

Pitzer 在上述理论的基础上经过推导，给出了电解质溶液的活度系数和渗透系数的计算公式，该模型把 Debye-Hückel 理论引申到高浓度的酸、碱、盐溶液，并且该模型以简洁和紧凑的形式描述电解质溶液的热力学性质，已成为目前使用最广泛的一种电解质溶液模型。

单组分电解质的 Pitzer 计算公式简介如下。

对于单组分电解质 MX，其浓度为质量摩尔浓度 m 时，电解质的平均活度系数 $\gamma_{\pm MX}$ 和溶液的渗透系数（ϕ）的表达式如下：

$$\ln\gamma_{\pm MX} = |Z_M Z_X| f^{\gamma} + m\frac{2\nu_M \times \nu_X}{\nu}B_{MX}^{\gamma} + m^2\frac{2(\nu_M \times \nu_X)^{3/2}}{\nu}C_{MX}^{\gamma} \tag{1-3}$$

$$\phi - 1 = |Z_M Z_X| f^{\phi} + m\frac{2\nu_M \times \nu_X}{\nu}B_{MX}^{\phi} + m^2\frac{2(\nu_M \times \nu_X)^{3/2}}{\nu}C_{MX}^{\phi} \tag{1-4}$$

式中，M、X 分别为阳离子和阴离子；ν_M、ν_X、Z_M、Z_X 为电解质中阳离子和阴离子的个数及电荷数，$\nu = \nu_M + \nu_X$；f^{γ}、f^{ϕ}、B_{MX}^{γ}、B_{MX}^{ϕ} 是离子强度 I 的函数，定义如下：

$$f^{\gamma} = -A^{\phi}\left[\frac{I^{1/2}}{1 + bI^{1/2}} + \frac{2}{b}\ln(1 + bI^{1/2})\right] \tag{1-5}$$

$$f^{\phi} = -A^{\phi}\left[\frac{I^{1/2}}{1 + bI^{1/2}}\right] \tag{1-6}$$

$$B_{MX}^{\gamma} = 2\beta_{MX}^{(0)} + \beta_{MX}^{(1)} \cdot g(a_1 \cdot I^{1/2}) + \beta_{MX}^{(2)} \cdot g(a_2 \cdot I^{1/2}) \tag{1-7}$$

$$B_{MX}^{\phi} = \beta_{MX}^{(0)} + \beta_{MX}^{(1)} \cdot e^{-a_1 \cdot I^{1/2}} + \beta_{MX}^{(2)} \cdot e^{-a_2 I^{1/2}} \tag{1-8}$$

$$C_{MX}^{\gamma} = \frac{2}{3}C_{MX}^{\phi} \tag{1-9}$$

式（1-5）、式（1-6）中：b 是经验常数，为 $1.2\text{kg}^{1/2}/\text{mol}^{1/2}$；$A^{\phi}$ 是渗透系数的 Debye-Hückel 系数，是由溶剂的性质和温度决定的，可表示为

$$A^{\phi} = \frac{1}{3}\left(\frac{2\pi N_0 \rho_w}{1000}\right)^{1/2}\left(\frac{e^2}{DkT}\right)^{3/2} \tag{1-10}$$

式中，N_0 为阿伏伽德罗常数；k 为玻尔兹曼常数；e 为电子电量；ρ_w 为温度 T 时溶剂密度；D 为溶剂的介电常数。

对于 $25℃$ 的水，$A^{\phi} = 0.3915\text{kg}^{1/2}/\text{mol}^{1/2}$。对于式（1-7）、式（1-8），非 2–2 型电解质溶液只取前两项，$a_1 = 2.0\text{kg}^{1/2}/\text{mol}^{1/2}$；2–2 型电解质溶液，由于电解质离子有缔合的倾向，则三项全取增加一个参数 $\beta^{(2)}$，$a_1 = 1.4\text{kg}^{1/2}/\text{mol}^{1/2}$，$a_2 = 12.0\text{kg}^{1/2}/\text{mol}^{1/2}$。

函数 $g(x)$ 表达式为

$$g(x) = 2\left[1 - \left(1 + x - \frac{1}{2}x^2\right)e^{-x}\right]/x^2 \tag{1-11}$$

现举例列出不同价态单一电解质水溶液的平均活度系数和溶液的渗透系数的计算

公式：

对 1-1 型电解质：

$$\ln\gamma_{\pm MX} = f^\gamma + mB_{MX}^\gamma + m^2 C_{MX}^\gamma \tag{1-12}$$

$$\phi - 1 = f^\phi + mB_{MX}^\phi + m^2 C_{MX}^\phi \tag{1-13}$$

对 2-1 型电解质：

$$\ln\gamma_{\pm MX} = 2f^\gamma + \frac{4}{3}mB_{MX}^\gamma + \frac{2^{5/2}}{3}m^2 C_{MX}^\gamma \tag{1-14}$$

$$\phi - 1 = 2f^\phi + \frac{4}{3}mB_{MX}^\phi + \frac{2^{5/2}}{3}m^2 C_{MX}^\phi \tag{1-15}$$

由上述的公式可以看出，当给定某一电解质 MX 时，只要它的 Pitzer 参数已知，则任一质量摩尔浓度 m 的平均活度系数和溶液的渗透系数都可以算出来。计算时先求出离子强度 I，然后按式（1-5）～ 式（9-9）计算 f^γ、f^ϕ、B_{MX}^γ、B_{MX}^ϕ，再代入式（1-3）、式（1-4）中，即可得到所要求的平均活度系数和溶液渗透系数。

1980 ~ 1984 年，加州大学圣地亚哥分校（UCSD）的 Harvie 和 Wear 等重新整理了 Pitzer 电解质热力学计算公式，给出了使用更为方便的混合电解质理论渗透系数及离子活度系数的计算公式，即 HW 公式[161,162]：

$$\sum_i m_i(\phi - 1) = 2\Big[-A^\phi I^{3/2}/(1 + 1.2I^{1/2}) + \sum_{c=1}^{N_c}\sum_{a=1}^{N_a} m_c m_a(B_{ca}^\phi + ZC_{ca})$$
$$+ \sum_{c=1}^{N_c-1}\sum_{c'=c+1}^{N_c} m_c m_{c'}(\Phi_{cc'}^\phi + \sum_{a=1}^{N_a} m_a\psi_{cc'a}) + \sum_{a=1}^{N_a-1}\sum_{a'=a+1}^{N_a} m_a m_{a'}(\Phi_{aa'}^\phi$$
$$+ \sum_{c=1}^{N_c} m_c\psi_{aa'c}) + \sum_{n=1}^{N_a}\sum_{a=1}^{N_a} m_n m_a\lambda_{na} + \sum_{n=1}^{N_n}\sum_{c=1}^{N_c} m_n m_c\lambda_{nc}\Big] \tag{1-16}$$

$$\ln\gamma_M = z_M^{\,2}F + \sum_{a=1}^{N_a} m_a(2B_{Ma} + ZC_{Ma}) + \sum_{c=1}^{N_c} m_c(2\Phi_{Mc} + \sum_{a=1}^{N_a} m_a\psi_{Mca})$$
$$+ \sum_{a=1}^{N_a-1}\sum_{a'=a+1}^{N_a} m_a m_{a'}\psi_{aa'M} + |z_M|\sum_{c=1}^{N_c}\sum_{a=1}^{N_a} m_c m_a C_{ca} + \sum_{n=1}^{N_n} m_n(2\lambda_{nM}) \tag{1-17}$$

$$\ln\gamma_X = z_X^2 F + \sum_{c=1}^{N_c} m_c(2B_{cX} + ZC_{cX}) + \sum_{a=1}^{N_a} m_a(2\Phi_{Xa} + \sum_{c=1}^{N_c} m_c\psi_{Xac})$$
$$+ \sum_{c=1}^{N_c-1}\sum_{c'=c+1}^{N_c} m_c m_{c'}\psi_{cc'X} + |z_X|\sum_{c=1}^{N_c}\sum_{a=1}^{N_a} m_c m_a C_{ca} + \sum_{n=1}^{N_n} m_n(2\lambda_{nX}) \tag{1-18}$$

$$\ln\gamma_n = \sum_{c=1}^{N_c} m_c(2\lambda_{nc}) + \sum_{a=1}^{N_a} m_a(2\lambda_{na}) \tag{1-19}$$

式中，M、c、c′ 为阳离子；X、a、a′ 为阴离子；N_c、N_a、N_n 表示阳离子、阴离子和中性分子的种类数；γ_M、z_M、m_c 为阳离子的活度系数、离子的价数和离子的质量摩尔浓度；γ_X、z_X、m_a 为阴离子的活度系数、离子的价数和离子的质量摩尔浓度；γ_n、m_n、λ_{nc}、λ_{na} 为中性分子的活度系数、质量摩尔浓度及中性分子与阳离子 c、阴离子 a 的相互作用系数。

公式中出现的 F、C、Z、A^ϕ、ψ、ϕ、B^ϕ、B 分别表示如下：

$$F = -A^\phi[I^{1/2}/(1 + 1.2I^{1/2}) + 2/1.2\ln(1 + 1.2I^{1/2})] + \sum_{c=1}^{N_c}\sum_{a=1}^{N_a} m_c m_a B_{ca}'$$

$$+ \sum_{c=1}^{N_c-1} \sum_{c'=c+1}^{N_c} m_c m_{c'} \Phi'_{cc'} + \sum_{a=1}^{N_a-1} \sum_{a'=a+1}^{N_a} m_a m_{a'} \Phi'_{aa'} \tag{1-20}$$

$$C_{MX} = C_{MX}^{\phi} / (2 \mid z_M z_X \mid^{1/2}) \tag{1-21}$$

$$Z = \sum_i \mid z_i \mid m_i \tag{1-22}$$

A^{ϕ} 为渗透系数的 Debye-Hükel 系数, 定义同式 (1-10); ψ 为三个不同种类离子(两个阳离子和一个阴离子或两个阴离子和一个阳离子)的作用力参数; B^{ϕ}、B 为第二维里系数, 与离子强度有关; B' 为 B 对离子强度的微分。其定义为

$$B_{CA}^{\phi} = \beta_{CA}^{(0)} + \beta_{CA}^{(1)} \exp(-\alpha_1 I^{1/2}) + \beta_{CA}^{(2)} \exp(-\alpha_2 I^{1/2}) \tag{1-23}$$

$$B_{CA} = \beta_{CA}^{(0)} + \beta_{CA}^{(1)} g(\alpha_1 I^{1/2}) + \beta_{CA}^{(2)} g(\alpha_2 I^{1/2}) \tag{1-24}$$

$$B'_{CA} = [\beta_{CA}^{(1)} g'(\alpha_1 I^{1/2}) + \beta_{CA}^{(2)} g'(\alpha_2 I^{1/2})] / I \tag{1-25}$$

其中函数 g 和 g' 为

$$g(x) = 2[1 - (1+x)\exp(-x)] / x^2 \tag{1-26}$$

$$g'(x) = -2[1 - (1 + x + x^2/2)\exp(-x)] / x^2 \tag{1-27}$$

式 (1-23) 中: $\beta_{CA}^{(0)}$, $\beta_{CA}^{(1)}$, $\beta_{CA}^{(2)}$ 为电解质 CA 的特征参数; $\beta^{(2)}$ 对 2-2 型和更高价型的电解质是重要的, 因为高价电解质有强烈的静电缔合倾向, 对其他价型时 $\beta^{(2)}$ 可以忽略。对于至少含一个一价离子的电解质, $a_1 = 2.0 \mathrm{kg}^{1/2}/\mathrm{mol}^{1/2}$, $a_2 = 0$; 对于 25℃时 2-2 型电解质, $a_1 = 1.4 \mathrm{kg}^{1/2}/\mathrm{mol}^{1/2}$, $a_2 = 12.0 \mathrm{kg}^{1/2}/\mathrm{mol}^{1/2}$。通常假定 a_1 和 a_2 不随温度变化。

Φ_{ij}^{ϕ}, Φ_{ij}, Φ'_{ij} 也是第二维里系数, 它们只与离子强度有关:

$$\Phi_{ij}^{\phi} = \theta_{ij} + {}^E\theta_{ij} + I {}^E\theta'_{ij} \tag{1-28}$$

$$\Phi_{ij} = \theta_{ij} + {}^E\theta_{ij} \tag{1-29}$$

$$\Phi'_{ij} = {}^E\theta'_{ij} \tag{1-30}$$

式 (1-28) 中: θ 是两个不同种类的同号离子(两个阳离子或两个阴离子)的 Pitzer 作用力参数; ${}^E\theta_{ij}$ 和 ${}^E\theta'_{ij}$ 是非对称高阶作用项, 为离子 i 和 j 的电荷数及溶液离子强度 I 的函数, 是考虑了静电非对称混合效应而得的, 当离子 i 和 j 所带电量相同时 ${}^E\theta_{ij}$ 和 ${}^E\theta'_{ij}$ 皆为零。

$$^E\theta_{ij} = (Z_i Z_j / 4I)[J(x_{ij}) - J(x_{ii})/2 - J(x_{jj})/2] \tag{1-31}$$

$$^E\theta'_{ij} = -({}^E\theta_{ij}/I) + (Z_i Z_j / 8I^2)[x_{ij} J'(x_{ij}) - x_{ii} J'(x_{ii})/2 - x_{jj} J'(x_{jj})/2] \tag{1-32}$$

$$x_{ij} = 6Z_i Z_j A^{\phi} I^{1/2} \tag{1-33}$$

式 (1-31) 和式 (1-32) 中, $J(x)$ 为离子间短程相互作用位能的集团积分, $J'(x)$ 为 $J(x)$ 的一阶微商, 它们只与溶液离子强度和离子电荷数有关。为了计算准确, 将 $J(x)$ 拟合成下列函数:

$$J(x) = x[4 + C_1 x^{-C_2} \cdot \exp(-C_3 x^{C_4})]^{-1} \tag{1-34}$$

$$J'(x) = [4 + C_1 x^{-C_2} \cdot \exp(-C_3 x^{C_4})]^{-1} + [4 + C_1 x^{-C_2} \exp(-C_3 x^{C_4})]^{-2}$$
$$[C_1 x \exp(-C_3 x^{C_4})(C_2 x^{-C_2-1} + C_3 C_4 x^{C_4-1} x^{-C_2})] \tag{1-35}$$

上两式中: $C_1 = 4.581$; $C_2 = 0.7237$; $C_3 = 0.0120$; $C_4 = 0.528$。

先根据式 (1-33) 求出 x_{ij}, 再根据式 (1-34) 和式 (1-35) 可以准确求出 $J(x)$、$J'(x)$, 再由式 (1-31) 和式 (1-32) 求得 ${}^E\theta_{ij}$ 和 ${}^E\theta'_{ij}$, 进而根据式 (1-28) 至式 (1-30)

三式求得 Φ_{ij}^{ϕ}、Φ_{ij}、Φ_{ij}'，将 Φ_{ij}^{ϕ}、Φ_{ij}、Φ_{ij}' 值代入 HW 公式（1-16）至式（1-20）即可进行电解质溶液的渗透系数和活度系数计算。

随着实验仪器精密度的提高，实验方法的改进，实验数据精确度也不断提高，1988年，Kim 和 Friedrick[163,164] 利用 HW 公式重新拟合了 305 种单盐和 49 种混合电解质的 Pitzer 参数，使 Pitzer 方程可以适用于离子强度高达 20mol/kg 的溶液；宋彭生和姚燕等[165] 针对我国富含硼、锂的盐湖卤水体系，采用 Pitzer 电解质溶液理论模型，对六元体系 Li$^+$，Na$^+$，K$^+$，Mg^{2+}//Cl$^-$，SO$_4^{2-}$–H$_2$O 在 25℃ 的稳定相平衡关系进行了理论预测，溶液离子强度约为 20mol/kg，表明此模型适用于我国的盐湖卤水体系，进一步证明了模型的可信性和用途。

黄子卿[149] 归纳了 Pitzer 理论的三个优点：①能用简洁和紧凑的形式写出电解质的热力学性质，如 γ、ϕ；②应用范围非常广泛，对称价的电解质和非对称价的电解质以及混合电解质溶液等的热力学性质都能准确算出（大于 200 种）；③可用于真正浓溶液，离子强度高达 6mol/kg。黄子卿在论文中指出：“从实际应用出发，可以说电解质溶液理论问题，在平衡态方面，已基本上得到解决。”

1.3.3　Pitzer 理论的应用

Harvie 和 Wear 先后发表了多篇论文，将 Pitzer 模型应用于经典的海水体系，然后又推广到高离子强度的 Na$^+$，K$^+$，Ca^{2+}，Mg^{2+}，H$^+$//Cl$^-$，SO$_4^{2-}$，OH$^-$，HCO$_3^-$，CO$_3^{2-}$，CO$_2$–H$_2$O 体系。并把液、固溶解平衡的处理成功应用于海水等温蒸发沉积的理论解释和加利福尼亚西尔斯湖（Searles Lake）硼酸盐沉积的地球化学研究中。Pitzer 模型的实用价值很高，故自发表起，就引起物理化学、地球科学、海洋学及化工等学科专家的高度重视，已广泛应用到电解质溶液热力学性质的研究。现在 Pitzer 模型及拓展模型已成功地用于高温、高压、高浓缩溶液、熔盐体系和混合溶剂体系。1980 年，黄子卿将 Pitzer 理论介绍到国内，此后，宋彭生等[82,165,166]、邓天龙等[34,61,62,78,101,117,129] 针对柴达木盆地富含硼、锂的盐湖卤水体系，对该多组分卤水体系的热力学性质和相平衡进行了广泛的研究，如多组分体系溶解度的计算、相图中等水线的计算、介稳溶解度计算、盐类加工工艺计算，以及与此有关的引申性工作。这些研究工作，证明 Pitzer 模型适用于我国特色的盐湖卤水体系，从而使我们可以将 Pitzer 模型的应用进一步拓展到离子强度更高、更复杂的含锂类水盐体系中。

Pitzer 方程从最初只适用于 1atm①、25℃ 的标准状态，已拓展到不同温度下热力学性质的研究。但是，获得不同温度下的 Pitzer 参数，必须由相应温度下大量相关的二元及三元体系渗透系数和活度系数等热力学数据来拟合，建立参数与温度的关联式，由于实验数据的不足及有限，Pitzer 模型在不同温度下的应用受到一定的限制。电解质溶液理论发展得还不完善，用来描述电解质溶液热力学性质的计算公式多数为经验或半经验的。目前，还未见报道有任何一个计算方程能够在所有浓度范围描述电解质溶液的热力学性质，因而

---

① 　1atm = 1.01325×10^5 Pa。

电解质溶液理论还有待于进一步完善和发展。

　　对于柴达木盆地盐湖富含锂、钾、硼的老卤，卤水浓度高，组分复杂，离子间的相互作用关系复杂，不仅实验研究难度大，而且即便是简化后的五元子体系（Li^+，Na^+，$Mg^{2+}//Cl^-$，$SO_4^{2-}-H_2O$），尚无含锂氯化物和硫酸盐单盐和混合离子作用参数。因此，本书在实验相平衡研究基础上，拟合该五元体系理论计算所需的 Pitzer 参数，以期实现柴达木盐湖老卤相关系的理论预测。

参 考 文 献

[1] 郑喜玉，张明刚，徐昶，等. 中国盐湖志. 北京：科学出版社，2002
[2] 曹文虎，吴婵. 卤水资源及其综合利用技术. 北京：地质出版社，2004
[3] 魏新俊. 柴达木盆地盐湖钾硼资源概况及开发前景. 青海国土经略，2002，(S1)：64～69
[4] 李武，董亚萍，宋彭生. 盐湖卤水资源开发利用. 北京：化学工业出版社，2012
[5] 高世扬，宋彭生，夏树屏，等. 盐湖化学——新类型硼锂盐湖. 北京：科学出版社，2007
[6] 张彭熹. 柴达木盆地盐湖. 北京：科学出版社，1987
[7] 宋彭生. 盐湖及相关资源开发利用进展. 盐湖研究，2000，8（1）：1～16
[8] 王宝才. 我国卤水锂资源及开发技术进展. 化工矿物与加工，2000，10：4～6
[9] 赵元艺. 中国盐湖锂资源及其开发进程. 矿床地质，2003，22（1）：99～106
[10] 钟辉，周燕芳，殷辉安. 卤水锂资源开发技术进展. 矿产综合利用，2003，1：23～28
[11] 马培华. 中国盐湖资源的开发利用与科技问题. 地球科学进展，2000，15（4）：365～375
[12] 钟辉，杨建元，张苑. 高镁锂比盐湖卤水中制取碳酸锂的方法. 国家发明专利：CN1335262，2002
[13] 钟辉，许惠. 一种硫酸镁亚型盐湖卤水镁锂分离方法. 国家发明专利：CN1454843，2003
[14] 魏新俊，王永浩，保守君. 白卤水中同时沉淀硼锂的方法. 国家发明专利：CN1249272，2000
[15] 黄师强，崔荣旦，张淑珍，等. 一种从含锂卤水中提取无水氯化锂的方法. 国家发明专利：CN87103431，1987
[16] 马培华，邓小川，李发强，等. 二氧化锰法从盐湖卤水中提锂的方法. 国家发明专利：CN1511963，2004
[17] 张绍成. 吸附法从盐湖卤水中提取锂的方法. 国家发明专利：CN1511964，2004
[18] 钟辉，杨建元. 用碳化法从高镁锂比盐湖卤水中分离镁锂制取碳酸锂的方法. 国家发明专利：CN1335263，2002
[19] 杨建元，夏康明. 用高镁含锂卤水生产碳酸锂、氧化镁和盐酸的方法. 国家发明专利：CN1724372，2006
[20] 杨建元，夏康明. 一种生产高纯镁盐、碳酸锂、盐酸和氯化铵的方法. 国家发明专利：CN1724373，2006
[21] 高世扬，陈敬请，刘铸唐，等. 浓盐溶液中锂、镁氯化物的分离. 盐湖科技资料，1978，(3～4)：21～33
[22] 胡克源，柴文琦，柳大纲. 四元体系 H^+，Li^+，Mg^{2+}/Cl^--H_2O，0℃，20℃，40℃相平衡研究//柳大纲科学论著选集. 北京：科学出版社，1997：162～198
[23] 王继顺，高世扬. H^+，Li^+，$Mg^{2+}//Cl^--H_2O$ 四元水盐体系在-10℃时的平衡溶解度相图. 盐湖研究，1993，(2)：11～15
[24] 马培华，邓小川，温现民. 从盐湖卤水中分离镁和浓缩锂的方法. 国家发明专利：CN1626443，2005

［25］黄维农，孙之南，王学魁，等. 盐湖提锂研究和工业化进展. 现代化工，2008，28（2）：14～17

［26］杨玲. 西台吉乃尔盐湖综合开发项目获国家核准. 化工矿产地质，2005，（2）：117

［27］付浩. 盐湖集团万吨级碳酸锂项目启动. 中国化工报，2007-06-27

［28］Vant'hoff J H. Untersuchngen uber die bildungsverhaltnisse der ozeanischen salt ablagerungen insbesondere des stassfurter alzlagers. Leipzig：herausgegeben von H. Precht，E. Cohen Akademische Verlagsgesellschaft m. b. H.，1912

［29］Bushteyn V M，Valyashko M G，Pelvsh A L. Handbook of experimental data on solubilities of the multi-component salt-water system：four-component and more complex systems. Leningrad：State of scientific and Technical Publishing，vol. 1，1953；vol. 2，1954

［30］Silcock H. Solubilities of Inorganic and Organic Compounds. N. Y.：Pergamon Press，1979

［31］Pelsh A D. Handbook of experimental data on solubility multi-component salt-water systems. Leningrad department：Leningrad publishing，vol. 1，1973；vol. 2，1975

［32］Sang S H，Yin H A，Tang M L，et al. $K_2B_4O_7 + Li_2B_4O_7 + H_2O$ and $Na_2B_4O_7 + Li_2B_4O_7 + H_2O$ at $T = 288K$. J. Chem. Eng. Data，2004，49：1586～1589

［33］桑世华，邓天龙，唐明林，等. $Li_2B_4O_7 - Na_2B_4O_7 - H_2O$ 三元体系25℃相关系及物化性质实验. 成都理工学院学报，1997，24（4）：87～92

［34］Guo Y F，Liu Y H，Wang Q，et al. Phase equilibria and phase diagrams for the aqueous ternary system （$Na_2SO_4 + Li_2SO_4 + H_2O$）at（288 and 308）K. J. Chem. Eng. Data，2013，58：2763～2767

［35］李冰，王庆忠，李军，等. 三元体系 Li^+，K^+（Mg^{2+}）/$SO_4^{2-} - H_2O$ 25℃相关系和溶液性质的研究. 物理化学学报，1994，10（6）：536～542

［36］Zeng D W，Xu W F，Voigt W，et al. Thermodynamic study of the system （$LiCl + CaCl_2 + H_2O$）. J. Chem. Thermodynamics，2008，40：1157～1165

［37］于涛，唐明林，邓天龙，等. 三元体系 $Li_2B_4O_7 - K_2B_4O_7 - H_2O$ 25℃相关系及物化性质的实验研究. 矿物岩石，1997，17（4）：105～109

［38］桑世华，唐明林，殷辉安，等. Li^+（K^+）/CO_3^{2-}，$B_4O_7^{2-} - H_2O$ 三元体系288 K相平衡研究. 化工矿物与加工，2002，31（3）：7～9

［39］曾英，唐明林，殷辉安，等. 298K时三元体系 K^+/CO_3^{2-}，$B_4O_7^{2-} - H_2O$ 和 Li^+/CO_3^{2-}，$B_4O_7^{2-} - H_2O$ 相关系. 矿物岩石，1999，19（2）：89～92

［40］姜相武，张万有，王兴晏，等. $LiCl - Li_2B_4O_7 - H_2O$ 三元体系在0，30，40℃下的相平衡研究. 陕西师范大学学报（自然科学版），1989，17（4）：27～32

［41］宋彭生，杜宪惠，许恒存. 三元体系 $Li_2B_4O_7 - Li_2SO_4 - H_2O$ 25℃相关系和溶液物化性质的研究. 科学通报，1983，2：106～110

［42］Sang S H，Zhang X. Solubility investigations in the systems $Li_2SO_4 + Li_2B_4O_7 + H_2O$ and $K_2SO_4 + K_2B_4O_7 + H_2O$ at 288 K. J. Chem. Eng. Data.，2010，55：808～812

［43］苑庆忠，袁爱香. Li^+，Na^+，$K^+//Cl^- - H_2O$ 体系盐类平衡液相组成的计算. 山东轻工业学院学报，2000，14（1）：29～32

［44］Lepeshkov E N，Pomashova N N. Phase diagram of the quaternary system $LiCl - NaCl - MgCl_2 - H_2O$ at 25℃ and 75℃. Russ. J. Inorg. Chem.，1961，6（8）：1967

［45］Lepeshkov E N，Bedaleva N V. Phase diagram of the quaternary system $Li_2SO_4 - Na_2SO_4 - K_2SO_4 - H_2O$ at 25℃. Russ. J. Inorg. Chem.，1958，3（12）：278

［46］Lepeshkov E N，Bedaleva N V. Phase diagram of the quaternary system $Li_2SO_4 - Na_2SO_4 - K_2SO_4 - H_2O$ at 50℃. Russ. J. Inorg. Chem.，1961，6（7）：1691

[47] Lepeshkov E N, Bedaleva N V. Phase diagram of the quaternary system $Li_2SO_4-Na_2SO_4-K_2SO_4-H_2O$ at 75℃. Russ. J. Inorg. Chem., 1962, 7 (7): 1699

[48] 桑世华, 唐明林, 殷辉安, 等. $K_2B_4O_7-Na_2B_4O_7-Li_2B_2O_7-H_2O$ 四元体系 288 K 相平衡研究. 化学工程, 2003, 31 (4): 68~70

[49] 曾英, 殷辉安, 唐明林, 等. 298K 时 Li^+, Na^+, $K^+//CO_3^{2-}-H_2O$ 四元体系相图和液相物化性质测定. 化学工程, 1999, 27 (5): 45~47

[50] 桑世华, 唐明林, 殷辉安, 等. $K_2CO_3-Na_2CO_3-Li_2CO_3-H_2O$ 四元体系 288 K 的相平衡. 应用化学, 2004, 21 (5): 509~511

[51] 杨红梅, 桑世华. 简单四元体系 Li^+/Cl^-, CO_3^{2-}, $B_4O_7^{2-}-H_2O$ 298K 相关系及溶液物化性质研究. 海湖盐与化工, 2000, 29 (3): 4~8

[52] Yang H X, Zeng Y. Metastable phase equilibrium in the aqueous quaternary system $LiCl + Li_2SO_4 + Li_2B_4O_7 + H_2O$ at 273 K. J. Chem. Eng. Data, 2011, 56: 53~57

[53] 李明, 桑世华, 张振雷. 四硼酸锂-硫酸锂-氯化锂-水四元体系 288 K 相平衡研究. 无机盐工业, 2009, 41 (5): 21~23

[54] 宋彭生, 杜宪惠. 四元体系 $Li_2B_4O_7-Li_2SO_4-LiCl-H_2O$ 25℃ 相关系和溶液物化性质的研究. 科学通报, 1986, 3: 209~213

[55] 张逢星, 郭志箴. 四元体系 $LiCl-KCl-MgCl_2-H_2O$ 25℃ 时等温研究. 高等学校化学学报, 1987, 8 (5): 387

[56] 房春晖. 四元体系 Li^+, K^+, $Mg^{2+}//SO_4^{2-}-H_2O$ 相关系和溶液物化性质的研究. 化学学报, 1994, 52 (10): 954~959

[57] Campbell A N, Kartzmark E M, Lovering E G. Reciprocal salt pairs, involving the cations Li_2, Na_2, and K_2, the anions SO_4, and Cl_2, and water, at 25℃. Canadian Journal of Chemistry, 1958, 36 (11): 1511-1517.

[58] 宋彭生, 姚燕. Li^+, K^+/Cl^-, $SO_4^{2-}-H_2O$ 体系相平衡的热力学. 盐湖研究, 2001, 9 (4): 8~14

[59] 任开武, 宋彭生. 四元交互体系 Li^+, K^+/Cl^-, $SO_4^{2-}-H_2O$ 50℃、75℃ 相关系研究. 应用化学, 1994, 11 (1): 7~11

[60] 任开武, 宋彭生. 四元交互体系 Li^+, $Mg^{2+}//Cl^-$, $SO_4^{2-}-H_2O$ 25℃ 相平衡及物化性质研究. 无机化学学报, 1994, 10 (1): 69~74

[61] Deng T L. Experimental and predictive phase equilibrium of the Li^+, $Na^+//Cl^-$, $CO_3^{2-}-H_2O$ system at 298.15K. J. Chem. Eng. Data, 2002, 47 (1): 26~29

[62] 邓天龙, 唐明林, 殷辉安. 四元交互体系 Li^+, $K^+//Cl^-$, $CO_3^{2-}-H_2O$ 在 298 K 时相平衡及物理化学性质研究. 高等学校化学学报, 2000, 10: 1572~1574

[63] 殷辉安, 桑世华. 288K 下 Li^+, $K^+//CO_3^{2-}$, $B_4O_7^{2-}-H_2O$ 四元体系的相平衡. 化工学报, 2004, 55 (3): 464~467

[64] 曾英, 肖霞. 交互四元体系 Li^+, $K^+//CO_3^{2-}$, $B_4O_7^{2-}-H_2O$ 298 K 相关系及平衡液相物化性质的研究. 高等化学工程学报, 2002, 16 (6): 591~595

[65] 桑世华, 殷辉安. Li^+, $Na^+//CO_3^{2-}$, $B_4O_7^{2-}-H_2O$ 四元交互体系 288 K 的相平衡. 物理化学学报, 2002, 18 (9): 835~837

[66] 曾英, 唐明林. 四元交互体系 Li^+, $Na^+//CO_3^{2-}$, $B_4O_7^{2-}-H_2O$ 298 K 相关系的理论预测及实验研究. 应用化学, 2001, 18 (10): 794~797

[67] 汪蓉, 唐明林. 四元交互体系 Li^+, $K^+//Cl^-$, $B_4O_7^{2-}-H_2O$ 298 K 相关系及平衡液相物化性质的研究. 海湖盐与化工, 1999, 28 (3): 22~27

[68] 桑世华, 李明, 李恒, 等. 交互四元体系 Li^+, $Mg^{2+}//SO_4^{2-}$, $B_4O_7^{2-}-H_2O$ 288 K 时相平衡研究. 地质学报, 2010, 84 (11): 1704~1707

[69] 宋彭生, 傅宏安. 四元交互体系 Li^+, Mg^{2+}/SO_4^{2-}, $B_4O_7^{2-}-H_2O$ 25℃溶解度和溶液物化性质的研究. 无机化学学报, 1991, 7 (3): 344~348

[70] 曾英, 何雪涛, 殷辉安. 五元体系 Li^+/Cl^-, CO_3^{2-}, SO_4^{2-}, $B_4O_7^{2-}-H_2O$ 298 K 相关系实验研究. 无机化学学报, 2004, 20 (8): 946~950

[71] 张逢星, 郭志箴. 等氯化锂含量下体系 $LiCl-NaCl-KCl-MgCl_2-H_2O$ 的相关系. 盐湖研究, 1993, 1 (3): 6~8

[72] 李冰, 孙柏, 房春晖. 五元交互体系 Li^+, Na^+, K^+, $Mg^{2+}//SO_4^{2-}-H_2O$ 25℃相关系的研究. 化学学报, 1997, 55 (5): 545~552

[73] Campbell A N, Kartzmark E M. The System $LiCl-NaCl-KCl-H_2O$ at 25℃. Canadian Journal of Chemistry, 1956, 34 (5): 672~678

[74] 孙柏, 李冰, 房春晖, 等. 五元交互体系 Li^+, K^+, $Mg^{2+}//Cl^-$, $SO_4^{2-}-H_2O$ 25℃相关系和溶液物化性质的研究. 盐湖研究, 1995, 3 (4): 50~56

[75] 肖龙军. Li^+, K^+, $Mg^{2+}//SO_4^{2-}$, $B_4O_7^{2-}-H_2O$ 五元体系 288K 相平衡研究. 成都: 成都理工大学硕士学位论文, 2010

[76] 曾英, 殷辉安, 唐明林, 等. 五元交互体系 Li^+, Na^+, $K^+//CO_3^{2-}$, Cl^--H_2O 在 298.15 K 的相平衡研究. 高等化学学报, 2003, 24 (6): 968~972

[77] Sang S H, Yin H A, Tang M L. (Liquid + solid) phase equilibria in the quinary system $Li^++Na^++K^++CO_3^{2-}+B_4O_7^{2-}+H_2O$ at 288 K. J. Chem. Eng. Data, 2005, 50: 1557~1559

[78] Deng T L. Phase equilibrium for the aqueous system containing lithium, sodium, potassium, chloride, and borate ions at 298.15K. J. Chem. Eng. Data, 2004, 49: 1295~1299

[79] 王志坚, 曾英. 五元体系 Li^+, $K^+//Cl^-$, $B_4O_7^{2-}$, $CO_3^{2-}-H_2O$ 在 298 K 时相平衡的实验研究. 成都理工学院学报, 2001, 28 (2): 204~208

[80] 宋彭生, 傅宏安. 四元交互体系 Li^+, $Mg^{2+}//Cl^-$, SO_4^{2-}, $B_4O_7^{2-}-H_2O$ 25℃. 无机化学学报, 1991, 7 (3): 344~348

[81] 殷辉安, 郝丽芳, 曾英, 等. Li^+, $Na^+//CO_3^{2-}$, $B_4O_7^{2-}$, Cl^--H_2O 五元体系 298 K 相平衡及平衡液相物化性质的研究. 高校化学工程学报, 2003, 17 (1): 1~5

[82] 宋彭生. 海水体系介稳相图的计算. 盐湖研究, 1998, 6 (2-3): 17~26

[83] Usiglio J. Analyse de l'eau de la Méditerranée sur les cǒtes de France. Annals de Chimie et de Physique, 1849, 27 (3): 177~191. 转引自: 高世扬, 夏树屏. 盐水体系热力学平衡态和非平衡态相图. 盐湖研究, 1996, 4 (1): 53~58

[84] Курнаков Н С, и др. Иэв. Физ. хим. анализа, АНСССР, 1938, 10: 333~366. 转引自: 宋彭生. 海水体系介稳相图的计算. 盐湖研究, 1998, 6 (2-3): 17~25

[85] Кашкаров О Д, Сапаров Г М. Изв. АНТур, ССР, Сер. ФТХГН, вып. 1964, 1: 62. 转引自: 宋彭生. 海水体系介稳相图的计算. 盐湖研究, 1998, 6 (2-3): 17~25

[86] Кашкаров О Д, Сапаров Г М. Изв. АНТур, ССР, Сер. ФТХГН, вып. 1966, 2: 56. 转引自: 宋彭生. 海水体系介稳相图的计算. 盐湖研究, 1998, 6 (2-3): 17~25

[87] Autenrieth H. New investigations of the quinary NaCl-saturated systems of the salts from oceanic deposits of importance in crude potassium salt manufacture. Kali Steinsalz, 1955, 1 (11): 18~32. 转引自: 宋彭生. 海水体系介稳相图的计算. 盐湖研究, 1998, 6 (2-3): 17~25

[88] Autenrieth H. Rev Chim Miner, 1970, 7: 217. 引自: 宋彭生. 海水体系介稳相图的计算. 盐湖研究,

1998, 6 (2-3): 17 ~ 25

[89] 金作美, 肖显志, 梁式梅. (Na^+、K^+、Mg^{2+}), (Cl^-、SO_4^{2-}), H_2O 五元系统介稳平衡的研究. 化学学报, 1980, 38 (4): 314 ~ 321

[90] 金作美, 周惠南, 王励生. Na^+, K^+, $Mg^{2+}//Cl^-$, $SO_4^{2-}-H_2O$ 五元体系 35℃ 介稳相图研究. 高等学校化学学报, 2001, 22 (4): 634 ~ 638

[91] 金作美, 周惠南, 王励生. Na^+, K^+, Mg^{2+}/Cl^-, $SO_4^{2-}-H_2O$ 五元体系 15℃ 介稳相图研究. 高等学校化学学报, 2002, 23 (4): 690 ~ 694

[92] 苏裕光, 李军, 江成发. 15℃ 时 Na^+、K^+、$Mg^{2+}//Cl^-$、$SO_4^{2-}-H_2O$ 五元体系介稳相平衡研究. 化工学报, 1992, 43 (5): 549 ~ 555

[93] 曲树栋, 桑世华. $Li_2CO_3-Li_2SO_4-Li_2B_4O_7-H_2O$ 四元体系 273.15 K 介稳相平衡研究. 盐业与化工, 2007, 36 (5): 9 ~ 11

[94] 阎书一. $Li^+//Cl^-$, CO_3^{2-}, $B_4O_7^{2-}-H_2O$ 四元体系 298 K 介稳相平衡的研究. 矿物岩石, 2006, 26 (4): 95 ~ 97.

[95] 彭江, 桑世华. $MgB_4O_7-Na_2B_4O_7-Li_2B_4O_7-H_2O$ 四元体系 288 K 介稳相平衡的研究. 化工矿物与加工, 2008, (2): 11 ~ 13.

[96] Deng T L, Yu X, Sun B. Metastable phase equilibrium in the Aqueous quaternary system (Li_2SO_4 + K_2SO_4 + $MgSO_4$ + H_2O) at 288.15 K. J. Chem. Eng. Data, 2008, 53: 2496 ~ 2500

[97] 张宝军. 四元体系 Li^+, Na^+, Mg^{2+}/Cl^--H_2O 及三元体系 Na^+ (K^+), $Mg^{2+}//Cl^--H_2O$ 35℃ 介稳相平衡研究. 成都: 成都理工大学硕士学位论文, 2007

[98] Deng T L, Li D. Solid-liquid metastable equilibria in the quaternary system ($NaCl$ + $LiCl$ + $CaCl_2$ + H_2O) at 288.15 K. J. Chem. Eng. Data, 2008, 53: 2488 ~ 2492

[99] 桑世华. 五元体系 Li^+, Na^+, $K^+//CO_3^{2-}$, $B_4O_7^{2-}-H_2O$ 288K 稳定及介稳相平衡研究. 成都: 四川大学博士学位论文, 2002

[100] 桑世华, 殷辉安. $K_2B_4O_7-Na_2B_4O_7-Li_2B_4O_7-H_2O$ 四元体系 273 K 介稳相平衡. 物理化学学报, 2007, 23 (8): 1285 ~ 1287

[101] Li Z Y, Deng T L, Liao M X. Solid-liquid metastable equilibria in the quaternary system Li_2SO_4 + $MgSO_4$ + Na_2SO_4 + H_2O at T = 263.15 K. Fluid Phase Equilibria, 2010, 293: 42 ~ 46

[102] 桑世华, 殷辉安. Li^+, $Na^+//SO_4^{2-}$, $CO_3^{2-}-H_2O$ 交互四元体系 288 K 介稳相平衡研究. 化学学报, 2006, 64 (22): 2247 ~ 2253

[103] Li J J, Zeng Y, Yu X D. Solubility of the aqueous reciprocal quaternary system Li^+, $Na^+//CO_3^{2-}$, $SO_4^{2-}-H_2O$ at 273.15 K. J. Chem. Eng. Data, 2013, 58: 455 ~ 459

[104] 桑世华, 虞海燕, 彭江. 五元体系 Li^+, $Na^+//CO_3^{2-}$, $B_4O_7^{2-}-H_2O$ 交互四元体系 273 K 介稳相平衡研究. 无机化学学报, 2008, 24 (7): 1152 ~ 1154

[105] 桑世华, 曾晓晓, 王丹, 等. 四元体系 Li^+, $K^+//SO_4^{2-}$, $CO_3^{2-}-H_2O$ 273 K 时介稳相平衡. 四川大学学报 (工程科学版), 2011, 42 (4): 189 ~ 193

[106] Sang S H, Yin H A, Lei N F. Metastable equilibrium in quaternary system Li_2SO_4 + K_2SO_4 + Li_2CO_3 + K_2CO_3 + H_2O at 288 K. Chem. Res. Chinese U., 2007, 23 (2): 208 ~ 211

[107] 闫书一, 殷辉安. 四元交互体系 Li^+, $K^+//Cl^-$, $B_4O_7^{2-}-H_2O$ (298K) 介稳相平衡研究. 四川大学学报 (工程科学版), 2008, 40 (2): 58 ~ 60

[108] 彭芸. 扎布耶盐湖卤水含钾六元体系的五元、四元子体系 273 K 介稳相平衡研究. 成都: 成都理工大学硕士学位论文, 2012

[109] Peng Y, Zeng Y, Su S. Metastable phase equilibrium and solution properties of the quaternary system Li^+,

K⁺//Cl⁻, SO₄²⁻-H₂O at 273. 15 K. J. Chem. Eng. Data, 2011, 56: 458~463

[110] Liu Y H, Deng T L, Song P S. Metastable phase equilibrium of the reciprocal quaternary system LiCl + KCl + Li₂SO₄ + K₂SO₄ + H₂O at 308. 15 K. J. Chem. Eng. Data, 2011, 56: 1139~1147

[111] Wang S Q, Deng T L. Metastable phase equilibria of the reciprocal quaternary system containing lithium, sodium, chloride, and sulfate ions at 273. 15 K. J. Chem. Eng. Data, 2010, 55 (10): 4211~4215

[112] 韩海军. 四元体系(Li⁺, Na⁺//Cl⁻, SO₄²⁻-H₂O) 及其三元子体系介稳相平衡研究. 西宁: 中科院青海盐湖研究所硕士学位论文, 2007

[113] 苗小亮. 四元体系 Li⁺, Na⁺// Cl⁻, SO₄²⁻-H₂O 323. 15 K 时介稳相平衡研究. 成都: 成都理工大学硕士学位论文, 2010

[114] 郭亚飞. 五元体系 Li⁺, Na⁺, Mg²⁺// Cl⁻, SO₄²⁻-H₂O 348. 15 K 时介稳相平衡研究. 成都: 成都理工大学博士学位论文, 2012

[115] 郭智忠, 刘子琴, 陈敬清. Li⁺, Mg²⁺// Cl⁻, SO₄²⁻-H₂O 四元体系 25℃ 的介稳相平衡. 化学学报, 1991, 49: 937~943

[116] Gao J, Deng T L. Metastable phase equilibrium in the aqueous quaternary system (LiCl + MgCl₂ + Li₂SO₄ + MgSO₄ + H₂O) at 308. 15 K. J. Chem. Eng. Data, 2011, 56: 1452~1458

[117] Meng L Z, Yu X P, Li D, et al. Solid liquid metastable equilibria of the reciprocal quaternary system (LiCl + MgCl₂ + Li₂SO₄ + MgSO₄ + H₂O) at 323. 15 K. J. Chem. Eng. Data, 2011, 56: 4627~4632

[118] Zeng Y, Cao F J, Li L G, et al. Metastable phase equilibrium in the aqueous quaternary system (Li₂SO₄ + Na₂SO₄ + Li₂B₄O₇ + Na₂B₄O₇ + H₂O) at 273. 15 K. J. Chem. Eng. Data, 2011, 56: 2569~2573

[119] 桑世华. Li⁺, Na⁺//SO₄²⁻, B₄O₇²⁻-H₂O 交互四元体系 288 K 介稳相平衡研究. 无机化学学报, 2005, 21 (9): 1316~1320

[120] 虞海燕. Li⁺, Na⁺//CO₃²⁻, SO₄²⁻, B₄O₇²⁻-H₂O 五元体系 273 K 介稳相平衡研究. 成都: 成都理工大学硕士学位论文, 2007

[121] 桑世华, 倪师军, 殷辉安. 五元体系 Li⁺, Na⁺//CO₃²⁻, SO₄²⁻, B₄O₇²⁻-H₂O 288 K 介稳相平衡研究. 无机化学学报, 2010, 26 (6): 1095~1099

[122] Zeng Y, Shao M. Liquid-solid metastable equilibria in the quinary system Li⁺ + K⁺ + Cl⁻ + CO₃²⁻ + B₄O₇²⁻ + H₂O at T = 288 K. J. Chem. Eng. Data, 2006, 51: 219~222

[123] 阎书一. Li⁺, K⁺//Cl⁻, CO₃²⁻, B₄O₇²⁻-H₂O 体系 298K 介稳相平衡关系研究. 成都: 成都理工大学硕士学位论文, 2006

[124] 王瑞麟. Li⁺, K⁺ (Na⁺) //Cl⁻, CO₃²⁻, B₄O₇²⁻-H₂O 五元体系 273 K 介稳相平衡研究. 成都: 成都理工大学硕士学位论文, 2009

[125] 桑世华, 张晓, 赵相颇, 等. 五元体系 Li⁺, K⁺//CO₃²⁻, B₄O₇²⁻, SO₄²⁻-H₂O 在 288 K 时的介稳相平衡研究. 化学学报, 2010, 68 (6): 476~480

[126] 桑世华, 雷泞菲, 崔瑞芝, 等. 五元体系 Li⁺, K⁺//CO₃²⁻, B₄O₇²⁻, SO₄²⁻-H₂O 273 K 介稳相平衡研究. 高等化学工程学报, 2014, 28 (1): 21~26

[127] 周梅. 五元体系 Li⁺, Na⁺, (K⁺) //CO₃²⁻, B₄O₇²⁻, (Cl⁻) -H₂O 273 K 介稳相平衡研究. 成都: 成都理工大学硕士学位论文, 2009

[128] Sang S H, Yin H A, Tang M L. (Liquid + solid) metastable equilibria in quinary system Li₂CO₃ + Na₂CO₃ + K₂CO₃ + Li₂B₄O₇ + Na₂B₄O₇ + K₂B₄O₇ + H₂O at T = 288 K for Zhabuye salt lake. J. Chem. Thermodynamics, 2003, 35: 1513~1520

[129] Liu Y H, Guo Y F, Yu X P, et al. Solid-liquid metastable phase equilibria in the five-component system (Li + Na + K + Cl + SO₄ + H₂O) at 308. 15 K. J. Chem. Eng. Data, 2014, 59: 1685~1691

[130] Zeng Y, Lin X F. Solubility and density measurements of concentrated $Li_2B_4O_7$ + $Na_2B_4O_7$ + $K_2B_4O_7$ + Li_2SO_4 + Na_2SO_4 + K_2SO_4 + H_2O solution at 273. 15 K. J. Chem. Eng. Data, 2009, 54 (7): 2054 ~ 2059

[131] Zeng Y, Ling X F, Ni S J, et al. Study on the metastable equilibria of the salt lake brine system Li_2SO_4 + Na_2SO_4 + K_2SO_4 + $Li_2B_4O_7$ + $Na_2B_4O_7$ + $K_2B_4O_7$ + H_2O at 288 K. J. Chem. Eng. Data, 2007, 52: 164 ~ 167

[132] 王士强. 五元体系 Li^+, Na^+, Mg^{2+}//Cl^-, SO_4^{2-}–H_2O 及子体系 273. 15 K 介稳相平衡研究. 西宁: 中科院青海盐湖所博士学位论文, 2009

[133] 高洁. 五元体系(Li^+, Na^+, Mg^{2+}//Cl^-, SO_4^{2-}–H_2O) 介稳相平衡研究. 西宁: 中科院青海盐湖所博士学位论文, 2009

[134] 李增强. 五元体系(Li^+, Na^+, Mg^{2+}//Cl^-, SO_4^{2-}–H_2O) 50℃ 及其子体系 (Na_2SO_4–$MgSO_4$–H_2O) 在 50℃ 和 75℃ 介稳相平衡研究. 成都: 成都理工大学硕士学位论文, 2009

[135] 孟令宗. 五元体系(Li^+, Mg^{2+}//Cl^-, SO_4^{2-}, borate–H_2O) 相平衡研究. 西宁: 中科院青海盐湖所博士学位论文, 2009

[136] 高世扬, 柳大纲. 大柴旦盐湖夏季组成卤水的天然蒸发//柳大纲科学论著选集. 北京: 科学出版社, 1997, 44 ~ 57

[137] 高世扬, 夏树屏. 水盐体系热力学平衡态和非热力学平衡态相图. 盐湖研究, 1996, 4 (1): 53 ~ 58

[138] 高世扬. 盐卤硼酸盐化学 XX.——天然含硼盐卤的蒸发相图. 盐湖研究, 1993, 1 (4): 39 ~ 44

[139] 张宝全, 刘铸唐, 符廷进, 等. 东台吉乃尔盐湖卤水的相化学研究 (I) ——25℃ 等温蒸发实验. 盐湖研究, 1994, 2 (2): 57 ~ 61

[140] 张宝全, 刘铸唐, 符廷进, 等. 东台吉乃尔盐湖卤水的相化学研究 (II) ——冬夏季卤水蒸发实验. 盐湖研究, 1994, 2 (3): 27 ~ 34

[141] 李永华, 刘铸唐, 张宝全, 等. 东台吉乃尔盐湖卤水日晒蒸发工艺研究. 盐湖研究, 1996, 4 (2): 35 ~ 39

[142] 杨建元, 程温莹, 邓天龙, 等. 东台吉乃尔湖晶间卤水兑卤制取高品位钾镁混盐研究. 海湖盐与化工, 1995, 24 (4): 21 ~ 34

[143] 杨建元, 程温莹, 张勇. 东台吉乃尔湖晶间卤水综合利用途径研究. 矿物岩石, 1995, 15 (2): 81 ~ 85

[144] 杨建元, 程温莹, 邓天龙, 等. 东台吉乃尔湖晶间卤水综合利用研究 (煅烧法提锂工艺). 无机盐工业, 1996, 2: 29 ~ 32

[145] 杨建元, 张勇, 程温莹, 等. 西藏扎布耶盐湖冬季卤水 25℃ 等温蒸发研究. 海湖盐与化工, 1996, 25 (5): 21 ~ 24

[146] 陈敬清, 刘子琴, 房春晖. 盐湖卤水的蒸发结晶过程. 盐湖研究, 1994, 2 (1): 43 ~ 51

[147] 陈敬清, 刘子琴, 房春晖, 等. 小柴旦盐湖卤水 25℃ 等温蒸发. 地质论评, 1986, 32 (5): 470 ~ 480

[148] 李以圭, 陆九芳. 电解质溶液理论. 北京: 清华大学出版社, 2005

[149] 黄子卿. 电解质溶液理论导论. 修订版. 北京: 科学出版社, 1983

[150] Pitzer K S. Activity coefficients in electrolyte solution. Second edition. Boca Raton: CRC Press, 1992

[151] Pitzer K S. Thermodynamics of electrolytes. I. Theoretical basis and general equations. J. Phys. Chem., 1973, 77 (2): 268 ~ 277

[152] Pitzer K S. Thermodynamics of electrolytes. II. Activity and osmotic coefficients for strong electrolytes with one or both ions univalent. J. Phys. Chem., 1973, 77 (19): 2300 ~ 2308

[153] Pitzer K S. Thermodynamics of electrolytes. III. Activity and osmotic coefficients for 2 – 2 electrolytes.

J. Solution Chem. , 1974, 3 (7): 539~546

[154] Pitzer K S. Thermodynamics of electrolytes. IV. Activity and osmotic coefficients for mixed electrolytes. J. Am. Chem. Soc. , 1974, 96 (18): 5701~5707

[155] Pitzer K S. Thermodynamics of electrolytes. V. Effects of higher-order electrostatic terms. J. Solution Chem. , 1975, 4 (3): 249~265

[156] Pitzer K S. Electrolytes theory-improvements since Debye-Hückel. Account Chem. Res. , 1977, 10 (10): 371~377

[157] Renon H, Prausnitz J M. Local compositions in thermodynamic excess functions for liquid mixtures. AIChE Journal, 1968, 14 (1): 135~144

[158] Sander B, Rasmussen P, Fredenslund A. Calculation of solid-liquid equilibria in aqueous solutions of nitrate salts using an extended UNIQUAC equation. Chemical Engineering Science, 1986, 41 (5): 1197~1202

[159] Fredenslund A, Jones R L, Prausnitz J M. Group- contribution estimation of activity coefficients in nonideal liquid mixtures. AIChE Journal, 1975, 21 (6): 1086~1099

[160] Zwanzig R W. High-temperature equation of state by a perturbation method. I. nonpolar gases. The Journal of Chemical Physics, 1954, 22 (8): 1420~1426

[161] Harvie C E, Were J H. The prediction of mineral solubilities in natural waters: the $Na-K-Mg-Ca-Cl-SO_4-H_2O$ system from zero to high concentration at 25℃. Geochimi Cosmochim Acta, 1980, 44 (7): 981~997

[162] Harvie C E, Moller N, Weare J H. The prediction of mineral solubilities in natural waters: The $Na-K-Mg-Ca-H-Cl-SO_4-OH-HCO_3-CO_3-CO_2-H_2O$ system to high ionic strength salt 25℃. Geochim Cosmochim Acta, 1984, 48 (4): 723~751

[163] Kim H T, Frederick W J. Evaluation of Pitzer ion interaction parameters of aqueous electrolytes at 25℃. 1. Single salt parameters. J. Chem. Eng. Data, 1988, 33 (2): 177~184

[164] Kim H T, Frederick W J. Evaluation of Pitzer ion interaction parameters of aqueous electrolytes at 25℃. 2. Ternary mixing parameters. J. Chem. Eng. Data, 1988, 33 (3): 278~283

[165] Song P S, Yao Y. Thermodynamics and phase diagram of the salt lake brine system at 25°C I. Li^+, K^+, $Mg^{2+}//Cl^-$, $SO_4^{2-}-H_2O$ system. Calphad, 2001, 25: 329~341

[166] 宋彭生, 姚燕, 孙柏, 等. Li^+, Na^+, K^+, Mg^{2+}/Cl^-, $SO_4^{2-}-H_2O$ 体系 Pitzer 热力学模型. 中国科学: 化学, 2010, 40 (9): 1286~1296

第2章 盐湖卤水体系相平衡研究方法

目前对水盐体系相平衡的实验研究方法较为完善，稳定相平衡的实验研究方法有很多，其中常用的也比较重要的是等温溶解平衡法和变温法，对于介稳相平衡则通常采用等温蒸发法[1]。

2.1 稳定相平衡研究

2.1.1 等温溶解平衡法

原理：在恒温条件下，将一定组成的系统置于封闭容器中，充分搅拌，达到固液相平衡时，测定饱和溶液的液相组成，并同时鉴定与液相平衡的固相，从而获得相平衡数据，这种方法就是等温溶解平衡法，也一直是稳定相平衡溶解度测定的标准方法。

稳定平衡溶解度数据，包括两个要素：一是要准确确定特定水盐系统达到热力学平衡态时饱和溶液中各组分的含量；二是要同时准确地鉴定和表征与液相平衡的固相矿物。

2.1.1.1 实验研究方法

根据溶解度的定义，测定某种盐在水中的溶解度时所用的方法为：将一定量的水和盐加入到配有搅拌叶桨的平衡管中，并保持在整个溶解过程中盐过量存在。将平衡管置于恒温水浴（或油浴）中，开动搅拌器使物料充分搅拌、呈悬浮态。调节恒温槽温度以使溶解平衡管中物料的温度达到所要求的温度并保持恒温浴中温度均匀恒定（±0.1℃）。间隔一定时间，停止搅拌，待悬浮料液澄清后，取上层清液进行液相组成分析或物化性质测定，以判断系统是否达到平衡。当确认系统达到平衡后，需停止搅拌，待悬浮料液澄清后，取上层清液再进行分析测定，并同时取下部固相进行固相鉴定，从而获得盐的溶解度数据。当然，每一次这样的测定只是某一系统的数据，当配制一系列不同组成的系统进行测定时，便可得到一定温度下该体系全面的溶解度数据。

等温溶解平衡法测定水盐体系相平衡数据时，判断体系是否达到相平衡是一项非常重要的工作。体系达到相平衡所用时间的长短与构成体系所用盐的性质有关。不同体系、不同温度和不同相平衡状态，达到平衡所需要的时间差别很大，少则几小时，多的数天、数十天乃至更长。由于平衡时的液相具有一定的组成和物化性质，故可以通过检验液相的组成或某项物化性质是否已经恒定，来判断是否已经达到平衡。一般而言，液相的物化性质比液相的组成更容易测得，这些物化性质包括：密度、pH、比热、折光率、电导率、黏度，等等，可通过多次测定这些物化性质数据来判断系统是否达到平衡。

液相的密度通常采用高精度密度计（安东帕 DMA 4500M，测量精度 0.00001g/cm^3）

测定；折光率采用（安东帕 Abbemat 550，测量精度 1.0×10^{-6} n_D）测定；pH 采用高低温 pH 分析仪（WTW PH730，控温 $-5 \sim 105℃$，测量精度 0.001）测定；黏度采用乌氏黏度计测定；电导率采用 Orion 310C 电导率仪测定。溶液密度、黏度、pH、电导率等物化性质，均在控温精度为 $\pm 0.01 K$ 超级恒温水浴中进行测定。

利用等温溶解平衡法测定一个多元体系的溶解度数据，应按照由二元、三元到多元，由简到繁进行。以测定 $NaCl-KCl-NH_4Cl-H_2O$ 四元体系 25℃溶解度数据为例。首先，测定该体系所包括的二元体系，即 $NaCl-H_2O$、$KCl-H_2O$、NH_4Cl-H_2O 体系 25℃时的溶解度。

其次，在二元体系溶解度数据的基础上，扩展到三元体系。例如，在 $NaCl-KCl-H_2O$ 三元体系中，从复体 M（$KCl + H_2O$）出发，加入少量的第三种组分 NaCl，得到新的复体 M_1。对 M_1 进行测定，得到液相组成为 l_1，鉴定固相为 KCl。然后再在复体 M_1 中继续加入少量 NaCl，又得到复体 M_2，测定组成为 l_2；这样依次得到 M_3、M_4、M_5、…，便可测得一系列的液相点 l_3、l_4、l_5、…；并且到后来，液相的组成不再改变，此液相点 E_1 即为该三元体系的共饱点（零变量点）。在测定液相点组成的同时，通过固相鉴定可确定与 l_2、l_3、l_4 平衡的固相仍为 KCl，而与 l_5 平衡的固相为 NaCl 和 KCl。根据测得的液相点，可描绘出该三元体系中 KCl 的饱和溶液线 ME_1。用同样的方法，可以分别得到 NaCl、NH_4Cl 的饱和溶液线。

同理，三元体系的共饱点是四元体系的边点，可在三元体系共饱点溶解度数据的基础上，通过加入第四种组分进行四元体系的测定。

另外，实验时还可以采用合成复体法。先按照盐和水的比例准确地配制一系列复体点，在规定的温度下达到平衡；准确分析其液相组成，将液相组成点、复体点标在图中并连线，则固相点一定在此线的延长线上。如果多条直线在相图上交于一点，则这个交点就是液相点对应的纯固相点，见图 2-1。

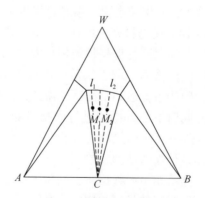

图 2-1　合成复体法原理

虽然等温法的原理简单，但要测定一个未知体系完整的相平衡数据并不容易。特别是对复杂的体系，要注意防止漏掉小的饱和区，还要注意鉴定固相中水合物、复盐以至固溶体的生成。在得到了若干个温度下的等温数据之后，为了确定体系零变量点的组成及所处的温度，还要采用从该温度的上、下两个方向逼近的方法进行测定。由于等温法测定的结果准确，所以，尽管它比较繁琐、费时，但仍是最基本和常用的方法。

2.1.1.2　实验仪器

在等温溶解平衡法中使用的仪器主要为恒温装置和平衡装置。在通常的温度范围内，使用恒温水浴，在较高或较低温度时，使用恒温油浴。

图 2-2 所示的平衡管可用于通常的温度范围。试料加入平衡管内，用搅拌器充分搅动，使之达到固液平衡。为防止水分蒸发，须在上部液封，并在取样支管口加塞。取样要在静置一段时间、固相完全沉降、液相完全澄清后，用吸样管进行。取液相时，吸样管前端可套一塞有脱脂棉的胶管，或用特制的玻璃砂芯过滤管，以防止将固相吸入。另外，吸样管要预热到待测溶液温度以上，以防液相冷却而析出固相。

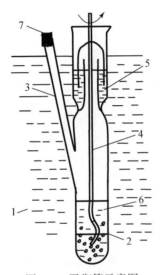

图 2-2　平衡管示意图

1. 恒温水浴；2. 管体；3. 取样支管；4. 搅拌器；5. 液封；6. 试料；7. 橡胶塞

为能同时进行多组样品的测定，可采用恒温水浴振荡器。恒温槽内放置多组样品瓶并浸于恒温水浴中，将配制好的试样密封在样品瓶中，随机械回旋振荡，使样品瓶中的试样充分搅动，以便达到固液平衡。达到平衡后，停止机械振荡，静置，待固相完全沉降液相澄清后，分别取液固相进行分析。

2.1.2　变温法

原理：通过测定不同组成的复体在变温过程中发生相变时的温度，得到组成与相变温度关系的曲线，进而根据作图可确定体系的相平衡数据，这种方法称为变温法。变温法多用于二元体系，可测定固相开始结晶温度和最后一粒晶体消失的温度。

测定发生相变时温度最简单的方法是目测。将已知浓度的溶液放于试管中，在装有精密温度计和搅拌器的水浴中缓慢降温，并记录下开始出现晶体的温度。继续冷却后使溶液冻结，再缓慢加热搅动，观察最后一粒晶体消失的温度。两个温度应一致。这种方法简单，但准确度不高，只能确定第一种固相结晶时的温度，而不能确定其后的固相结晶及固相间发生转变时的温度。

　　记录变温过程的时间–温度曲线，即步冷曲线（冷却曲线）或加热曲线，是测定发生相变时温度的另一种方法。以冷却为例，当利用实验手段从系统周围的环境均匀地取走热量而使系统冷却时，系统的冷却速度是均匀的，则温度将随时间而均匀地（或线性）改变，当体系内有相的变化时，由于相变潜热的出现，所用温度–时间图上就会出现转折点或水平线段。前者表示温度随时间的变化率发生了改变，后者表示在水平线段内，温度不随时间而变化。冷却速度不同，步冷曲线的斜率不同。不同斜率步冷曲线交点所处的温度，即发生相变的温度。图 2-3 表示简单二元体系 $MX-H_2O$，不同组成系统的 5 个样品的步冷曲线，根据各步冷曲线相变温度，通过作图绘制的相图。

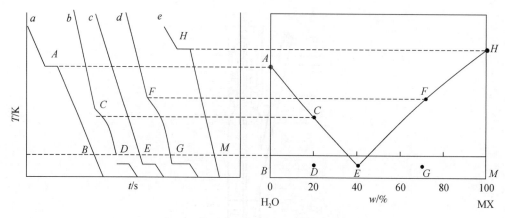

图 2-3　简单二元体系冷却曲线及相图

　　变温法的测定过程比较简单，只需配制好各种组成的系统，进行冷却或加热，测定发生相变的温度，可以得到一定温度范围内的连续数据，可作出各个温度下的相图。

　　特别值得指出的是：①步冷曲线法的溶解度测定法具有一定的局限性，主要是可能出现过冷现象（如图 2-4），即温度已低于某固相应析出的温度时，该固相仍未析出的现象，使测定的相变温度不够准确，这时以此确定二元体系溶解度时会出现较大的偏差，如水在

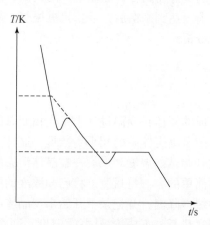

图 2-4　产生过冷现象的冷却曲线

冷却过程中，在没有剧烈搅拌下，温度低于0℃时而不结冰的液态水，就是过冷现象的例子。②在较复杂体系中，由于剖面选择有限，难免遗漏小的饱和面。因此，对一个未知体系，可先用变温法确定概貌，再采用等温溶解平衡法做准确的测定。

图 2-5 是最简单的变温法实验装置，图中配制好的溶液放置在试管中，搅拌器使溶液能均匀冷却，并防止过冷现象产生。试管置于可均匀散热冷却的器皿中。

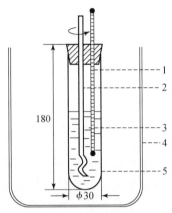

图 2-5　变温法实验装置

1. 温度计；2. 搅拌器；3. 试样；4. 大器皿；5. 试样管

2.2　水盐体系介稳相平衡

在上一节稳定相平衡溶解度测定中，我们提到等温溶解平衡法是测定稳定平衡溶解度的标准方法，是测定某一复体中盐在水中达到热力学平衡态时的饱和溶液浓度。我们也可注意到，在采用变温法（即步冷曲线记录法）研究二元体系溶解度时，在某些情况下，会产生过冷现象，常会导致溶解度测定结果出现较大的偏差。例如：在分析纯硼酸锂的重结晶纯化实验过程中，称取一定量的硼酸锂在80℃下溶于水形成硼酸锂饱和溶液，趁热过滤以除去不溶物后，再冷却结晶，发现降温到0℃时也没有晶体析出，这显然已形成了硼酸锂的过饱和溶液；另外，我们又将硼酸锂饱和溶液，在不搅拌的情况下，徐徐蒸发，会发现蒸发水分浓缩至近干，似乎形成非晶的玻璃态也没有硼酸锂晶体析出，在蒸发的这一过程中，显然也已形成了过饱和溶液，我们把过饱和溶解度现象称为介稳现象。

在自然界中也普遍存在介稳现象。在盐湖卤水或海水的盐田自然蒸发过程中，盐类的结晶顺序往往与稳定平衡相图不符而呈现介稳平衡。近年来，介稳相平衡的实验研究十分活跃。对于介稳相平衡的研究，介稳相平衡的实验研究可采用等温蒸发结晶法或者冷却降温法，但通常采用等温蒸发结晶法。

2.2.1　等温蒸发结晶法

对一定组成的未饱和溶液，置于敞开的容器中，在一定的实验设备中，模拟自然蒸发条件下的湿度、风速和蒸发速率，在恒定温度下静置蒸发，在蒸发过程中定期观察溶液蒸发结晶析出的固液介稳相平衡时，测定液相组成，并同时鉴定与液相共存的固相，从而获得介稳相平衡数据，这种方法就是等温蒸发结晶法。

等温蒸发结晶法有两点特别值得注意的事项：第一，蒸发过程是等温静态过程，被蒸发的溶液不能进行搅拌或扰动；第二，特定水盐系统或复体达到热力学介稳平衡态，因此模拟蒸发条件下的湿度、风速和蒸发速率等影响因素也极为重要。

2.2.2　实验研究方法与实验装置

1. 实验研究方法

实验所用试剂均为分析纯，并经重结晶、干燥后备用；实验过程中配制料液和分析用水均为经电渗析脱盐，混合床离子交换树脂处理后的超纯水（电导率≤$1.2×10^{-4}$S/m）。

在硬质玻璃容器中，配制一定量的水和盐复体，置于敞开容器中，放在磁力搅拌器上搅拌溶解。当固相全部溶解后，放入恒温蒸发箱中，控制箱内温度、湿度和风速，进行等温蒸发。在等温蒸发过程中，硬质蒸发容器中复体样品静置。根据固相析出的情况，分别取固相鉴定和液相组成化学分析。一般而言，液相的物化性质比液相的化学组成更容易测得，这些物化性质包括：密度、pH、比热、折光率、电导率、黏度，等等，也可通过测定物化性质数据来判断系统是否达到介稳平衡。

2. 实验装置

实验研究装置是恒温蒸发箱，由温度控制器、传感器和记录仪构成温控系统，风扇模拟风能，再控制湿度，并由白炽灯或红外灯模拟太阳能蒸发，其结构见图2-6。此外，也有采用恒温恒湿箱设备，但现有的国产和进口恒温恒湿箱，其湿度可控范围一般只能达到40% ~90%，而盐湖蒸发区自然条件下，湿度一般多在20% ~30%，因此需要进一步将恒温恒湿箱加以控制和处理，以满足湿度要求。

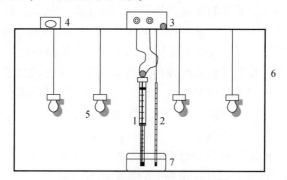

图2-6　等温蒸发结晶实验装置[2]

1. 温度传感器；2. 精密温度计；3. 继电器或温度记录仪；4. 风扇；5. 白炽灯或红外灯；6. 蒸发箱；7. 试样

2.3　液相分析方法[3]

液相分析可采用化学定量分析、仪器分析等方法进行测定，常见离子分析方法简介如下。

2.3.1　镁离子测定及干扰消除方法

乙二胺四乙酸二钠（EDTA）是重要的氨羧络合剂，在不同的酸度范围内，能与许多二价、三价或四价金属离子化合，生成各种稳定性很高的络合物，广泛应用于超过 40 种金属离子的直接或间接测定。含镁试样与 EDTA 反应：$Mg^{2+} + H_2Y^{2-} \longrightarrow MgY^{2-} + 2H^+$，滴定终点以铬黑 T 为指示剂，在 $NH_4Cl—NH_3 \cdot H_2O$ 的碱性缓冲溶液中（pH 为 $8 \sim 11.5$），指示剂与 Mg^{2+} 反应生成酒石红色的可溶性络合物，但稳定性不如 EDTA 与 Mg^{2+} 生成的可溶性的无色络合物好。因而当用 EDTA 滴定时，EDTA 就从 Mg（Ca）指示剂络合物中取出 Mg 并与自身结合、当溶液中所有 Mg（Ca）均与 EDTA 络合后，溶液的酒石红立即消失而呈现出指示剂在碱性溶液的本色——天青色。

值得指出的是，含锂盐湖卤水体系中，大量 Li^+ 的存在，对 Mg^{2+} 测定结果产生较大的影响。滴定突变不明显，终点不易判断，致使结果偏高。为了准确测定体系中 Mg^{2+} 的含量，进行了消除干扰实验，并对干扰机理进行了探索。

2.3.1.1　干扰消除研究[4]

（1）选择最佳比例混合醇：选择锂镁质量比为 6.68 的混合试样，其中含 Mg^{2+} 15.00mg，进行了不同比例混合醇消除 Li^+ 对络合滴定测定 Mg^{2+} 干扰研究。在试样中分别加入不同比例的混合醇各 20mL、25mL，结果见表 2-1。

加入混合醇后，滴定终点颜色突变明显，比较容易观察。但如果混合醇中正丁醇比例过高，则不能与水混溶。加入不同比例的混合醇与产生的相对误差见图 2-7。

表 2-1　不同比例混合醇消除 Li^+ 对 Mg^{2+} 测定干扰的实验结果

样号	比例	$V_{alcohol}$/mL	Er /%
1	1：1	25.00	油状，突变不明显
2	1：5	20.00	+0.52
		25.00	+0.24
3	1：7	20.00	+0.40
		25.00	+0.12
4	1：8	20.00	+0.36
		25.00	+0.12
5	1：10	20.00	+0.40
		25.00	+0.16
6	1：12	20.00	+0.48
		25.00	+0.20
7	1：15	20.00	+0.56
		25.00	+0.28

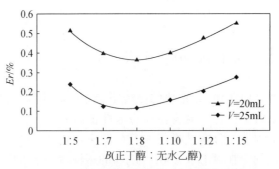

图 2-7　不同比例混合醇对测定结果的影响

由图 2-7 可见 1 ∶ 5 ~ 1 ∶ 15 的正丁醇与无水乙醇的混合液加入 20mL，消除干扰后产生的相对误差较大，而加入 25mL 混合醇时，消除干扰相对误差较小。混合醇中正丁醇的含量过低或过高，都使得测定 Mg^{2+} 的相对误差增大。实验结果表明：体积比为 1 ∶ 7 ~ 1 ∶ 10 的混合醇消除干扰效果比较理想，终点颜色突变鲜明。

（2）不同浓度的 Li^+ 对测定 Mg^{2+} 干扰的研究：在锂、镁混合试样中，分别加入不同量的 1 ∶ 10 混合醇溶液，用 EDTA 标准溶液滴至酒石红色突变为天青色。不同浓度的 Li^+ 对测定 Mg^{2+} 干扰消除的实验结果分别见表 2-2 和图 2-8。

表 2-2　混合醇消除不同浓度 Li^+ 对测定 Mg^{2+} 干扰的分析结果

m_{Li}/m_{Mg}（锂镁质量比）	$V_{混合醇}$/mL	Mg^{2+}/mg	Er/%	Mg^{2+}/mg	Er/%	Mg^{2+}/mg	Er/%	Mg^{2+}/mg	Er/%
—	—	18.294	—	15.000	—	9.147	—	4.5735	—
8.01	30	18.331	+0.20	15.024	+0.16	9.157	+0.11	4.5660	−0.16
5.34	25	18.313	+0.10	15.012	+0.08	9.144	−0.03	4.5600	−0.30
2.67	15	18.319	+0.14	15.018	+0.12	9.150	+0.03	4.5600	−0.30

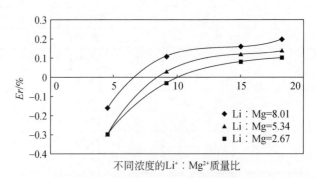

图 2-8　不同浓度锂镁质量比和相对误差之间的关系

由图 2-8 可见，在相同锂镁质量比下，随着溶液中含锂的相对质量增加，Li^+ 对测定 Mg^{2+} 的干扰，呈上升趋势；在不同锂镁质量比条件下，随着溶液中锂的质量增加，Li^+ 对测定 Mg^{2+} 的干扰亦呈现增大趋势。由此可见，不同浓度的 Li^+ 对测定 Mg^{2+} 的干扰，随着溶液中锂的质量增加，干扰也相应增加。

（3）混合醇消除 Li^+ 对测定 Mg^{2+} 干扰研究：在锂镁混合试样中，分别加入一定量体积比为 1∶10 的混合醇，测定 Mg^{2+} 的含量。通过调整混合醇的加入量，使相对误差 ≤0.3%，实验结果见表 2-3，并绘制溶液中锂的质量与混合醇体积关系图，见图 2-9。

表 2-3 混合醇消除 Li^+ 对测定 Mg^{2+} 干扰的分析结果

样号	m_{Mg}/mg	m_{Li}/mg	$V_{alcohol}$/mL	Er/%
1	20.00	0.00	0	−0.06
2	15.00	7.05	0	+0.28
3	15.00	7.05	5	−0.12
4	15.00	15.00	10	−0.16
5	15.00	20.03	10	+0.04
6	15.00	40.05	15	+0.12
7	15.00	60.08	20	+0.08
8	15.00	80.10	25	+0.08
9	15.00	100.13	25	+0.16
10	15.00	120.15	30	+0.16
11	16.36	147.56	35	+0.073
12	16.36	163.86	38	+0.15
13	16.36	181.06	42	+0.18
14	16.36	196.45	45	+0.073

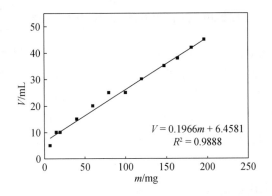

$$V = 0.1966m + 6.4581$$
$$R^2 = 0.9888$$

图 2-9 溶液中锂的质量与混合醇体积的关系

实验中锂镁的硫酸盐混合试样，按照文献［5］的相点数据配制。从溶液中含锂质量与需要加入混合醇体积的关系可以看出，Li^+ 对测定 Mg^{2+} 的干扰与溶液中含锂质量有关。随溶液中锂质量的增加，需要加入混合醇的体积也相应增加，因而加入混合醇的体积，应根据溶液中含锂量来确定。

实验表明，当锂镁质量比小于 0.5 时，Li^+ 对测定 Mg^{2+} 的干扰可以在滴定误差允许范围内；由图 2-9 可见，加入混合醇的体积与溶液含锂的质量呈线性关系，根据实验测定数据，拟合方程为

$$V = 0.1966 \times m + 6.4581 \quad R^2 = 0.9888 \quad\quad\quad (2-1)$$

式中，V 为加入混合醇的体积，mL；m 为溶液中锂的质量，mg。

盐湖卤水体系中 Li^+ 存在时，当 $m_{Li}/m_{Mg} > 1$ 至 $m_{Li}/m_{Mg} = 12$ 时，对 Mg^{2+} 的分析结果产生较大影响，通过调整正丁醇和无水乙醇混合液的加入量可很好地抑制 Li^+ 的干扰，可保证 Mg^{2+} 的滴定分析误差达到 ≤0.3% 的高精度要求。

（4）相同锂镁比时指示剂的影响实验：在锥形瓶中加入含 Mg^{2+} 25.00mg、Li^+ 16.02mg 的溶液，加铬黑 T 指示剂 6~18 滴不等，再加入 10mL $NH_4Cl-NH_4 \cdot H_2O$ 缓冲溶液，用 EDTA 标准溶液滴定至酒石红色突变为天青色。加入指示剂的量与滴定相对误差的关系见图 2-10。可见，相同锂镁比（锂镁比小于 1）时，滴定相对误差随加入指示剂的量增大而减小。在锂镁比小于 1 时，选择加入 14~16 滴铬黑 T 指示剂为最佳。

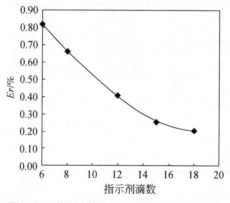

图 2-10　指示剂的量与相对误差的关系图

大量 Li^+ 存在时，当 $1 < m_{Li}/m_{Mg} < 12$ 时，对 Mg^{2+} 的分析结果产生较大影响，通过调整混合醇的加入量，可保证 Mg^{2+} 的滴定分析误差达到 ≤0.3% 的高精度要求；消除 Li^+ 对测定 Mg^{2+} 干扰时，正丁醇与乙醇最佳体积比为 1∶7~1∶10；Li^+ 对测定 Mg^{2+} 的干扰与液相中含锂质量有关，为消除干扰，加入混合醇的量，应根据被测液相含锂的质量来确定，见式 (2-1)；当 $m_{Li}/m_{Mg} < 1$ 时，可以通过控制指示剂的加入量来减小滴定误差，最佳加入量为 14~16 滴。

2.3.1.2　干扰机理探索实验[5]

1. 核磁共振谱图

将 LiCl 分别溶于乙醇和正丁醇，用 Braker AM 300 核磁共振仪进行分析，其图谱分别见图 2-11~图 2-14。

以正丁醇为例，对比图 2-13 和图 2-14 可以看出，在 $\delta = 3.6 \sim 3.7$ppm[①] 处，由于相邻的—CH$_2$ 和—OH 耦合作用故为四重峰；加入氯化锂后裂分消失，峰形变为宽峰。在 $\delta = 1.3 \sim 1.7$ppm 处，羟基峰与—CH$_2$ 峰重叠在一起，出现多重峰；加入氯化锂后峰形也变为宽峰。在 $\delta = 0.9 \sim 1.0$ppm 处，由于—CH$_2$ 的偶合出现三重峰，加入氯化锂后，裂分同样也消失，变为宽峰。

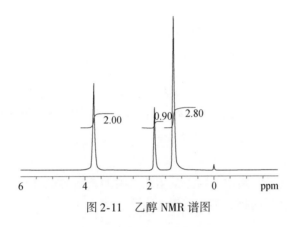

图 2-11　乙醇 NMR 谱图

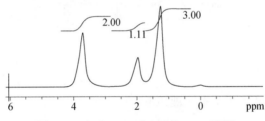

图 2-12　加入 LiCl 后乙醇的 NMR 谱图

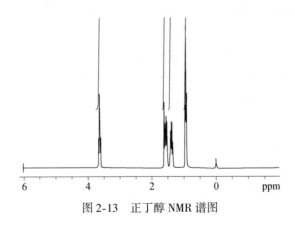

图 2-13　正丁醇 NMR 谱图

络合物存在时，配体与金属的比例一般是固定的，存在核磁的裂分，而簇合物是多个

---

① 1ppm = 10^{-6}。

图 2-14　加入 LiCl 后正丁醇的 NMR 谱图

配体与金属络合，具有干分子的性质，导致核磁裂分消失。图 2-11 和图 2-13 中的峰裂分，在图 2-12 和图 2-14 中消失，形成了包峰，说明醇的存在状态有很多种，即形成锂盐与醇的簇合物。

2. 反应

对盐湖卤水中镁离子的测定，一般采用乙二胺四乙酸二钠（以下称 EDTA）络合滴定法，铬黑 T 作为滴定终点的指示剂。铬黑 T 分子式为

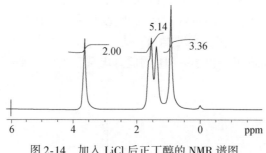

Mg^{2+} 与 EDTA 的络合作用基本原理如下[3]：

$$(2-2)$$

铬黑 T 指示剂（NaH_2Ind）在溶液中解离为

$$NaH_2Ind \rightleftharpoons Na^+ + H_2Ind^-$$

$$H_2Ind^- \underset{}{\overset{pH=6.3}{\rightleftharpoons}} HInd^{2-} + H^+ \underset{}{\overset{pH=11.5}{\rightleftharpoons}} Ind^{3-} + H^+$$
　（紫红色）　　　　　（天青色）　　　　　　　（橙色）

$$(2-3)$$

当 Mg^{2+} 存在时，与铬黑 T 的反应如下：

$$Mg^{2+} + HInd^{2-} \rightleftharpoons MgInd^- + H^+$$
　　（天青色）　（酒石红色）

$$(2-4)$$

当用 EDTA 滴定时发生如下反应：

$$MgInd^- + H_2Y^{2-} \rightleftharpoons MgY^{2-} + HInd^{2-} + H^+$$

（酒石红色）　　　　　　　　　（天青色）　　　　　　　　　　(2-5)

滴定终点时即 MgInd⁻ 全部转化为 HInd²⁻，溶液变为天青色。但当大量 Li⁺ 存在时，发生终点滞后现象，严重时甚至无法达到原终点天青色。

3. 干扰机理

锂离子与 EDTA 也存在类似镁离子的络合作用，其络合稳定常数分别为 K_{MgY} 和 K_{LiY}，镁离子与指示剂的络合稳定常数为 K_{MgIn}，数据如下：

$\lg K_{MgY}=8.7$，$\lg K_{LiY}=2.79$，$\lg K_{MgIn}=7.0$ 或 5.75（pH=10，25℃时）。

从络合稳定常数可以看出，Li⁺ 形成的络合物 LiY 稳定性远远小于 Mg²⁺ 形成的络合物 MgY。由于 Li⁺ 将 MgY²⁻ 中的 Mg²⁺ 置换出来，与指示剂生成的络合物 MgInd⁻ 显酒石红色，致使滴定终点拖后，这与络合物的稳定常数相左。

Li⁺ 与指示剂（Ind²⁻）也发生络合，其络合产物 LiInd⁻ 类似 MgInd⁻ 显红色，由于 LiY²⁻ 稳定常数较小，EDTA 将 Li⁺ 从与 LiInd⁻ 中置换出来比较困难，少量 Li⁺ 存在时，会使 $m_{LiInd^-}/m_{Ind^{2-}}$（浓度比）增大，天青色与紫红色混合，终点难以分辨。EDTA 滴定时存在平衡 (2-6)，当 EDTA 过量时，平衡（2-6）会向右移动，天青色逐渐明显，最终到达滴定终点。

$$LiInd^- + H_2Y^{2-} \rightleftharpoons LiY^{2-} + HInd^{2-} + H^+$$

（酒石红色）　　　　　　　　　（天青色）　　　　　　　　　　(2-6)

但是溶液中大量 Li⁺ 存在时，会使 $m_{LiInd^-}/m_{Ind^{2-}}$ 剧增，需要 EDTA 极大过量，才能使滴定终点天青色比较明显，这样在具体实验测定中，就失去了意义，因而实验无法到达滴定终点。

由图 2-11 可见，当少量 Li⁺ 存在时，随着加入的指示剂增多，滴定相对误差减小，这验证了 EDTA 不易将 LiInd⁻ 中的 Li⁺ 置换出来，指示剂增多时，虽然平衡（2-6）向左移动，但是 $m_{LiInd^-}/m_{Ind^{2-}}$ 减小，滴定终点较易到达。

4. 消除干扰的机理

对照图 2-11 和图 2-12，图 2-13 和图 2-14，可以看出，加入混合醇能够消除 Li⁺ 对测 Mg²⁺ 的干扰，是由于 Li⁺ 与乙醇和正丁醇都形成了簇合物。由于 Li⁺ 簇合物的稳定常数远远大于 LiInd⁻ 的稳定常数，绝大多数 Li⁺ 以簇合物的形式存在，故而减少甚至消除了对终点颜色的干扰。这同样解释了，消除 Li⁺ 对 Mg²⁺ 络合滴定中的规律：随 Li⁺ 含量的增加，加入混合醇的量也不断增大。

实验发现 Li⁺ 不存在时加入混合醇，或含少量 Li⁺ 时加入过量的混合醇，会使滴定产生负误差。究其原因，是由于 Mg²⁺ 同样也与混合醇形成簇合物，但 Mg²⁺ 簇合物稳定性远小于 MgInd⁻ 的稳定性，极小部分 Mg²⁺ 与余下的混合醇形成了簇合物，导致滴定负偏差。

实验发现采用正丁醇和无水乙醇体积比为 1：7～1：10 混合醇效果最好，如图 2-7 所示。实验说明体积比小于 1：7 的混合醇不能完全溶于水溶液中，即正丁醇不能与水溶液混溶，导致未溶的正丁醇不能与 Li⁺ 形成簇合物，故而产生较大的正误差；而当体积比大于 1：8 时随正丁醇量的减小，误差不断增大。说明 Li⁺ 形成的簇合物以与正丁醇形成的簇合物为主。

5. Fuoss 理论分析

$$K_A = \left(\frac{4\pi Na^3}{3000}\right) \exp\left(\frac{e^2}{aDKT}\right) \tag{2-7}$$

式（2-7）为 Fuoss 理论计算络合稳定常数公式[6,7]，其中 K_A 为络合稳定常数；D 为介电常数；N 为阿伏伽德罗常数；a 为粒子间相互作用距离；K 为玻尔兹曼常数，J/K；T 为温度，K。

20℃时介电常数[8]如下：

$D_{乙醇} = 25.3$，$D_{正丁醇} = 17.84$，$D_{水} = 80.20$。

假定加入混合醇前后仅有 D 发生变化，其他均维持不变。按简单加和法则判断，加入混合醇后，混合溶剂的介电常数减小，导致混合溶液中络合物的络合常数增大。这与前文的推测，混合溶剂的作用下 Li^+、Mg^{2+} 形成了相应的簇合物相吻合。

由于周期表中的对角线法则，锂、镁两种元素存在一定的相似性，表现在它们均具配位能力；但由于其不同的原子结构，其配位能力又表现了一定的差异。这一相似性，对含锂体系中镁的测定，产生了干扰。在实验研究及 Fuoss 理论基础上，对 Li^+ 对 Mg^{2+} 测定中的干扰机理以及消除干扰机理进行了探索，认为 Li^+ 对 Mg^{2+} 测定产生干扰，是由于 Li^+ 与指示剂发生络合且 K_{LiInd^-} 大于 K_{MgInd^-}；加入混合醇能消除这一干扰，是由于 Li^+ 与混合醇形成簇合物，其中以 Li^+ 与正丁醇形成的簇合物为主，且此 Li^+ 簇合物的稳定常数远大于 K_{LiInd^-}，而 Mg^{2+} 与混合醇形成的簇合物其稳定常数远小于 K_{MgInd^-}。

2.3.2　其他离子分析方法

1. 硫酸根离子 SO_4^{2-}——氯化钡重量法

在碱金属和碱土金属的硫酸盐、氯化物溶液中，加入适当过量的 $BaCl_2$ 溶液，定量生成硫酸钡沉淀，反应为：$Ba^{2+} + SO_4^{2-} \longrightarrow BaSO_4 \downarrow$。用 G4 玻璃坩埚抽滤，于 130℃烘干恒重。

2. 钾离子 K^+——四苯硼钠重量法

在微酸性溶液中，四苯硼化钠与钾离子反应，生成溶解度很小的白色沉淀，反应为：$K^+ + NaB(C_6H_5)_4 \longrightarrow KB(C_6H_5)_4 \downarrow + Na^+$。在试样中加 1% $NaB(C_6H_5)_4$ 试剂，加入沉淀剂过量 50%，每 mg K^+ ~1.32mL 沉淀剂，2min 左右加完，生成的沉淀放置 10min，用 G4 玻璃坩埚抽滤，并以饱和溶液转移和洗涤沉淀，沉淀于 110℃烘干恒重。

3. 氯离子 Cl^-——$Hg(NO_3)_2$ 滴定法

在中性或酸性溶液中，二价 Hg^{2+} 与 Cl^- 反应生成离解度很小的卤化汞络离子，其反应为：$Hg^{2+} + 2Cl^- \longrightarrow HgCl_2$。当反应达到终点后，稍过量的 Hg^{2+} 即与指示剂二苯偶氮碳酰肼反应生成紫蓝色络合物，作为反应终点的鉴别。

4. 硼离子——甘露醇碱量法

在天然和地下卤水中，硼以何种硼酸盐形式存在，目前尚无定论。但如将卤水试样溶液用酸处理，则硼转变为硼酸形式。H_3BO_3 系多元酸，不能用碱直接滴定。而当试样溶液中加入多元酸（如甘露醇，甘油或转化糖）后，即与 H_3BO_3 化合生成一种离解度远大于 H_3BO_3 的羟基络合物，其反应为：

$$2H_3BO_3 + C_6H_{14}O_6 \longrightarrow C_6H_8(OH)_2 \cdot (BO_3H)_2 + 4H_2O$$

$$C_6H_8(OH)_2 \cdot (BO_3H)_2 + 2NaOH \longrightarrow C_6H_8(OH)_2(BO_3Na)_2 + 2H_2O$$

硼酸–羟基络合物离解出的 H^+，即能用碱直接滴定，借此进行试样中含硼量的测定。对含硼溶液加入过量甘露醇，酚酞作为指示剂，用 NaOH 滴定至溶液呈橙色，即为终点。

5. 锂离子、钠离子——原子吸收法和 ICP-AES 法

原子吸收法是基于物质所产生的原子蒸气对待测元素的特定谱线的吸收作用来定量分析的方法。在 Li^+、Na^+ 测定方法中钾盐（硝酸钾或氯化钾）作为电离缓冲剂，可抑制共存质的电离干扰，并增强测锂、钠的灵敏度。同时 ICP-AES 具有灵敏度高，检测限低，干扰小和测量范围宽等特点，适用于卤水中 Li^+、Na^+ 等微量元素的直接测定。

值得指出的是，在相平衡研究中，为了确保溶解度数据的可靠性，要根据不同的研究体系，合理地选择最佳分析测定方法。由于各种分析测定方法的系统误差不尽相同，一般而言，要求重量分析法的误差在 0.05% 以内，滴定分析法的误差在 0.3% 以内，仪器分析法误差在 0.5% 以内。因此，在相平衡实验研究中，分析方法的选择依次为：重量法、滴定法，最后是仪器分析法。

2.4　固相鉴定方法

水盐体系相平衡中，无论稳定相平衡还是介稳相平衡实验研究，都需要对与液相平衡的固相进行鉴定。水盐体系固相鉴定方法常用的有：湿固相法、晶体光学法、X 射线粉晶衍射法等。

2.4.1　湿固相法[9]

当固相上带有与它平衡的液相时，即为湿固相。湿固相法又称为湿渣法，由德国化学家 Schreinermark 于 1893 年提出，通过测定湿固相及其平衡的液相组成后，将两者的图形点连成直线。纯固相点一定在这条连线上，进而可以确定纯固相点的位置。

这一方法的基本依据是直线规则。正因为湿固相由纯固相和液相组成，所以在相图上，湿固相点、液相点、纯固相点应在一条直线上。若分析了数个溶液及它对应的平衡湿固相组成点并连成直线，则会有一些线交汇于代表固相组成的固相点上。

具体做法是按一定比例间隔配制两种盐的混合物，约 10 余组；再分别向各组混合物中加水，但不能将盐完全溶解。加水后的混合物在恒温下不断搅拌，达到平衡后取样分析。样品应在恒温下静置，使盐颗粒完全下沉至溶液澄清，先取上清液样，再取湿固相，将液相样和湿固相样分别加水配成溶液后进行分析。

将液相和湿固相的分析结果按百分组成标于图中，依连线规则连线，得溶解度曲线；再用直线把液相组成点与所对应的湿固相点连线并延长，就可找出固相点。交于每个固相

点和零变量点处的线不可少于两条。以图 2-15 所示的三元体系等温图为例，$1-l_1$、$2-l_2$、$3-l_3$、$4-l_4$、…，为所测得的湿固相–液相组成点。由图 2-15 可见，前四组直线交汇于 A，说明这几组液相的平衡固相为 A 盐。而后四组直线交汇于液相点 e，说明 e 点是等温零变量点，其平衡固相有两种，当这两个平衡固相为 A 盐和 B 盐时，总固相的组成点为 S_5、S_6、S_7、S_8。倘若与 e 平衡的固相不是 A 盐和 B 盐，而是 A 盐和水合物 B_1，那么总固相点就应在 r_5、r_6、r_7、r_8。

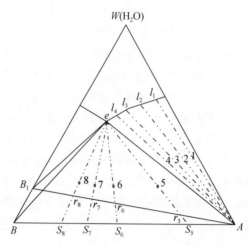

图 2-15　三元体系相图中的湿固相法

由分析可见，湿固相法仅对鉴定单一的平衡固相准确有效，而对有两个或两个以上平衡固相，只能给出一些可能的结果。因此，湿固相法有一定的局限性。

2.4.2　晶体光学法

水盐体系相平衡所测得固相多为结晶体，因此，可以利用各种晶体的不同晶形和光学性质对固相进行鉴定，这就是常用的晶体光学法。

结晶体有一定的晶形，利用偏光显微镜可以观察晶体的外形特征，即可判断是什么固相。即使有多种固相共存，也可以将它们分别鉴定出来。常见各种盐类晶形的图谱可查找专门的书。图 2-16 是几种常见矿物晶形图。

每种晶体都有其特定的光学性质，折光率是重要的光学性质之一。各种常见盐类矿物光学性质见附录 6。因此，当遇有晶形相同的不同固体或欲对晶体作出更准确的判断时，可测定晶体的折光率。常见方法是采用偏光显微镜的油浸法，附录 6 列出盐矿物光学性质参数，其中包含新发现或新合成的盐类矿物：硫酸锂、硫酸锂钠（$Li_2SO_4 \cdot Na_2SO_4$）、十二水硫酸锂钠（$Li_2SO_4 \cdot Na_2SO_4 \cdot 12H_2O$）、硫酸锂钾（$Li_2SO_4 \cdot K_2SO_4$）、锂光卤石（$LiCl \cdot MgCl_2 \cdot 7H_2O$）等锂盐和偏硼酸锂、硼酸钙、柱硼镁石（$MgB_2O_4 \cdot 3H_2O$）、章氏硼镁石（$MgB_4O_7 \cdot 9H_2O$）、库水硼镁石、多水硼镁石（$Mg_2B_6O_{11} \cdot 15H_2O$）等硼酸盐。图 2-17 是偏光显微镜构造和原理示意图。

油浸法测定晶体的折光率，需要油浸液。油浸液是用两种或两种以上有机物配制成。

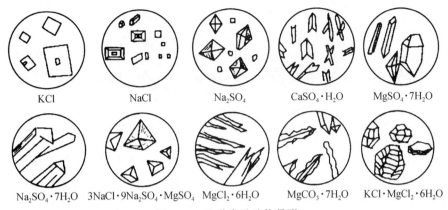

| KCl | NaCl | Na_2SO_4 | $CaSO_4 \cdot H_2O$ | $MgSO_4 \cdot 7H_2O$ |

| $Na_2SO_4 \cdot 7H_2O$ | $3NaCl \cdot 9Na_2SO_4 \cdot MgSO_4$ | $MgCl_2 \cdot 6H_2O$ | $MgCO_3 \cdot 7H_2O$ | $KCl \cdot MgCl_2 \cdot 6H_2O$ |

图 2-16　几种常见矿物晶形

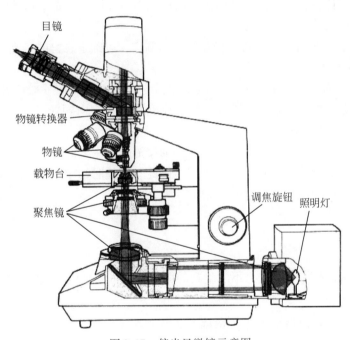

图 2-17　偏光显微镜示意图

按照不同的配比，制备出一系列不同折光率的油浸液。将具有一定折光率的油浸液滴在小颗粒晶体上，放在偏光显微镜下对晶体和油浸液的折光率进行比较，判断它们的大小。通过更换不同折光率的油浸液反复比较，最后就能测出晶体的折光率值。

　　常见的比较油浸液和晶体折光率的方法为贝克线法。在单偏光镜下，用平面反光镜，使单色光平行地进入下偏光镜。由于油浸液和晶体的折光率不同，当光线经过浸在油浸液中的晶体的边缘时，边缘对光线的作用类似棱镜。这样，在晶体和油浸液的接触面上会出现一个明亮的光带，即贝克线。当提升显微镜镜筒时，如果贝克线向晶体方向移动，如图 2-18（左），说明晶体的折光率大于油浸液的折光率；反之，如果贝克线向油浸液方向移动，如图 2-18（右），则说明晶体的折光率小于油浸液的折光率。

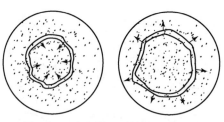

图 2-18 贝克线法比较折光率大小

测定晶体折光率的具体方法是：首先将晶体置于两个载片中间，如有大颗粒，可将其挤压为约 0.03mm 小颗粒，迅速盖上盖玻片，滴入适量的油浸液，然后在显微镜下选择好欲测定折光率的小晶体，比较它与油浸液折光率的大小。当两者折光率相差较大时，应换油浸液。更换油浸液时，可先用滤纸将原油浸液吸出，再将晶体颗粒用二甲苯洗涤三次，更换油浸液后继续比较，反复进行到油浸液的折光率与晶体的折光率相适应为止。

在测定过程中需要注意以下几点：

（1）当晶体有几种时，应对每一种晶体分别测定，以确定各自的折光率。在测定前最好先在体视显微镜下进行分拣和挑选。

（2）作为晶体光学常数的折光率，应是主折光率。主折光率一般应在定向切面中测定，而不能用任意颗粒（单轴晶例外）。为了找到晶体的定向颗粒，在测定其折光率时，应搓动盖玻片，以便选到需要的切面。

（3）若晶体的折光率介于两个相差不大的油浸液折光率之间时，可取其平均值。

（4）油浸液的折光率随温度不同而不同，因此，应随时间用阿贝折射仪校正油浸液折光率的数值。

2.4.3 其他方法

对用湿固相法及晶体光学法仍不能确定的固相，还可以采用其他的方法进行鉴定。

1. X 射线衍射法

X 射线衍射仪是利用衍射原理，精确测定物质的晶体结构和物相分析，X 射线衍射（包括散射）已经成为研究晶体物质和某些非晶态物质微观结构的有效方法，通常使用的是粉晶法，即 X 射线粉晶衍射法（poder X-ray diffraction，XRD）。目前，国际上建有汇集了 6.7 万种单相物质的粉晶衍射资料（统计到 1997 年）的粉晶衍射数据库文件（The Powder Diffraction File），称为国际衍射数据中心的粉晶数据库（JCPDS-ICDD），储存单相矿物的标准图谱和晶面间距 $dhkl$、相对强度、晶胞、空间群、密度等数据。基于 X 射线的波长与结晶矿物内部质点间的距离相近，属于同一个数量级，当 X 射线进入矿物体后可以产生衍射。当对固相样品进行 X 射线粉晶衍射照相后，可以得到一组谱线。将它和标准粉晶衍射谱线库比较，就能确定固相的种类。

2. 红外吸收光谱法

红外光谱法（infrared absorption spectroscopy，IR）是利用每一种矿物都有自己的特征吸收谱，因而只要使用红外光谱仪测得固相晶体的红外吸收光谱（结果用图线或数据表示），并与标准光谱比较，便可作出鉴定。红外光谱分析在考察矿物中水的存在形式、络离子团、类质同象混入物的细微变化和矿物相变等方面都是一种有效的手段，该方法具有所需样品量小、鉴定速度快等优点。

3. 热分析法

热分析是在程序控温条件下，测量物质物理化学性质随温度变化的函数关系的一种技术。热分析法依照所测样品物理性质的不同有以下几种：差热分析法、热重分析法、差示扫描量热法、热膨胀分析及热力分析法等，在盐类矿物研究中前三种技术应用最为广泛。差热分析法（differential thermal analysis，DTA）是将矿物在连续地加热过程中，伴随着物理-化学变化而产生吸热或放热效应，得到其差热曲线。将此差热曲线与各种矿物的标准差热曲线进行比较，便可对矿物作出定性和定量的分析。热重分析法（thermo-gravimetric analysis，TG）是测定矿物在加热过程中的重量变化来研究矿物的一种方法。矿物在加热时会脱水而失重，也称为失重分析或脱水试验。不同的含水矿物具有不同的脱水曲线。这一方法只限于鉴定、研究含水矿物。差示扫描量热法（differential scanning calorimetry，DSC）通过对试样因热效应而发生的能量变化进行及时补偿，保持试样与参比物之间温度始终相同，促使试样和参比物都处于动态零位平衡状态，实现无温差、无热传递，灵敏度和精度大为提高，可进行盐类矿物定性和定量分析。

近年来，热分析技术主要包括差热分析、热重分析和差示扫描量热分析，已广泛应用于鉴定和表征盐类矿物的结晶水、相变和相转化及其热化学性质。

参 考 文 献

[1] 邓天龙. 水盐体系相图及其应用. 北京：化学工业出版社，2013

[2] Deng T L, Li D C, Wang S Q. Metastable phase equilibrium in the aqueous ternary system（KCl-CaCl$_2$-H$_2$O）at（288.15 and 308.15）K. J. Chem. Eng. Data，2008，53：1007~1011

[3] 中国科学院青海盐湖研究所分析室. 卤水和盐的分析方法（第二版）. 北京：科学出版社，1988

[4] 王士强，高洁，余学，等. 大量 Li$^+$ 存在对 Mg^{2+} 分析测定中的影响研究. 盐湖研究，2007，15（1）：44~48

[5] Gao J, Guo Y F, Wang S Q, et al. Interference of lithium in measuring magnesium by complexometry: Discussions of the mechanism. Journal of Chemistry，2013，Article ID 719179

[6] Raymond M F, Charles A K. Ionic Association. Ⅱ. Several salts in dioxane-water mixtures. Conductance of Salts in Dioxane-Water Mixtures，1957，79：3304~3310

[7] Raymond M F. Review of the theory of electrolytic conductance. Journal of Solution Chemistry，1978，7（10）：771~782

[8] John A D. Lange's Handbook of Chemistry. 2nd ed. 魏俊发译. 北京：科学出版社，2003，111~141

[9] 宋彭生. 湿渣法在水盐体系相平衡研究中的应用. 盐湖研究，1991，1（15）：15~25

第3章　五元体系(Li^+，Na^+，Mg^{2+}//Cl^-，SO_4^{2-}-H_2O)　0℃介稳相平衡研究

3.1　四元体系(Na^+，Mg^{2+}//Cl^-，SO_4^{2-}-H_2O) 0℃介稳相平衡研究

此四元体系是海水体系的子体系，前人研究得比较充分，苏联学者分别进行了-20～100℃不同温度下的稳定相平衡研究[1]，宋彭生[2]对此四元体系25℃的介稳相图进行了计算，计算结果和实验值相吻合，指出可以将 Pitzer 电解质理论应用于介稳相平衡的理论预测。该四元体系0℃的稳定相图有2个共饱点分别为：($NaCl$ + Na_2SO_4·$10H_2O$ + $MgSO_4$·$7H_2O$)、($NaCl$ + $MgSO_4$·$7H_2O$ + $MgCl_2$·$6H_2O$)；4 个结晶区分别为 $NaCl$、Na_2SO_4·$10H_2O$、$MgSO_4$·$7H_2O$ 和 $MgCl_2$·$6H_2O$，由实验数据，绘制了稳定相图，见图3-1，但是对0℃介稳相平衡的研究至今未见报道。

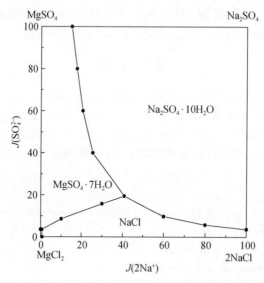

图 3-1　四元体系(Na^+，Mg^{2+}//Cl^-，SO_4^{2-}-H_2O) 在0℃时的稳定相图[1]

3.1.1　四元体系介稳溶解度

采用等温蒸发法对四元体系（Na^+，Mg^{2+}//Cl^-，SO_4^{2-}-H_2O），开展了在0℃时介稳相平衡实验研究，测定了该体系介稳平衡液相中各组分的溶解度及主要的物化性质（密度、

折光率、pH 和电导率)。平衡固相采用偏光显微镜浸油观察晶形确定，并用 X-ray 粉晶衍射分析加以辅证。

四元体系 $(Na^+，Mg^{2+}//Cl^-，SO_4^{2-}–H_2O)$ 实验测定的介稳溶解度数据列于表 3-1，依据该溶解度数据绘制了干盐相图和水图，见图 3-2、图 3-3。

表 3-1　四元体系 $(Na^+，Mg^{2+}//Cl^-，SO_4^{2-}–H_2O)$ 在 0℃时的介稳溶解度数据

编号	液相组成/%				耶涅克指数/(mol/100mol 干盐)			平衡固相
	Na^+	Mg^{2+}	Cl^-	SO_4^{2-}	$2Na^+$	SO_4^{2-}	H_2O	
1，A	10.48	0.00	15.57	0.80	100.00	3.67	1781.55	NaCl + Mir
2	9.86	0.40	15.56	1.09	92.88	4.91	1757.89	NaCl + Mir
3	9.73	0.48	15.55	1.16	91.48	5.21	1753.19	NaCl + Mir
4	8.32	1.23	15.42	1.37	78.10	6.16	1764.41	NaCl + Mir
5	7.55	1.75	15.53	1.65	69.51	7.27	1727.76	NaCl + Mir
6	6.89	2.14	15.42	1.94	63.01	8.51	1719.20	NaCl + Mir
7	5.36	3.24	14.99	3.71	46.65	15.43	1614.00	NaCl + Mir
8	4.84	3.55	14.74	4.18	41.88	17.29	1605.00	NaCl + Mir
9，E	4.65	3.71	14.60	4.59	39.88	18.85	1585.24	NaCl + Mir + Eps
10	4.36	3.83	14.55	4.53	37.54	18.70	1599.75	NaCl + Eps
11	4.00	4.10	14.98	4.25	34.07	17.33	1578.73	NaCl + Eps
12	3.89	4.15	15.07	4.09	33.13	16.68	1584.01	NaCl + Eps
13	3.30	4.50	15.70	3.41	27.93	13.80	1579.14	NaCl + Eps
14	3.19	4.54	15.65	3.42	27.11	13.90	1585.22	NaCl + Eps
15	2.60	4.99	16.35	2.98	21.57	11.85	1550.61	NaCl + Eps
16	1.44	5.89	17.74	2.27	11.44	8.63	1472.94	NaCl + Eps
17，F	0.09	8.85	24.97	1.34	0.54	3.81	981.71	NaCl + Eps + Bis
18，B	1.41	5.74	0.00	19.00	15.47	100.00	2072.58	Mir + Eps
19	1.48	3.95	1.91	16.10	16.56	86.14	2184.54	Mir + Eps
20	1.51	3.83	3.17	14.02	17.29	76.58	2255.52	Mir + Eps
21	1.56	3.83	3.55	13.59	17.71	73.84	2245.12	Mir + Eps
22	1.65	3.87	4.35	12.87	18.40	68.59	2195.62	Mir + Eps
23	1.75	3.81	5.24	11.61	19.58	62.07	2211.39	Mir + Eps
24	2.00	3.81	7.30	9.36	21.66	48.65	2147.59	Mir + Eps
25	2.42	3.81	9.02	7.90	25.17	39.24	2036.68	Mir + Eps
26	2.76	3.76	10.19	6.83	27.97	33.09	1975.76	Mir + Eps
27	3.72	3.52	12.31	5.02	35.87	23.12	1853.73	Mir + Eps
28，C	0.00	8.88	24.97	1.28	0.00	3.65	985.22	Eps + Bis
29，D	0.11	8.80	25.86	0.00	0.68	0.00	992.79	NaCl + Bis

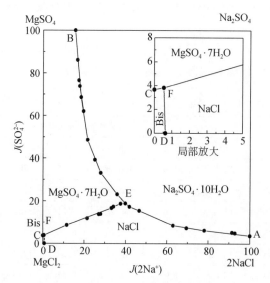

图 3-2　四元体系(Na^+，Mg^{2+}//Cl^-，SO_4^{2-}–H_2O)在 0℃时的介稳相图

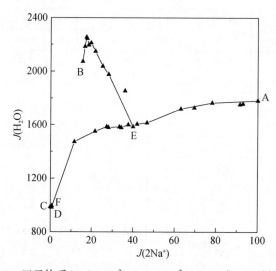

图 3-3　四元体系(Na^+，Mg^{2+}//Cl^-，SO_4^{2-}–H_2O)在 0℃时的水图

由表 3-1 和图 3-2 可见，该四元体系 0℃的介稳相图中有 2 个四元无变量共饱点、5 条单变量溶解度曲线和 4 个结晶区，该体系无固溶体及复盐产生。

共饱点分别是 E：平衡固相为 $NaCl$ + $Na_2SO_4 \cdot 10H_2O$ + $MgSO_4 \cdot 7H_2O$，液相组成为 $w(Na^+)$4.65%，$w(Mg^{2+})$ 3.71%，$w(Cl^-)$ 14.60%，$w(SO_4^{2-})$ 4.59%；

F：平衡固相为 $NaCl$ + $MgSO_4 \cdot 7H_2O$ + $MgCl_2 \cdot 6H_2O$，液相组成为 $w(Na^+)$ 0.09%，$w(Mg^{2+})$ 8.85%，$w(Cl^-)$ 24.97%，$w(SO_4^{2-})$ 1.34%。

5 条单变量溶解度曲线，对应平衡固相分别为：

AE 线 $NaCl$ + $Na_2SO_4 \cdot 10H_2O$；BE 线 $Na_2SO_4 \cdot 10H_2O$ + $MgSO_4 \cdot 7H_2O$；EF 线 $NaCl$ +

$MgSO_4 \cdot 7H_2O$; CF 线 $MgSO_4 \cdot 7H_2O + MgCl_2 \cdot 6H_2O$, DF 线 $NaCl + MgCl_2 \cdot 6H_2O$。

4 个结晶相区分别为: NaCl 结晶区、$Na_2SO_4 \cdot 10H_2O$ 结晶区、$MgSO_4 \cdot 7H_2O$ 结晶区和 $MgCl_2 \cdot 6H_2O$ 结晶区。其中 $Na_2SO_4 \cdot 10H_2O$ 结晶区面积最大,其他按 $MgSO_4 \cdot 7H_2O$, NaCl, $MgCl_2 \cdot 6H_2O$ 顺序依次减小,$MgCl_2 \cdot 6H_2O$ 结晶区面积最小,表明 $Na_2SO_4 \cdot 10H_2O$ 在该体系中易饱和结晶,而 $MgCl_2$ 有最高的溶解度,并且 $MgCl_2$ 饱和时对 NaCl 和 $MgSO_4$ 有强烈的盐析作用。

图 3-3 中,$MgSO_4 \cdot 7H_2O$ 饱和的 BE 介稳平衡曲线 H_2O 含量随 $J(2Na^+)$ 的增大先增大后降低;而由 NaCl 固相饱和的 AE、EF 平衡曲线 H_2O 含量随 $J(2Na^+)$ 的减小逐渐减小,在共饱点 F 有最小值。

依据本实验研究结果和文献中的稳定溶解度数据,将该体系 0℃的介稳相图和稳定相图进行了比较,见图 3-4。

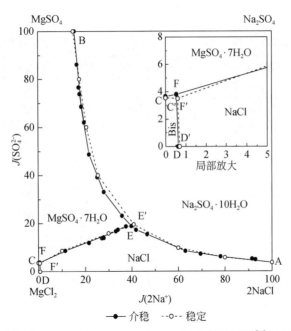

图 3-4 四元体系(Na⁺, Mg²⁺//Cl⁻, SO₄²⁻-H₂O)0℃稳定相图[1]与介稳相图对比

(1) 从图 3-4 可见,体系在介稳平衡时,$Na_2SO_4 \cdot 10H_2O$ 结晶区稍有扩大,$MgSO_4 \cdot 7H_2O$ 结晶区缩小,其他结晶区变化不大。介稳相图与稳定相图二者结晶区数目相同,没有相区消失也没有新相区出现。

(2) 实验研究表明,含结晶水的硫酸盐及其复盐,尤其是含结晶水的化合物,极易形成介稳平衡。如 $MgSO_4 \cdot 4H_2O$、$MgSO_4 \cdot 5H_2O$、$MgSO_4 \cdot 6H_2O$,尤其是 $MgSO_4 \cdot H_2O$、$Na_2SO_4 \cdot MgSO_4 \cdot 4H_2O$,由于这些晶体的晶核较难形成,其介稳现象特别明显。本四元体系在 0℃低温时,白钠镁矾和硫酸镁的低水结晶区消失,存在的 $MgSO_4 \cdot 7H_2O$ 和 $Na_2SO_4 \cdot 10H_2O$ 晶核易形成,使体系低温时介稳现象不明显。

3.1.2 四元体系介稳平衡溶液物化性质研究

3.1.2.1 物化性质实验研究结果

表 3-2 是溶液物化性质实验研究数据，由表 3-2 绘制了物化性质–组成图，其横坐标组成为 $J(SO_4^{2-})$，纵坐标为介稳平衡溶液的物化性质，见图 3-5 a、b、c、d。

由表 3-2 和图 3-5 a、b、c、d 可见，介稳平衡溶液物化性质随 SO_4^{2-} 浓度的变化而有规律地变化。图 3-5 a、b 中溶液的密度和折光率在 BE 和 EF 线上随 SO_4^{2-} 浓度的增大而逐渐减小，在 AE 线上随 SO_4^{2-} 浓度的增大而增大；而溶液的电导率和 pH 的变化趋势与密度和折光率的变化趋势相反。$MgCl_2 \cdot 6H_2O$ 饱和的共饱点 F 平衡溶液的密度和折光率有最大值，而电导率和 pH 最小。

表 3-2 四元体系（Na^+，Mg^{2+}//Cl^-，SO_4^{2-}–H_2O）在 0℃时液相物化性质数据

编号	密度/(g/cm^3)	电导率/(S/m)	折光率	pH
1，A	1.2150	11.60	1.3836	6.92
2	1.2183	11.26	1.3850	6.86
3	1.2191	10.75	1.3853	—
4	1.2201	9.92	1.3868	—
5	1.2232	9.46	1.3885	—
6	1.2254	9.12	1.3896	6.70
7	1.2450	7.76	1.3943	—
8	1.2484	7.12	1.3952	—
9，E	1.2496	7.08	1.3961	6.50
10	1.2502	7.00	1.3959	—
11	1.2508	6.92	1.3971	—
12	1.2512	6.90	1.3970	6.31
13	1.2521	6.76	1.3980	—
14	—	6.74	1.3979	—
15	—	6.52	1.3998	6.00
16	—	6.12	1.4041	5.52
17，F	1.3406	2.92	1.4302	4.64
18，B	1.2358	2.62	1.3777	6.86
19	1.2261	3.23	1.3780	6.83
20	1.2187	3.90	1.3778	—
21	1.2184	4.05	1.3782	—
22	1.2176	4.23	1.3795	6.73

续表

编号	密度/(g/cm³)	电导率/(S/m)	折光率	pH
23	1.2154	4.60	1.3799	—
24	1.2139	5.37	1.3823	—
25	1.2196	5.75	1.3853	—
26	1.2225	6.24	1.3871	6.58
27	—	6.95	1.3896	—
28, C	1.3396	2.96	1.4300	4.92
29, D	1.3309	3.18	1.4292	5.21

注：表中编号与表 3-1 中编号对应；—表示未检测，下同。

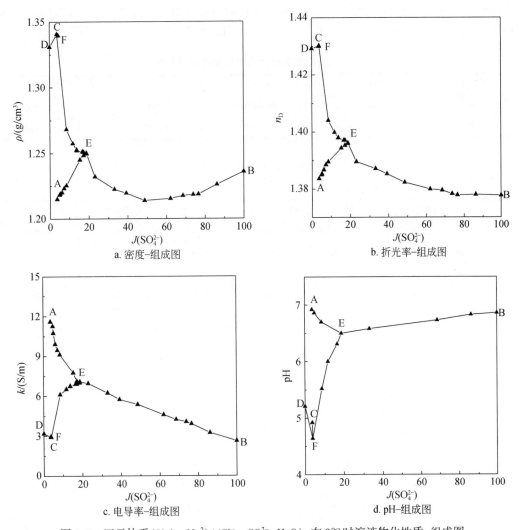

a. 密度-组成图　　　b. 折光率-组成图　　　c. 电导率-组成图　　　d. pH-组成图

图 3-5　四元体系(Na⁺, Mg²⁺//Cl⁻, SO₄²⁻-H₂O) 在 0℃时溶液物化性质-组成图

3. 1. 2. 2 密度和折光率的计算

根据宋彭生等[3]提出的电解质溶液密度和折光率的计算公式，计算了该四元体系0℃时溶液的密度和折光率值。公式中 $d_0 = 0.99984\text{g/cm}^3$ 和 $D_0 = 1.33395$ 分别是纯水在0℃的密度和折光率。

$$\ln \frac{d}{d_0} = \sum A_i \times W_i$$

$$\ln \frac{D}{D_0} = \sum B_i \times W_i \tag{3-1}$$

计算中用到的该四元体系单盐的密度系数 A_i 及折光率系数 B_i 列于表3-3中，运用此经验公式计算的密度和折光率值列在表3-4中。由表3-4可见，密度最大相对偏差为0.327%，折光率最大相对偏差为0.161%，计算值与实验值吻合较好，表明此经验公式适用于四元体系(Na^+ ， $Mg^{2+}//Cl^-$ ， $SO_4^{2-}-H_2O$)在0℃时介稳平衡溶液密度和折光率的计算。

表3-3 0℃溶液单盐的密度和折光率系数

系数	NaCl	Na₂SO₄	MgCl₂	MgSO₄
A_i	0.007173	0.008962	0.008267	0.008891
B_i	0.001371	0.001177	0.001972	0.001351

表3-4 四元体系在0℃时液相密度和折光率计算值与实测值对比

编号	密度/(g/cm³)			折光率		
	实验值	计算值	相对误差/%	实验值	计算值	相对误差/%
1，A	1.2150	1.2146	0.033	1.3836	1.3836	0.000
2	1.2183	1.2183	0.000	1.3850	1.3851	−0.007
3	1.2191	1.2191	0.000	1.3853	1.3852	0.007
4	1.2201	1.2196	0.041	1.3868	1.3866	0.014
5	1.2232	1.2236	−0.033	1.3885	1.3882	0.022
6	1.2254	1.2259	−0.041	1.3896	1.3892	0.029
7	1.2450	1.2456	−0.048	1.3943	1.3938	0.036
8	1.2484	1.2491	−0.056	1.3952	1.3946	0.043
9，E	1.2496	1.2534	−0.030	1.3961	1.3954	0.050
10	1.2502	1.2512	−0.080	1.3959	1.3953	0.043
11	1.2508	1.2537	−0.232	1.3971	1.3964	0.050
12	1.2512	1.2507	0.040	1.3970	1.3963	0.050
13	1.2521	1.2480	0.327	1.3980	1.3972	0.057
14	—	—	—	1.3979	1.3972	0.050
15	—	—	—	1.3998	1.4006	−0.700
16	—	—	—	1.4041	1.4030	0.078

续表

编号	密度/(g/cm³)			折光率		
	实验值	计算值	相对误差/%	实验值	计算值	相对误差/%
17，F	1.3406	1.3406	0.000	1.4302	1.4279	0.161
18，B	1.2358	1.2358	0.000	1.3777	1.3777	0.000
19	1.2261	1.2300	−0.318	1.3780	1.3779	0.007
20	1.2187	1.2189	−0.016	1.3778	1.3776	0.015
21	1.2184	1.2186	−0.016	1.3782	1.3780	0.015
22	1.2176	1.2200	−0.197	1.3795	1.3792	0.022
23	1.2154	1.2157	−0.025	1.3799	1.3796	0.022
24	1.2139	1.2144	−0.041	1.3823	1.3818	0.036
25	1.2196	1.2202	−0.049	1.3853	1.3848	0.036
26	1.2225	1.2231	−0.049	1.3871	1.3865	0.043
27	—	—	—	1.3896	1.3890	0.043
28，C	1.3396	1.3439	−0.321	1.4300	1.4285	0.105
29，D	1.3309	1.3326	−0.128	1.4292	1.4277	0.105

3.2　四元体系(Li⁺，Na⁺//Cl⁻，SO₄²⁻–H₂O) 0℃介稳相平衡研究

3.2.1　四元体系介稳溶解度

1958 年 Campbell 等[4]研究了该四元体系 25℃的溶解平衡相图，1960 年胡克源开展了该体系 0~100℃不同温度下稳定相平衡实验[5]，测定了该体系 0℃时边点和共饱点的数据，该体系稳定相图中包含 3 个共饱点分别为：(Na₂SO₄·10H₂O + NaCl + Li₂SO₄·3Na₂SO₄·12H₂O)、(NaCl + Li₂SO₄·H₂O + Li₂SO₄·3Na₂SO₄·12H₂O)、(NaCl + Li₂SO₄·H₂O + LiCl·2H₂O)；有 5 个结晶区分别为 NaCl、Na₂SO₄·10H₂O、Li₂SO₄·3Na₂SO₄·12H₂O、Li₂SO₄·H₂O 和 LiCl·2H₂O，其中 LiCl·2H₂O 相区没有做完，根据实验数据绘制了稳定相图，见图 3-6，但是对该体系 0℃介稳相平衡的研究至今未见报道。

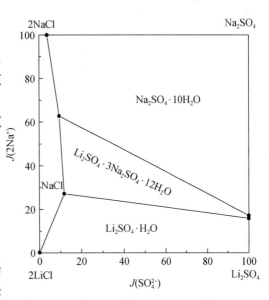

图 3-6　四元体系(Li⁺，Na⁺//Cl⁻，SO₄²⁻–H₂O) 在 0℃时的稳定相图[5]

采用等温蒸发法对四元体系(Li^+，$Na^+//Cl^-$，$SO_4^{2-}-H_2O$)开展了在0℃时介稳相平衡实验研究，测定了该体系介稳平衡液相中各组分的溶解度及主要物化性质（密度、折光率、pH 和电导率）。平衡固相采用偏光显微镜浸油观察晶形确定，并用 X-ray 粉晶衍射分析加以辅证。

四元体系(Li^+，$Na^+//Cl^-$，$SO_4^{2-}-H_2O$)实验测定的介稳溶解度数据列于表3-5，根据该溶解度数据绘制了干盐相图和水图，见图3-7、图3-8。

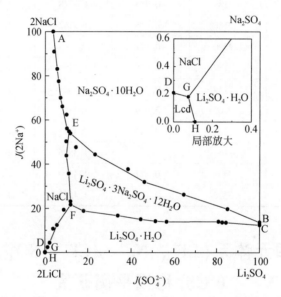

图 3-7　四元体系(Li^+，$Na^+//Cl^-$，$SO_4^{2-}-H_2O$)在0℃时的介稳相图

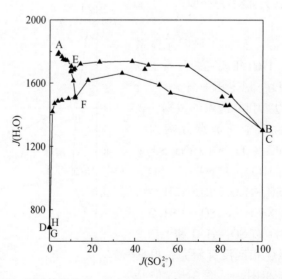

图 3-8　四元体系(Li^+，$Na^+//Cl^-$，$SO_4^{2-}-H_2O$)在0℃时的水图

表 3-5 四元体系(**Li⁺, Na⁺//Cl⁻, SO₄²⁻-H₂O**)在 **0℃**时的介稳溶解度数据

编号	液相组成/%				耶涅克指数/(mol/100mol 干盐)			平衡固相
	Li⁺	Na⁺	Cl⁻	SO₄²⁻	2Na⁺	SO₄²⁻	H₂O	
1, A	0.00	10.48	15.57	0.80	0.00	3.67	1781.55	NaCl + Mir
2	0.29	9.55	15.53	0.90	9.06	4.12	1791.93	NaCl + Mir
3	0.54	8.86	15.52	1.25	16.88	5.60	1767.26	NaCl + Mir
4	0.73	8.36	15.58	1.41	22.44	6.27	1750.45	NaCl + Mir
5	0.98	7.60	15.54	1.62	29.99	7.15	1746.42	NaCl + Mir
6	1.11	7.20	15.45	1.83	33.90	8.03	1743.17	NaCl + Mir
7	1.29	6.82	15.42	2.28	37.64	10.01	1707.32	NaCl + Mir
8	1.48	6.26	15.44	2.36	43.86	10.15	1705.65	NaCl + Mir
9, E	1.54	6.17	15.42	2.62	45.19	11.14	1683.99	NaCl + Mir + Db1
10	1.68	5.76	15.77	2.30	49.69	9.84	1678.42	NaCl + Db1
11	1.93	5.03	15.87	2.36	56.08	9.90	1672.05	NaCl + Db1
12	2.29	4.21	16.18	2.72	64.31	11.04	1614.36	NaCl + Db1
13	2.90	2.89	16.96	3.10	76.85	11.89	1516.21	NaCl + Db1
14, F	2.94	2.72	17.06	3.13	78.34	11.91	1506.65	NaCl + Db1 + Ls
15	3.08	2.45	17.78	2.31	80.65	8.75	1502.43	NaCl + Ls
16	3.40	1.57	18.76	1.36	87.55	5.60	1491.79	NaCl + Ls
17	3.47	1.39	19.11	1.02	89.24	3.78	1486.33	NaCl + Ls
18	3.77	0.58	19.72	0.60	95.57	2.19	1470.46	Mir + Ls
19	3.97	0.32	20.50	0.35	97.6	1.24	1419.37	Mir + Ls
20, G*	6.65	0.039	33.98	0.035	99.82	0.076	686.29	Mir + Ls
21, B	3.41	1.79	0.00	27.55	86.29	100.00	1301.62	Mir + Ls + Lc
22	2.89	2.34	2.75	21.15	80.33	85.02	1519.15	Mir + Db1
23	2.45	2.89	6.02	14.86	73.80	64.58	1709.32	Mir + Db1
24	2.27	3.53	9.18	10.68	68.06	46.21	1714.76	Mir + Db1
25	2.06	4.13	10.39	8.82	62.34	38.51	1737.34	Mir + Db1
26	1.85	4.90	13.02	5.38	55.58	23.38	1733.84	Mir + Db1
27	1.76	5.29	14.67	3.34	52.36	14.39	1721.31	Mir + Db1
28	1.56	6.05	15.27	2.76	46.07	11.77	1691.03	Mir + Db1
29, C	3.48	1.65	0.00	27.52	87.47	100.00	1304.98	Ls + Db1
30	3.21	1.67	2.98	21.70	86.43	84.32	1459.38	Ls + Db1
31	3.22	1.69	3.32	21.28	86.33	82.56	1458.38	Ls + Db1

编号	液相组成/%				耶涅克指数/（mol/100mol 干盐）			平衡固相
	Li^+	Na^+	Cl^-	SO_4^{2-}	$2Na^+$	SO_4^{2-}	H_2O	
32	3.12	1.69	3.56	20.30	85.97	80.80	1458.11	Ls + Dbl
33	3.14	1.69	8.08	14.28	86.04	56.60	1513.95	Ls + Dbl
34	3.07	1.68	8.87	12.70	85.81	51.38	1539.01	Ls + Dbl
35	2.91	1.71	9.71	10.57	84.93	44.56	1589.52	Ls + Dbl
36	2.90	1.93	11.79	8.15	83.28	33.78	1687.89	Ls + Dbl
37	2.91	2.24	15.02	4.48	81.15	18.05	1662.92	Ls + Dbl
38, D*	6.63	0.047	33.88	0.00	99.98	0.00	690.55	NaCl + Lc
39, H*	6.65	0.00	33.91	0.052	100.00	0.11	688.52	Ls + Lc

* 测定结果为稳定相平衡实验数据。

由表 3-5 和图 3-7 可见，该四元体系 0℃的介稳相图中有 3 个四元无变量共饱点、7 条单变量溶解度曲线和 5 个结晶区，有含锂复盐 $Li_2SO_4 \cdot 3Na_2SO_4 \cdot 12H_2O$ 生成，但没有固溶体产生。

四元无变量共饱点分别是 E：平衡固相为 $NaCl + Na_2SO_4 \cdot 10H_2O + Li_2SO_4 \cdot 3Na_2SO_4 \cdot 12H_2O$，液相组成为 $w(Li^+)$ 1.54%，$w(Na^+)$ 6.17%，$w(Cl^-)$ 15.42%，$w(SO_4^{2-})$ 2.62%。

F：平衡固相为 $NaCl + Li_2SO_4 \cdot 3Na_2SO_4 \cdot 12H_2O + Li_2SO_4 \cdot H_2O$，液相组成为 $w(Li^+)$ 2.94%，$w(Na^{2+})$ 2.72%，$w(Cl^-)$ 17.06%，$w(SO_4^{2-})$ 3.13%。

G：平衡固相为 $NaCl + Li_2SO_4 \cdot H_2O + LiCl \cdot 2H_2O$，液相组成为 $w(Li^+)$ 6.65%，$w(Na^{2+})$0.039%，$w(Cl^-)$ 33.98%，$w(SO_4^{2-})$ 0.035%。

7 条单变量溶解度曲线，对应平衡固相分别为：AE 线 $NaCl + Na_2SO_4 \cdot 10H_2O$；BE 线 $Na_2SO_4 \cdot 10H_2O + Li_2SO_4 \cdot 3Na_2SO_4 \cdot 12H_2O$；EF 线 $NaCl + Li_2SO_4 \cdot 3Na_2SO_4 \cdot 12H_2O$；CF 线 $Li_2SO_4 \cdot 3Na_2SO_4 \cdot 12H_2O + Li_2SO_4 \cdot H_2O$；FG 线 $NaCl + Li_2SO_4 \cdot H_2O$；DG 线 $LiCl \cdot 2H_2O + Li_2SO_4 \cdot H_2O$；HG 线 $NaCl + LiCl \cdot 2H_2O$。

5 个结晶相区分别为：NaCl 结晶区、$Na_2SO_4 \cdot 10H_2O$ 结晶区、$Li_2SO_4 \cdot 3Na_2SO_4 \cdot 12H_2O$ 结晶区、$Li_2SO_4 \cdot H_2O$ 结晶区和 $LiCl \cdot 2H_2O$ 结晶区。其中 $Na_2SO_4 \cdot 10H_2O$ 结晶区面积最大，其他按 $Li_2SO_4 \cdot H_2O$，$Li_2SO_4 \cdot 3Na_2SO_4 \cdot 12H_2O$，NaCl，$LiCl \cdot 2H_2O$ 顺序依次减小，$LiCl \cdot 2H_2O$ 结晶区面积最小，表明 $Na_2SO_4 \cdot 10H_2O$ 在该体系中易饱和结晶，而 LiCl 有最高的溶解度，并且 LiCl 饱和时对 NaCl 和 Li_2SO_4 有强烈的盐析作用。

该四元体系边界点 B 是其三元子体系 Li_2SO_4–Na_2SO_4–H_2O 的不相称共饱点，B 点的平衡固相 $Li_2SO_4 \cdot 3Na_2SO_4 \cdot 12H_2O$ 是不相称（异成分）复盐，因此该四元体系在 0℃等温蒸发中单变量曲线 BE 的平衡固相 $Li_2SO_4 \cdot 3Na_2SO_4 \cdot 12H_2O$ 不断转溶。值得说明的是：在 LiCl 饱和区，溶液的水活度 a_w 非常小（只有 0.1423），使蒸发而不能析出 $LiCl \cdot 2H_2O$，因而我们测定了 LiCl 饱和区稳定相平衡的数据，如数据点 D、G 和 H。

图 3-8 中，复盐 $Li_2SO_4 \cdot 3Na_2SO_4 \cdot 12H_2O$ 饱和的平衡曲线 BE 和 CF 的 $J(H_2O)$ 随

$J(SO_4^{2-})$的增大先增大后降低，NaCl 固相饱和的平衡曲线 AE 和 EF 的 $J(H_2O)$ 随$J(SO_4^{2-})$的增大逐渐降低，而 FG 线随 $J(SO_4^{2-})$ 的减小逐渐降低，在共饱点 G 有最小值。

3.2.2　四元体系溶液物化性质

3.2.2.1　物化性质实验研究结果

表 3-6 是测定的溶液物化性质实验数据，由表 3-6 绘制了物化性质-组成图，其横坐标为 SO_4^{2-} 的质量百分含量组成，纵坐标为介稳溶液的物化性质，见图 3-9 a、b、c、d。

表3-6　四元体系(Li⁺，Na⁺//Cl⁻，SO₄²⁻-H₂O) 在0℃时液相物化性质数据

编号	密度/(g/cm³)	电导率/(S/m)	折光率	pH
1，A	1.2146	11.60	1.3830	6.92
2	1.2096	11.40	1.3826	7.15
3	1.2062	11.34	1.3822	7.23
4	1.2039	11.05	1.3821	—
5	1.1988	10.71	1.382	7.34
6	1.1950	10.51	—	—
7	—	10.28	1.3823	7.41
8	1.1927	—	1.3825	7.52
9，E	—	10.08	1.3831	7.66
10	1.1884	9.96	1.3824	—
11	1.1827	9.88	1.3832	8.00
12	1.1822	9.52	—	—
13	—	—	1.3847	8.43
14，F	1.1813	9.08	1.3855	8.52
15	1.1758	8.85	1.3867	8.22
16	1.1652	8.46	1.3871	—
17	1.1636	8.24	1.3875	—
18	—	7.25	1.3901	7.94
19	1.1603	6.45	1.3910	—
20，G	1.2645	4.08	1.4250	4.30
21，B	—	3.16	1.3858	9.46
22	—	4.00	—	9.42
23	1.2264	5.55	1.3821	9.21

续表

编号	密度/(g/cm^3)	电导率/(S/m)	折光率	pH
24	1.2115	6.98	—	8.82
25	1.2048	8.46	1.3816	8.33
26	—	9.03	—	—
27	—	9.67	1.3820	7.81
28	1.1942	9.91	1.3828	7.86
29, C	—	2.96	1.3869	—
30	1.2702	3.75	1.3852	9.35
31	1.2673	3.95	1.3846	9.3
32	—	4.17	1.3840	9.28
33	1.2244	5.67	1.3836	9.23
34	1.2136	5.96	1.3832	9.02
35	1.1982	6.65	—	—
36	—	7.63	1.3828	8.94
37	1.1787	8.42	1.3843	8.75
38, D	1.2642	3.77	1.4242	4.51
39, H	1.2635	—	1.4245	4.42

注：编号与表 3-5 中编号对应。

由表 3-6 和图 3-9 a、b、c、d 可见，介稳平衡溶液物化性质随 SO_4^{2-} 浓度的变化而有规律地变化。图 3-9 a、b 中溶液的密度和折光率在 BE 和 EF 线上随 SO_4^{2-} 浓度的增大而逐渐减小，在 AE 线上随 SO_4^{2-} 浓度的增大而增大；而溶液的电导率的变化趋势与密度和折光率的相反。$LiCl \cdot 2H_2O$ 饱和的共饱点 G，平衡溶液的密度和折光率有最大值，而电导率和 pH 最小。

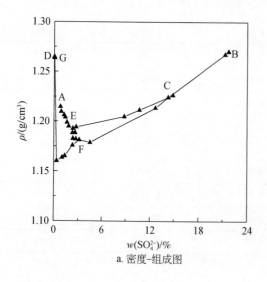

a. 密度-组成图

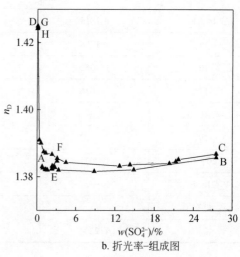

b. 折光率-组成图

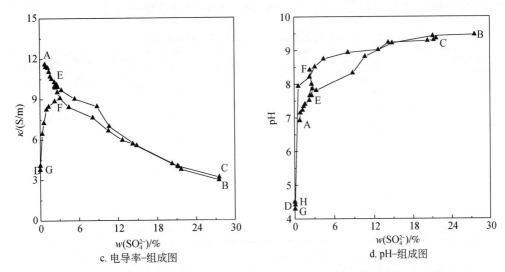

图3-9 四元体系(Li⁺, Na⁺//Cl⁻, SO₄²⁻-H₂O) 在0℃时液相物化性质-组成图

依据本实验研究结果和文献[4]中的稳定溶解度数据, 将该体系0℃的介稳相图和稳定相图进行了比较, 见图3-10。

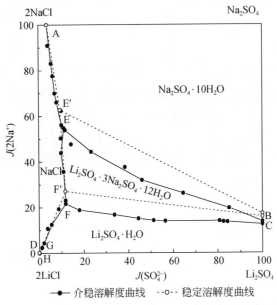

图3-10 四元体系(Li⁺, Na⁺//Cl⁻, SO₄²⁻-H₂O) 在0℃时稳定相图[4]与介稳相图对比

(1) 从图3-10可见, 体系在介稳平衡时, $Na_2SO_4 \cdot 10H_2O$ 结晶区显著扩大, $Li_2SO_4 \cdot H_2O$ 结晶区缩小, $Li_2SO_4 \cdot 3Na_2SO_4 \cdot 12H_2O$ 介稳现象比较明显, 导致其结晶区和饱和的蒸发曲线发生明显偏移, NaCl 和 $LiCl \cdot 2H_2O$ 结晶区变化不大。介稳相图与稳定相图二者结晶区数目相同, 没有相区消失也没有新相区出现。

(2) 表3-7中列出0℃时四元体系的介稳共饱点与稳定共饱点的数据, 对比可见, 共饱点 E 偏差较大，主要是由复盐 $Li_2SO_4 \cdot 3Na_2SO_4 \cdot 12H_2O$ 介稳现象引起。

表 3-7 0℃时介稳相图与稳定相图共饱点数据对比

零变点	组成/%	介稳平衡数据	稳定平衡数据	平衡固相
E	Li^+	1.54	1.25	NaCl + Mir + Db1
	Na^+	6.17	6.99	
	Cl^-	15.42	15.55	
	SO_4^{2-}	2.62	2.20	
F	Li^+	2.94	2.67	NaCl + Ls + Db1
	Na^+	2.71	3.30	
	Cl^-	17.06	16.54	
	SO_4^{2-}	3.13	2.99	

3.2.2.2 密度和折光率的计算

根据宋彭生等[3]提出的电解质溶液密度和折光率的计算公式，计算了该四元体系 0℃ 时溶液的密度和折光率。公式中 $d_0 = 0.99984\text{g/cm}^3$ 和 $D_0 = 1.33395$ 分别是纯水在 0℃ 的折光率和密度。

$$\ln \frac{d}{d_0} = \sum A_i \times W_i$$

$$\ln \frac{D}{D_0} = \sum B_i \times W_i$$

计算中用到的该四元体系单盐的密度系数 A_i 及折光率系数 B_i 列于表 3-8 中，运用此经验公式计算的密度和折光率值列在表 3-9 中。由表 3-9 可见，密度最大相对偏差为 0.241%，折光率最大相对偏差为 0.216%，计算值与实验值吻合较好，表明此经验公式适用于计算四元体系（Li^+，Na^+//Cl^-，SO_4^{2-}–H_2O）在 0℃ 时介稳平衡溶液密度和折光率。

表 3-8 0℃溶液单盐的密度和折光率系数

系数	NaCl	Na_2SO_4	LiCl	Li_2SO_4
A_i	0.007173	0.008962	0.005735	0.008321
B_i	0.001371	0.001177	0.001609	0.001212

表 3-9 四元体系在 0℃时液相密度和折光率计算值与实测值对比

编号	密度/（g/cm³）			折光率		
	实验值	计算值	相对误差/%	实验值	计算值	相对误差/%
1，A	1.2146	1.2146	0	1.383	1.3836	−0.043
2	1.2096	1.2071	0.207	1.3826	1.383	−0.029
3	1.2062	1.2045	0.141	1.3822	1.3831	−0.065
4	1.2039	1.2022	0.141	1.3821	1.3832	−0.08

续表

编号	密度/(g/cm³)			折光率		
	实验值	计算值	相对误差/%	实验值	计算值	相对误差/%
5	1.1988	1.1974	0.117	1.382	1.383	−0.072
6	1.1950	1.1952	−0.017	—	—	—
7	—	—	—	1.3823	1.3834	−0.080
8	1.1927	1.1927	0.000	1.3825	1.3832	−0.051
9, E	—	—	—	1.3831	1.383	0.007
10	1.1884	1.1901	−0.143	1.3824	1.3836	−0.087
11	1.1827	1.1848	−0.178	1.3832	1.3834	−0.014
12	1.1822	1.1840	−0.152	—	—	—
13	—	—	—	1.3847	1.3862	−0.108
14, F	1.1813	1.1833	−0.169	1.3855	1.3865	−0.072
15	1.1758	1.1764	−0.051	1.3867	1.3866	0.007
16	1.1652	1.1659	−0.060	1.3871	1.3867	0.029
17	1.1636	1.1631	0.043	1.3875	1.3869	0.043
18	—	—	—	1.3901	1.3871	0.216
19	1.1603	1.1575	0.241	1.3910	1.3885	0.179
20, G	1.2645	1.2630	0.119	1.4250	1.4242	0.056
21, B	—	—	—	1.3858	1.3873	−0.108
22	—	—	—	—	—	—
23	1.2264	1.2272	−0.065	1.3821	1.3797	0.174
24	1.2115	1.2111	0.033	—	—	—
25	1.2048	1.2053	−0.042	1.3816	1.3806	0.072
26	—	—	—	—	—	—
27	—	—	—	1.3820	1.3823	−0.022
28	1.1942	1.1939	0.025	1.3828	1.3833	−0.036
29, C	—	—	—	1.3869	1.3875	−0.043
30	1.2702	1.2710	−0.063	1.3852	1.3838	0.101
31	1.2673	1.2690	−0.134	1.3846	1.3839	0.051
32	—	—	—	1.3840	1.3827	0.094
33	1.2244	1.2264	−0.163	1.3836	1.3831	0.036
34	1.2136	1.2146	−0.082	1.3832	1.3822	0.072
35	1.1982	1.1975	0.062	—	—	—
36	—	—	—	1.3828	1.3815	0.097
37	1.1787	1.1766	0.178	1.3843	1.3843	0.000
38, D	1.2642	1.2624	0.142	1.4242	1.4240	0.014
39, H	1.2635	1.2623	0.095	1.4245	1.4240	0.035

3.3 五元体系(Li^+，Na^+，$Mg^{2+}//Cl^-$，$SO_4^{2-}-H_2O$) 0℃介稳相平衡实验研究

3.3.1 五元体系介稳溶解度研究

提取钾盐后的盐湖卤水在蒸发后期，锂离子浓度增大，卤水蒸发路线可以表示在五元体系(Li^+，Na^+，$Mg^{2+}//Cl^-$，$SO_4^{2-}-H_2O$)的蒸发相图中。宋彭生[6]针对我国柴达木盆地的盐湖卤水，采用Pitzer电解质溶液理论，对该五元体系在25℃的稳定相图进行了理论预测，本课题组已对该五元体系在35℃时的介稳相平衡关系进行了研究，揭示了卤水在夏季的蒸发结晶过程和析盐顺序，但是对该五元体系0℃介稳相平衡的研究至今未见报道。

采用等温蒸发法开展了氯化钠饱和条件下五元体系(Li^+，Na^+，$Mg^{2+}//Cl^-$，$SO_4^{2-}-H_2O$)在0℃时介稳相平衡的实验研究，测定了该体系介稳平衡液相中各组分的溶解度及主要物化性质（密度、折光率、pH和电导率）。平衡固相采用偏光显微镜浸油观察晶形确定，并用X-ray粉晶衍射分析加以辅证。

实验测定了五元体系(Li^+，Na^+，$Mg^{2+}//Cl^-$，$SO_4^{2-}-H_2O$)的介稳溶解度，实验结果见表3-10，值得说明的是：在LiCl饱和区，溶液的水活度a_w非常小（只有0.13），使蒸发而不能析出$LiCl \cdot 2H_2O$和$LiCl \cdot MgCl_2 \cdot 7H_2O$，因而我们测定了此相区稳定相平衡的数据。依据该溶解度数据绘制了氯化钠饱和的干盐相图，见图3-11，为了完整地反映各相点的状态，绘制了相应的水图和钠图，见图3-12、图3-13。

由表3-10和图3-11可见，该五元体系0℃的介稳相图中有5个五元无变量点、11条单变量溶解度曲线和7个与NaCl共饱和的结晶区，该体系有含锂复盐$Li_2SO_4 \cdot 3Na_2SO_4 \cdot 12H_2O$和$LiCl \cdot MgCl_2 \cdot 7H_2O$生成，但没有固溶体产生。

（1）存在5个五元无变量共饱点，分别是：

共饱点E：平衡固相为$NaCl + Na_2SO_4 \cdot 10H_2O + Li_2SO_4 \cdot 3Na_2SO_4 \cdot 12H_2O + MgSO_4 \cdot 7H_2O$，液相组成为$w(Li^+)$ 0.46%，$w(Na^+)$ 4.13%，$w(Mg^+)$ 3.28%，$w(Cl^-)$ 13.89%，$w(SO_4^{2-})$ 5.96%；

共饱点F：平衡固相为$NaCl + Li_2SO_4 \cdot 3Na_2SO_4 \cdot 12H_2O + Li_2SO_4 \cdot H_2O + MgSO_4 \cdot 7H_2O$，液相组成为$w(Li^+)$ 1.62%，$w(Na^{2+})$ 2.40%，$w(Mg^+)$ 2.56%，$w(Cl^-)$ 16.04%，$w(SO_4^{2-})$ 4.58%；

共饱点G：平衡固相为$NaCl + Li_2SO_4 \cdot H_2O + MgSO_4 \cdot 7H_2O + MgCl_2 \cdot 6H_2O$，液相组成为$w(Li^+)$ 0.50%，$w(Na^{2+})$ 0.075%，$w(Mg^+)$ 8.17%，$w(Cl^-)$ 25.05%，$w(SO_4^{2-})$ 1.97%；

共饱点H：平衡固相为$NaCl + Li_2SO_4 \cdot H_2O + LiCl \cdot MgCl_2 \cdot 7H_2O + MgCl_2 \cdot 6H_2O$，液相组成为$w(Li^+)$ 4.80%，$w(Na^{2+})$ 0.026%，$w(Mg^+)$ 2.26%，$w(Cl^-)$ 31.14%，$w(SO_4^{2-})$ 0.031%；

共饱点I：平衡固相为$NaCl + Li_2SO_4 \cdot H_2O + LiCl \cdot MgCl_2 \cdot 7H_2O + LiCl \cdot 2H_2O$，液相组成为$w(Li^+)$ 5.50%，$w(Na^{2+})$ 0.032%，$w(Mg^+)$ 1.95%，$w(Cl^-)$ 33.82%，

$w(SO_4^{2-})$ 0.027%。

（2）11 条单变量溶解度曲线，对应平衡固相分别为：

AE 线：$NaCl + Na_2SO_4 \cdot 10H_2O + MgSO_4 \cdot 7H_2O$；

BE 线：$NaCl + Na_2SO_4 \cdot 10H_2O + Li_2SO_4 \cdot 3Na_2SO_4 \cdot 12H_2O$；

EF 线：$NaCl + Li_2SO_4 \cdot 3Na_2SO_4 \cdot 12H_2O + MgSO_4 \cdot 7H_2O$；

CF 线：$NaCl + Li_2SO_4 \cdot 3Na_2SO_4 \cdot 12H_2O + Li_2SO_4 \cdot H_2O$；

FG 线：$NaCl + MgSO_4 \cdot 7H_2O + Li_2SO_4 \cdot H_2O$；

DG 线：$NaCl + MgSO_4 \cdot 7H_2O + MgCl_2 \cdot 6H_2O$；

MH 线：$NaCl + MgCl_2 \cdot 6H_2O + LiCl \cdot MgCl_2 \cdot 7H_2O$；

NI 线：$NaCl + LiCl \cdot MgCl_2 \cdot 7H_2O + LiCl \cdot 2H_2O$；

GH 线：$NaCl + MgCl_2 \cdot 6H_2O + Li_2SO_4 \cdot H_2O$；

HI 线：$NaCl + LiCl \cdot MgCl_2 \cdot 7H_2O + Li_2SO_4 \cdot H_2O$；

LI 线：$NaCl + LiCl \cdot 2H_2O + Li_2SO_4 \cdot H_2O$。

（3）7 个与 NaCl 共饱和的结晶相区分别为：

$NaCl + Na_2SO_4 \cdot 10H_2O$ 结晶区；

$NaCl + Li_2SO_4 \cdot 3Na_2SO_4 \cdot 12H_2O$ 结晶区；

$NaCl + Li_2SO_4 \cdot H_2O$ 结晶区；

$NaCl + MgSO_4 \cdot 7H_2O$ 结晶区；

$NaCl + MgCl_2 \cdot 6H_2O$ 结晶区；

$NaCl + LiCl \cdot MgCl_2 \cdot 7H_2O$ 结晶区；

$NaCl + LiCl \cdot 2H_2O$ 结晶区。

表 3-10　五元体系(Li^+，Na^+，Mg^{2+}//Cl^-，SO_4^{2-}–H_2O)在 0℃时的介稳溶解度数据

编号	液相组成/%					耶涅克指数/[mol/100 mol ($2Li^+ + Mg^{2+} + SO_4^{2-}$)]					平衡固相
	Li^+	Na^+	Mg^{2+}	Cl^-	SO_4^{2-}	$2Li^+$	Mg^{2+}	SO_4^{2-}	$2Na^+$	H_2O	
1，A	0.00	4.65	3.71	14.6	4.59	0.00	76.16	23.84	50.42	2006.53	NaCl + Mir + Eps
2	0.12	4.32	3.92	14.92	5.14	3.87	72.18	23.95	42.07	1778.28	NaCl + Mir + Eps
3	0.14	4.39	3.84	14.83	5.19	4.54	71.13	24.33	42.82	1789.68	NaCl + Mir + Eps
4	0.22	4.26	3.61	14.29	5.29	7.22	67.68	25.09	42.03	1829.58	NaCl + Mir + Eps
5	0.32	4.23	3.45	14.10	5.61	10.32	63.54	26.14	41.30	1796.22	NaCl + Mir + Eps
6，E	0.46	4.13	3.28	13.89	5.96	14.40	58.64	26.96	39.04	1743.42	NaCl + Mir + Eps + Dbl
7	0.50	4.10	3.15	14.21	5.23	16.37	58.89	24.74	40.55	1836.54	NaCl + Eps + Dbl
8	0.73	3.65	3.03	14.89	4.51	23.45	55.60	20.94	35.54	1812.07	NaCl + Eps + Dbl
9	0.93	3.34	2.88	15.16	4.24	29.18	51.60	19.22	31.55	1775.54	NaCl + Eps + Dbl
10	1.31	2.88	2.67	15.74	4.36	37.81	44.01	18.18	25.30	1624.28	NaCl + Eps + Dbl
11，F	1.62	2.40	2.56	16.04	4.58	43.27	39.05	17.68	19.23	1498.32	NaCl + Eps + Dbl + Ls

编号	液相组成/%					耶涅克指数/[mol/100 mol $(2Li^+ + Mg^{2+} + SO_4^{2-})$]					平衡固相
	Li^+	Na^+	Mg^{2+}	Cl^-	SO_4^{2-}	$2Li^+$	Mg^{2+}	SO_4^{2-}	$2Na^+$	H_2O	
12	1.59	1.80	3.30	17.71	3.80	39.51	46.84	13.65	13.46	1374.93	NaCl + Eps + Ls
13	1.62	0.94	3.96	18.86	3.27	37.20	51.94	10.85	6.50	1262.65	NaCl + Eps + Ls
14	1.46	0.94	4.19	19.09	2.77	34.33	56.26	9.41	6.69	1296.22	NaCl + Eps + Ls
15	1.21	0.51	5.23	20.73	2.05	26.93	66.48	6.59	3.51	1205.05	NaCl + Eps + Ls
16	0.97	0.26	6.76	23.84	1.71	19.10	76.03	4.87	1.64	1008.48	NaCl + Eps + Ls
17	0.68	0.083	7.89	25.17	1.96	12.43	82.39	5.18	0.45	904.69	NaCl + Eps + Ls
18, B	1.54	6.17	0.00	15.42	2.62	76.61	0.00	23.39	124.41	3525.27	NaCl + Mir + Dbl
19	1.19	6.88	0.16	15.54	2.17	74.61	5.73	19.66	130.23	3578.01	NaCl + Mir + Dbl
20	1.05	6.72	0.44	15.34	2.30	64.27	15.38	20.35	124.19	3497.47	NaCl + Mir + Dbl
21	1.05	6.48	0.61	15.20	2.63	59.04	19.59	21.37	110.01	3207.55	NaCl + Mir + Dbl
22	1.03	6.10	0.88	15.16	2.84	53.01	25.87	21.12	94.78	2934.30	NaCl + Mir + Dbl
23	0.89	6.05	1.18	15.13	2.98	44.62	33.79	21.59	91.58	2849.93	NaCl + Mir + Dbl
24	0.81	5.91	1.40	15.01	3.02	39.59	39.08	21.33	87.21	2777.91	NaCl + Mir + Dbl
25	0.64	5.59	2.06	14.95	4.02	26.69	49.08	24.23	70.39	2337.88	NaCl + Mir + Dbl
26	0.61	5.31	2.30	14.90	4.21	24.09	51.88	24.03	63.32	2211.54	NaCl + Mir + Dbl
27	0.63	4.71	2.69	14.70	4.96	21.85	53.29	24.86	49.32	1932.58	NaCl + Mir + Dbl
28	0.51	4.24	3.22	14.43	5.57	16.17	58.31	25.52	40.59	1759.77	NaCl + Mir + Dbl
29, C	2.94	2.72	0.00	17.06	3.13	86.67	0.00	13.33	24.21	1684.33	NaCl + Dbl + Ls
30	2.83	2.57	0.32	17.09	3.05	81.95	5.29	12.76	22.47	1654.25	NaCl + Dbl + Ls
31	2.55	2.86	0.51	16.62	3.09	77.56	8.86	13.58	26.26	1743.01	NaCl + Dbl + Ls
32	2.24	2.87	1.23	17.15	3.08	66.12	20.74	13.14	25.58	1670.29	NaCl + Dbl + Ls
33	2.11	2.83	1.38	16.93	3.05	63.19	23.61	13.20	25.59	1700.86	NaCl + Dbl + Ls
34	2.09	2.90	1.42	16.94	3.22	62.08	24.09	13.82	26.01	1680.83	NaCl + Dbl + Ls
35	1.88	2.56	2.06	16.65	3.99	51.75	32.38	15.87	21.27	1545.30	NaCl + Dbl + Ls
36	1.72	2.51	2.26	16.29	4.04	47.85	35.91	16.24	21.08	1568.73	NaCl + Dbl + Ls
37, D	0.00	0.091	8.85	24.97	1.34	0.00	96.31	3.69	0.52	950.64	NaCl + Eps + Bis
38	0.16	0.098	8.60	24.96	1.51	3.02	92.85	4.12	0.56	942.01	NaCl + Eps + Bis
39	0.20	0.090	8.54	24.95	1.52	3.78	92.08	4.15	0.51	941.15	NaCl + Eps + Bis
40	0.27	0.079	8.45	24.96	1.63	5.06	90.52	4.42	0.45	933.77	NaCl + Eps + Bis
41	0.31	0.075	8.27	24.56	1.67	5.88	89.55	4.58	0.43	951.23	NaCl + Eps + Bis
42, G	0.50	0.075	8.17	25.05	1.97	9.17	85.60	5.22	0.42	908.04	NaCl + Eps + Bis + Ls
43	0.61	0.080	7.87	25.57	0.85	11.67	85.98	2.35	0.46	958.37	NaCl + Bis + Ls
44	0.95	0.064	7.41	26.29	0.39	18.13	80.79	1.08	0.37	954.58	NaCl + Bis + Ls

编号	液相组成/%					耶涅克指数/[mol/100 mol (2Li⁺ + Mg²⁺ + SO₄²⁻)]					平衡固相
	Li⁺	Na⁺	Mg²⁺	Cl⁻	SO₄²⁻	2Li⁺	Mg²⁺	SO₄²⁻	2Na⁺	H₂O	
45	1.02	0.095	7.29	26.35	0.36	19.48	79.52	0.99	0.55	954.94	NaCl + Bis + Ls
46	1.33	0.073	6.89	26.92	0.15	25.16	74.43	0.41	0.42	942.08	NaCl + Bis + Ls
47	1.66	0.081	6.44	27.33	0.12	31.00	68.68	0.32	0.46	926.15	NaCl + Bis + Ls
48	2.29	0.070	5.33	27.27	0.13	42.78	56.87	0.35	0.39	934.37	NaCl + Bis + Ls
49	2.72	0.074	4.83	28.07	0.087	49.53	50.24	0.23	0.41	901.16	NaCl + Bis + Ls
50	3.05	0.066	4.40	28.42	0.10	54.68	45.06	0.26	0.36	883.70	NaCl + Bis + Ls
51	3.99	0.042	3.29	30.01	0.053	67.89	31.98	0.13	0.22	821.01	NaCl + Bis + Ls
52	4.34	0.033	2.78	30.29	0.048	73.13	26.75	0.12	0.17	811.62	NaCl + Bis + Ls
53, H*	4.80	0.026	2.26	31.14	0.031	78.75	21.18	0.073	0.13	780.56	NaCl + Bis + Ls + Lic
54, M*	4.57	0.037	2.42	30.45	0.00	76.78	23.22	0.00	0.19	809.42	NaCl + Bis + Lic
55, L*	6.65	0.039	0.00	33.98	0.035	99.92	0.00	0.076	0.18	686.57	NaCl + Lcd + Ls
56*	6.27	0.043	0.65	33.93	0.033	94.34	5.59	0.072	0.20	684.93	NaCl + Lcd + Ls
57*	5.79	0.036	1.46	33.85	0.041	87.33	12.58	0.089	0.16	683.69	NaCl + Lcd+ Ls
58, I*	5.50	0.032	1.95	33.82	0.027	83.11	16.83	0.059	0.15	683.17	NaCl + Lcd + Lic + Ls
59, N*	5.50	0.046	1.95	33.85	0.00	83.16	16.84	0.00	0.21	683.38	NaCl + Lcd + Lic

* 测定结果为稳定相平衡实验数据。

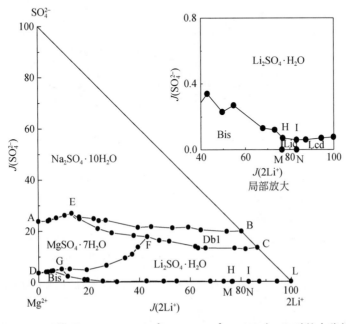

图 3-11　五元体系(Li⁺, Na⁺, Mg²⁺//Cl⁻, SO₄²⁻-H₂O)在 0℃时的介稳相图

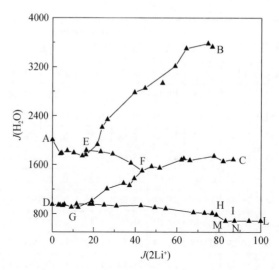

图 3-12 五元体系(Li^+, Na^+, $Mg^{2+}//Cl^-$, $SO_4^{2-}-H_2O$)在0℃时的水图

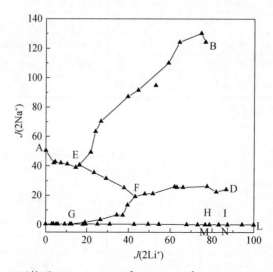

图 3-13 五元体系(Li^+, Na^+, $Mg^{2+}//Cl^-$, $SO_4^{2-}-H_2O$)在0℃时的钠图

其中 $NaCl + Na_2SO_4 \cdot 10H_2O$ 结晶区面积最大, $NaCl + LiCl \cdot MgCl_2 \cdot 7H_2O$ 结晶区面积最小,表明 $Na_2SO_4 \cdot 10H_2O$ 在该体系中易饱和结晶,而 $LiCl$ 的溶解度较高,并且 $LiCl$ 对 $NaCl$ 和 Li_2SO_4 有强烈的盐析效应。该体系有含锂复盐锂光卤石($LiCl \cdot MgCl_2 \cdot 7H_2O$)生成,该复盐晶体多为不规则粒状、片状,也可见近于立方体、长方体自形晶。形成原因:主要由于锂离子有强水合能力,氯化锂能与氯化镁形成复盐。同时,我们首次测定了该复盐的折光率 $N_e = 1.492$, $N_o = 1.464$,为一轴晶正光性,该复盐在偏光显微镜下的晶体形态见图3-14。

由图3-12和图3-13可以看出,该五元介稳体系相图对应水含量和钠含量随 $J(2Li^+)$ 的变化呈现规律性变化,在共饱点处有异变,且在共饱点 I 处水含量和钠含量有最小值。

图 3-14　偏光显微镜下锂光卤石的晶体

干盐图结合钠图和水图就可以完整地描述该五元体系某一点的相态。

该五元体系 0℃稳定相平衡的研究未见报道，因此我们将本实验研究结果与宋彭生计算的 25℃稳定相平衡溶解度数据进行了比较，见图 3-15。

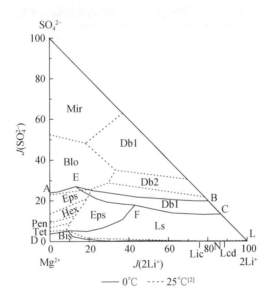

图 3-15　五元体系(Li⁺, Na⁺, Mg²⁺//Cl⁻, SO₄²⁻–H₂O)稳定相图[2]与介稳相图比较

(1) 从图 3-15 可见，该体系 NaCl 饱和时 25℃稳定相图有 12 个结晶区，而 0℃介稳相图中只有 7 个结晶区，白钠镁矾结晶区、$Li_2SO_4 \cdot Na_2SO_4$结晶区和硫酸镁的低水合物结晶区消失，芒硝结晶区变大取代了 Na_2SO_4、白钠镁矾和 $Li_2SO_4 \cdot Na_2SO_4$ 的结晶区，$Li_2SO_4 \cdot 3Na_2SO_4 \cdot 12H_2O$ 结晶区、$Li_2SO_4 \cdot H_2O$ 结晶区变小，$MgSO_4 \cdot 7H_2O$ 结晶区变大，取代了硫酸镁的低水合物结晶区。

(2) 该五元体系介稳相平衡中，存在的平衡固相 $Li_2SO_4 \cdot 3Na_2SO_4 \cdot 12H_2O$ 是不相称（异成分）复盐，因此等温蒸发中单变量曲线 BE、CF 的平衡固相 $Li_2SO_4 \cdot 3Na_2SO_4 \cdot 12H_2O$ 不断

转溶，其结晶区介稳现象比较明显。

3.3.2　五元体系溶液物化性质研究

3.3.2.1　物化性质实验研究结果

表 3-11 是测定的溶液物化性质实验数据，由表 3-11 绘制了物化性质–组成图，其横坐标为 $J(2Li^+)$，纵坐标为溶液物化性质，见图 3-16 a、b、c、d。

由表 3-11 和图 3-16 a、b、c、d 可见，介稳平衡溶液物化性质随 $J(2Li^+)$ 的变化而有规律地变化，在共饱点处有明显异变。图 3-16 a、b 中溶液的密度和折光率随 Li^+ 含量的增大而逐渐减小，在共饱点 I 处有明显异变，折光率在此点有最大值；图 3-16 c 中溶液的电导率随 Li^+ 含量的增大在 AE、DG 和 HI 线上减小，且在共饱点 G 处有最小值，其余各线均随 Li^+ 含量的增大而增大，在共饱点处均有明显异变；图 3-16 d 中溶液的 pH 在 4.5~9.0，在 LiCl 饱和区溶液的 pH 减小到 4.5 左右，在共饱点 I 处有最小值，其余各线溶液的 pH 均随 Li^+ 含量的增大而增大。

表 3-11　五元介稳体系在 0℃的液相物化性质

编号	密度/(g/cm³)	折光率	电导率/(S/m)	pH
1，A	1.2496	1.3961	7.08	6.50
2	1.2596	1.3965	6.93	6.48
3	1.2601	1.3961	6.86	6.42
4	1.2547	1.3952	6.68	6.51
5	1.2548	1.3945	6.48	—
6，E	1.2539	1.3938	6.46	6.56
7	—	1.3936	6.67	6.54
8	1.2363	1.3931	6.77	—
9	1.2303	1.3928	—	6.64
10	1.2259	1.3938	7.12	6.74
11，F	1.2198	1.3942	7.39	6.93
12	1.2278	1.3966	6.52	6.54
13	1.2346	1.3991	6.10	6.38
14	1.2384	1.4005	5.74	6.29
15	1.2586	1.4078	5.14	6.06
16	1.2991	1.4196	4.26	—
17	—	1.4261	3.12	5.50
18，B	—	1.3831	10.32	7.66

续表

编号	密度/(g/cm³)	折光率	电导率/(S/m)	pH
19	1.2003	1.3832	10.40	7.55
20	1.1998	1.3839	9.61	7.28
21	1.2039	1.3850	9.38	7.17
22	1.2075	1.3865	9.01	7.03
23	1.2086	1.3874	8.62	6.94
24	—	1.3892	8.26	6.85
25	1.2339	1.3901	7.63	6.72
26	—	1.3913	7.42	6.67
27	1.2417	1.3922	7.22	—
28	1.2523	1.3931	6.75	6.52
29，C	1.1813	1.3855	9.08	8.52
30	1.1833	1.3861	8.80	8.31
31	1.1896	1.3872	8.62	8.13
32	1.1997	1.3892	8.43	7.91
33	1.2040	1.3910	8.25	—
34	1.2075	1.3915	8.12	7.73
35	1.2166	1.3924	7.93	7.34
36	1.2163	1.3932	7.61	7.16
37，D	1.3406	1.4302	2.92	4.94
38	1.3392	1.4298	2.88	—
39	1.3386	1.4296	2.82	5.10
40	1.3371	1.4291	2.77	—
41	—	1.4286	2.75	5.22
42	1.3362	1.4289	2.71	5.34
43	1.3271	1.4278	2.96	5.36
44	1.3186	1.4270	3.18	5.40
45	1.3169	1.4261	3.26	5.45
46	—	1.4255	—	—
47	1.3069	1.4252	3.56	5.50
48	1.2886	1.4219	4.06	—
49	—	1.4220	4.17	5.57
50	1.2843	1.4217	4.35	—
51	1.2789	1.4215	—	5.31

编号	密度/(g/cm³)	折光率	电导率/(S/m)	pH
52	—	1.4219	4.30	5.20
53，H	1.2769	1.4230	4.25	4.63
54，M	1.2712	1.4221	4.20	5.02
55，L	1.2645	1.4250	4.08	4.30
56	—	1.4271	—	—
57	1.2854	1.4275	—	—
58，I	1.2918	1.4293	4.01	4.42
59，N	1.2928	1.4291	4.00	4.51

注：表中编号与表3-10对应。

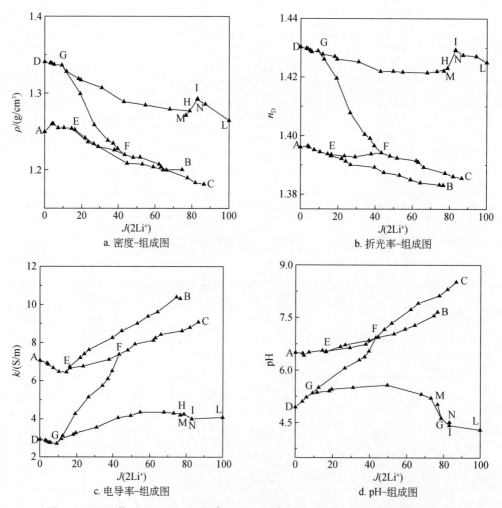

图 3-16　五元体系(Li⁺，Na⁺，Mg²⁺//Cl⁻，SO₄²⁻-H₂O)在0℃时物化性质-组成图

3.3.2.2 密度和折光率的计算

根据宋彭生等[3]提出的电解质溶液密度和折光率的计算公式，计算了该五元体系溶液0℃的密度和折光率值。公式中 $d_0 = 0.99984 g/cm^3$ 和 $D_0 = 1.33395$ 分别是纯水在0℃的折光率和密度。

$$\ln \frac{d}{d_0} = \sum A_i \times W_i$$

$$\ln \frac{D}{D_0} = \sum B_i \times W_i$$

计算中用到的该五元体系单盐的密度系数 A_i 及折光率系数 B_i 列于表 3-12 中，运用此经验公式计算的密度和折光率值列在表 3-13 中。由表 3-13 可见，密度最大相对偏差为0.294%，折光率最大相对偏差仅为0.182%，计算值与实验值吻合较好，表明此经验公式适用于该五元体系在0℃时介稳平衡溶液密度和折光率的计算。

表 3-12　0℃溶液单盐的密度和折光率系数

系数	NaCl	Na_2SO_4	LiCl	Li_2SO_4	$MgCl_2$	$MgSO_4$
A_i	0.007173	0.008962	0.005735	0.008321	0.008267	0.008891
B_i	0.001371	0.001177	0.001609	0.001212	0.007972	0.001351

表 3-13　五元体系在0℃时液相密度和折光率计算值与实测值对比

编号	密度/(g/cm^3)			折光率		
	实验值	计算值	相对偏差/%	实验值	计算值	相对偏差/%
1, A	1.2496	1.2519	−0.184	1.3961	1.3954	0.050
2	1.2596	1.2625	−0.230	1.3965	1.3980	−0.107
3	1.2601	1.2619	−0.143	1.3961	1.3977	−0.115
4	1.2547	1.2533	0.112	1.3952	1.3956	−0.029
5	1.2548	1.2529	0.151	1.3945	1.3953	−0.057
6, E	1.2539	1.2517	0.175	1.3938	1.3949	−0.079
7	—	—	—	1.3936	1.3938	−0.014
8	1.2363	1.2345	0.146	1.3931	1.3935	−0.029
9	1.2303	1.2284	0.154	1.3928	1.3930	−0.014
10	1.2259	1.2271	−0.098	1.3938	1.3938	0.000
11, F	1.2198	1.2173	0.205	1.3942	1.3923	0.136
12	1.2278	1.2292	−0.114	1.3966	1.3973	−0.050
13	1.2346	1.2357	−0.089	1.3991	1.4008	−0.122
14	1.2384	1.2362	0.178	1.4005	1.4013	−0.057
15	1.2586	1.2551	0.278	1.4078	1.4074	0.028
16	1.2991	1.3005	−0.108	1.4196	1.4196	0.000

续表

编号	密度/(g/cm³)			折光率		
	实验值	计算值	相对偏差/%	实验值	计算值	相对偏差/%
17	—	—	—	1.4261	1.4270	-0.063
18，B	—	—	—	1.3831	1.3830	0.007
19	1.2003	1.1993	0.083	1.3832	1.3840	-0.058
20	1.1998	1.2019	-0.175	1.3839	1.3844	-0.036
21	1.2039	1.2048	-0.075	1.3850	1.3850	0.000
22	1.2075	1.2074	0.008	1.3865	1.3858	0.050
23	1.2086	1.2109	-0.190	1.3874	1.3866	0.058
24	—	—	—	1.3892	1.3878	0.101
25	1.2339	1.2327	0.097	1.3901	1.3912	-0.079
26	—	—	—	1.3913	1.3919	-0.043
27	1.2417	1.2431	-0.113	1.3922	1.3937	-0.108
28	1.2523	1.2517	0.048	1.3931	1.3954	-0.165
29，C	1.1813	1.1833	-0.169	1.3855	1.3865	-0.072
30	1.1833	1.1853	-0.169	1.3861	1.3876	-0.108
31	1.1896	1.1873	0.193	1.3872	1.3872	0.000
32	1.1997	1.2022	-0.208	1.3892	1.3908	-0.115
33	1.2040	1.2020	0.166	1.3910	1.3905	0.036
34	1.2075	1.2052	0.190	1.3915	1.3910	-0.036
35	1.2166	1.2183	-0.140	1.3924	1.3935	-0.079
36	1.2163	1.2184	-0.172	1.3932	1.3932	0.000
37，D	1.3406	1.3406	0.000	1.4302	1.4279	0.161
38	1.3392	1.3370	0.164	1.4298	1.4278	0.140
39	1.3386	1.3359	0.202	1.4296	1.4276	0.140
40	1.3371	1.3353	0.135	1.4291	1.4275	0.112
41	—	—	—	1.4286	1.4260	0.182
42，G	1.3362	1.3352	0.075	1.4289	1.4275	0.098
43	1.3271	1.3232	0.294	1.4278	1.4262	0.112
44	1.3186	1.3171	0.114	1.4270	1.4260	0.070
45	1.3169	1.3158	0.084	1.4261	1.4258	0.021
46	—	—	—	1.4255	1.4258	-0.021
47	1.3069	1.3082	-0.099	1.4252	1.4255	-0.021
48	1.2886	1.2897	-0.085	1.4219	1.4220	-0.007
49	—	—	—	1.4220	1.4226	-0.042
50	1.2843	1.2847	-0.031	1.4217	1.4223	-0.042

续表

编号	密度/(g/cm³)			折光率		
	实验值	计算值	相对偏差/%	实验值	计算值	相对偏差/%
51	1.2789	1.2804	−0.117	1.4215	1.4232	−0.120
52	—	—		1.4219	1.4224	−0.035
53，H	1.2769	1.2736	0.258	1.4230	1.4232	−0.014
54，M	1.2712	1.2699	0.102	1.4221	1.4217	0.028
55，L	1.2645	1.2630	0.119	1.4250	1.4242	0.056
56	—	—		1.4271	1.4260	0.077
57	1.2854	1.2849	0.039	1.4275	1.4282	−0.049
58，I	1.2918	1.2923	−0.039	1.4293	1.4296	−0.021
59，N	1.2928	1.2923	0.039	1.4291	1.4296	−0.035

3.3.3　五元体系(Li⁺, Na⁺, Mg²⁺//Cl⁻, SO₄²⁻-H₂O)介稳相图应用

我国青藏高原盐湖众多，资源丰富，位于青海的柴达木盆地盐湖，以其卤水中硼、锂含量高而闻名，该地区盐湖属典型的硫酸亚镁型，富含钾、钠、镁、锂、硼等盐矿资源，是一个综合型卤水矿床，具有很高的开发利用价值。

美国、智利、以色列等国家盐湖资源的开发，都是结合所在盐湖地区独特的自然条件和环境，充分利用太阳能、风能等自然能源，通过日晒池（盐田）的天然蒸发，选择性析出工业中所需的无机盐原料，进而加工相关无机盐化工产品。因而本书模拟柴达木盆地盐湖卤水冬季自然蒸发条件（包括风速、湿度、温度等），开展含锂水盐体系等温蒸发的实验研究，探索卤水在蒸发过程中锂离子的富集行为，盐类的结晶路线和析盐规律，对盐湖资源的综合开发利用具有理论指导意义和实际应用价值。

盐湖卤水在蒸发后期，钾盐和钠盐多已析出，Li⁺浓度高度富集，由于Li⁺是水的结构促成剂，水化性较强，使体系与经典的海水型体系不大相同，具有许多特殊性质，其冬季卤水蒸发路线可用五元体系(Li⁺, Na⁺, Mg²⁺//Cl⁻, SO₄²⁻-H₂O)在0℃的介稳相图来表示（图3-17）。

东台吉乃尔盐湖提钾后卤水组成点在E点，以本实验介稳相图为理论依据，预测卤水冬季蒸发的析盐顺序为：$NaCl$、$NaCl + MgSO_4 \cdot 7H_2O$、$NaCl + MgSO_4 \cdot 7H_2O + Li_2SO_4 \cdot H_2O$、$NaCl + Li_2SO_4 \cdot H_2O + MgCl_2 \cdot 6H_2O$，在析出$MgCl_2 \cdot 6H_2O$之后卤水的水活度很低，0℃下的蒸发速度很慢，卤水继续蒸发失去意义。在卤水蒸发后期有$Li_2SO_4 \cdot H_2O$析出，可回收其中的$NaCl$、$MgSO_4 \cdot 7H_2O$和$Li_2SO_4 \cdot H_2O$的混盐，采用反浮选或其他手段首先分离出$NaCl$，继而根据不同温度下$MgSO_4 \cdot 7H_2O$与$Li_2SO_4 \cdot H_2O$结晶区的差异，制定提取$Li_2SO_4 \cdot H_2O$的工艺路线。

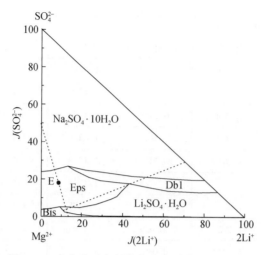

图 3-17　东台吉乃尔盐湖卤水冬季蒸发结晶路线

3.4　小　　结

本书采用等温蒸发法分别开展了至今未见报道的五元体系(Li^+，Na^+，Mg^{2+}// Cl^-，SO_4^{2-}–H_2O)及其四元子体系(Li^+，Na^+//Cl^-，SO_4^{2-}–H_2O)和(Na^+，Mg^{2+}//Cl^-，SO_4^{2-}–H_2O)在 0℃的介稳相平衡研究，取得了如下主要结论：

（1）完成了四元体系(Na^+，Mg^{2+}//Cl^-，SO_4^{2-}–H_2O)在 0℃时的介稳相平衡实验研究，测定了介稳平衡液相中各组分的溶解度及主要的物化性质：密度、折光率、电导率和 pH；根据实验溶解度数据绘制了相应的介稳相图，水图和物化性质–组成图。相图中有 2 个四元无变量共饱点，5 条单变量溶解度曲线和 4 个结晶区：NaCl 结晶区、$Na_2SO_4 \cdot 10H_2O$ 结晶区、$MgSO_4 \cdot 7H_2O$ 结晶区和 $MgCl_2 \cdot 6H_2O$ 结晶区。其中 $Na_2SO_4 \cdot 10H_2O$ 结晶区面积最大，而 $MgCl_2 \cdot 6H_2O$ 结晶区面积最小，体系没有固溶体和复盐产生；与稳定相图相比，介稳相图中 $Na_2SO_4 \cdot 10H_2O$ 结晶区扩大，$MgSO_4 \cdot 7H_2O$ 结晶区缩小，其他结晶区变化不大。由溶液的物化性质–组成图可见，平衡溶液的密度、折光率、电导率和 pH 随 $J(SO_4^{2-})$ 液相组分浓度的变化而呈现规律性地变化；利用经验公式计算了该四元体系介稳平衡液相的密度和折光率，密度最大相对偏差为 0.327%，折光率最大相对偏差为 0.161%，计算结果与实验值吻合较好。

（2）完成了四元体系(Li^+，Na^+//Cl^-，SO_4^{2-}–H_2O)在 0℃时的介稳相平衡实验研究，测定了介稳平衡液相中各组分的溶解度及部分主要的物化性质：密度、折光率、电导率和 pH；根据实验溶解度数据绘制了相应的介稳相图，水图和物化性质–组成图。相图中有 3 个四元无变量共饱点、7 条单变量溶解度曲线和 5 个结晶区：NaCl 结晶区、$Na_2SO_4 \cdot 10H_2O$ 结晶区、$Li_2SO_4 \cdot 3Na_2SO_4 \cdot 12H_2O$ 结晶区、$Li_2SO_4 \cdot H_2O$ 结晶区和 $LiCl \cdot 2H_2O$ 结晶区。其中 $Na_2SO_4 \cdot 10H_2O$ 结晶区面积最大，而 $LiCl \cdot 2H_2O$ 结晶区面积最小。与稳定相图相比，$Na_2SO_4 \cdot 10H_2O$ 结晶区显著扩大，$Li_2SO_4 \cdot H_2O$ 结晶区缩小，$Li_2SO_4 \cdot 3Na_2SO_4 \cdot 12H_2O$ 介稳现象比较明显，导致其结晶区和其饱和的溶解度蒸发曲线发生明显偏移。利用经验公式计算了四元体系介稳平衡液相的密度和折光率，密度最大相对偏差为 0.241%，折光率最大相对偏差为 0.216%，计算结果与实验值吻合较好。

(3) 完成了五元体系(Li⁺，Na⁺，Mg²⁺//Cl⁻，SO₄²⁻－H₂O)在 0℃时的介稳相平衡实验研究，测定了介稳平衡液相中各组分的溶解度及部分主要的物化性质：密度、折光率、电导率和 pH；根据实验溶解度数据绘制了氯化钠饱和下的介稳相图、水图、钠图和物化性质-组成图。介稳相图中有 5 个五元无变量共饱点，11 条单变量溶解度曲线和 7 个与氯化钠共饱和的结晶区：$Na_2SO_4 \cdot 10H_2O$ 结晶区、$Li_2SO_4 \cdot 3Na_2SO_4 \cdot 12H_2O$ 结晶区、$Li_2SO_4 \cdot H_2O$ 结晶区、$MgSO_4 \cdot 7H_2O$ 结晶区、$MgCl_2 \cdot 6H_2O$ 结晶区、$LiCl \cdot MgCl_2 \cdot 7H_2O$ 结晶区和 $LiCl \cdot 2H_2O$ 结晶区，其中 NaCl 饱和下的 $Na_2SO_4 \cdot 10H_2O$ 结晶区面积最大，$LiCl \cdot MgCl_2 \cdot 7H_2O$ 结晶区面积最小。由五元介稳体系的水图和钠图可见，溶液水含量和钠含量随 $J(2Li^+)$ 的变化呈现规律性变化，在共饱点处有异变，且在共饱点 I 处水含量和钠含量有最小值。利用经验公式计算了五元体系介稳平衡溶液的密度和折光率，密度最大相对偏差为 0.294%，折光率最大相对偏差为 0.182%，计算结果与实验值吻合较好。

参 考 文 献

[1] Эдановский А Б, Ляховская Е И, Шлеймович Р Э. Справочник Эксперим- ентальных Данных по Растворимости Многокомпонентных Водно-солевых Систем. Госхимиэдат: Ленинград, 1954, Том. 2: 954~963

[2] 宋彭生. 海水体系介稳相图的计算. 盐湖研究, 1998, 6 (2-3): 17~26

[3] 宋彭生，杜宪惠，许恒存. 三元体系 $Li_2B_4O_7$–Li_2SO_4–H_2O 25℃相关系和溶液物性的研究. 科学通报, 1983, (2): 106~110

[4] Campbell A N, Kartzmark E M, Lovering E G. Reciprocal salt pairs, involving the cations Li_2^{2+}, Na_2^{2+}, and K_2^{2+}, the anions SO_4^{2-} and Cl_2^{2-}, and water, at 25℃. Can. J. Chem., 1958, 36 (1): 1511~1517

[5] Hu K Y. Phase equilibrium of the quaternary system LiCl–NaCl–Li_2SO_4–Na_2SO_4–H_2O. Russ. J. Inorg. Chem., 1960, 5 (1): 191~196

[6] Song P S, Yao Y. Thermodynamics and phase diagram of the salt lake brine system at 298.15 K. Model for the system Li⁺, Na⁺, Mg²⁺//Cl⁻, SO₄²⁻ – H₂O and its application. CALPHAD, 2003, 27: 343~352

第4章 五元体系(Li^+，Na^+，Mg^{2+} // Cl^-，SO_4^{2-}–H_2O)35℃介稳相平衡研究

4.1 三元体系(Mg^{2+} // Cl^-，SO_4^{2-}–H_2O)35℃介稳相平衡研究

早在 20 世纪苏联学者就对三元体系(Mg^{2+} // Cl^-，SO_4^{2-}–H_2O)进行了不同温度下的大量研究，文献［1］中有完整的记载；近期 C. Balarew 等[2]又进行了50℃和75℃的研究，但这些研究都是针对稳定平衡，而对此体系的介稳平衡研究至今未见报道。对于此三元体系 35℃下的稳定相平衡研究数据[3]绘制对应相图，见图 4-1，稳定相图中有 4 个结晶区（Eps、Hex、Tet 和 Bis），4 条溶解度曲线和 3 个共饱点。

值得指出的是：本书中所有盐类名称及缩写见附录1。

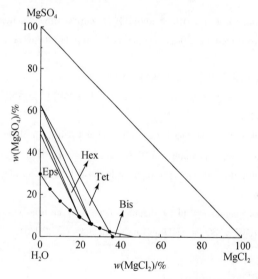

图 4-1 三元体系(Mg^{2+} // Cl^-，SO_4^{2-}–H_2O)在 35℃时的稳定相图[3]

4.1.1 三元体系介稳相化学

采用等温蒸发法对三元体系(Mg^{2+} // Cl^-，SO_4^{2-}–H_2O)进行了介稳相化学实验研究。研究了该体系在35℃时介稳平衡液相中各组分的溶解度及折光率。平衡固相采用湿渣法、偏光显微镜浸油法及 X-ray 粉晶衍射法确定。三元体系(Mg^{2+} // Cl^-，SO_4^{2-}–H_2O)的介稳溶解度及平衡液相折光率数据列于表4-1 中，并绘制了介稳溶解度相图（图4-2）及折光率–组

成（图 4-3）。

由表 4-1 和图 4-2 可见，该三元体系 35℃的介稳相图中，有 5 个结晶区（Eps、Hex、Pen、Tet 和 Bis）、5 条单变量溶解度曲线和 4 个三元无变量共饱点。分别为共饱点 E_1：Ep+Hex，其平衡液相组成为 $w(MgCl_2)$ 19.13%，$w(MgSO_4)$ 9.75%；共饱点 E_2：Hex+Pen，其平衡液相组成为 $w(MgCl_2)$ 27.89%，$w(MgSO_4)$ 5.87%；共饱点 E_3：Pen+Tet，其平衡液相组成为 $w(MgCl_2)$ 31.23%，$w(MgSO_4)$ 5.32%；共饱点 E_4：Tet+Bis，其平衡液相组成为 $w(MgCl_2)$ 32.78%，$w(MgSO_4)$ 5.66%。单变量溶解度曲线分别为：AE_1 线对应固相为 Eps；E_1E_2 线对应固相为 Hex；E_2E_3 线对应固相为 Pen；E_3E_4 线对应固相为 Tet；E_4B 线对应固相为 Bis。固相结晶区分别为：Eps 结晶区（AE_1C）、Hex 结晶区（E_1E_2D）、Pen 结晶区（E_2E_3E）、Tet 结晶区（E_3E_4F）和 Bis 结晶区（BE_4G）。

实验中发现共饱点中 E_1，E_2，E_3 三个共饱点均为转溶共饱点，共饱点 E_4 为干点，但 Bis 和 Tet 两固相的共存点不仅有一个，而是一系列点。该体系出现 5 种水合盐，未见复盐和固溶体出现。

由表 4-1 和图 4-3 可以看出该三元体系在 35℃平衡液相的折光率随 $MgCl_2$ 浓度的增大而有规律地升高，在共饱点 E_4 处有明显突变，而后随 $MgCl_2$ 浓度的增大而降低。

表 4-1　三元体系(Mg^{2+}//Cl^-，SO_4^{2-}-H_2O)在 35℃的介稳平衡溶解度及液相折光率数据

| 编号 | 液相组成/% | | | 湿渣组成/% | | | 折光率 | 平衡固相 |
	$MgCl_2$	$MgSO_4$	H_2O	$MgCl_2$	$MgSO_4$	H_2O		
1，B	36.05	0.00	63.95	—	—	—	—	Bis
2	35.16	2.09	62.75	35.61	6.83	57.56	—	Bis + Tet
3	34.98	2.38	62.64	—	—	—	—	Bis + Tet
4	34.89	2.41	62.70	—	—	—	1.4367	Bis + Tet
5	34.40	3.36	62.24	—	—	—	—	Bis + Tet
6	34.35	3.31	62.34	—	—	—	—	Bis + Tet
7	34.31	3.34	62.35	35.67	5.75	58.58	—	Bis + Tet
8	33.98	3.95	62.07	34.53	7.76	57.71	—	Bis + Tet
9	33.80	3.86	62.34	—	—	—	—	Bis + Tet
10	33.73	4.39	61.88	—	—	—	—	Bis + Tet
11	33.39	4.57	62.04	—	—	—	1.4383	Bis + Tet
12	33.38	5.00	61.62	—	—	—	—	Bis + Tet
13	33.34	4.84	61.82	—	—	—	—	Bis + Tet
14	33.34	4.92	61.74	—	—	—	1.4377	Bis + Tet
15	33.33	5.12	61.55	35.02	5.42	59.56	—	Bis + Tet
16	33.31	4.72	61.97	—	—	—	1.4400	Bis + Tet
17	32.99	5.05	61.96	—	—	—	1.4370	Bis + Tet
18，E_4	32.78	5.66	61.56	—	—	—	—	Bis + Tet

编号	液相组成/%			湿渣组成/%			折光率	平衡固相
	$MgCl_2$	$MgSO_4$	H_2O	$MgCl_2$	$MgSO_4$	H_2O		
19	32.59	5.26	62.15	—	—	—	1.4393	Tet
20	31.87	4.61	63.52	—	—	—	—	Tet
21, E_3	31.23	5.32	63.45	—	—	—	1.4321	Pen + Tet
22	30.92	5.12	63.96	—	—	—	1.4339	Pen
23	30.53	5.17	64.30	—	—	—	1.4325	Pen
24	30.16	5.16	64.68	—	—	—	—	Pen
25	29.83	5.18	64.99	—	—	—	1.4273	Pen
26	28.88	5.29	65.83	—	—	—	—	Pen
27	28.31	5.46	66.23	—	—	—	—	Pen
28, E_2	27.90	5.85	66.25	—	—	—	—	Hex + Pen
29, E_2	27.88	5.89	66.23	—	—	—	1.4262	Hex + Pen
30	26.02	6.22	67.76	—	—	—	—	Hex
31	25.91	6.54	67.55	12.50	30.69	56.81	—	Hex
32	25.88	6.32	67.80	—	—	—	1.4209	Hex
33	24.91	6.79	68.30	—	—	—	—	Hex
34	23.31	7.85	68.84	—	—	—	—	Hex
35	21.42	8.60	69.98	—	—	—	—	Hex
36	20.99	8.57	70.44	8.92	33.24	57.84	—	Hex
37	20.13	9.27	70.60	—	—	—	1.4107	Hex
38	19.94	9.29	70.77	—	—	—	1.4110	Hex
39, E_1	19.13	9.75	71.12	—	—	—	—	Eps + Hex
40	18.72	10.08	71.20	—	—	—	—	Eps
41	17.86	10.66	71.48	—	—	—	—	Eps
42	17.17	10.99	71.84	—	—	—	—	Eps
43	16.64	11.32	72.04	—	—	—	—	Eps
44	15.68	12.19	72.13	—	—	—	—	Eps
45	13.71	13.75	72.54	—	—	—	1.3961	Eps
46	12.35	14.97	72.68	5.33	34.38	60.29	—	Eps
47	11.68	15.46	72.86	—	—	—	1.3983	Eps
48	9.18	17.90	72.92	—	—	—	—	Eps
49	8.42	18.96	72.62	—	—	—	1.3948	Eps
50, A	0.00	29.82	70.18	—	—	—	—	Eps

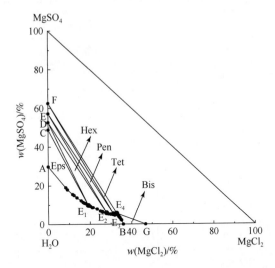

图 4-2 三元体系($Mg^{2+}//Cl^-$, SO_4^{2-}-H_2O)在 35℃的介稳相图

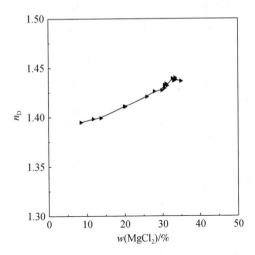

图 4-3 三元介稳体系（$Mg^{2+}//Cl^-$, SO_4^{2-}-H_2O）在 35℃下的折光率-组成图

溶液的折光率用下述经验方程[4,5]：

$$\ln (n/n_0) = \sum B_i \times W_i \qquad (4\text{-}1)$$

式中，n 和 n_0 分别是同温度下溶液和水的折光率，35℃时 n_0 值为 1.3313076；W_i 为溶液中第 i 种溶质浓度的质量分数；B_i 为盐的特征系数，值由本书实验数据计算得出。$MgCl_2$，$MgSO_4$ 35℃时的 B_i 值分别为 0.00207763、0.00153500。运用此经验公式，计算了 35℃的溶液折光率，见表 4-2。最大相对偏差只有-0.24%，计算值与实验值吻合甚好，证明此经验方程适用于此三元水盐体系的介稳液相折光率计算。

表 4-2　三元体系($Mg^{2+}//Cl^-$，$SO_4^{2-}-H_2O$)在 35℃时液相折光率计算值与实测值对比

编号	折光率		
	实验值	计算值	相对误差/%
4	1.4367	1.4367	0.00
11	1.4383	1.4370	-0.09
14	1.4377	1.4376	-0.01
16	1.4400	1.4371	-0.20
17	1.4370	1.4368	-0.01
19	1.4393	1.4361	-0.22
21	1.4321	1.4322	0.01
22	1.4339	1.4308	-0.21
23	1.4325	1.4298	-0.19
25	1.4273	1.4277	0.03
29	1.4262	1.4235	-0.19
32	1.4209	1.4185	-0.17
37	1.4107	1.4081	-0.19
38	1.4110	1.4075	-0.24
45	1.3983	1.3990	0.05
47	1.3961	1.3968	0.05
49	1.3948	1.3948	0.00

4.1.2　三元体系介稳相图与稳定相图对比

对比三元体系($Mg^{2+}//Cl^-$，$SO_4^{2-}-H_2O$)在 35℃时介稳相图与稳定相图[3]（图 4-4）和共饱点数据（表 4-3），可见：

（1）介稳相图中出现新结晶区——Pen 结晶区，且 Bis 和 Eps 的结晶区扩大，Hex 和 Tet 的结晶区缩小。

（2）介稳相图中出现的新固相 Pen 介稳现象十分明显，导致 Pen 结晶区时有时无，从 Hex 结晶区直接过渡到 Tet 结晶区，出现 Hex + Tet 共饱点，见附录 5 的图 9 和图 10。

（3）介稳相图中发现一系列点 Bis 和 Tet 两种固相共存，可以说明 Tet 不饱和现象严重，而 Bis 介稳现象不明显，故 Bis 介稳结晶区比稳定结晶区大。

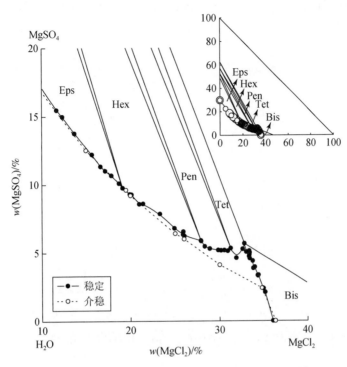

图 4-4　三元体系（$Mg^{2+}\parallel Cl^-$，SO_4^{2-}–H_2O）在 35℃时稳定相图[3]与介稳相图

表 4-3　在 35℃时介稳共饱点与稳定共饱点对比

共饱点	组成/%	介稳平衡数据	稳定平衡数据	平衡固相
E_1	$MgCl_2$	19.13	19.50	Eps + Hex
	$MgSO_4$	9.75	9.60	
E_2	$MgCl_2$	27.89	26.00	Hex + Pen
	$MgSO_4$	5.87	6.00	
E_3	$MgCl_2$	31.23	—	Pen + Tet
	$MgSO_4$	5.32	—	
E_4	$MgCl_2$	32.78	34.80	Tet + Bis
	$MgSO_4$	5.66	2.40	

4.2　四元体系（Li^+，$Mg^{2+}\parallel Cl^-$，SO_4^{2-}–H_2O）35℃介稳相平衡研究

早在 20 世纪 60 年代，苏联学者 В. Г. Щевчук 和 М. И. Вайсфельд 等对该四元体系进行过 0℃、35℃、50℃和 75℃的稳定相平衡研究[6-9]；Иманакунов 等[10]和任开武等[11]也分别进行了 25℃稳定平衡研究。但此四元体系在 35℃的稳定溶解度数据很不完全，出现的 5 种平衡固相分别为 Eps、Ls、Bis、Lc 和 Lic，但仅测定了一个共饱点（Eps +

Bis + Ls）和完整的 Eps 结晶区，Ls、Bis 和 Lc 结晶区均不完整，对于 Lic 固相仅测定了边界点，根据数据[6]绘制稳定相图，见图 4-5。

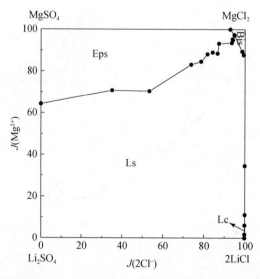

图 4-5　四元体系(Li$^+$，Mg^{2+}//Cl$^-$，SO$_4^{2-}$–H$_2$O)35℃时的稳定相图[6]

　　而关于此体系的介稳相平衡研究仅限郭智忠等[12]进行的 25℃时的研究，相图中有 7 个介稳结晶区（Eps、Hex、Tet、Bis、Ls、Lic 和 Lc）、11 条单变量溶解度曲线和 5 个四元无变量共饱点(Ls + Eps + Hex、Ls + Hex + Tet、Ls + Tet + Bis、Ls + Bis + Lic 和 Ls + Lic + Lc)，其干盐图见图 4-6。

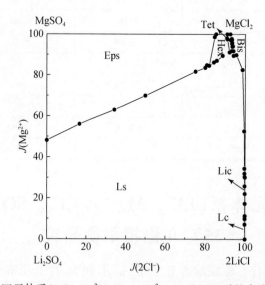

图 4-6　四元体系(Li$^+$，Mg^{2+}//Cl$^-$，SO$_4^{2-}$–H$_2$O)25℃时的介稳相图[12]

4.2.1　四元体系介稳溶解度

采用等温蒸发法对四元体系(Li^+ ， $Mg^{2+}//Cl^-$ ， $SO_4^{2-}-H_2O$)进行了介稳相化学实验研究。研究了该体系在35℃时介稳平衡液相中各组分的溶解度及主要物化性质（密度、折光率、黏度、pH、电导率和盐度）。平衡固相采用偏光显微镜浸油观察晶形确定，并用 X-ray 粉晶衍射分析加以辅证。四元体系(Li^+ ， $Mg^{2+}//Cl^-$ ， $SO_4^{2-}-H_2O$)的介稳溶解度数据列于表4-4，并绘制了介稳溶解度相图见图4-7。

由图 4-7 和表 4-4 可见，四元体系(Li^+ ， $Mg^{2+}//Cl^-$ ， $SO_4^{2-}-H_2O$)35℃的介稳相图中有7 个结晶区、11 条单变量溶解度曲线和 5 个四元无变量共饱点。

共饱点分别为 E_1 ：Ls + Eps + Hex，液相组成为 $w(Li^+)$ 1.12%， $w(Mg^{2+})$ 5.47%， $w(Cl^-)$ 13.82%， $w(SO_4^{2-})$ 10.67%；

E_2 ：Ls + Hex+Tet，液相组成为 $w(Li^+)$ 0.41%， $w(Mg^{2+})$ 8.80%， $w(Cl^-)$ 24.73%， $w(SO_4^{2-})$ 4.07%；

E_3 ：Ls+Tet+Bis，液相组成为 $w(Li^+)$ 0.38%， $w(Mg^{2+})$ 8.89%， $w(Cl^-)$ 26.05%， $w(SO_4^{2-})$ 2.51%；

E_4 ：Ls+Bis+Lic，液相组成为 $w(Li^+)$ 4.41%， $w(Mg^{2+})$ 3.88%， $w(Cl^-)$ 33.90%， $w(SO_4^{2-})$ 0.09%；

E_5 ：Ls+Lic+Lc，液相组成为 $w(Li^+)$ 6.45%， $w(Mg^{2+})$ 1.72%， $w(Cl^-)$ 37.93%， $w(SO_4^{2-})$ 0.03%。

溶解度曲线对应平衡固相分别为： AE_1 线 Ls + Eps， BE_1 线 Eps + Hex， E_1E_2 线 Hex + Ls， CE_2 线 Hex + Tet， E_2E_3 线 Tet + Ls， DE_3 线 Tet + Bis， E_3E_4 线 Ls + Bis， EE_4 线 Bis + Lic， E_4E_5 线 Ls + Lic， GE_5 线 Ls + Lc， FE_5 线 Lic + Lc。

结晶相区分别为：Ls 结晶区（ $AE_1E_2E_3E_4E_5G$ ）、Eps 结晶区（ AE_1BD ）、Hex 结晶区（ BE_1E_2C ）、Tet 结晶区（ CE_2E_3D ）、Bis 结晶区（ CDE_3E_4E ）、Lic 结晶区（ EE_4E_5F ）和 Lc 结晶区（ FE_5GB ）。

该四元体系出现 7 种水合盐，其中 1 种为含锂复盐，未出现固溶体；共饱点中 E_5 为干盐点，其他共饱点均为转溶共饱点。

表4-4　四元体系(Li^+ ， $Mg^{2+}//Cl^-$ ， $SO_4^{2-}-H_2O$)在35℃时的介稳溶解度数据

编号	液相组成/%					耶涅克指数/（mol/100mol 干盐）			平衡固相
	Li^+	Mg^{2+}	Cl^-	SO_4^{2-}	H_2O	$2Cl^-$	Mg^{2+}	H_2O	
1，A	1.58	4.49	0.00	28.67	65.26	0.00	61.90	1213.80	Ls + Ep
2，B	0.00	6.85	14.25	7.78	71.12	71.28	100.00	1400.13	Ep + Hex
3，C	0.00	9.05	23.26	4.24	63.45	88.14	100.00	946.33	Hex + Tet
4，D	0.00	9.44	24.57	4.03	61.96	89.20	100.00	885.36	Tet + Bis
5，E[a]	4.78	3.53	34.71	0.00	56.98	100.00	29.64	646.16	Bis + Lic

编号	液相组成/%					耶涅克指数/(mol/100mol 干盐)			平衡固相
	Li^+	Mg^{2+}	Cl^-	SO_4^{2-}	H_2O	$2Cl^-$	Mg^{2+}	H_2O	
6, F	6.58	1.65	38.41	0.00	53.36	100.00	12.51	546.72	Lic + Lc
7, G	7.71	0.00	39.35	0.030	52.91	99.94	0.00	528.80	Ls + Lc
8	0.066	9.35	24.81	3.79	61.98	89.86	98.77	883.82	Tet + Bis
9	0.091	9.30	25.11	3.36	62.14	91.01	98.31	886.57	Tet + Bis
10	0.091	9.28	25.22	3.12	62.29	91.64	98.32	890.84	Tet + Bis
11	0.094	9.26	25.26	3.04	62.35	91.85	98.26	892.59	Tet + Bis
12	0.11	9.26	25.38	3.01	62.24	91.96	97.90	887.78	Tet + Bis
13	0.17	9.14	25.70	2.47	62.52	93.38	96.92	894.17	Tet + Bis
14	0.19	9.14	25.96	2.22	62.50	94.07	96.57	891.35	Tet + Bis
15	1.55	4.49	0.24	28.11	65.61	1.16	62.33	1230.28	Ls + Ep
16	1.56	4.48	0.31	28.08	65.57	1.47	62.08	1227.04	Ls + Ep
17	1.58	4.52	0.52	28.09	65.29	2.43	62.03	1209.24	Ls + Ep
18	1.44	4.56	5.79	20.15	68.07	28.01	64.44	1296.87	Ls + Ep
19	1.41	4.64	7.01	18.58	68.36	33.84	65.29	1298.18	Ls + Ep
20	1.19	5.18	11.75	12.75	69.13	55.54	71.36	1285.75	Ls + Ep
21, E_1	1.12	5.47	13.82	10.67	68.92	63.71	73.54	1250.47	Ls + Ep + Hex
22	0.79	6.49	18.03	6.71	67.98	78.46	82.43	1164.59	Ls + Hex
23	0.57	8.12	23.24	4.54	63.53	87.39	89.06	940.18	Ls + Hex
24, E_2	0.41	8.68	24.42	4.03	62.47	89.15	92.42	897.51	Ls + Hex + Tet
25, E_2	0.41	8.91	25.04	4.11	61.52	89.18	92.51	862.30	Ls + Hex + Tet
26	0.37	8.95	25.74	3.07	61.87	91.90	93.23	869.60	Ls + Tet
27	0.41	8.91	26.00	2.84	61.84	92.53	92.56	866.34	Ls + Tet
28	0.39	8.89	25.89	2.75	62.08	92.74	92.87	875.22	Ls + Tet
29	0.41	8.84	26.00	2.57	62.18	93.20	92.44	877.19	Ls + Tet
30, E_3	0.38	8.89	26.05	2.51	62.17	93.36	92.97	876.95	Ls + Tet + Bis
31	0.46	8.73	26.40	1.89	62.53	94.98	91.61	885.51	Ls + Bis
32	0.49	8.71	26.62	1.75	62.43	95.36	90.99	880.41	Ls + Bis
33	0.55	8.66	26.85	1.63	62.31	95.70	90.06	874.19	Ls + Bis
34	0.57	8.54	26.96	1.14	62.80	96.97	89.58	889.03	Ls + Bis
35	1.57	7.28	29.11	0.19	61.85	99.51	72.65	832.17	Ls + Bis
36, E_4	4.44	3.88	33.90	0.093	57.69	99.80	33.30	668.33	Ls + Bis + Lic
37	6.01	2.18	37.04	0.062	54.70	99.88	17.16	580.57	Ls + Lic
38, E_5	6.49	1.73	38.19	0.032	53.56	99.94	13.18	551.74	Ls + Lic + Lc
39, E_5	6.45	1.72	37.92	0.032	53.88	99.94	13.22	558.80	Ls + Lic + Lc

编号	液相组成/%					耶涅克指数/(mol/100mol 干盐)			平衡固相
	Li⁺	Mg²⁺	Cl⁻	SO₄²⁻	H₂O	2Cl⁻	Mg²⁺	H₂O	
40，E₅	6.45	1.72	37.93	0.031	53.87	99.94	13.23	558.70	Ls + Lic + Lc
41	6.55	1.70	38.38	0.028	53.35	99.95	12.92	546.89	Ls + Lic
42	6.55	1.70	38.37	0.037	53.35	99.93	12.92	546.85	Ls + Lic
43	6.93	1.07	38.52	0.035	53.44	99.93	8.11	545.73	Ls + Lic
44	7.54	0.042	38.57	0.058	53.79	99.89	0.32	548.26	Ls + Lc
45	7.56	0.043	38.67	0.070	53.66	99.87	0.32	545.33	Ls + Lc
46	7.54	0.044	38.58	0.069	53.77	99.87	0.33	547.80	Ls + Lc
47	7.55	0.029	38.60	0.072	53.75	99.86	0.22	547.42	Ls + Lc
48	7.55	0.023	38.57	0.082	53.77	99.84	0.17	547.82	Ls + Lc
49	0.10	6.89	15.07	7.54	70.39	73.02	97.44	1342.30	Ep + Hex
50	0.37	8.89	24.64	4.34	61.75	88.50	93.16	872.86	Hex + Tet
51	0.14	8.89	23.38	4.44	63.15	87.72	97.31	932.52	Hex + Tet

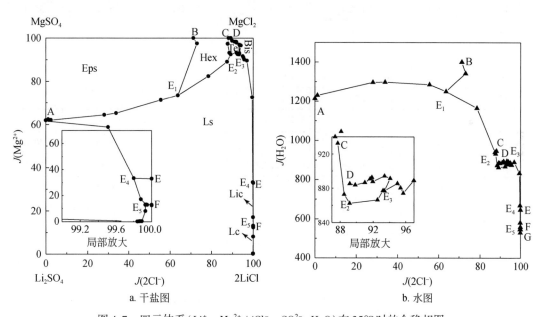

图 4-7　四元体系(Li⁺，Mg²⁺//Cl⁻，SO₄²⁻-H₂O)在35℃时的介稳相图

4.2.2　四元体系溶液物理化学性质

四元体系(Li⁺，Mg²⁺//Cl⁻，SO₄²⁻-H₂O)在35℃时的液相物化性质数据列于表 4-5 中，并绘制物化性质-组成图（图 4-8），其横坐标为 $J(2Cl⁻)$，纵坐标为物化性质数据。

表 4-5　四元体系(Li^+，Mg^{2+}//Cl^-，SO_4^{2-}–H_2O)在 35℃时的液相物化性质数据

编号	物化性质					
	pH	折光率	黏度/(mPa·s)	密度/(g/cm³)	电导率/(S/m)	总盐度/‰
1, A	—	—	—	1.3754	—	—
2, B	—	—	—	—	—	—
3, C	—	1.4321	—	—	—	—
4, D	—	1.4370	—	—	—	—
5, E	—	—	—	—	—	—
6, F	—	—	—	—	—	—
7, G	5.02	1.4461	13.3004	1.3041	7.95	—
8	3.58	1.4377	10.9986	1.3699	5.64	30.9
9	3.79	1.4372	—	1.3660	5.71	31.2
10	—	1.4377	—	—	—	—
11	3.85	1.4377	10.2939	1.3645	6.05	33.7
12	—	1.4372	9.9635	1.3639	6.07	34.0
13	4.03	1.4372	9.5577	1.3587	6.35	35.4
14	—	1.4371	—	—	—	—
15	6.55	1.4017	9.1773	1.3728	4.02	21.6
16	6.47	—	—	1.3704	4.11	21.7
17	—	1.4045	—	—	—	—
18	—	—	—	—	—	—
19	6.24	1.4015	5.3796	1.3084	7.11	40.6
20	5.91	1.4047	4.3996	1.2879	9.12	53.7
21, E_1	6.10	1.4089	4.3037	1.2838	9.78	57.7
22	—	1.4140	—	—	—	—
23	—	1.4328	—	—	—	—
24, E_2	—	—	—	—	—	—
25, E_2	—	1.4404	11.3932	1.3693	6.21	34.5
26	—	1.4400	10.1708	1.3602	6.62	37.2
27	—	1.4393	—	—	—	—
28	—	1.4377	—	—	—	—
29	5.02	1.4377	9.4550	1.3546	6.02	33.8
30, E_3	4.81	1.4416	9.5719	1.3556	6.89	39.0
31	—	—	—	—	—	—
32	—	—	—	—	—	—

续表

编号	物化性质					
	pH	折光率	黏度/(mPa·s)	密度/(g/cm³)	电导率/(S/m)	总盐度/‰
33	—	1.4388	—	—	—	—
34	—	1.4390	—	—	—	—
35	4.52	1.4398	8.6255	1.3242	8.14	47.0
36，E₄	4.32	1.4410	8.4534	1.3235	8.56	48.4
37	—	—	—	—	—	—
38，E₅	4.96	1.4443	12.1169	1.3230	6.29	35.8
39，E₅	—	1.4439	—	—	—	—
40，E₅	—	1.4438	—	—	—	—
41	—	1.4439	—	—	—	—
42	4.94	1.4435	12.0617	1.3223	6.52	36.5
43	—	1.4437	—	—	—	—
44	5.14	1.4412	10.1960	1.3042	7.74	44.6
45	—	1.4407	—	—	—	—
46	5.52	1.4421	10.1121	1.3043	7.80	45.1
47	—	—	—	—	—	—
48	—	1.4418	—	—	—	—
49	5.72	1.4111	3.9043	1.2819	10.62	63.4
50	—	1.4401	10.4688	1.3639	6.37	35.6
51	—	1.4362	—	—	—	—

注：表中编号与表4-4中对应。

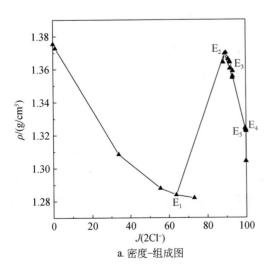

a. 密度-组成图

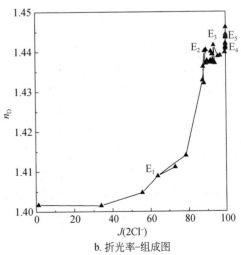

b. 折光率-组成图

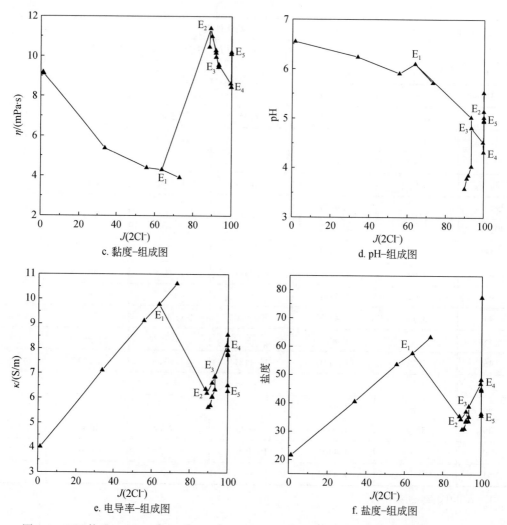

图 4-8　四元体系(Li$^+$，Mg^{2+}//Cl$^-$，SO$_4^{2-}$-H$_2$O)在35℃时的介稳平衡液相物化性质-组成图

　　由图 4-8 可以看出密度、折光率、黏度、pH、电导率和盐度值均随 J(2Cl$^-$) 的增大呈规律性变化，且在共饱点 E$_1$、E$_2$、E$_3$、E$_4$ 处有明显异变，而在共饱点 E$_5$ 处无明显异变。

　　折光率计算：采用下述经验方程进行溶液折光率计算。

$$\ln\ (n/n_0) = \sum B_i \times W_i$$

式中，n 和 n_0 分别是同温度下溶液和水的折光率，35℃时 n_0 值为 1.33131；W_i 为溶液中第 i 种溶质浓度的质量分数；B_i 为盐的特征系数，值由本书实验数据计算得出；MgCl$_2$、MgSO$_4$、Li$_2$SO$_4$、LiCl 35℃ 时的 B_i 值分别为 0.00207763、0.00153500、0.00141313、0.00175671。运用此经验公式，计算了35℃的溶液折光率见表4-6，计算值与实验值之间最大相对偏差仅为0.32%，二者吻合甚好。

表 4-6　四元体系(Li⁺, Mg²⁺//Cl⁻, SO₄²⁻-H₂O)在 35℃时液相折光率计算值与实测值对比

编号	折光率		
	实验值	计算值	相对误差/%
1, A	—	1.4021	—
2, B	—	1.4062	—
3, C	1.4321	1.4322	0.01
4, D	1.4370	1.4369	−0.01
5, E	—	1.3313	—
6, F	—	1.3313	—
7, G	1.4461	1.4461	0.00
8	1.4377	1.4369	−0.05
9	1.4372	1.4367	−0.03
10	1.4377	1.4365	−0.08
11	1.4377	1.4363	−0.10
12	1.4372	1.4366	−0.04
13	1.4372	1.4363	−0.07
14	1.4371	1.4366	−0.03
15	1.4017	1.4017	0.00
16	—	1.4018	—
17	1.4045	1.4026	−0.14
18	—	1.4022	—
19	1.4015	1.4028	0.10
20	1.4047	1.4064	0.12
21, E₁	1.4089	1.4089	0.00
22	1.4140	1.4157	0.12
23	1.4328	1.4312	−0.11
24, E₂	—	1.4351	—
25, E₂	1.4404	1.4378	−0.18
26	1.4400	1.4377	−0.16
27	1.4393	1.4372	−0.15
28	1.4377	1.4367	−0.07
29	1.4377	1.4364	−0.09
30, E₃	1.4416	1.4366	−0.35
31	—	1.4360	—
32	—	1.4363	—
33	1.4388	1.4367	−0.15
34	1.4390	1.4357	−0.23

编号	折光率		
	实验值	计算值	相对误差/%
35	1.4398	1.4365	−0.23
36，E_4	1.4410	1.4410	0.00
37	—	1.4454	—
38，E_5	1.4443	1.4475	0.22
39，E_5	1.4439	1.4468	0.20
40，E_5	1.4438	1.4468	0.21
41	1.4439	1.4481	0.29
42	1.4435	1.4481	0.32
43	1.4437	1.4466	0.20
44	1.4412	1.4439	0.19
45	1.4407	1.4443	0.25
46	1.4421	1.4439	0.13
47	—	1.4440	—
48	1.4418	1.4439	0.14
49	1.4111	1.4082	−0.21
50	1.4401	1.4360	−0.28
51	1.4362	1.4325	−0.26

密度计算：采用经验公式，计算此四元体系在 35℃ 的介稳平衡液相密度。

$$\ln\ (d/d_0) = \sum A_i \times W_i$$

式中，d 和 d_0 分别是相同温度下溶液和水的密度，35℃ 时 d_0 值为 0.994060g/cm³，W_i 为溶液中第 i 种溶质浓度的质量分数；A_i 为盐的特征系数，Li_2SO_4 35℃ 时的 $A_i = 0.81334659$ 值取自文献 [13]，$MgCl_2$、$MgSO_4$、$LiCl$ A_i 值由本书实验数据计算得出，分别为 0.0100253、0.00823297、0.00576341。计算出的密度值与实验值对比列于表4-7，两者比较，结果表明相对误差最大为 0.55%，表明这一经验公式同样适用于介稳平衡液相的密度预测。

表 4-7　四元体系(Li^+，Mg^{2+}//Cl^-，SO_4^{2-}-H_2O) 在 35℃ 的平衡液相密度计算值与实测值对比

编号	密度/(g/cm³)		
	实验值	计算值	相对误差/%
1，A	1.3754	1.3754	0.000
2，B	—	1.2831	—
3，C	—	1.3559	—
4，D	—	1.3720	—

编号	密度/(g/cm³)		
	实验值	计算值	相对误差/%
5, E	—	0.9941	—
6, F	—	0.9941	—
7, G	1.3041	1.3041	0.000
8	1.3699	1.3699	0.000
9	1.366	1.3661	0.005
10	—	1.3637	—
11	1.3645	1.3624	−0.155
12	1.3639	1.3632	−0.054
13	1.3587	1.3575	−0.085
14	—	1.3570	—
15	1.3728	1.3708	−0.147
16	1.3704	1.3704	0.001
17	—	1.3732	—
18	—	1.3214	—
19	1.3084	1.3145	0.464
20	1.2879	1.2941	0.481
21, E₁	1.2838	1.2909	0.554
22	—	1.2964	—
23	—	1.3435	—
24, E₂	—	1.3577	—
25, E₂	1.3693	1.3682	−0.080
26	1.3602	1.3617	0.110
27	—	1.3612	—
28	—	1.3588	—
29	1.3546	1.3565	0.138
30, E₃	1.3556	1.3569	0.094
31	—	1.3500	—
32	—	1.3497	—
33	—	1.3497	—
34	—	1.3425	—
35	1.3242	1.3297	0.413
36, E₄	1.3235	1.3177	−0.440
37	—	1.3181	—
38, E₅	1.323	1.3210	−0.148

续表

编号	密度/（g/cm³）		
	实验值	计算值	相对误差/%
39，E₅	—	1.3188	—
40，E₅	—	1.3188	—
41	—	1.3226	—
42	1.3223	1.3226	0.024
43	—	1.3134	—
44	1.3042	1.2982	−0.457
45	—	1.2992	—
46	1.3043	1.2983	−0.460
47	—	1.2983	—
48	—	1.2980	—
49	1.2819	1.2878	0.463
50	1.3639	1.3674	0.254
51	—	1.3569	—

4.2.3　四元体系介稳相图与稳定相图对比

对比 35℃ 下介稳和稳定相图干盐图，见图 4-9，发现介稳相图中 Eps 相区明显扩大，说明 Eps 介稳现象不明显，其他相区由于稳定数据不全而无法比较。

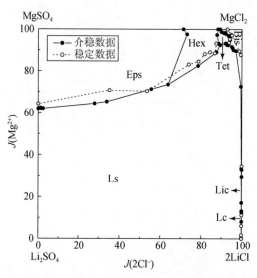

图 4-9　四元体系（Li⁺，Mg²⁺//Cl⁻，SO₄²⁻–H₂O）在 35℃ 时稳定相图[6]与介稳相图对比

对比该四元体系在 35℃ 和 25℃ 下介稳相图干盐图，见图 4-10，发现在 35℃ 下的介稳相图中，Eps 相区明显缩小，Ls 相区明显扩大，原因是 Eps 溶解度随温度升高而增大，而

Ls 溶解度随温度升高而减小。

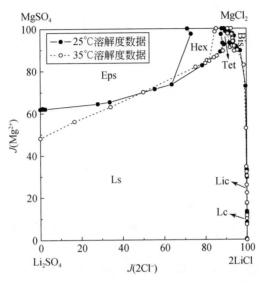

图 4-10　四元体系(Li⁺, Mg²⁺//Cl⁻, SO₄²⁻–H₂O)在 35℃和 25℃[12]时的介稳相图对比

在实验过程中还发现：Eps 介稳现象不明显，易形成晶核，且析出速度快，会超越本相区至 Li₂SO₄·H₂O 相区；Pen 介稳现象严重，以至于在等温蒸发实验过程中 Pen 固相时有时无，Pen 结晶区极难确定。

4.3　四元体系(Na^+, Mg^{2+}//Cl^-, SO_4^{2-}–H_2O) 35℃介稳相化学研究

对于此四元体系的研究很充分，苏联学者分别进行了–20~185℃不同温度下的稳定平衡研究[14]，但是对 35℃的稳定相图研究都不完全，汇总不同数据[15,16]发现此四元体系稳定相图中包括 5 个共饱点，分别为：(NaCl + Ast + Hex)、(NaCl + Bis + Tet)、(Ast + Eps + Hex)、(NaCl + Th + Ast)、(NaCl + Hex + Tet)；有 7 个结晶区，分别为 NaCl、Ast、Hex、Bis、Tet、Eps 和 Th，其中 Hex 和 Tet 结晶区并未完全分开，绘制稳定相图，见图 4-11。但是对于 35℃的介稳溶解度研究仅在金作美的五元体系(Na⁺, K⁺, Mg²⁺//Cl⁻, SO₄²⁻–H₂O)的研究中报道过此四元子体系中的含氯化钠的共饱点数据[17]，包括 (Th + Ast + NaCl)、(Ast + Hex + NaCl)、(Tet + Bis + NaCl) 共 3 个。

4.3.1　四元体系介稳溶解度

采用等温蒸发法对四元体系(Na⁺, Mg²⁺//Cl⁻, SO₄²⁻–H₂O)进行了介稳相平衡实验研究。研究了该体系在 35℃时介稳平衡液相中各组分的溶解度及部分主要物化性质（密度、黏度、折光率、pH、电导率和盐度）。平衡固相采用偏光显微镜浸油观察晶形确定，并用 X-ray 粉晶衍射分析加以辅证。

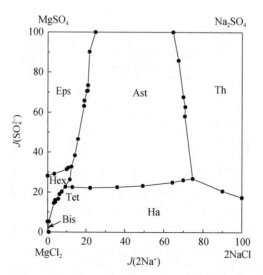

图 4-11　四元体系(Na^+，$Mg^{2+}//Cl^-$，$SO_4^{2-}-H_2O$)在 35℃时的稳定相图[15,16]

　　四元体系(Na^+，$Mg^{2+}//Cl^-$，$SO_4^{2-}-H_2O$)的介稳溶解度及平衡液相物化性质数据列于表 4-8 和表 4-9 中，并绘制了介稳溶解度相图见图 4-12。表 4-9 中列出本四元介稳体系中部分点的平衡液相物化性质数据，由于测定数据有限没有绘制其物化性质-组成图。

　　由图 4-12a 和表 4-8 可见，四元体系(Na^+，$Mg^{2+}//Cl^-$，$SO_4^{2-}-H_2O$)在 35℃时的介稳相图干盐图中存在 5 个四元无变量共饱点，9 条单变量溶解度曲线和 7 个结晶区。

　　共饱点分别是 E_1：Ko + Th + NaCl，液相组成为 $w(Na^+)$ 8.12%，$w(Mg^{2+})$ 2.03%，$w(Cl^-)$ 13.12%，$w(SO_4^{2-})$ 7.22%；

　　E_2：Ast + Ko + NaCl，液相组成为 $w(Na^+)$ 7.13%，$w(Mg^{2+})$ 2.63%，$w(Cl^-)$ 13.49%，$w(SO_4^{2-})$ 7.01%；

　　E_3：Ast + Eps + Hex，液相组成为 $w(Na^+)$ 2.47%，$w(Mg^{2+})$ 5.82%，$w(Cl^-)$ 13.06%，$w(SO_4^{2-})$ 10.49%；

　　E_4：Ast + Hex + NaCl，液相组成为 $w(Na^+)$ 1.41%，$w(Mg^{2+})$ 6.76%，$w(Cl^-)$ 16.69%，$w(SO_4^{2-})$ 7.07%；

　　E_5：Bis + Tet + NaCl，液相组成为 $w(Na^+)$ 0.10%，$w(Mg^{2+})$ 9.36%，$w(Cl^-)$ 24.51%，$w(SO_4^{2-})$ 4.00%。

　　溶解度曲线对应平衡固相分别为：AE_3 线 Ast + Eps，EE_3 线 Eps + Hex，FE_5 线 Tet + Bis，GE_5 线 Bis + NaCl，E_4E_2 线 Ast + NaCl，BE_2 线 Ast + Ko，E_1E_2 线 Ko + NaCl，CE_1 线 Ko + Th，E_1D 线 Th + NaCl。

　　共 7 个结晶区，分别为：Th 结晶区、Eps 结晶区、Hex 结晶区、Ast 结晶区、Ko 结晶区、Bis 结晶区和 NaCl 结晶区。

表 4-8　四元体系(Na⁺，Mg²⁺//Cl⁻，SO₄²⁻–H₂O)35℃的介稳溶解度数据

| 编号 | 溶液组成/% | | | | 耶涅克指数/(mol/100mol 干盐) | | | 平衡固相 |
	Na^+	Mg^{2+}	Cl^-	SO_4^{2-}	$2Na^+$	SO_4^{2-}	H_2O	
1，A	4.61	4.74	0.00	28.36	33.94	100.00	1171.00	Eps + Ast
2，B	7.06	3.38	0.00	28.13	52.48	100.00	1164.28	Ast + Ko
3，C	8.58	2.79	0.00	28.94	61.96	100.00	1099.96	Ko + Th
4，D	11.17	0.00	14.13	4.20	100.00	17.99	1865.85	Th + NaCl
5，E	0.00	6.85	14.25	7.77	0.00	28.69	1400.99	Eps + Hex
6，F	0.00	9.44	24.57	4.03	0.00	10.80	885.36	Tet + Bis
7，G	0.090	9.18	26.91	0.00	0.50	0.00	933.72	NaCl + Bis
8	11.11	0.12	14.21	4.44	97.98	18.75	1578.30	Th + NaCl
9	10.67	0.37	13.99	4.82	93.86	20.27	1573.98	Th + NaCl
10	9.78	0.55	13.08	4.90	90.37	21.67	1565.45	Th + NaCl
11	9.84	0.87	13.58	5.62	85.62	23.42	1555.71	Th + NaCl
12	4.89	3.94	14.22	6.52	39.65	25.29	1456.82	Ast + NaCl
13	3.60	4.83	14.61	6.80	28.27	25.58	1407.24	Ast + NaCl
14	2.74	5.34	15.10	6.38	21.32	23.77	1399.33	Ast + NaCl
15	8.23	2.62	0.92	26.31	62.41	95.49	1198.29	Ko + Th
16	8.21	2.57	3.03	23.21	62.80	84.95	1228.84	Ko + Th
17	7.78	2.30	6.67	16.30	64.15	64.34	1408.68	Ko + Th
18	7.69	2.27	8.13	14.02	64.19	56.01	1446.77	Ko + Th
19	7.66	2.29	10.93	10.26	63.86	40.93	1463.75	Ko + Th
20	7.61	2.08	12.27	7.53	65.88	31.17	1557.28	Ko + Th
21，E₁	8.12	2.03	13.12	7.22	67.89	28.89	1482.94	Ko + Th + NaCl
22	7.26	3.30	1.71	25.89	53.79	91.77	1168.45	Ast + Ko
23	7.47	2.99	3.27	23.01	56.88	83.86	1229.73	Ast + Ko
24	7.71	2.85	4.92	20.72	58.85	75.65	1241.88	Ast + Ko
25	7.84	2.59	8.61	14.95	61.60	56.16	1322.35	Ast + Ko
26	7.58	2.61	11.87	10.07	60.55	38.49	1383.82	Ast + Ko
27	7.29	2.63	12.67	8.46	59.48	33.00	1434.70	Ast + Ko
28，E₂	7.13	2.63	13.49	7.01	58.95	27.74	1470.83	Ast + Ko + NaCl
29	4.47	4.95	1.01	27.52	32.36	95.25	1144.92	Eps + Ast
30	3.52	4.91	6.26	18.28	27.49	68.31	1335.38	Eps + Ast
31	2.86	5.34	10.35	13.04	22.06	48.20	1347.94	Eps + Ast
32，E₃	2.47	5.82	13.06	10.49	18.33	37.23	1289.36	Eps + Ast + Hex
33	2.04	6.26	15.12	8.52	14.71	29.37	1250.81	Ast + Hex
34	1.69	6.43	15.73	7.62	12.22	26.35	1263.10	Ast + Hex

编号	溶液组成/%				耶涅克指数/(mol/100mol 干盐)			平衡固相
	Na^+	Mg^{2+}	Cl^-	SO_4^{2-}	$2Na^+$	SO_4^{2-}	H_2O	
35, E_4	1.41	6.76	16.69	7.07	9.94	23.80	1222.67	Ast + Hex + NaCl
36, E_5	0.10	9.36	24.51	4.00	0.54	10.74	889.13	Bis + Tet + NaCl
37	0.063	9.39	25.94	2.10	0.36	5.65	894.64	Bis + NaCl
38	0.11	9.26	26.57	0.85	0.62	2.31	914.91	Bis + NaCl
39	0.081	9.22	26.50	0.71	0.47	1.93	925.03	Bis + NaCl

表 4-9　四元体系(Na^+，Mg^{2+}//Cl^-，SO_4^{2-}–H_2O)在 35℃的介稳平衡液相物化性质

编号	物化性质					
	密度/(g/cm³)	折光率	黏度/(mPa·s)	pH	电导率/(S/m)	总盐度/‰
1, A	1.4263	1.4068	9.4820	—	—	—
2, B	—	1.4033	—	—	—	—
3, C	—	—	—	—	—	—
4, D	—	—	—	—	—	—
5, E	—	—	—	—	—	—
6, F	—	—	—	—	—	—
7, G	—	—	—	—	—	—
8	—	1.3865	—	—	—	—
9	—	—	—	—	—	—
10	1.2570	1.3911	1.6916	—	—	—
11	—	1.3908	—	—	—	—
12	—	1.4041	—	—	—	—
13	—	1.4067	—	—	—	—
14	—	1.4091	—	—	—	—
15	1.4014	1.4013	5.5229	6.86	85.1	49.1
16	—	1.4021	—	—	—	—
17	—	1.3972	—	—	—	—
18	—	1.3970	—	—	—	—
19	—	—	—	—	—	—
20	—	—	—	—	—	—
21, E_1	—	—	—	—	—	—
22	—	—	—	—	—	—
23	—	—	—	—	—	—
24	—	—	—	—	—	—
25	—	—	—	—	—	—

续表

编号	物化性质					
	密度/(g/cm³)	折光率	黏度/(mPa·s)	pH	电导率/(S/m)	总盐度/‰
26	—	1.4008	—	—	—	—
27	—	1.4077	—	—	—	—
28，E₂	—	—	—	—	—	—
29	1.3281	1.4000	3.8131	6.32	103.8	61.9
30	1.3423	1.4060	4.8690	5.67	47.4	82.3
31	—	—	—	—	—	—
32，E₃	—	—	—	—	—	—
33	—	1.4143	—	—	—	—
34	—	1.4150	—	—	—	—
35，E₄	1.3017	1.4092	4.1595	5.07	109.2	65.0
36，E₅	—	—	—	—	—	—
37	1.3580	1.4424	9.3656	4.68	68.1	38.5
38	1.3467	1.439	8.3108	4.67	71.9	40.8
39	—	1.4394	—	—	—	—

注：表中编号与表4-8中对应。

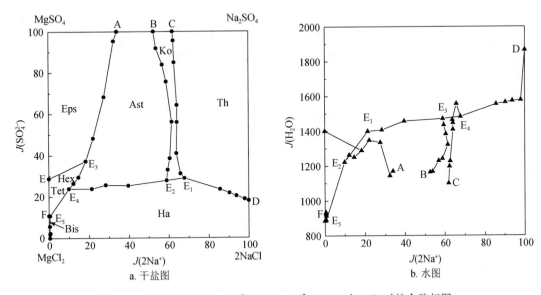

图4-12　四元体系(Na⁺，Mg²⁺//Cl⁻，SO₄²⁻–H₂O)在35℃时的介稳相图

折光率计算：采用下述经验方程计算该体系在35℃的介稳平衡液相折光率，数据见表4-10。

$$\ln\,(n/n_0) = \sum B_i \times W_i$$

式中，n 和 n_0 是同温度下溶液和水的折光率，35℃时 n_0 值为1.33131；W_i 为溶液中第 i 种溶质浓度的质量分数；B_i 为盐的特征系数，由本书实验数据计算获得。

表 4-10　四元体系(Na^+，Mg^{2+}//Cl^-，SO_4^{2-}–H_2O) 在 35℃时液相折光率计算值与实测值对比

编号	折光率		
	实验值	计算值	相对误差/%
1，A	1.4068	1.4037	−0.22
2，B	1.4033	1.4019	−0.10
8	1.3865	1.3894	0.21
10	1.3911	1.3870	−0.29
11	1.3908	1.3908	0.00
12	1.4041	1.3991	−0.36
13	1.4067	1.4023	−0.31
14	1.4091	1.4037	−0.38
15	1.4013	1.3999	−0.10
16	1.4021	1.3994	−0.19
17	1.3972	1.3947	−0.18
18	1.3970	1.3940	−0.21
26	1.4008	1.3987	−0.15
27	1.3997	1.3975	−0.16
29	1.4000	1.4053	0.38
30	1.4060	1.4007	−0.38
33	1.4143	1.4101	−0.30
34	1.4150	1.4103	−0.33
35，E_4	1.4092	1.4128	0.26
37	1.4424	1.4370	−0.38
38	1.439	1.4360	−0.21
39	1.4394	1.4353	−0.28

注：表中编号与表 4-8 中对应。

计算中 $MgCl_2$、$MgSO_4$、Na_2SO_4、$NaCl$ 在 35℃时的 B_i 值分别为 0.00207763、0.00153500、0.00118902、0.00148583。由表 4-10 可见，最大相对偏差仅为 0.38%，计算值与实验值吻合甚好，表明此经验方程适用于四元体系(Na^+，Mg^{2+}//Cl^-，SO_4^{2-}–H_2O) 在 35℃时介稳平衡液相折光率的计算。

4.3.2　四元体系介稳相图与稳定相图对比

对比 35℃的稳定相图和介稳相图，见图 4-13，介稳相图中发现新结晶区——Ko 结晶区，而 Ast 和 Th 结晶区缩小，Eps 和 NaCl 结晶区扩大。表 4-11 中列出 35℃时的本书介稳共饱点与文献 [17] 中的介稳共饱点及文献 [15，16] 中的稳定共饱点的数据，对比可见，文献［17］中的介稳共饱点数据与文献中的稳定共饱点数据比较接近，而本书的介稳共饱点数据与其偏差较大。究其原因是本书实验条件是模拟柴达木盆地盐湖卤水自然蒸发条件，其蒸发速度快，导致介稳现象比较明显，故而与稳定平衡相图相差甚远。

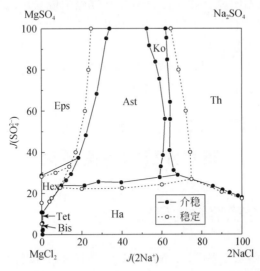

图 4-13　四元体系(Na⁺，Mg²⁺//Cl⁻，SO₄²⁻–H₂O)在 35℃时介稳相图与稳定相图[14,15,17]对比

表 4-11　35℃时介稳共饱点与文献中介稳共饱点及稳定共饱点数据的对比

共饱点	组成/%	介稳数据		稳定数据	平衡固相
		实验值	文献值[16]	文献值[14,15]	
E₁	Na⁺	8.12	8.78	8.82	NaCl + Th + Ast（Ko）
	Mg²⁺	2.03	1.59	1.57	
	Cl⁻	13.12	13.31	13.32	
	SO₄²⁻	7.22	6.59	6.59	
E₃	Na⁺	2.47	—	1.68	Eps + Hex + Ast
	Mg²⁺	5.82	—	6.20	
	Cl⁻	13.06	—	13.91	
	SO₄²⁻	10.49	—	9.15	
E₄	Na⁺	1.41	1.31	1.32	NaCl + Ast + Hex
	Mg²⁺	6.76	6.84	6.78	
	Cl⁻	16.69	16.80	16.87	
	SO₄²⁻	7.07	6.78	6.70	
E₅	Na⁺	0.10	0.13	0.07	NaCl + Hex + Bis
	Mg²⁺	9.36	9.38	9.34	
	Cl⁻	24.51	25.80	25.91	
	SO₄²⁻	4.00	1.95	1.97	

等温蒸发实验过程中发现：Eps 介稳现象不明显，易生成晶核而迅速析出直至超越本相区而至 Ast 相区中；新固相 Ko 介稳现象十分严重，导致在等温蒸发过程中时有时无，无搅动时 Ko 结晶区范围很大，导致 Ast 结晶区几致消失，而略有搅动时则 Ko 结晶区几致消失；NaCl 介稳现象极不明显，甚至在等温蒸发过程中极易出现不饱和现象，超越本结晶区至 Ast 和 Ko 结晶区，直至 Ast 和 Ko 固相析出，然后再回落到共饱线上，给实验带来很多麻烦。究其原因，可能与该矿物的结晶动力学因素有关，本书未做深入讨论。

由于 Ko 介稳现象明显、Th 和 Ast 固相的温度效应明显等原因，在测定部分介稳液相物化性质过程中固相极易析出，导致无法准确测定部分介稳液相的物化性质。

4.4 四元体系(Li^+，Na^+，Mg^{2+}//Cl^-–H_2O)35℃介稳相平衡研究

4.4.1 四元体系介稳溶解度研究

采用等温蒸发法对四元体系(Li^+，Na^+，Mg^{2+}//Cl^-–H_2O)进行了介稳相化学实验研究。研究了该体系在 35℃时介稳平衡液相中各组分的溶解度及主要物化性质（密度、折光率、黏度、pH、电导率和盐度）。平衡固相采用偏光显微镜浸油观察晶形确定，并用X-ray粉晶衍射分析加以辅证。四元体系的介稳溶解度数据列于表 4-12，并绘制了介稳溶解度相图见图 4-14、图 4-15。

表 4-12　(Li^+，Na^+，Mg^{2+}//Cl^-–H_2O) 体系 35℃溶解度测定

编号	液相组成/%				耶涅克指数/（mol/100mol 干盐）				平衡固相
	LiCl	NaCl	MgCl₂	H₂O	LiCl	NaCl	MgCl₂	H₂O	
1	0.00	0.22	35.95	63.83	0.00	0.61	99.39	176.47	NaCl + Bis
2	3.64	0.18	33.11	63.07	9.86	0.49	89.66	170.78	NaCl + Bis
3	3.96	0.27	32.89	62.88	10.67	0.73	88.60	169.40	NaCl + Bis
4	9.20	0.20	24.77	65.83	26.92	0.59	72.49	192.65	NaCl + Bis
5	11.30	0.28	26.98	61.44	29.30	0.73	69.97	159.34	NaCl + Bis
6	16.63	0.31	22.70	60.36	41.95	0.78	57.27	152.27	NaCl + Bis
7	18.64	0.16	21.36	59.84	46.41	0.40	53.19	149.00	NaCl + Bis
8	25.14	0.30	17.21	57.36	58.94	0.70	40.35	134.49	NaCl + Bis
9	27.97	0.00	15.42	56.61	64.46	0.00	35.54	130.47	Bis + Lic
10	28.21	0.28	14.88	56.63	65.04	0.65	34.31	130.57	NaCl + Bis + Lic
11	32.01	0.29	11.60	56.10	72.92	0.66	26.42	127.79	NaCl + Lic
12	38.20	0.37	7.80	53.63	82.38	0.80	16.82	115.66	NaCl + Lic
13	40.21	0.00	6.74	53.05	85.64	0.00	14.36	112.99	Lc + Lic
14	40.54	0.24	6.68	52.53	85.42	0.51	14.08	110.68	NaCl + Lc + Lic
15	43.70	0.19	3.52	52.59	92.17	0.40	7.42	110.93	NaCl + Lc
16	48.49	0.37	0.00	51.14	99.24	0.76	0.00	104.67	NaCl + Lc

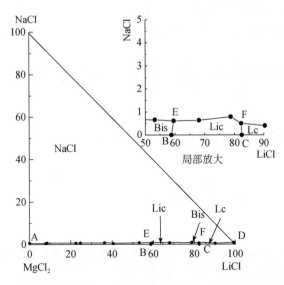

图 4-14　四元体系(Li⁺, Na⁺, Mg²⁺//Cl⁻–H₂O)35℃介稳平衡相图

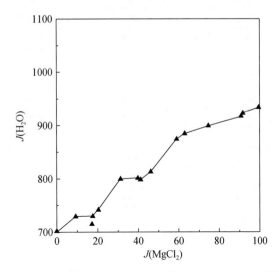

图 4-15　四元体系(Li⁺, Na⁺, Mg²⁺//Cl⁻–H₂O)35℃水图

由图 4-14 和表 4-12 可见,四元体系(Li⁺, Na⁺, Mg²⁺//Cl⁻–H₂O)35℃的介稳相图中有 4 个结晶区、5 条单变量溶解度曲线和 2 个四元无变量共饱点。

共饱点分别为 E: NaCl + Bis + Lic, 液相组成为 $w(\text{LiCl})$ 27.31%, $w(\text{NaCl})$ 0.30%, $w(\text{MgCl}_2)$ 14.57%。

F: NaCl + Lic + Lc, 液相组成为 $w(\text{LiCl})$ 40.54%, $w(\text{NaCl})$ 0.24%, $w(\text{MgCl}_2)$ 6.68%。

溶解度曲线对应平衡固相分别为: AE 线 NaCl + MgCl₂·6H₂O; BE 线 MgCl₂·6H₂O + LiCl·MgCl₂·7H₂O; CF 线 LiCl·H₂O + LiCl·MgCl₂·7H₂O; DF 线 NaCl + LiCl·H₂O; EF

线 NaCl + LiCl · MgCl$_2$ · 7H$_2$O。

结晶相区分别为：NaCl 结晶区、MgCl$_2$ · 6H$_2$O 结晶区、LiCl · H$_2$O 结晶区、LiCl · MgCl$_2$ · 7H$_2$O 结晶区。

该四元体系出现 2 种水合盐，其中 1 种为含锂复盐，未出现固溶体；共饱点中 F 为干盐点，共饱点 E 为转溶共饱点。

4.4.2　四元体系溶液物理化学性质研究

四元体系(Li$^+$，Na$^+$，Mg^{2+}//Cl$^-$–H$_2$O)在 35℃时的液相物化性质数据列于表 4-13 中，并绘制物化性质-组成图（图 4-16），其横坐标为 $w(MgCl_2)$ 的质量百分含量，纵坐标为物化性质数据。

表 4-13　四元体系(Li$^+$，Na$^+$，Mg^{2+}//Cl$^-$–H$_2$O)体系 35℃平衡液相物化性质

编号	电导率/(S/m)	密度/(g/cm^3)	折光率	pH
2	75.1	1.3318	1.4348	4.99
3	74.1	1.3317	1.4351	4.76
4	74.2	1.3081	1.4413	5.44
5	74.6	1.3193	1.4349	4.83
6	65.8	1.3154	1.4356	4.93
7	70.9	1.3161	1.4359	5.02
8	63.5	1.3203	1.4389	4.63
10	66.9	1.3208	1.4390	4.77
11	66.6	1.3154	1.4383	4.56
12	63.5	1.3186	1.4419	5.10
14	63.7	1.3219	1.4424	5.02
15	69.4	1.3145	1.4415	5.74

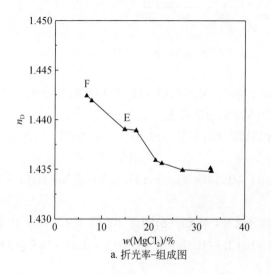

a. 折光率-组成图

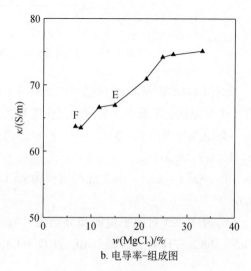

b. 电导率-组成图

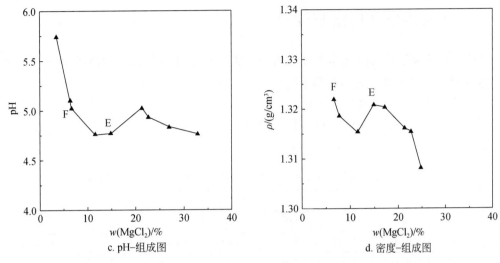

c. pH-组成图　　　　　　　d. 密度-组成图

图4-16　四元体系(Li⁺，Na⁺，Mg²⁺//Cl⁻-H₂O)35℃平衡物化性质-组成图

由四元体系(Li⁺，Na⁺，Mg²⁺//Cl⁻-H₂O)35℃介稳平衡液相物化性质-组成图可见：溶液的物化性质随溶液浓度变化呈现一定的规律性。折光率随 $MgCl_2$ 浓度增大而减小，密度随 $MgCl_2$ 浓度增大而减小；密度和折光率在四元共饱点处出现峰值，密度在四元共饱点 E 处出现整体跃升。电导率随 $MgCl_2$ 浓度增大而增大，pH 随 $MgCl_2$ 浓度增大而减小；电导率和 pH 呈中间过渡值，电导率由低到高、pH 由高到低，pH 在四元共饱点 E 处开始整体跃升。

4.5　四元体系(Li⁺，Na⁺//Cl⁻，SO₄²⁻-H₂O)35℃介稳相平衡研究

四元体系(Li⁺，Na⁺//Cl⁻，SO₄²⁻-H₂O)包括四个三元子体系，它们分别是：三元体系(Li⁺，Na⁺//SO₄²⁻-H₂O)，三元体系(Li⁺，Na⁺//Cl⁻-H₂O)，三元体系(Na⁺//Cl⁻，SO₄²⁻-H₂O)和三元体系(Li⁺//Cl⁻，SO₄²⁻-H₂O)。胡克源等[18]给出了该四元体系在25℃时的完整平衡相图，另有在35℃的部分平衡相图[19]，其中三元体系(Li⁺，Na⁺//SO₄²⁻-H₂O)有三个共饱点，其平衡固相分别为 $Li_2SO_4 \cdot 3Na_2SO_4 \cdot 12H_2O + Na_2SO_4$、$Li_2SO_4 \cdot H_2O + Li_2SO_4 \cdot Na_2SO_4$ 和 $Li_2SO_4 \cdot 3Na_2SO_4 \cdot 12H_2O + Li_2SO_4 \cdot Na_2SO_4$；三元体系(Li⁺，Na⁺//Cl⁻-H₂O)有一个共饱点，其平衡固相为 $NaCl + LiCl \cdot H_2O$；三元体系(Na⁺//Cl⁻，SO₄²⁻-H₂O)有一个共饱点，其平衡固相为 $Na_2SO_4 + NaCl$；三元体系(Li⁺//Cl⁻，SO₄²⁻-H₂O)有一个共饱点，其平衡固相为 $LiCl \cdot H_2O + Li_2SO_4 \cdot H_2O$。文献［18］给出的该四元体系在35℃时的平衡相图发现体系存在三个共饱点，分别是：$Li_2SO_4 \cdot 3Na_2SO_4 \cdot 12H_2O + Na_2SO_4 + NaCl$，$Li_2SO_4 \cdot Na_2SO_4 + Li_2SO_4 \cdot H_2O + NaCl$ 和 $NaCl + Li_2SO_4 \cdot Na_2SO_4 + Li_2SO_4 \cdot 3Na_2SO_4 \cdot 12H_2O$，对比发现，其中缺少含有 $LiCl \cdot H_2O$ 的共饱点 $Li_2SO_4 \cdot H_2O + NaCl + LiCl \cdot H_2O$。因此研究该四元体系介稳平衡相图很有意义。

4.5.1 四元体系介稳溶解度研究

采用等温蒸发法研究四元体系(Li^+，Na^+//Cl^-，SO_4^{2-}-H_2O)的介稳相平衡关系。研究了上述体系35℃平衡液相中各组分的溶解度及主要物化性质（密度，折光率，黏度）。平衡固相采用偏光显微镜浸油观察晶形确定，并用 X-ray 粉晶衍射分析加以辅证。

四元体系(Li^+，Na^+//Cl^-，SO_4^{2-}-H_2O)溶解度测定结果列于表 4-14，依据该溶解度数据绘制了干盐相图和水图，分别见图 4-17 和图 4-18。

表 4-14 四元体系(Li^+，Na^+//Cl^-，SO_4^{2-}-H_2O)35℃介稳溶解度数据

编号	溶液组成/%				耶涅克指数/（mol/100mol 干盐）			平衡固相
	Li^+	Na^+	Cl^-	SO_4^{2-}	$2Na^+$	$2Cl^-$	H_2O	
1，G	7.71	0.00	39.35	0.03	0.00	99.94	528.67	Lc + Ls
2，F	7.46	0.07	38.22	0.00	0.40	100.00	558.35	NaCl + Lc
3	5.33	0.98	28.66	0.09	5.27	99.78	889.64	Lc + Ls
4，E_1	6.39	4.79	39.98	0.04	18.45	99.97	202.55	Lc + Ls + NaCl
5	2.69	3.79	17.79	2.39	29.84	90.96	1475.59	Ls + NaCl
6，C	0.54	9.70	0.00	23.97	84.51	0.00	1462.17	Ls + Db2
7	2.80	3.26	1.90	23.59	26.04	9.83	1393.41	Ls + Db2
8	2.45	3.60	12.22	7.93	30.75	67.61	1606.34	Ls + Db2
9	2.39	3.19	7.19	13.47	28.71	41.95	1693.46	Ls + Db2
10	2.13	4.57	7.53	14.11	39.29	41.94	1834.54	Ls + Db2
11	2.78	3.27	2.04	23.28	26.18	10.62	1810.59	Ls + Db2
12	2.66	3.31	2.76	21.56	27.33	14.76	1878.34	Ls + Db2
13	1.91	2.47	2.49	15.00	28.12	18.37	2636.32	Ls + Db2
14	2.26	4.35	6.34	16.16	36.76	34.69	1823.80	Ls + Db2
15，E_2	2.50	4.22	16.82	3.35	33.75	87.17	1490.33	NaCl + Ls + Db2
16	2.12	6.03	11.90	11.11	46.26	59.17	1347.36	Db1 + Db2
17	2.44	4.47	1.98	23.48	35.64	10.26	1622.42	Db1 + Db2
18，B	2.54	4.79	0.00	27.60	36.24	0.00	1256.18	Db1 + Db2
19	1.74	6.46	13.38	7.40	52.87	71.00	1482.61	Db1 + Db2
20，E_3	1.46	7.27	14.78	5.29	60.03	79.11	1499.09	NaCl + Db2 + Db1
21	2.05	5.32	15.23	4.64	43.96	81.65	1534.72	NaCl + Db1
22	1.01	8.72	13.97	6.28	72.26	75.08	1587.09	NaCl + Db1
23	0.99	8.70	13.88	6.20	72.65	75.18	1610.28	NaCl + Db1
24	1.13	8.34	13.99	6.31	68.99	75.00	1481.49	NaCl + Db1
25	1.23	8.04	14.16	6.10	66.38	75.87	1485.50	NaCl + Db1
26，E_4	0.83	9.05	13.27	6.69	76.61	72.87	1631.93	NaCl + Th + Db1
27	0.53	10.03	3.37	20.06	85.08	18.54	1428.37	Db1 + Th

编号	溶液组成/%				耶涅克指数/（mol/100mol 干盐）			平衡固相
	Li^+	Na^+	Cl^-	SO_4^{2-}	$2Na^+$	$2Cl^-$	H_2O	
28，A	2.83	3.43	0.00	26.74	26.75	0.00	1334.78	Db1 + Th
29	0.74	10.23	11.40	11.07	80.60	58.24	1337.29	Db1 + Th
30	0.50	9.23	5.55	15.18	84.89	33.13	1632.07	Th + Db1
31	0.54	9.90	6.58	15.49	84.70	36.53	1762.17	Th + Db1
32，D	0.00	11.17	14.13	4.20	100.00	81.99	1610.04	Th + NaCl
33	0.14	11.51	14.01	6.00	96.21	75.99	1458.27	Th + NaCl
34	0.79	18.95	24.14	12.35	87.87	72.57	649.76	Th + NaCl

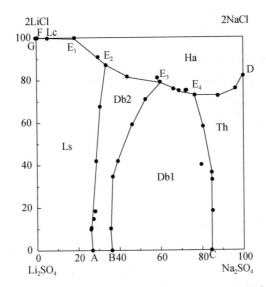

图 4-17　四元体系(Li^+，Na^+//Cl^-，SO_4^{2-}-H_2O)在 35℃时介稳相图

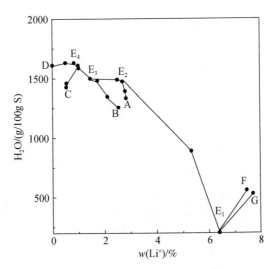

图 4-18　四元介稳平衡体系（Li^+，Na^+//Cl^-，SO_4^{2-}-H_2O）35℃水图

由图 4-17 和表 4-14 可见，四元体系（Li^+，Na^+//Cl^-，SO_4^{2-}–H_2O）在 35℃介稳平衡时，存在 4 个四元无变量共饱点，分别是：

共饱点 E_1：$Li_2SO_4 \cdot H_2O + NaCl + LiCl \cdot H_2O$，其平衡液相组成为 $w(Li^+)$ 6.39%；$w(Na^+)$ 4.79%；$w(Cl^-)$ 39.98%；$w(SO_4^{2-})$ 0.04%。

共饱点 E_2：$Li_2SO_4 \cdot Na_2SO_4 + LiSO_4H_2O + NaCl$，其平衡液相组成为 $w(Li^+)$ 2.50%；$w(Na^+)$ 4.22%；$w(Cl^-)$ 16.82%；$w(SO_4^{2-})$ 3.35%。

共饱点 E_3：$Li_2SO_4 \cdot Na_2SO_4 + Li_2SO_4 \cdot 3Na_2SO_4 \cdot 12H_2O + NaCl$，其平衡液相组成为 $w(Li^+)$1.46%；$w(Na^+)$ 7.27%；$w(Cl^-)$ 14.78%；$w(SO_4^{2-})$ 5.29%。

共饱点 E_4：$Li_2SO_4 \cdot 3Na_2SO_4 \cdot 12H_2O + Na_2SO_4 + NaCl$，其平衡液相组成为 $w(Li^+)$ 0.83%；$w(Na^+)$ 9.05%；$w(Cl^-)$ 13.27%；$w(SO_4^{2-})$ 6.69%。

存在 9 条四元单变量溶解度曲线，分别对应如下：

FE_1 线 $LiCl \cdot H_2O + NaCl$；

GE_1 线 $LiCl \cdot H_2O + Li_2SO_4 \cdot H_2O$；

E_1E_2 线 $Li_2SO_4 \cdot H_2O + NaCl$；

AE_2 线 $Li_2SO_4 \cdot H_2O + Li_2SO_4 \cdot Na_2SO_4$；

E_2E_3 线 $Li_2SO_4 \cdot Na_2SO_4 + NaCl$；

BE_3 线 $Li_2SO_4 \cdot Na_2SO_4 + Li_2SO_4 \cdot 3Na_2SO_4 \cdot 12H_2O$；

E_3E_4 线 $Li_2SO_4 \cdot 3Na_2SO_4 \cdot 12H_2O + NaCl$；

CE_4 线 $Na_2SO_4 + Li_2SO_4 \cdot 3Na_2SO_4 \cdot 12H_2O$；

DE_4 线 $Na_2SO_4 + NaCl$。

存在 6 个结晶相区，分别对应为：$LiCl \cdot H_2O$ 结晶区（FGE_1），$Li_2SO_4 \cdot H_2O$ 结晶区（GE_1E_2A），$Li_2SO_4 \cdot Na_2SO_4$ 结晶区（AE_1E_2B），$Li_2SO_4 \cdot 3Na_2SO_4 \cdot 12H_2O$ 结晶区（BE_3E_4C），Na_2SO_4结晶区（CE_4D）和 NaCl 结晶区（$FE_1E_2E_3E_4D$）。

该体系中有 2 种含锂复盐生成：锂复盐 1（$Li_2SO_4 \cdot 3Na_2SO_4 \cdot 12H_2O$），该复盐为三方晶系，性脆，重折率极低，多见闪图，晶体存在于 48.5℃以下。我们测定了该复盐的光学性质：折光率 $N_e = 1.464$，$N_o = 1.460$，为一轴晶负光性，该复盐在偏光显微镜下的晶体形状见图 4-19。

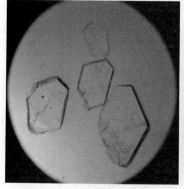

a. $Li_2SO_4 \cdot 3Na_2SO_4 \cdot 12H_2O$　　　　　b. $Li_2SO_4 \cdot Na_2SO_4$

图 4-19　偏光显微镜下锂复盐的晶体

锂复盐 2($Li_2SO_4 \cdot Na_2SO_4$)：该复盐为六方晶系，多见呈六方长柱状自形晶，无色透明或半透明，不易潮解，性脆，色散作用明显。我们测定了该复盐的光学性质：折光率 $N_e = 1.497$，$N_o = 1.488$，为一轴晶正光性，该复盐在偏光显微镜下的晶体形状见图 4-19。

研究表明：在三元体系中(Li^+，Na^+//SO_4^{2-}–H_2O)中，29.3℃以下只有 $Li_2SO_4 \cdot 3Na_2SO_4 \cdot 12H_2O$ 存在，在 29.3℃以上脱水开始形成 $Li_2SO_4 \cdot Na_2SO_4$，到 48.5℃以上 $Li_2SO_4 \cdot 3Na_2SO_4 \cdot 12H_2O$ 完全脱水，只存在 $Li_2SO_4 \cdot Na_2SO_4$。

通过比较四元体系(Li^+，Na^+//Cl^-，SO_4^{2-}–H_2O)在 35℃时的介稳相图与该体系在 35℃时的稳定相图[18]，见图 4-20，体系在 35℃介稳平衡时，与稳定相图相比，多出一个 $LiCl \cdot H_2O$ 结晶区，由于 LiCl 溶解度很大，所以结晶区范围很小，其中 Na_2SO_4 结晶区明显变小，$Li_2SO_4 \cdot Na_2SO_4$ 结晶区明显变小，$Li_2SO_4 \cdot 3Na_2SO_4 \cdot 12H_2O$ 结晶区明显变大，$Li_2SO_4 \cdot H_2O$ 结晶区和 NaCl 结晶区变化不甚明显。从中可以看出析出的两种复盐 $Li_2SO_4 \cdot 3Na_2SO_4 \cdot 12H_2O$ 和 $Li_2SO_4 \cdot Na_2SO_4$ 在介稳体系和稳定平衡中的变化很大。

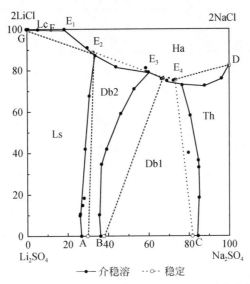

图 4-20　四元体系(Li^+，Na^+//Cl^-，SO_4^{2-}–H_2O)在 35℃时介稳与稳定相图[18]

4.5.2　四元体系溶液物化性质研究

4.5.2.1　四元体系物化性质实验数据

表 4-15 是溶液物化性质实验研究数据，包括密度、折光率和黏度，由表 4-15 绘制了组成–物化性质图，其横坐标组成为 $J(2Li^+)$，纵坐标为物化性质，见图 4-21。

表4-15 四元介稳体系（Li$^+$，Na$^+$//Cl$^-$，SO$_4^{2-}$-H$_2$O）在35℃的液相物化性质

编号	$J(2Li^+)$ /（mol/100mol 干盐）	密度/（g/cm^3）	折光率	黏度/（mPa·s）
1	100.00	1.3041	1.4461	13.30
2	99.60	—	—	—
3	94.73	1.2219	1.4151	3.72
4	81.55	1.3213	1.4458	12.85
5	70.16	1.1887	1.3918	1.94
6	15.49	1.3389	1.3868	3.79
7	73.96	—	1.3905	—
8	69.25	—	1.3900	—
9	71.29	—	1.3874	—
10	60.71	—	1.3878	—
11	73.82	1.2631	1.3908	4.30
12	72.67	1.2507	1.3895	—
13	71.88	—	1.3910	—
14	63.24	1.2234	1.3882	2.75
15	66.25	1.1937	1.3912	1.90
16	53.74	—	1.3904	—
17	64.36	—	1.3909	—
18	63.76	1.3217	1.3904	5.47
19	47.13	1.2516	1.3921	2.15
20	39.97	1.2262	1.3910	1.94
21	56.04	—	—	—
22	27.74	—	1.3919	—
23	27.35	1.211	1.3916	1.99
24	31.01	1.2429	1.3916	2.10
25	33.62	1.2400	1.3914	2.00
26	23.39	1.2229	1.3910	1.94
27	14.92	—	—	—
28	73.25	1.3328	1.3928	5.49
29	19.40	—	—	—
30	15.11	—	1.3871	—
31	15.30	1.2911	1.3901	2.69
32	0.00	1.1814	—	—
33	3.79	—	1.3643	—
34	12.13	1.2259	—	2.57

由图 4-21 中可见，平衡溶液的密度、黏度、折光率随溶液中液相组分浓度的变化而呈现规律性地变化。折光率随着 J（2Li$^+$）的增大而有规律地变大，而黏度在共饱点 E$_2$（Li$_2$SO$_4$·Na$_2$SO$_4$ + LiSO$_4$·H$_2$O + NaCl）处最小，随着 J（2Li$^+$）的增大而达到最大值。

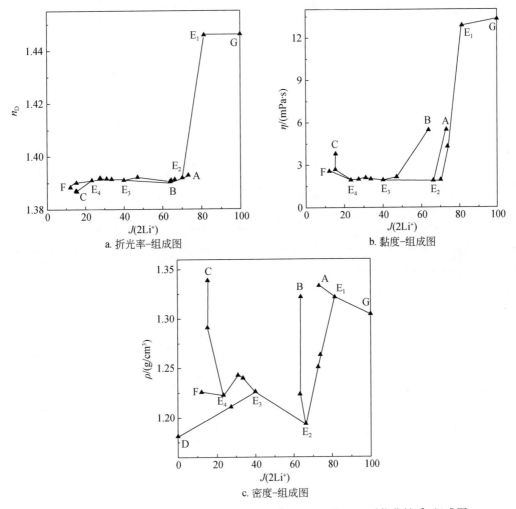

图 4-21 四元介稳体系（Li$^+$，Na$^+$//Cl$^-$，SO$_4^{2-}$-H$_2$O）在 35℃时物化性质-组成图

4.5.2.2 密度、折光率理论计算

溶液的折光率用经验方程[4,5]计算：$\ln n/n_0 = \sum B_i \times W_i$。式中，$n$ 和 n_0 分别是同温度下溶液和水的折光率，35℃时 n_0 值为 1.3313076；W_i 为溶液中第 i 种溶质浓度的质量分数；B_i 为盐的特征系数，B_i 的值由本书实验数据计算得出。LiCl，NaCl，Li$_2$SO$_4$，Na$_2$SO$_4$ 35℃时的值分别为 0.16202、0.001349、0.1336107、0.1189022。运用此经验公式，计算了35℃的溶液折光率（表4-16）。最大相对偏差2.84%，结果不能令人满意。说明随着溶液组分的增加，误差也会随之增大。

表 4-16 三元体系(Li^+，$Na^+//Cl^-$，$SO_4^{2-}-H_2O$)在 35℃时液相折光率计算值与实测值的对比

编号	折光率		
	实验值	计算值	相对误差/%
1	1.4461	1.4368	0.64
2	—	—	—
3	1.4151	1.4036	0.81
4	1.4458	1.4185	1.89
5	1.3918	1.3709	1.50
6	1.3868	1.3875	−0.05
7	1.3905	1.3875	0.22
8	1.3900	1.3822	0.56
9	1.3874	1.3802	0.52
10	1.3878	1.3834	0.32
11	1.3908	1.3872	0.26
12	1.3895	1.3855	0.29
13	1.3910	1.3704	1.48
14	1.3882	1.3844	0.28
15	1.3912	1.3698	1.54
16	1.3904	1.3767	0.99
17	1.3909	1.3882	0.19
18	1.3904	1.3919	−0.11
19	1.3921	1.3653	1.93
20	1.3910	1.3583	2.35
21	—	—	—
22	1.3919	1.3534	2.76
23	1.3916	1.3530	2.77
24	1.3916	1.3551	2.62
25	1.3914	1.3562	2.53
26	1.3910	1.3515	2.84
27	—	1.3676	—
28	1.3928	1.3892	0.26
29	—	1.3565	—
30	1.3871	1.3591	2.02
31	1.3901	1.3603	2.15
32	—	—	—
33	1.3643	1.3410	1.71
34	—		

溶液的折光率采用文献[4,5]经验公式,分别计算三元介稳体系在不同温度下的溶液密度。

$$\ln d/d_0 = \sum A_i \times W_i$$

式中,d 和 d_0 分别是相同温度下溶液和水的密度,35℃时 d_0 值为 0.99406g/cm^3;W_i 为溶液中第 i 种溶质浓度的质量分数;A_i 为盐的特征系数,A_i 的值由本书实验数据计算得出。其中 LiCl、NaCl、Li_2SO_4、Na_2SO_4 35℃ 时 A_i 值 分别为 0.57307、0.06869、0.81334659、0.8704642。计算出的密度值与实验值对比列于表4-17,两者比较,计算值与实验值差别很大,已经难以预测。

表 4-17　三元体系 Li^+, Na^+//Cl^-, SO_4^{2-}–H_2O 在 35℃时液相密度计算值与实测值的对比

编号	密度/(g/cm^3)		
	实验值	计算值	相对误差/%
1	1.3041	1.3022	0.15
2	—	—	—
3	1.2219	1.2007	1.73
4	1.3213	1.2540	5.09
5	1.1887	1.1165	6.07
6	1.3389	1.3357	0.24
7	—	—	—
8	—	—	—
9	—	—	—
10	—	—	—
11	1.2631	1.2828	−1.56
12	1.2507	1.2691	−1.47
13	—	—	—
14	1.2234	1.2466	−1.89
15	1.1937	1.1169	6.43
16	—	—	—
17	—	—	—
18	1.3217	1.3320	−0.78
19	1.2516	1.1210	10.43
20	1.2262	1.0956	10.65
21	—	—	—
22	—	—	—
23	1.2110	1.0862	10.31
24	1.2429	1.0919	12.15
25	1.2400	1.0937	11.80

编号	密度/(g/cm³)		
	实验值	计算值	相对误差/%
26	1.2229	1.0840	11.36
27	—	—	—
28	1.3328	1.3080	1.86
29	—	—	—
30	—	—	—
31	1.2911	1.1421	11.54
32	1.1814	1.0392	12.04
33	—	—	—
34	1.2259	1.1468	6.45

4.6　五元体系(Li^+，Na^+，$Mg^{2+}//Cl^-$，$SO_4^{2-}-H_2O$)35℃介稳相平衡研究

4.6.1　五元体系介稳溶解度研究

采用等温蒸发法对五元体系(Li^+，Na^+，$Mg^{2+}//Cl^-$，$SO_4^{2-}-H_2O$)进行了氯化钠饱和下的介稳相平衡实验研究。研究了该体系在35℃时介稳平衡液相中各组分的溶解度及部分介稳液相的主要物化性质（密度、黏度、折光率、pH、电导率和盐度）。平衡固相采用偏光显微镜浸油观察晶形确定，并用X-ray粉晶衍射分析加以辅证。

五元体系(Li^+，Na^+，$Mg^{2+}//Cl^-$，$SO_4^{2-}-H_2O$)的介稳溶解度及平衡液相物化性质数据列于表4-18、表4-19中，并根据溶解度数据绘制了NaCl饱和下的介稳相图见图4-22。

表4-18　五元体系(Li^+，Na^+，$Mg^{2+}//Cl^-$，$SO_4^{2-}-H_2O$)35℃介稳溶解度数据

编号	溶液组成/%					耶涅克指数/[mol/100mol ($2Li^+ + Mg^{2+} + SO_4^{2-}$)]					平衡固相
	Li^+	Na^+	Mg^{2+}	Cl^-	SO_4^{2-}	$2Li^+$	$2Na^+$	SO_4^{2-}	Mg^{2+}	H_2O	
1，A	7.62	1.58	0.00	41.36	0.030	99.94	6.32	0.06	0.00	515.35	Lc + Ls + NaCl
2，B	3.23	2.36	0.00	19.25	1.22	94.82	20.84	5.18	0.00	1670.60	Db2 + Ls + NaCl
3，C	1.34	7.49	0.00	14.11	5.80	61.52	103.79	38.48	0.00	2785.99	Db1 + Db2 + NaCl
4，D	0.83	9.05	0.00	13.27	6.69	46.19	152.21	53.81	0.00	3397.07	Th + Db1 + NaCl
5，E	0.00	8.12	2.03	13.12	7.22	0.00	111.30	47.36	52.64	2715.13	Th + Ko + NaCl
6，F	0.00	7.13	2.63	13.49	7.01	0.00	85.70	40.32	59.68	2357.05	Ko + Ast + NaCl
7，G	0.00	1.41	6.76	16.69	7.07	0.00	8.73	20.91	79.09	1096.11	Ast + Hex + NaCl
8，H	0.00	0.10	9.36	24.51	4.00	0.00	0.49	9.75	90.25	808.08	Tet + Bis + NaCl

编号	溶液组成/%					耶涅克指数/[mol/100mol $(2Li^+ + Mg^{2+} + SO_4^{2-})$]					平衡固相
	Li^+	Na^+	Mg^{2+}	Cl^-	SO_4^{2-}	$2Li^+$	$2Na^+$	SO_4^{2-}	Mg^{2+}	H_2O	
9，I^a	4.47	0.12	3.72	33.87	0.00	67.78	0.55	0.00	32.22	677.02	Bis + Lic + NaCl
10，J^a	6.49	0.10	1.48	37.62	0.00	88.48	0.41	0.00	11.52	571.56	Lic + Lc + NaCl
11	0.73	9.38	0.14	13.51	6.89	40.35	157.10	55.21	4.44	3365.44	Th + Db1 + NaCl
12	0.69	9.18	0.30	13.35	7.03	36.63	147.73	54.19	9.18	3230.80	Th + Db1 + NaCl
13	0.65	9.21	0.43	12.96	7.88	31.91	136.56	55.95	12.14	2956.23	Th + Db1 + NaCl
14	0.56	9.26	0.63	12.62	8.65	25.92	128.56	57.48	16.60	2746.44	Th + Db1 + NaCl
15	0.51	9.11	0.85	12.70	8.70	22.52	122.28	55.87	21.61	2646.15	Th + Db1 + NaCl
16	0.52	8.97	1.04	12.60	9.34	20.99	110.27	54.94	24.07	2399.55	Th + Db1 + NaCl
17	0.46	8.94	1.10	12.55	9.16	18.96	112.23	55.01	26.03	2439.22	Th + Db1 + NaCl
18	0.44	8.62	1.39	12.39	9.75	16.51	98.56	53.36	30.13	2218.92	Th + Db1 + NaCl
19，E_1	0.43	7.96	1.72	11.60	10.68	14.50	81.39	52.26	33.24	1970.86	Th + Db1 + Ko + NaCl
20，E_2	0.59	7.06	2.10	11.10	12.05	16.64	60.43	49.38	33.98	1621.33	Ko + Db1 + Eps + NaCl
21，E_3	0.80	6.66	2.30	10.74	14.04	19.39	48.45	48.89	31.71	1339.35	Db1 + Db2 + Eps + NaCl
22，E_4	0.90	4.35	3.20	12.74	10.68	20.97	30.73	36.16	42.87	1308.12	Ast + Db2 + Eps + NaCl
23	1.16	2.93	3.65	13.93	9.71	24.95	19.01	30.17	44.88	1185.80	Ast + Db2 + NaCl
24，E_5	1.21	2.61	3.85	14.52	9.36	25.35	16.54	28.42	46.23	1150.12	Ast + Db2 + Hex + NaCl
25，E_6	1.24	1.78	4.37	15.76	8.22	25.20	10.93	24.12	50.68	1102.02	Ls + Db2 + Hex + NaCl
26	1.13	1.51	4.81	16.18	8.04	22.35	9.07	23.08	54.57	1069.02	Ls + Hex + NaCl
27	0.86	0.69	6.22	17.89	7.73	15.50	3.77	20.21	64.28	937.79	Ls + Hex + NaCl
28，E_7	0.36	0.071	8.92	25.44	3.41	6.06	0.36	8.30	85.64	801.70	Ls + Tet + Bis + NaCl
29	0.39	0.030	8.84	25.88	2.65	6.75	0.16	6.57	86.68	823.57	Ls + Bis + NaCl
30	0.48	0.044	8.60	26.44	1.57	8.49	0.24	4.04	87.47	863.09	Ls + Bis + NaCl
31	0.88	0.018	8.05	27.63	0.52	15.89	0.10	1.34	82.76	873.16	Ls + Bis + NaCl
32	1.35	0.016	7.43	28.40	0.27	23.98	0.09	0.70	75.32	855.19	Ls + Bis + NaCl
33，E_8	4.50	0.18	3.80	34.31	0.048	67.43	0.80	0.10	32.46	661.58	Ls + Bis + Lic + NaCl
34	5.85	0.021	2.47	37.08	0.037	80.49	0.09	0.07	19.44	578.94	Ls + Lic + NaCl
35，E_9	6.65	0.043	1.53	38.46	0.035	88.32	0.17	0.07	11.61	545.83	Ls + Lc + Lic + NaCl
36	6.56	0.017	1.10	36.73	0.030	91.18	0.07	0.06	8.76	595.36	Ls + Lc + NaCl
37	3.00	2.68	0.14	17.73	2.94	85.58	23.09	12.09	2.33	1673.13	Db2 + Ls + NaCl
38	2.83	2.91	0.29	17.66	2.88	82.96	25.77	12.20	4.85	1725.02	Db2 + Ls + NaCl
39	2.68	3.12	0.44	17.30	3.36	78.45	27.54	12.71	6.57	1718.30	Db2 + Ls + NaCl
40	3.02	3.29	0.61	17.16	3.42	74.93	29.64	12.83	8.98	1752.33	Db2 + Ls + NaCl
41	2.11	3.70	1.24	17.55	3.45	63.62	33.72	15.04	21.34	1758.63	Db2 + Ls + NaCl

续表

编号	溶液组成/%					耶涅克指数/[mol/100mol $(2Li^++Mg^{2+}+SO_4^{2-})$]					平衡固相
	Li^+	Na^+	Mg^{2+}	Cl^-	SO_4^{2-}	$2Li^+$	$2Na^+$	SO_4^{2-}	Mg^{2+}	H_2O	
42	2.00	3.50	1.59	17.21	4.14	57.09	30.09	17.04	25.87	1648.24	Db2 + Ls + NaCl
43	1.84	3.51	1.95	16.92	4.82	50.40	29.03	19.10	30.51	1574.00	Db2 + Ls + NaCl
44	1.66	2.70	2.84	16.34	6.21	39.80	19.46	21.47	38.73	1344.21	Db2 + Ls + NaCl
45	2.22	4.05	0.79	17.26	3.59	69.59	38.23	16.23	14.18	1835.74	Db2 + Ls + NaCl
46	2.35	3.58	0.84	17.90	2.85	72.49	33.29	12.68	14.83	1804.46	Db2 + Ls + NaCl
47	1.61	3.20	2.64	17.02	5.18	41.59	24.97	19.36	39.04	1466.54	Db2 + Ls + NaCl
48	1.61	2.94	2.75	16.07	6.40	39.28	21.61	22.51	38.20	1372.23	Db2 + Ls + NaCl
49	1.31	7.66	0.13	14.48	5.96	58.20	103.11	38.37	3.43	2683.45	Db2 + Db1 + NaCl
50	1.29	7.11	0.46	13.95	6.68	51.25	85.40	38.39	10.36	2379.01	Db2 + Db1 + NaCl
51	1.26	7.01	0.59	13.59	7.31	47.48	79.66	39.78	12.74	2240.05	Db2 + Db1 + NaCl
52	1.20	6.81	0.98	13.65	7.92	41.31	70.85	39.40	19.28	2023.63	Db2 + Db1 + NaCl
53	1.08	6.66	1.26	13.36	8.30	36.03	66.99	41.34	24.89	1949.99	Db2 + Db1 + NaCl
54	0.92	6.79	1.59	13.00	9.24	29.12	64.80	42.21	28.67	1832.23	Db2 + Db1 + NaCl
55	0.89	6.83	1.78	12.70	10.26	26.17	60.87	43.76	30.07	1690.78	Db2 + Db1 + NaCl
56	0.75	5.62	3.04	10.46	14.80	16.29	36.64	46.20	37.50	1180.67	Ast + Eps + NaCl
57	0.83	4.57	3.35	11.79	12.56	18.23	30.28	39.82	41.96	1207.85	Ast + Eps + NaCl

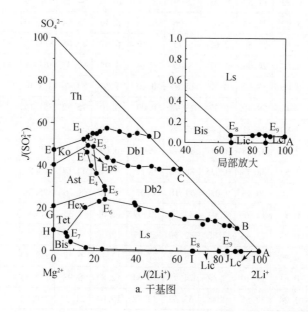

a. 干基图

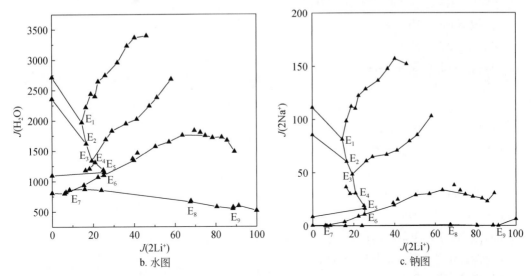

b. 水图　　　　　　　　　　　c. 钠图

图 4-22　五元体系(Li⁺, Na⁺, Mg²⁺//Cl⁻, SO₄²⁻–H₂O)在 35℃时的介稳相图

由图 4-22a 和表 4-18 可见,五元体系(Li⁺, Na⁺, Mg²⁺//Cl⁻, SO₄²⁻–H₂O)在 35℃时 NaCl 饱和下的介稳相图中存在 9 个五元无变量共饱点,19 条单变量溶解度曲线和 11 个与 NaCl 共饱的结晶区。

共饱点分别是:

E_1: Th + Db1 + Ko + NaCl,液相组成为 $w(Li^+)$ 0.43%, $w(Na^+)$ 7.96%, $w(Mg^{2+})$ 1.72%, $w(Cl^-)$ 11.60%, $w(SO_4^{2-})$ 10.68%;

E_2: Ko + Db1 + Eps + NaCl,液相组成为 $w(Li^+)$ 0.59%, $w(Na^+)$ 7.06%, $w(Mg^{2+})$ 2.10%, $w(Cl^-)$ 11.10%, $w(SO_4^{2-})$ 12.05%;

E_3: Db1 + Db2 + Eps + NaCl,液相组成为 $w(Li^+)$ 0.80%, $w(Na^+)$ 6.66%, $w(Mg^{2+})$ 2.30%, $w(Cl^-)$ 10.74%, $w(SO_4^{2-})$ 14.04%;

E_4: Ast + Db2 + Eps + NaCl,液相组成为 $w(Li^+)$ 0.90%, $w(Na^+)$ 4.35%, $w(Mg^{2+})$ 3.20%, $w(Cl^-)$ 12.74%, $w(SO_4^{2-})$ 10.68%;

E_5: Ast + Db2 + Hex + NaCl,液相组成为 $w(Li^+)$ 1.12%, $w(Na^+)$ 2.61%, $w(Mg^{2+})$ 3.85%, $w(Cl^-)$ 14.52%, $w(SO_4^{2-})$ 9.36%;

E_6: Ls + Db2 + Hex + NaCl,液相组成为 $w(Li^+)$ 1.24%, $w(Na^+)$ 1.78%, $w(Mg^{2+})$ 4.37%, $w(Cl^-)$ 15.76%, $w(SO_4^{2-})$ 8.22%;

E_7: Ls + Tet + Bis + NaCl,液相组成为 $w(Li^+)$ 0.36%, $w(Na^+)$ 0.07%, $w(Mg^{2+})$ 8.92%, $w(Cl^-)$ 25.44%, $w(SO_4^{2-})$ 3.41%;

E_8: Ls + Bis + Lic + NaCl,液相组成为 $w(Li^+)$ 4.50%, $w(Na^+)$ 0.18%, $w(Mg^{2+})$ 3.80%, $w(Cl^-)$ 34.31%, $w(SO_4^{2-})$ 0.05%;

E_9: Ls + Lc + Lic + NaCl,液相组成为 $w(Li^+)$ 6.65%, $w(Na^+)$ 0.04%, $w(Mg^{2+})$ 1.53%, $w(Cl^-)$ 38.46%, $w(SO_4^{2-})$ 0.03%。

溶解度曲线对应平衡固相分别为：

EE_1线 NaCl + Th + Ko；

DE_1线 NaCl + Th + Db1；

FE_2线 NaCl + Ko + Ast；

E_1E_2线 NaCl + Ko + Db1；

E_3E_2线 NaCl + Eps + Db1；

CE_3线 NaCl + Db1 + Db2；

E_3E_4线 NaCl + Eps + Db2；

E_4E_5线 NaCl + Ast + Db2；

GE_5线 NaCl + Ast + Hex；

E_5E_6线 NaCl + Db2 + Hex；

BE_6线 NaCl + Db2 + Ls；

E_6E_7线 NaCl + Hex（Tet）+ Ls；

HE_7线 NaCl + Tet + Bis；

E_7E_8线 NaCl + Bis + Ls；

IE_8线 NaCl + Bis + Lic；

E_8E_9线 NaCl + Lic + Ls；

JE_9线 NaCl + Lic + Lc；

AE_9线 NaCl + Lc + Ls。

共 15 个结晶区，分别为：Th 结晶区、Db1 结晶区、Ko 结晶区、Eps 结晶区、Ast 结晶区、Db2 结晶区、Hex（Tet）结晶区、Bis 结晶区、Ls 结晶区、Lic 结晶区、Lc 结晶区。该体系中出现 10 种水合盐和 5 种复盐，未见固溶体出现。

图 4-22b 和表 4-18 可以看出，该五元介稳体系相图对应水含量和钠含量随锂离子耶涅克指数的变化呈现规律性变化，在共饱点处有异变。值得指出的是：在实验过程中由于 Db1 固相存在不饱和现象和 Ko 固相存在严重过饱和现象，并未找到准确的共饱点 E'（Eps + Ko + Th + NaCl），图 4-22 中点 E'并非实验测定点，仅为表述方便而虚拟的共饱点。

五元体系(Li^+，Na^+，Mg^{2+}//Cl^-，SO_4^{2-}–H_2O)的介稳相平衡实验研究中发现，复盐 Db1 较其他盐类易形成晶核，且其晶体析出速度较快，导致其并未出现过饱和现象，而是出现一定的不饱和现象。

实验研究中发现了在其四元子体系中并未与氯化钠共存的 Eps 固相，这是由于在四元体系(Na^+，Mg^{2+}//Cl^-，SO_4^{2-}–H_2O)和(Li^+，Mg^{2+}//Cl^-，SO_4^{2-}–H_2O)的介稳平衡研究中均已发现了 Eps 固相的不饱和现象，导致其在五元介稳体系中同氯化钠一同析出。

实验过程中发现了 Ko 固相介稳现象严重，这与四元体系(Na^+，Mg^{2+}//Cl^-，SO_4^{2-}–H_2O)介稳平衡研究实验中的现象吻合，Ko 固相有时并不出现，导致共饱点 E_1 和 E_2 处析出固相发生改变，共饱点也转变为 E'_1（Db1 + Th + Ast + NaCl）。

在实验过程中由于 Db1 固相存在不饱和现象和 Ko 固相存在严重过饱和现象，并未找到准确的共饱点 E'（Eps + Ko + Th + NaCl）。由于 Ko 固相的过饱现象及 Th、Db1、Ast 固相的温度效应明显，部分介稳平衡液相的物化性质无法测定。

4.6.2　五元体系溶液物理化学性质研究

五元体系(Li^+，Na^+，$Mg^{2+}//Cl^-$，SO_4^{2-}-H_2O)在35℃时部分点的液相物化性质数据列于表 4-19 中，并绘制折光率-组成图（图 4-23），其横坐标为 $J(2Li^+)$，纵坐标为折光率数据。可见平衡液相的折光率随 $J(2Li^+)$ 的变化呈规律性变化，在共饱点 E_7 处有明显异变，其他共饱点处变化趋势不明显。

表 4-19　五元介稳体系（Li^+，Na^+，$Mg^{2+}//Cl^-$，SO_4^{2-}-H_2O）在 35℃的液相物化性质

编号	物化性质				
	密度/（g/cm^3）	折光率	黏度/（$mPa \cdot s$）	pH	电导率/（S/m）
1，A	1.3213	1.4458	12.8500	—	—
2，B	1.1720	1.3899	3.1892	6.52	—
3，C	1.2187	1.3916	2.0516	8.00	—
4，D	1.2229	1.3910	1.9400	—	—
5，E	—	—	—	—	—
6，F	—	—	—	—	—
7，G	—	—	—	—	—
8，H	—	—	—	—	—
9，I	—	—	—	—	—
10，J	—	—	—	—	—
11	1.2429	1.3927	—	—	—
12	—	—	—	—	—
13	1.2564	1.3863	—	—	—
14	—	1.3871	—	—	—
15	—	1.3878	—	—	—
16	—	—	—	—	—
17	—	1.3892	—	—	—
18	—	1.3924	—	—	—
19，E_1	—	1.3935	—	—	—
20，E_2	—	—	—	—	—
21，E_3	—	1.3980	—	—	—
22，E_4	—	1.3985	—	—	—
23	—	1.4010	—	—	—
24，E_5	—	1.4022	—	—	—

续表

编号	物化性质				
	密度/(g/cm³)	折光率	黏度/(mPa·s)	pH	电导率/(S/m)
25，E₆	—	1.4043	—	—	—
26	—	1.4062	—	—	—
27	—	1.4149	—	—	—
28，E₇	—	1.4374	—	—	—
29	—	1.4371	—	—	—
30	—	1.4365	—	—	—
31	—	1.4351	—	—	—
32	—	1.4349	—	—	—
33，E₈	—	1.4389	—	—	—
34	—	1.4416	—	—	—
35，E₉	—	1.4440	—	—	—
36	—	1.4338	—	—	—
37	1.1779	1.3939	—	7.37	193.5
38	—	—	—	—	—
39	—	—	—	—	—
40	1.1872	1.3956	1.8103	6.98	189.1
41	—	1.3913	—	—	—
42	—	1.3929	—	—	—
43	1.2150	1.3941	2.1361	6.65	163.8
44	—	1.3979	—	—	—
45	—	—	—	—	—
46	—	1.3876	—	—	—
47	—	1.3970	—	—	—
48	—	1.3978	—	—	—
49	—	—	—	—	—
50	—	—	—	—	—
51	1.2391	1.3865	—	—	—
52	—	—	—	—	—
53	—	1.3917	—	—	—
54	—	1.3937	—	—	—
55	—	1.3942	—	—	—
56	—	1.4006	—	—	—
57	—	1.4004	—	—	—

注：表中编号与表4-18中编号对应。

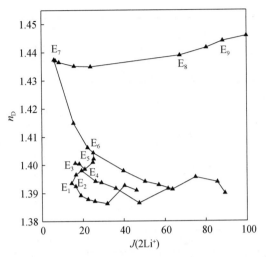

图 4-23　五元介稳体系（Li⁺，Na⁺，Mg²⁺//Cl⁻，SO₄²⁻–H₂O）在 35℃下的折光率–组成图

折光率的计算：采用下述经验公式[4]计算此五元水盐体系平衡液相折光率。

$$\ln(n/n_0) = \sum B_i \times W_i$$

式中，n 和 n_0 是同温度下溶液和水的折光率，35℃时 n_0 值为 1.33131；W_i 为溶液中第 i 种溶质浓度的质量分数；B_i 为盐的特征系数，由本书实验数据计算获得；$MgCl_2$、$MgSO_4$、Na_2SO_4、$NaCl$、Li_2SO_4、$LiCl$ 35℃时的 B_i 值分别为 0.00207763、0.00153500、0.00118902、0.00148583、0.00141313、0.00175671。运用此经验公式，计算了 35℃时五元体系（Li⁺，Na⁺，Mg²⁺//Cl⁻，SO₄²⁻–H₂O）的介稳平衡液相的折光率（表 4-20）。由表 4-20 可见，折光率计算值与实验值吻合甚好，最大相对偏差仅为 0.52%，且仅有 LiCl 含量很大时液相的折光率才会出现较大偏差。这充分证明了此折光率计算经验公式同样适用于五元水盐体系介稳平衡液相的折光率计算，当液相 LiCl 含量很高时计算才会出现较大偏差。

表 4-20　五元体系（Li⁺，Na⁺，Mg²⁺//Cl⁻，SO₄²⁻–H₂O）在 35℃时平衡液相折光率计算值与实测值

编号	折光率		
	实验值	计算值	相对误差/%
1，A	1.4458	1.4534	0.52
2，B	1.3899	1.3896	−0.02
3，C	1.3916	1.3899	−0.12
4，D	1.391	1.3904	−0.04
5，E	—	1.3943	—
6，F	—	1.3959	—
7，G	—	1.4128	—
8，H	—	1.4364	—
9，I	—	1.4403	—

编号	折光率		
	实验值	计算值	相对误差/%
10，J	—	1.4452	—
11	1.3927	1.3913	−0.10
12	—	1.3914	—
13	1.3863	1.3924	0.44
14	1.3871	1.3936	0.47
15	1.3878	1.3944	0.48
16	—	1.3959	—
17	1.3892	1.3955	0.46
18	1.3924	1.3969	0.32
19，E_1	1.3935	1.3970	0.25
20，E_2	1.3965	1.3987	0.16
21，E_3	1.3980	1.4011	0.22
22，E_4	1.3985	1.4005	0.14
23	1.401	1.4022	0.09
24，E_5	1.4022	1.4036	0.10
25，E_6	1.4043	1.4058	0.11
26	1.4062	1.4078	0.12
27	1.4149	1.4156	0.05
28，E_7	1.4374	1.4368	−0.04
29	1.4371	1.4363	−0.06
30	1.4365	1.4351	−0.10
31	1.4351	1.4349	−0.01
32	1.4349	1.4350	0.01
33，E_8	1.4389	1.4420	0.22
34	1.4416	1.4464	0.34
35，E_9	1.4440	1.4479	0.27
36	1.4338	1.4413	0.53
37	1.3939	1.3903	−0.25
38	—	1.3906	—
39	—	1.3911	—
40	1.3956	1.3912	−0.32
41	1.3913	1.3943	0.22
42	1.3929	1.3955	0.18
43	1.3941	1.3971	0.21

续表

编号	折光率		
	实验值	计算值	相对误差/%
44	1.3979	1.4000	0.15
45	—	1.3932	—
46	1.3876	1.3928	0.38
47	1.3970	1.3998	0.20
48	1.3978	1.3994	0.12
49		1.3908	—
50	—	1.3913	—
51	1.3865	1.3919	0.39
52	—	1.3942	—
53	1.3917	1.3949	0.23
54	1.3937	1.3968	0.22
55	1.3942	1.3986	0.32
56	1.4006	1.4028	0.16
57	1.4004	1.4020	0.11

4.7　小　　结

采用等温蒸发法分别完成五元体系(Li⁺，Na⁺，Mg²⁺//Cl⁻，SO₄²⁻-H₂O)及其四元子体系 (Li⁺，Mg²⁺//Cl⁻，SO₄²⁻-H₂O 和 Na⁺，Mg²⁺//Cl⁻，SO₄²⁻-H₂O) 和三元子体系 (Mg²⁺//Cl⁻，SO₄²⁻-H₂O)在 35℃的介稳相平衡研究，取得了如下主要结论：

(1) 测定了三元体系(Mg²⁺//Cl⁻，SO₄²⁻-H₂O)的介稳平衡液相中组分的溶解度及液相物化性质，并绘制了该三元体系介稳相图及折光率–组成图。研究发现，介稳相图中有 4 个三元无变量共饱点，5 条单变量溶解度曲线和 5 个结晶相区（Eps、Hex、Pen、Tet 和 Bis）。介稳平衡溶液的折光率随溶液浓度增大先有规律地逐渐增大，在共饱点 E_4 时有最大值，而后逐渐减小。与稳定平衡相图对比可见：介稳平衡相图出现新的结晶区——Pen 结晶区，且 Bis 和 Eps 的结晶区扩大，Hex 和 Tet 的结晶区缩小。运用经验公式计算了平衡液相的折光率，与实验值基本吻合，最大误差为 0.24%。

(2) 测定了四元体系(Li⁺，Mg²⁺//Cl⁻，SO₄²⁻-H₂O)介稳平衡液相中各组分的溶解度及主要的物化性质：密度、折光率、黏度、pH、电导率和盐度；根据实验溶解度数据绘制了相应的干盐图，水图和物化性质–组成图。干盐图中 5 个四元无变量共饱点，11 条单变量溶解度曲线和 7 个结晶区。共饱点对应的平衡固相分别是 E_1：Ls + Eps + Hex；E_2：Ls + Hex + Tet；E_3：Ls + Tet + Bis；E_4：Ls + Bis + Lic 和 E_5：Ls + Lic + Lc。与 35℃稳定相平衡相图比较，发现介稳相图中 Eps 相区明显扩大，其他相区由于稳定数据不全而无法比较。由溶液的物化性质–组成图可见，平衡液相的密度、黏度、折光率、pH、电导率和盐度均随 $J(2Li^+)$ 的变化而呈现规律性的变化。与该体系 25℃下介稳相图对比，发现在

35℃下的介稳相图中，Eps 相区明显缩小，Ls 相区明显扩大。利用经验公式计算了四元体系平衡液相的密度和折光率，结果与实验值基本吻合，折光率计算值最大误差为 0.32%，密度计算值最大误差为 0.55%。

（3）完成了四元体系（Na^+，$Mg^{2+}//Cl^-$，$SO_4^{2-}-H_2O$）在 35℃时的介稳相平衡研究，测定了介稳平衡液相中各组分的溶解度及部分主要的物化性质：密度、折光率、黏度、pH、电导率和盐度；根据实验溶解度数据绘制了相应的干盐图，水图。干盐图有 5 个四元无变量共饱点，9 条单变量溶解度曲线和 7 个结晶区。共饱点对应平衡固相分别是 E_1：Ko + Th + NaCl；E_2：Ast + Ko + NaCl；E_3：Ast + Eps + Hex；E_4：Ast + Hex + NaCl 和 E_5：Bis + Tet + NaCl。与稳定相图对比，发现介稳相图中出现新结晶区——Ko 结晶区，而 Ast 和 Th 结晶区缩小，Eps 和 NaCl 结晶区扩大。利用经验公式计算了四元体系平衡液相的折光率，结果与实验值基本吻合，最大误差为 0.38%。

（4）完成了四元体系（Li^+，Na^+，$Mg^{2+}//Cl^- - H_2O$）在 35℃时的介稳相平衡研究，测定了介稳平衡液相中各组分的溶解度及部分主要的物化性质：密度、折光率、黏度、pH、电导率；根据实验溶解度数据绘制了相应的干盐图，水图。干盐图有 2 个四元无变量共饱点、5 条单变量溶解度曲线和 4 个结晶区，分别为 NaCl 结晶区、$MgCl_2 \cdot 6H_2O$ 结晶区、$LiCl \cdot MgCl_2 \cdot 7H_2O$ 结晶区和 $LiCl \cdot H_2O$ 结晶区，其中，无水 NaCl 结晶区最大，$LiCl \cdot H_2O$ 结晶区最小。

（5）完成了四元体系（Li^+，$Na^+//Cl^-$，$SO_4^{2-}-H_2O$）35℃介稳相平衡关系的研究，测定了平衡溶液中各组分的溶解度及主要的物化性质：密度、折光率、黏度。根据实验溶解度数据绘制了相应的干盐图，水图和物化性质-组成图。干盐图中有 4 个四元无变量共饱点，9 条单变量溶解度曲线和 6 个结晶区，共饱点所对应的平衡固相分别为：E_1：$Li_2SO_4 \cdot H_2O$ + NaCl +$LiCl \cdot H_2O$；E_2：$Li_2SO_4 \cdot Na_2SO_4$ + $LiSO_4 \cdot H_2O$ + NaCl；E_3：$Li_2SO_4 \cdot Na_2SO_4$ + $Li_2SO_4 \cdot 3Na_2SO_4 \cdot 12H_2O$ + NaCl；E_4：$Li_2SO_4 \cdot 3Na_2SO_4 \cdot 12H_2O$ + Na_2SO_4 + NaCl。与稳定相图比较，多出一个 $LiCl \cdot H_2O$ 结晶区，由于 LiCl 溶解度很大，所以结晶区范围很小，其中Na_2SO_4结晶区明显变小，$Li_2SO_4 \cdot Na_2SO_4$ 结晶区明显变小，$Li_2SO_4 \cdot 3Na_2SO_4 \cdot 12H_2O$ 结晶区明显变大，$Li_2SO_4 \cdot H_2O$ 结晶区和 NaCl 结晶区变化不甚明显；平衡溶液的密度、黏度、折光率、随溶液中液相组分浓度的变化而呈现规律性的变化。利用经验公式计算了四元体系液相密度和折光率，结果与实验对比发现，密度误差较大，折光率计算值与实验值基本吻合。

（6）完成了五元体系（Li^+，Na^+，$Mg^{2+}//Cl^-$，$SO_4^{2-}-H_2O$）在 35℃氯化钠饱和下的介稳相平衡研究，测定了介稳平衡液相中各组分的溶解度及部分主要的物化性质：密度、折光率、黏度、pH、电导率和盐度；根据实验溶解度数据绘制了氯化钠饱和下的干盐图、水图、钠图和折光率-组成图。干盐图中有 9 个五元无变量共饱点，19 条单变量溶解度曲线和 11 个与氯化钠共饱的结晶区。共饱点处平衡固相分别是 E_1：Th + Db1 + Ko + NaCl；E_2：Ko + Db1 + Eps + NaCl；E_3：Db1 + Db2 + Eps + NaCl；E_4：Ast + Db2 + Eps + NaCl；E_5：Ast + Db2 + Hex + NaCl；E_6：Ls + Db2 + Hex + NaCl；E_7：Ls + Tet + Bis + NaCl；E_8：Ls + Bis + Lic + NaCl 和 E_9：Ls + Lc + Lic + NaCl。由折光率-组成图可见，介稳平衡液相的折光率随 $J(2Li^+)$ 的变化而呈现规律性的变化，且在共饱点处有异变。利用经验公式计算了五元体系平衡液相的折光率，结果与实验值基本吻合，最大误差为 0.52%。

参 考 文 献

[1] Silcock H L. Solubilities of inorganic and organic compounds. New York：Pergamon Press，Vol. 3，Part 3：172～182

[2] Balarew C, Tepavitcharova S, Rabadjieva D, et al. Solutility and Crystallization in the system $MgCl_2-MgSO_4-H_2O$ at 50 and 75℃. J. Soln. Chem.，2001，30（9）：815～823

[3] Silcock H L. Solubilities of inorganic and organic compounds. New York：Pergamon Press，Vol. 3，Part 3：935

[4] 宋彭生，杜宪惠. 四元体系 $Li_2B_4O_7-Li_2SO_4-LiCl-H_2O$ 25℃相关系和溶液物性质的研究. 科学通报，1986，(3)：209～210

[5] 李冰，王庆忠，李军，等. 三元体系 Li^+，K^+（Mg^{2+}）$//SO_4^{2-}-H_2O$ 25℃相关系和溶液物化性质研究. 物理化学学报，1994，10（60）：536～542

[6] Shevchuk V G, Vaysfeld M E. Phase diagram of the quaternary system $LiCl-Li_2SO_4-MgCl_2-MgSO_4-H_2O$ at 35℃. Russ. J. Inorg. Chem.，1964，9（12）：2773

[7] Shevchuk V G, Vaysfeld M E. Phase diagram of the quaternary system $LiCl-Li_2SO_4-MgCl_2-MgSO_4-H_2O$ at 50℃. Russ. J. Inorg. Chem.，1967，12（6）：1691

[8] Vaysfeld M E, Shevchuk V G. Phase diagram of the quaternary system $LiCl-Li_2SO_4-MgCl_2-MgSO_4-H_2O$ at 75℃. Russ. J. Inorg. Chem.，1968，13（2）：600

[9] Vaysfeld M E, Shevchuk V G. Phase diagram of the quaternary system $LiCl-Li_2SO_4-MgCl_2-MgSO_4-H_2O$ at 0℃. Russ. J. Inorg. Chem.，1969，14（2）：571

[10] Kadyrov M, Musuraliev K, Imanakunov V. Phase diagram of the quaternary system $LiCl-Li_2SO_4-MgCl_2-MgSO_4-H_2O$ at 25℃. Russ. J. Inorg. Chem.，1966，39（9）：2116

[11] 任开武，宋彭生. 四元交互体系 Li^+，Mg^{2+}/Cl^-，$SO_4^{2-}-H_2O$ 25℃相平衡及物化性质研究. 无机化学学报，1994，10（1）：69～74

[12] 郭智忠，刘子琴，陈敬清. Li^+，$Mg^{2+}//Cl^-$，$SO_4^{2-}-H_2O$ 四元体系 25℃的介稳相平衡. 化学学报，1991，49：937～943

[13] 韩海军. 四元体系(Li^+，$Na^+//Cl^-$，$SO_4^{2-}-H_2O$)及其三元子体系介稳相平衡研究. 西宁：中国科学院青海盐湖研究所，2007

[14] Bushteyn V M, Valyashko M G, Pelvsh A L. Handbook of experimental data on solubilities of the multi-component salt-water system：four-component and more complex systems（vol. 2）. Leningrad：State of scientific and Technical Publishing，1954，907～963

[15] Bushteyn V M, Valyashko M G, Pelvsh A L. Handbook of experimental data on solubilities of the multi-component salt-water system：four-component and more complex systems（vol. 2）. Leningrad：State of scientific and Technical Publishing，1954，959

[16] Pelsh A D. Phase diagram of the quaternary system $NaCl-MgCl_2-Na_2SO_4-MgSO_4-H_2O$ at 25℃. Proceedings of VNIIG，1952，24：10～17

[17] 金作美，周惠南，王励生. Na^+，K^+，Mg^{2+}/Cl^-，$SO_4^{2-}-H_2O$ 五元体系35℃介稳相图研究. 高等学校化学学报，2001，22（4）：634～638

[18] Hu K Y. Phase equilibrium of the quaternary system $LiCl-NaCl-Li_2SO_4-Na_2SO_4-H_2O$. Russ. J. Inorg. Chem.，1960，5（1）：191～196

[19] Campbell A N, Kartzmark E M, Lovering E G. Reciprocal salt pairs, involving the cations Li_2^{2+}，Na_2^{2+}，and K_2^{2+}，the anions SO_4^{2-} and Cl_2^{2-}，and water, at 25℃. Can. J. Chem.，1958，36（1）：1511～1517

第5章 五元体系(Li^+，Na^+，$Mg^{2+}//Cl^-$，$SO_4^{2-}-H_2O$)50℃介稳相平衡研究

5.1 三元体系(Li^+，$Mg^{2+}//SO_4^{2-}-H_2O$)50℃介稳相平衡研究

5.1.1 三元体系介稳溶解度

采用等温蒸发法对三元体系(Li^+，$Mg^{2+}//SO_4^{2-}-H_2O$)进行了介稳相化学实验研究，测定了平衡液相中各组分的溶解度及溶液的密度和折光率，见表5-1。根据实验数据绘制的该体系介稳相图见图5-1。

表5-1 三元体系(Li^+，$Mg^{2+}//SO_4^{2-}-H_2O$)50℃的介稳平衡溶解度和物化性质

编号	液相组成/%		湿渣组成/%		密度$\rho/(g/cm^3)$	折光率	平衡固相
	Li_2SO_4	$MgSO_4$	Li_2SO_4	$MgSO_4$			
1，A	27.23	0.00	—	—	1.2383	1.3763	Ls
2	25.63	1.24	—	—	—	—	Ls
3	22.43	5.28	—	—	1.2559	1.3807	Ls
4	21.36	10.35	—	—	1.3088	1.3895	Ls
5	20.73	10.10	—	—	1.2999	1.3883	Ls
6	18.56	12.89	—	—	1.3063	1.3890	Ls
7	18.31	12.70	31.98	10.33	1.3061	1.3912	Ls
8	15.83	16.96	29.58	13.90	1.3353	1.3938	Ls
9	13.41	22.81	23.11	19.82	1.3782	1.4003	Ls
10，E	10.42	27.29	15.50	29.44	1.4146	1.4060	Ls + Hex
11	10.36	27.13	—	—	1.4162	1.4060	Hex
12	9.89	27.51	8.48	31.64	1.4137	1.4057	Hex
13	6.48	29.61	—	—	1.4046	1.4041	Hex
14	4.57	30.71	—	—	1.3975	1.4027	Hex
15	3.69	31.31	2.19	39.39	1.3930	1.4030	Hex
16，B	0.00	33.08	—	—	1.3829	1.4018	Hex

由图5-1可见，该体系介稳相图有1个共饱点（E点），2条单变量溶液度曲线AE和BE，共饱点处液相组成质量分数Li_2SO_4：10.42%、$MgSO_4$：27.29%，2个水合盐结晶区

对应的平衡固相分别为 $Li_2SO_4 \cdot H_2O$ 和 $MgSO_4 \cdot 6H_2O$, 该体系介稳相图属水合物 I 型, 无复盐和固溶体产生。

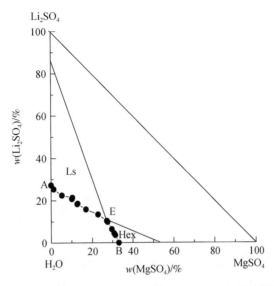

图 5-1 三元体系(Li⁺, Mg²⁺// SO₄²⁻-H₂O)50℃介稳平衡相图

将三元体系(Li⁺, Mg²⁺//SO₄²⁻-H₂O)在 50℃时介稳相图与稳定相图[1]进行比较, 共饱点处的溶解度数据列于表 5-2 中, 对比图见图 5-2。

表 5-2   三元体系(Li⁺, Mg²⁺// SO₄²⁻-H₂O)50℃稳定和介稳相平衡共饱点溶解度对比

类型	液相组成/%			平衡固相	参考文献
	Li_2SO_4	$MgSO_4$	H_2O		
介稳	10.42	27.29	62.29	Ls + Hex	本章节
稳定	9.50	29.06	61.44	Ls + Kie	[1]

从表 5-2 及图 5-2 可以看出, 50℃介稳相图和稳定相图相比, 硫酸镁水合盐结晶区由 $MgSO_4 \cdot H_2O$ 转变为 $MgSO_4 \cdot 6H_2O$, 同时 $MgSO_4$ 结晶区面积明显变小, $Li_2SO_4 \cdot H_2O$ 结晶区面积无明显变化, 这表明 $MgSO_4$ 在介稳条件下存在比较明显的过饱和现象, 即介稳现象。

5.1.2 三元体系溶液物理化学性质

5.1.2.1 溶液物理化学性质实验结果

结合表 5-1 中介稳平衡液相密度数据, 绘制了密度-组成图和折光率-组成图。其横坐标组成为 Li_2SO_4 质量百分浓度, 纵坐标分别为溶液密度和折光率, 见图 5-3。

由图 5-3 可见, 在密度-组成图和折光率-组成图上, 密度、折光率随 Li_2SO_4 组分质量分数的增大出现有规律的变化, 介稳平衡溶液的密度和折光率在共饱点处出现奇异点, 呈

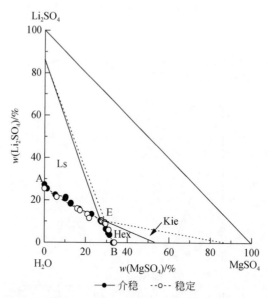

图 5-2 三元体系 (Li^+, Mg^{2+}// SO_4^{2-}-H_2O) 50℃稳定[1] 及介稳相图

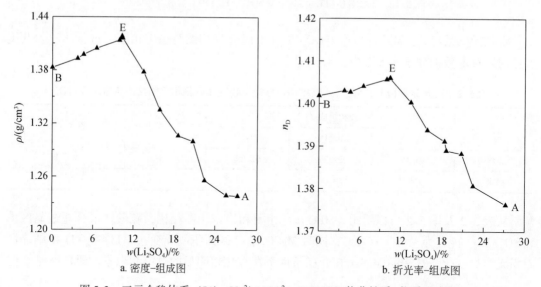

a. 密度-组成图   b. 折光率-组成图

图 5-3 三元介稳体系 (Li^+, Mg^{2+}// SO_4^{2-}-H_2O) 50℃物化性质-物质组成图

现最大值。该体系平衡液相的密度、折光率曲线 BE 段上随 Li_2SO_4 浓度增大而逐渐增大, 在共饱点 E 处达到最大值; 在曲线 EA 上密度或折光率随 Li_2SO_4 浓度增大而逐渐减小, 直到边界出现最小值。

5.1.2.2 溶液密度、折光率理论计算

溶液的物化性质会随着溶液的组成呈现有规律的变化, 组成性质的奇异点对应于溶解度曲线上的共饱点。由此可以推导出计算溶液物化性质的经验方程式, 计算密度和折光率

的方程式[2,3]如下：

$$\ln \frac{d}{d_0} = \sum A_i \times w_i \tag{5-1}$$

$$\ln \frac{D}{D_0} = \sum B_i \times w_i \tag{5-2}$$

在式（5-1）和式（5-2）中：

d 表示温度为 t 时溶液的密度；d_0 表示温度 t 下纯水的密度（50℃时，d_0 为 0.98803g/cm^3）；

D 表示温度为 t 时溶液的折光率；D_0 表示温度 t 下纯水的折光率（50℃时，D_0 为 1.3290）；

A_i 和 B_i 分别表示溶液组分中第 i 种盐的常数；50℃时，Li_2SO_4 和 $MgSO_4$ 对应的 A_i 和 B_i 分别为：0.008292，0.01016；0.001284，0.001612。

w_i 表示组分中第 i 种盐的质量分数。

表 5-3 是三元体系在 50℃介稳相平衡下平衡固相的物化性质实验结果和计算结果对比。通过表 5-3 的计算结果可以看出，计算值与测定值之间的最大相对偏差为 0.0223，不超过 0.03，说明该经验计算公式能很好地与实验结果保持一致，表明这一公式适用于介稳体系溶液密度的理论计算。

表 5-3　三元体系(Li^+，Mg^{2+}//SO_4^{2-}-H_2O)50℃介稳平衡物化性质实验结果和计算结果对比

编号	密度/(g/cm^3)			折光率		
	实验值	计算值	相对偏差	实验值	计算值	相对偏差
1，A	1.2383	1.2383	0.0000	1.3763	1.3763	0.0000
2	1.2390	1.2347	0.0086	—	1.3757	—
3	1.2559	1.2556	0.0118	1.3807	1.3795	0.0008
4	1.3088	1.3103	0.0132	1.3895	1.3889	0.0004
5	1.2999	1.3002	0.0123	1.3883	1.3873	0.0007
6	1.3036	1.3137	0.0198	1.3890	1.3896	−0.0005
7	1.2917	1.3085	0.0129	1.3912	1.3888	0.0018
8	1.3353	1.3386	0.0145	1.3938	1.3939	−0.0001
9	1.3782	1.3923	0.0223	1.4003	1.4027	−0.0017
10，E	1.4146	1.4195	0.0155	1.4060	1.4072	−0.0008
11	1.4162	1.4185	0.0137	1.4060	1.4070	−0.0007
12	1.4137	1.4185	0.0154	1.4057	1.4070	−0.0009
13	1.4046	1.4087	0.0149	1.4041	1.4056	−0.0011
14	1.3975	1.4021	0.0153	1.4027	1.4047	−0.0014
15	1.3930	1.4004	0.0174	1.4030	1.4044	−0.0010
16，B	1.3829	1.3829	0.0000	1.4018	1.4018	0.0000

5.2　四元体系(Na^+，Mg^{2+}//Cl^-，SO_4^{2-}-H_2O) 50℃介稳相平衡研究

苏联科学工作者曾做了许多关于水盐体系的研究。分别开展了四元体系(Na^+，Mg^{2+}// Cl^-，SO_4^{2-}-H_2O)在-15~75℃多温稳定相平衡溶解度数据的测定[4]。韩蔚田等[5]对 (Na^+，Mg^{2+}//Cl^-，SO_4^{2-}-H_2O)多温相图溶解度数据进行了修正。宋彭生等[6]对该体系 25℃介稳相图进行了理论计算，进一步讨论了介稳溶解度和过饱和度之间的关系，研究发 现，在过饱和度为5的条件下白钠镁矾相区消失。

5.2.1　四元体系介稳溶解度

采用等温蒸发法对四元体系(Na^+，Mg^{2+}//Cl^-，SO_4^{2-}-H_2O)进行了介稳相化学实验研 究。研究了该体系在50℃时介稳平衡液相中各组分的溶解度及主要物化性质（密度、折 光率、黏度和pH）。平衡固相采用偏光显微镜浸油观察晶形确定，并用X-ray粉晶衍射分 析加以辅证。

四元体系(Na^+，Mg^{2+}//Cl^-，SO_4^{2-}-H_2O)50℃的介稳平衡溶解度测定结果列于表5-4 中；根据其溶解度数据绘制的干盐图见图5-4；同时，其对应的水图见图5-5。

表5-4　四元体系(Na^+，Mg^{2+}//Cl^-，SO_4^{2-}-H_2O)50℃介稳平衡溶解度

编号	液相组成/%				耶涅克指数/(mol/100mol 干盐)			平衡固相
	Mg^{2+}	Na^+	Cl^-	SO_4^{2-}	Mg^{2+}	SO_4^{2-}	H_2O	
1，A	0.00	11.43	14.20	1.55	0.00	19.46	1557	NaCl + Th
2	0.47	10.63	13.96	1.73	7.78	21.52	1543	NaCl + Th
3	1.21	9.65	13.15	2.38	19.19	28.60	1472	NaCl + Th
4	1.68	11.39	15.77	3.02	21.80	29.77	1460	NaCl + Th
5	1.76	8.98	12.63	2.87	26.99	33.41	1411	NaCl + Th
6	1.89	8.77	12.53	2.94	28.97	34.17	1405	NaCl + Th
7，E_1	2.03	8.77	12.06	3.34	30.42	37.98	1359	NaCl + Th + Van
8	2.07	8.75	12.06	3.37	30.84	38.12	1353	Th + Van
9	2.17	8.56	10.21	4.23	32.49	47.79	1336	Th + Van
10，E_2	2.46	8.33	8.34	5.28	35.60	58.56	1279	Th + Van + Ast
11	2.45	7.96	5.99	6.07	36.81	69.14	1325	Th + Ast
12	2.91	7.79	2.82	8.00	41.39	86.26	1199	Th + Ast
13，B	3.37	7.15	0.00	9.43	52.83	100.0	1155	Th + Ast
14	1.94	8.73	12.48	3.00	29.58	34.74	1397	NaCl + Van
15	2.53	7.77	12.62	3.05	38.15	34.83	1381	NaCl + Van

编号	液相组成/%				耶涅克指数/(mol/100mol 干盐)			平衡固相
	Mg^{2+}	Na^+	Cl^-	SO_4^{2-}	Mg^{2+}	SO_4^{2-}	H_2O	
16, E_3	2.58	7.57	12.82	2.89	39.19	33.23	1402	NaCl + Van + Ast
17	3.11	6.46	13.61	2.46	47.70	28.55	1435	NaCl + Ast
18	3.79	5.55	13.54	2.75	56.38	31.01	1381	NaCl + Ast
19	5.46	4.48	15.06	3.52	69.73	34.05	1111	NaCl + Ast
20	5.66	3.18	13.48	3.59	77.10	37.09	1229	NaCl + Ast
21	6.00	2.64	13.16	3.80	81.11	38.97	1219	NaCl + Ast
22, E_4	6.33	2.47	13.12	4.14	82.93	41.11	1161	NaCl + Ast + Hex
23	6.44	2.51	12.58	4.55	82.92	44.43	1127	Ast + Hex
24	6.23	2.58	11.48	4.82	82.05	48.16	1160	Ast + Hex
25	5.93	2.86	7.62	6.37	79.70	64.86	1170	Ast + Hex
26	5.99	2.68	2.73	8.53	80.88	87.33	1149	Ast + Hex
27	5.98	2.65	2.43	8.64	81.05	88.71	1152	Ast + Hex
28, C	6.06	2.57	0.00	9.78	81.67	0.00	1129	Ast + Hex
29	6.66	2.12	13.70	4.06	85.62	39.61	1134	NaCl + Hex
30	6.83	2.01	14.14	4.03	86.56	38.64	1109	NaCl + Hex
31	7.31	1.32	16.05	3.31	91.26	31.34	1101	NaCl + Hex
32, E_5	7.57	0.99	16.87	3.04	93.44	28.51	1091	NaCl + Hex + Tet
33	7.97	0.33	17.76	2.72	97.88	25.28	1089	NaCl + Tet
34	8.71	0.32	20.54	2.42	98.07	20.68	960	NaCl + Tet
35	8.56	0.33	21.28	1.90	98.03	16.51	990	NaCl + Tet
36, E_6	9.70	0.12	26.17	1.05	99.35	8.15	841	NaCl + Tet + Bis
37	9.67	0.053	26.55	0.79	99.71	6.17	854	NaCl + Bis
38, F	9.45	0.059	27.65	0.00	99.67	0.00	894	NaCl + Bis
39, D	8.56	0.00	19.62	7.26	100.00	30.83	—	Hex + Tet
40, E	9.65	0.00	26.06	2.87	100.00	8.14	—	Tet + Bis

　　由表 5-4 及图 5-4、图 5-5 可见,该四元体系 50℃介稳相图中有 6 个四元无变量共饱点、12 条单变量溶解度曲线和 7 个结晶区。共饱点分别为:

　　E_1: H + Th + Van, 液相组成为 $w(Na^+)$ 8.77%, $w(Mg^{2+})$ 2.03%, $w(Cl^-)$ 12.06%, $w(SO_4^{2-})$ 3.34%;

　　E_2: Th + Van + Ast, 液相组成为 $w(Na^+)$ 8.33%, $w(Mg^{2+})$ 2.46%, $w(Cl^-)$ 8.34%, $w(SO_4^{2-})$ 5.28%;

　　E_3: H + Van + Ast, 液相组成为 $w(Na^+)$ 7.57%, $w(Mg^{2+})$ 2.58%, $w(Cl^-)$ 12.82%, $w(SO_4^{2-})$ 2.89%;

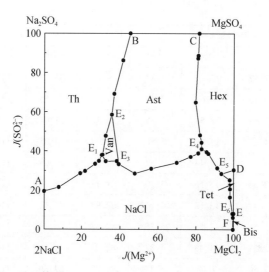

图 5-4　四元体系(Na^+，$Mg^{2+}//Cl^-$，$SO_4^{2-}-H_2O$)50℃介稳相图

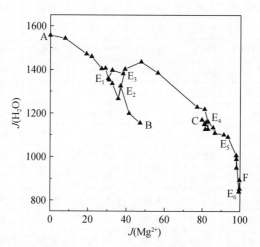

图 5-5　四元体系(Na^+，$Mg^{2+}//Cl^-$，$SO_4^{2-}-H_2O$)50℃水图

E_4：H + Ast + Hex，液相组成为 $w(Na^+)$ 2.47%，$w(Mg^{2+})$ 6.33%，$w(Cl^-)$ 13.12%，$w(SO_4^{2-})$ 4.14%；

E_5：H + Hex + Tet，液相组成为 $w(Na^+)$ 0.99%，$w(Mg^{2+})$ 7.57%，$w(Cl^-)$ 16.87%，$w(SO_4^{2-})$ 3.04%；

E_6：H + Tet + Bis，液相组成为 $w(Na^+)$ 0.12%，$w(Mg^{2+})$ 9.70%，$w(Cl^-)$ 26.17%，$w(SO_4^{2-})$ 1.05%。

单变量溶解度曲线对应平衡固相分别为：AE_1 线 H + Th，BE_2 线 Th + Ast，E_1E_2 线 Ast + Van，CE_4 线 Ast + Hex，E_1E_3 线 H + Van，DE_5 线 Hex + Tet，E_3E_4 线 H + Ast，E_4E_5 线 Hex + H，E_2E_3 线 Van + Ast，EE_6 线 Tet + Bis，FE_6 线 H + Bis，E_5E_6 线 H + Tet。

结晶相区分别为：Na_2SO_4 结晶区（Th，AE_1E_2B）、$Na_2SO_4 \cdot 3MgSO_4$ 结晶区（Van，

$E_2E_1E_3$）、$Na_2SO_4 \cdot MgSO_4 \cdot 4H_2O$ 结晶区 （Ast，$BE_2E_3E_4C$）、$MgSO_4 \cdot 4H_2O$ 结晶区 （Tet，DE_5E_6E）、$MgCl_2 \cdot 6H_2O$ 结晶区 （Bis，EE_6F）、$MgSO_4 \cdot 6H_2O$ 结晶区 （Hex，CE_4E_5D） 和 NaCl 结晶区 （H，$AE_1E_3E_4E_5E_6F$）。结晶区面积大小顺序依次为：NaCl>Ast>Th>Hex> Van>Tet>Bis，说明 $MgCl_2 \cdot 6H_2O$ 的溶解度最大，而 NaCl 溶解度最小。

该四元体系出现 4 种水合盐，2 种二元复盐，未出现固溶体；共饱点中 E_6 为干盐点，其他共饱点均为转溶共饱点。

将四元体系（Na^+，Mg^{2+}//Cl^-，SO_4^{2-}-H_2O）50℃介稳相图与已见报道的 55℃稳定相图[4]进行了对比，见表 5-5、图 5-6 所示。

表 5-5 四元体系（Na^+，Mg^{2+}//Cl^-，SO_4^{2-}-H_2O）55℃的
稳定平衡[4]和 50℃介稳平衡四元无变量共饱点对比

编号	类型	耶涅克指数/（mol/100mol 干盐）			平衡固相
		$2Na^+$	SO_4^{2-}	H_2O	
1	稳定	27.40	24.11	1490	NaCl + Th + Van
	介稳	30.42	37.98	1359	NaCl + Th + Van
2	稳定	34.80	69.50	1430	Th + Van + Ast
	介稳	35.60	58.56	1279	Th + Van + Ast
3	稳定	43.50	23.01	1470	NaCl + Van + Ast
	介稳	39.19	33.23	1402	NaCl + Van + Ast
4	稳定	96.89	49.60	1140	Loe + Kie + Hex
	介稳	92.93	41.11	1161	NaCl + Ast + Hex
5	稳定	91.90	15.00	1200	NaCl + Loe + Kie
	介稳	93.44	28.51	1091	NaCl + Hex + Tet
6	稳定	99.48	2.01	865	NaCl + Kie + Bis
	介稳	99.35	8.15	841	NaCl + Tet + Bis
7	稳定	74.60	21.80	1315	NaCl + Ast + Loe
8	介稳	90.99	67.00	1150	Ast + Loe + Hex

由表 5-5 和图 5-6 可知，对比该四元体系 55℃稳定相图和 50℃介稳相图发现：介稳相图较稳定相图少 2 个共饱点，在介稳条件下，Kie 和 Loe （$6Na_2SO_4 \cdot 7MgSO_4 \cdot 15H_2O$）相区消失，同时新出现 Tet 相区；其次，在介稳相图中，NaCl 和 Hex 相区变大，Th、Van 和 Ast 相区缩小，说明在介稳条件下，硫酸盐的介稳现象较严重，尤其以 Hex 和 Ast 最为明显，其次为 Th。

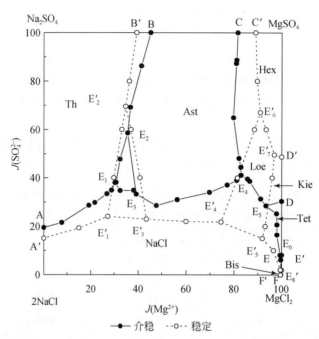

图 5-6　四元体系（Na+，Mg2+//Cl−，SO4^{2−}–H2O）55℃稳定相图[4]和 50℃介稳相图对比

5.2.2　四元体系溶液物理化学性质

　　表 5-6 是平衡液相物化性质实验研究数据，根据其绘制物化性质–组成图见图 5-7，其横坐标组成为 Mg2+质量百分浓度，纵坐标为溶液各物化性质。

表 5-6　四元体系（Na+，Mg2+//Cl−，SO4^{2−}–H2O）50℃时介稳平衡液相物化性质

编号	Mg2+质量浓度/%	pH	折光率	黏度/（mPa·s）	密度/（g/cm³）
1，A	0.00	7.11	1.3812	1.0671	1.2228
2	0.47	6.65	1.3820	1.1750	1.2373
3	1.21	6.50	1.3865	1.3544	1.2561
4	1.68	6.58	1.3870	1.3912	1.2591
5	1.76	—	1.3900	1.7350	1.2711
6	1.89	—	1.3902	1.7659	1.2722
7，E1	2.03	7.27	1.3918	1.8748	1.2853
8	2.07	7.27	1.3918	1.8748	1.2853
9	2.17	7.29	1.3930	1.4658	1.3017
10，E2	2.46	7.40	1.3950	1.6630	1.3252
11	2.45	6.93	1.3930	2.0568	1.3321

续表

编号	Mg^{2+}质量浓度/%	pH	折光率	黏度/(mPa·s)	密度/(g/cm^3)
12	2.91	6.78	1.3956	3.7225	1.3870
13, B	3.37	4.41	1.3970	4.7953	1.4190
14	1.94	4.41	1.3910	1.5469	1.2735
15	2.53	7.28	1.3932	1.8919	1.2778
16, E$_3$	2.58	6.25	1.3936	1.6403	1.2720
17	3.11	6.48	1.3925	1.7129	1.2649
18	3.79	6.83	1.3965	1.8672	1.2756
19	5.46	5.98	1.4005	2.6374	1.2945
20	5.66	5.20	1.4040	2.8493	1.3119
21	6.00	5.70	1.4060	3.1976	1.3207
22, E$_4$	6.33	5.70	1.4090	3.5210	1.3315
23	6.44	5.25	1.4092	4.0190	1.3445
24	6.23	5.46	1.4075	3.7515	1.3403
25	5.93	5.62	1.4062	4.2127	1.3686
26	5.99	5.70	1.4038	5.9968	1.4135
27	5.98	5.60	1.4040	6.1180	1.4180
28, C	6.06	3.59	1.4048	8.8757	1.4349
29	6.66	4.30	1.4102	3.9688	1.3412
30	6.83	4.80	1.4120	3.7498	1.3415
31	7.31	5.15	1.4142	4.0918	1.3356
32, E$_5$	7.57	3.80	1.4160	4.2630	1.3355
33	7.97	5.05	1.4170	4.5592	1.3164
34	8.71	4.35	1.4268	—	1.3444
35	8.56	4.21	1.4249	5.2667	—
36, E$_6$	9.70	3.90	1.4378	9.2772	1.3626
37	9.67	4.06	1.4368	7.0851	1.3556
38, F	9.45	4.28	1.4335	5.9519	1.3596
39, D	8.56	3.82	1.4378	7.7800	1.3763
40, E	9.65	3.65	1.4368	6.7583	1.3659

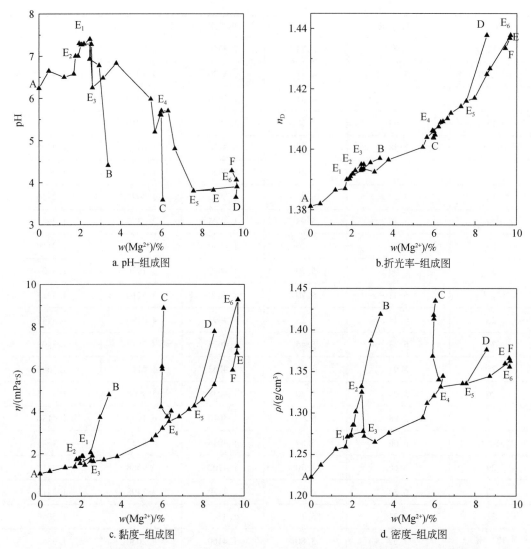

图 5-7　四元体系（Na^+，Mg^{2+}//Cl^-，SO_4^{2-}-H_2O）50℃介稳相平衡液相物化性质-组成图

　　由图 5-7 中 a 图可见，pH 是随着 Mg^{2+} 浓度的增大先增大后减小，在共饱点 E_2 处达到最大值，这主要是因为 pH 和溶液的水解程度有关，Na_2SO_4 在水溶液中略接近于中性，而 $MgCl_2$ 在水溶液中呈现酸性，因此，当溶液中的 Mg^{2+} 和 SO_4^{2-} 的混合作用离子达到一定的比例时，即会出现最大的 pH。

　　由图 5-7 中 b、c 和 d 图可见，溶液的密度、黏度和折光率等物化性质随着 Mg^{2+} 浓度的增大而呈现总体上升的趋势，而在共饱点处（E_6 除外），溶液的物化性质没有出现极值，这主要是因为溶液物化性质是受到平衡液相中总离子浓度影响，在溶液进行恒温蒸发时，当蒸至某一共饱点处时并没有停滞不前（以 E_1 点的蒸发为例，当所配制的溶液沿 NaCl + Th 共饱和的单变量溶解度曲线蒸发至共饱点 E_1 处后析出 Van，根据向量叠加原理，该点的向量总和不等于零，故溶液会沿着 NaCl + Van 共饱和的单变量溶解度曲线一直蒸发下去)，此时平衡液相中的总离子浓度也会随之增加，故溶液的密度、黏度和折光率就呈现出总体增加的趋势。共饱点 E_6 处则不同，溶液蒸发到此点时将停止不动，溶液的各组分蒸发到该共饱点时达到最大，溶液的总离子数也将达到极限，故该点的密度和黏度是整个体系的最大值。

值得注意的是，在物化性质–组成图中可以发现，两条单变量溶解度曲线，即 Th + Ast 以及 Ast + Hex 共饱和曲线的密度和黏度增加的趋势特别明显，这是因为随着溶液在这些区域中蒸发时，溶液的总离子数随着硫酸盐的增加而急剧增加，故硫酸盐的溶解度增加的速度明显高于在其他相区各组分的溶解度的增加速度，这一结果也反映出硫酸钠和硫酸镁的介稳现象较严重。

5.3　四元体系(Li^+，Mg^{2+}//Cl^-，SO_4^{2-}–H_2O) 50℃介稳相平衡研究

早在 20 世纪 60 年代，苏联学者 В. Г. Щевчук 和 М. И. Вайсфельд 等对该四元体系(Li^+，Mg^{2+}//Cl^-，SO_4^{2-}–H_2O)进行过 0℃、25℃、35℃、50℃和75℃的稳定相平衡研究[7-11]；近年来，任开武等[12]也对该体系25℃稳定相平衡进行了详细研究。但由于分析手段的限制，В. Г. Щевчук 在 50℃相图中仅发现了硫酸镁的一种水合物，而根据文献[13] 显示50℃时稳定相平衡中硫酸镁应该有一水、四水和六水三种水合物。由于镁盐的介稳现象比较严重，除郭智忠等[14]对此体系进行25℃的介稳相平衡研究外，目前未见关于该体系50℃的稳定和介稳相平衡的报道。

5.3.1　四元体系介稳溶解度

采用等温蒸发法对四元体系(Li^+，Mg^{2+}//Cl^-，SO_4^{2-}–H_2O)进行了介稳相化学实验研究。研究了该体系在50℃时介稳平衡液相中各组分的溶解度及主要物化性质（密度、折光率、黏度和pH）。四元体系50℃的溶解度测定结果见表5-7，由表5-7液相组成绘制介稳相图，图5-8a为干盐图，图5-8b为水图。

由表5-7和图5-8a可见，该体系介稳相图干盐图中有4个四元无变量共饱点：

共饱点 F_1 对应平衡固相为 $Li_2SO_4 \cdot H_2O$ + $LiCl \cdot H_2O$ + $LiCl \cdot MgCl_2 \cdot 7H_2O$，其平衡液相组成为：$w(Li^+)$ 6.52%，$w(Mg^{2+})$ 2.22%，$w(Cl^-)$ 39.72%，$w(SO_4^{2-})$ 0.048%，$w(H_2O)$ 51.49%；

共饱点 F_2 对应平衡固相为 $Li_2SO_4 \cdot H_2O$ + $LiCl \cdot MgCl_2 \cdot 7H_2O$ + $MgCl_2 \cdot 6H_2O$，其平衡液相组成为：$w(Li^+)$ 3.75%，$w(Mg^{2+})$ 5.29%，$w(Cl^-)$ 34.49%，$w(SO_4^{2-})$ 0.048%，$w(H_2O)$ 56.42%；

共饱点 F_3 对应平衡固相为 $Li_2SO_4 \cdot H_2O$ + $MgCl_2 \cdot 6H_2O$ + $MgSO_4 \cdot 4H_2O$，其平衡液相组成为：$w(Li^+)$ 0.45%，$w(Mg^{2+})$ 9.07%，$w(Cl^-)$ 26.76%，$w(SO_4^{2-})$ 2.70%，$w(H_2O)$ 61.02%；

共饱点 F_4 对应平衡固相为 $Li_2SO_4 \cdot H_2O$ + $MgSO_4 \cdot 6H_2O$ + $MgSO_4 \cdot 4H_2O$，其平衡液相组

成为：$w(Li^+)$ 0.60%，$w(Mg^{2+})$ 7.58%，$w(Cl^-)$ 18.51%，$w(SO_4^{2-})$ 9.05%，$w(H_2O)$ 64.26%。

9 条平衡单变量溶解度曲线，分别对应如下：E_1F_1 线 Ls + Lc，E_2F_1 线 Lc + Lcar，E_3F_2 线 Lcar + Bis，F_1F_2 线 Ls + Lcar，F_2F_3 线 Ls + Bis，E_4F_3 线 Bis + Tet，F_3F_4 线 Ls + Tet，E_5F_4 线 Hex + Tet，E_6F_4 线 Ls + Hex。

6 个单盐结晶区，分别为：$Li_2SO_4 \cdot H_2O$、$LiCl \cdot H_2O$、$MgCl_2 \cdot 6H_2O$、$MgSO_4 \cdot 4H_2O$、$MgSO_4 \cdot 6H_2O$、$LiCl \cdot MgCl_2 \cdot 7H_2O$。其中 $Li_2SO_4 \cdot H_2O$ 的结晶区域最大，说明该盐的溶解度最小。$MgSO_4 \cdot 6H_2O$、$MgSO_4 \cdot 4H_2O$、$MgCl_2 \cdot 6H_2O$、$LiCl \cdot MgCl_2 \cdot 7H_2O$、$LiCl \cdot H_2O$ 的结晶区域依次递减，说明 $MgSO_4$、$MgCl_2$、$LiCl$ 的溶解度依次递增。该体系无复盐及固溶体产生。

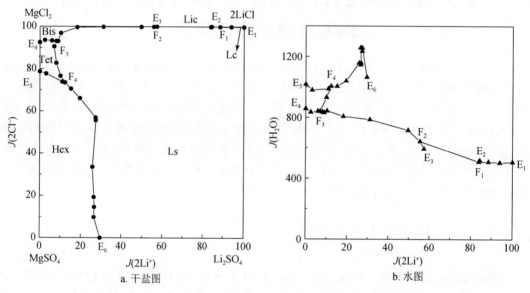

a. 干盐图　　　　　　　　　　b. 水图

图 5-8　四元体系$(Li^+，Mg^{2+}//Cl^-，SO_4^{2-}-H_2O)$50℃介稳相图

表 5-7　四元体系$(Li^+，Mg^{2+}// Cl^-，SO_4^{2-}-H_2O)$50℃介稳相平衡溶解度

编号	液相组成/%				耶涅克指数/(mol/100mol 干盐)			平衡固相
	Li^+	Mg^{2+}	Cl^-	SO_4^{2-}	$2Li^+$	$2Cl^-$	H_2O	
1，E_1	7.86	0.00	40.22	0.07	100.00	99.87	507.81	Ls + Lc
2	7.40	0.83	40.19	0.05	93.95	99.91	504.08	Ls + Lc
3	6.92	1.57	39.89	0.05	88.53	99.91	508.48	Ls + Lc
4，F_1	6.52	2.22	39.72	0.05	83.79	99.91	509.87	Ls + Lc + Lic
5，E_2	6.52	2.11	39.44	0.00	84.38	100.00	518.22	Lc + Lic
6，E_3	3.89	5.08	34.70	0.00	57.29	100.00	594.75	Bis + Lic
7，F_2	3.75	5.29	34.49	0.05	55.38	99.90	643.39	Ls + Bis + Lic
8	3.14	5.60	32.31	0.07	49.51	99.84	716.17	Ls + Bis

续表

编号	液相组成/%				耶涅克指数/(mol/100mol 干盐)			平衡固相
	Li⁺	Mg²⁺	Cl⁻	SO₄²⁻	2Li⁺	2Cl⁻	H₂O	
9	1.84	7.18	30.30	0.06	30.97	99.86	786.35	Ls + Bis
10	1.05	8.34	29.58	0.15	18.09	99.62	806.89	Ls + Bis
11	0.57	8.85	27.83	1.22	10.18	96.86	842.87	Ls + Bis
12	0.50	9.02	26.85	2.70	8.79	93.10	831.41	Ls + Bis
13, F₃	0.45	9.07	26.76	2.70	7.96	93.05	835.69	Ls + Bis + Tet
14	0.33	9.24	26.71	2.61	5.83	93.28	839.83	Bis + Tet
15	0.14	9.61	26.88	2.51	2.42	93.55	833.90	Bis + Tet
16, E₄	0.00	9.66	26.07	2.88	0.00	92.47	857.01	Bis + Tet
17	0.39	9.12	25.88	3.66	6.92	90.54	839.12	Ls + Tet
18	0.52	8.17	20.29	8.38	9.95	76.64	931.27	Ls + Tet
19, F₄	0.60	7.58	18.51	9.05	12.17	73.49	1004.37	Ls + Tet +Hex
20	0.54	7.78	18.80	9.02	10.85	73.84	987.11	Tet + Hex
21	0.15	8.51	19.92	7.71	3.05	77.79	978.95	Tet + Hex
22, E₅	0.00	8.56	19.67	7.21	0.00	78.70	1016.59	Tet + Hex
23	0.74	7.32	17.74	10.03	15.08	70.55	1004.34	Ls + Hex
24	0.93	6.77	16.20	11.28	19.42	66.04	1040.06	Ls + Hex
25	1.16	5.44	12.39	12.69	27.12	56.95	1235.67	Ls + Hex
26	1.14	5.37	11.96	12.93	27.19	55.61	1255.52	Ls + Hex
27	1.12	5.69	7.46	20.11	25.62	33.46	1158.25	Ls + Hex
28	1.15	5.61	4.28	24.29	26.38	19.28	1146.13	Ls + Hex
29	1.14	5.53	3.21	25.44	26.57	14.58	1157.79	Ls + Hex
30	1.07	5.24	1.95	25.46	26.35	9.40	1257.77	Ls + Hex
31, E₆	1.32	5.54	0.00	31.06	29.47	0.00	1065.69	Ls + Hex
1, E₁	7.86	0.00	40.22	0.068	100.00	99.87	507.81	Ls + Lc
2	7.40	0.83	40.19	0.051	93.95	99.91	504.08	Ls + Lc
3	6.92	1.57	39.89	0.049	88.53	99.91	508.48	Ls + Lc
4, F₁	6.52	2.22	39.72	0.048	83.79	99.91	509.87	Ls + Lc + Lic
5, E₂	6.52	2.11	39.44	0.000	84.38	100.00	518.22	Lc + Lic
6, E₃	3.89	5.08	34.70	0.000	57.29	100.00	594.75	Bis + Lic
7, F₂	3.75	5.29	34.49	0.048	55.38	99.90	643.39	Ls + Bis + Lic
8	3.14	5.60	32.31	0.068	49.51	99.84	716.17	Ls + Bis
9	1.84	7.18	30.30	0.057	30.97	99.86	786.35	Ls + Bis
10	1.05	8.34	29.58	0.15	18.09	99.62	806.89	Ls + Bis
11	0.57	8.85	27.83	1.22	10.18	96.86	842.87	Ls + Bis

编号	液相组成/%				耶涅克指数/（mol/100mol 干盐）			平衡固相
	Li^+	Mg^{2+}	Cl^-	SO_4^{2-}	$2Li^+$	$2Cl^-$	H_2O	
12	0.50	9.02	26.85	2.70	8.79	93.10	831.41	Ls + Bis
13, F_3	0.45	9.07	26.76	2.70	7.96	93.05	835.69	Ls + Bis + Tet
14	0.33	9.24	26.71	2.61	5.83	93.28	839.83	Bis + Tet
15	0.14	9.61	26.88	2.51	2.42	93.55	833.90	Bis + Tet
16, E_4	0.00	9.66	26.07	2.88	0.00	92.47	857.01	Bis + Tet
17	0.39	9.12	25.88	3.66	6.92	90.54	839.12	Ls + Tet
18	0.52	8.17	20.29	8.38	9.95	76.64	931.27	Ls + Tet
19, F_4	0.60	7.58	18.51	9.05	12.17	73.49	1004.37	Ls + Tet + Hex
20	0.54	7.78	18.80	9.02	10.85	73.84	987.11	Tet + Hex
21	0.15	8.51	19.92	7.71	3.05	77.79	978.95	Tet + Hex
22, E_5	0.00	8.56	19.67	7.21	0.00	78.70	1016.59	Tet + Hex
23	0.74	7.32	17.74	10.03	15.08	70.55	1004.34	Ls + Hex
24	0.93	6.77	16.20	11.28	19.42	66.04	1040.06	Ls + Hex
25	1.16	5.44	12.39	12.69	27.12	56.95	1235.67	Ls + Hex
26	1.14	5.37	11.96	12.93	27.19	55.61	1255.52	Ls + Hex
27	1.12	5.69	7.46	20.11	25.62	33.46	1158.25	Ls + Hex
28	1.15	5.61	4.28	24.29	26.38	19.28	1146.13	Ls + Hex
29	1.14	5.53	3.21	25.44	26.57	14.58	1157.79	Ls + Hex
30	1.07	5.24	1.95	25.46	26.35	9.40	1257.77	Ls + Hex
31, E_6	1.32	5.54	0.00	31.06	29.47	0.00	1065.69	Ls + Hex

　　等温蒸发过程中析出锂复盐 $LiCl \cdot MgCl_2 \cdot 7H_2O$，经化学分析 Li：Mg：Cl：$H_2O =$ 1：1.0003：3.0006：7.0094，偏光显微镜下观察鉴定，其光学性质为一轴晶正光性，光学数据 $N_o = 1.464$，$N_e = 1.492$。

　　实验发现随着 LiCl 和 $MgCl_2$ 浓度的增大，Li_2SO_4 和 $MgSO_4$ 的浓度均降低，说明在该体系中，LiCl 和 $MgCl_2$ 对 Li_2SO_4 和 $MgSO_4$ 有强烈的盐析作用。共饱点 F_1 为干盐点，F_2 和 F_4 为转溶共饱点，E_5F_4 线和 E_3F_2 线为转溶线，不易测定。

　　由图 5-8b 可见，溶液的水含量随着 $J(2Li^+)$ 的变化而呈现有规律的变化。其水含量随溶液浓度的增大而逐渐减少，在四元无变量共饱点 F_1 处具有最小值。

　　20 世纪 60 年代，В. Г. Шевчук 等[10]就对该体系 50℃ 稳定相平衡进行了研究，为了便于比较，将其与本章节所测 50℃ 介稳相图干盐图绘于图 5-9，四元无变量共饱点溶解度数据列于表 5-8。

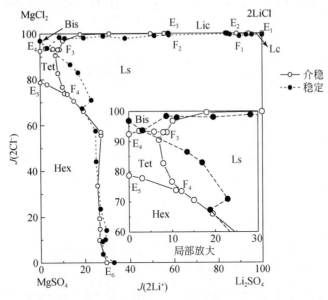

图 5-9　四元体系(Li⁺，Mg²⁺//Cl⁻，SO₄²⁻–H₂O)50℃介稳相图和稳定相图[10]对比

由图 5-9 可见，对比 50℃下该体系的介稳和稳定相图干盐图，介稳相图中出现 MgSO₄·4H₂O 结晶相区，MgCl₂·6H₂O 和 MgSO₄·6H₂O 的结晶相区有所变化，其他相区变化不明显。对比表 5-8 四元无变量共饱点数据，由于稳定相图中没有 MgSO₄·4H₂O 结晶区，无变量共饱点数据相差较大，说明镁盐的介稳现象比较明显，而锂盐的介稳现象不明显。

表 5-8　四元体系(Li⁺，Mg²⁺//Cl⁻，SO₄²⁻–H₂O)50℃介稳和稳定相图[10]无变量四元共饱点溶解度对比

类型	液相组成/%				耶涅克指数/(mol/100mol 干盐)			平衡固相
	Li⁺	Mg²⁺	Cl⁻	SO₄²⁻	2Li⁺	2Cl⁻	H₂O	
介稳	6.52	2.22	39.72	0.048	83.79	99.91	509.87	Ls + Lc + Lic
稳定	6.51	2.15	39.45	0.14	84.17	99.74	514.79	Ls + Lc + Lic
介稳	3.75	5.29	34.49	0.048	55.38	99.90	643.39	Ls + Bis + Lic
稳定	3.93	5.03	34.50	0.38	57.79	99.20	635.61	Ls + Bis + Lic
介稳	0.45	9.07	26.76	2.70	7.96	93.05	835.69	Ls + Bis + Tet
稳定	0.17	8.96	25.28	2.30	3.15	93.70	923.18	Ls + Bis + Hex
介稳	0.60	7.58	18.51	9.05	12.17	73.49	1004.37	Ls + Tet + Hex
稳定	—	—	—	—	—	—	—	

5.3.2　四元体系溶液物理化学性质

四元体系(Li⁺，Mg²⁺//Cl⁻，SO₄²⁻–H₂O)50℃介稳相平衡液相物化性质测定结果见表 5-9，由表 5-9 绘制物化性质组成图，见图 5-10，横坐标组成为 $J(2Li^+)$，纵坐标为物化性质。

表 5-9　四元体系(Li^+ , Mg^{2+} // Cl^- , SO_4^{2-} – H_2O)50℃介稳平衡液相物化性质

编号	$J(2Li^+)$	密度/(g/cm^3)	pH	电导率/(S/m)	总盐度/‰	黏度/($mPa \cdot s$)
1，E_1	100.00	—	—	—	—	—
2	93.95	1.3218	4.60	95.0	43.7	8.5509
3	88.53	—	—	—	—	—
4，F_1	83.79	1.3397	4.51	81.8	37.5	10.3749
5，E_2	84.38	—	—	—	—	—
6，E_3	57.29	—	—	—	—	—
7，F_2	55.38	1.3362	4.48	83.0	37.0	7.9354
8	49.51	1.3230	4.62	96.1	43.5	6.3058
9	30.97	—	—	—	—	—
10	18.09	—	4.70	96.2	44.0	5.6930
11	10.18	1.3479	4.85	96.4	44.0	6.4364
12	8.79	1.3860	3.07	90.1	40.2	7.2824
13，F_3	7.96	1.3693	4.06	82.3	37.4	7.9733
14	5.83	—	—	—	—	—
15	2.42	1.3772	4.57	90.2	40.8	7.3273
16，E_4	0.00	—	—	—	—	—
17	6.92	1.3693	4.06	82.3	37.4	7.9733
18	9.95	—	—	—	—	—
19，F_4	12.17	1.3481	5.46	98.0	45.7	4.9270
20	10.85	1.3481	5.46	98.0	45.7	5.5593
21	3.05	1.3527	4.75	99.9	45.8	5.7015
22，E_5	0.00	—	—	—	—	—
23	15.08	—	—	—	—	—
24	19.42	—	—	—	—	—
25	27.12	1.2937	6.25	117.7	56.4	3.3432
26	27.19	1.2915	6.21	118.4	55.9	3.2201
27	25.62	1.3503	6.14	84.3	37.8	6.6848
28	26.38	1.3683	6.60	63.5	27.8	5.9473
29	26.57	1.3778	6.56	57.3	24.8	6.6734
30	26.35	1.3465	6.91	98.0	29.8	4.7738
31，E_6	29.47	1.4125	6.65	42.0	17.7	8.9017

由图 5-10 可见，单变量溶解度曲线上溶液的物化性质随着溶液浓度的改变而有规律地变化。图 5-10b 中，pH 在边界点 E_6 处具有最大值，但仍小于 7，溶液呈酸性。电导率在 E_6 处有最小值，说明此处溶液浓度最小。F_1 处由于具有最大溶解度的 LiCl 饱和，溶液黏度具有最大值。

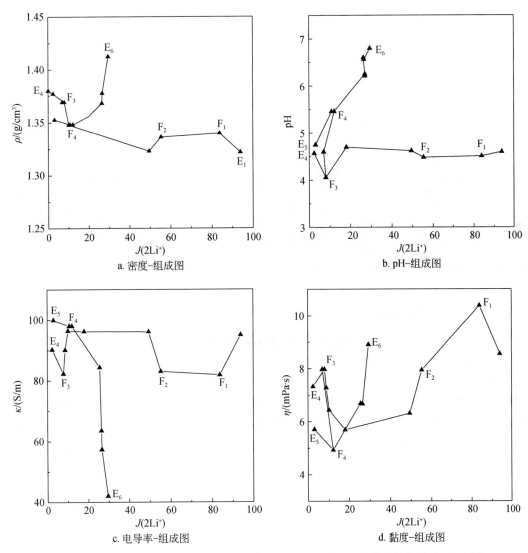

图 5-10　四元体系(Li⁺，Mg²⁺//Cl⁻，SO₄²⁻–H₂O)50℃介稳平衡液相物化性质–组成图

密度的计算[2,3]：运用经验公式进行该四元体系密度的计算，$MgCl_2$、$MgSO_4$ 的 50℃的 A_i 值采用 4.1.3 节中数据，通过实验数据计算 LiCl、Li_2SO_4 的 A_i 值分别为 0.005839、0.003881。运用此经验公式，计算了 50℃的溶液密度，结果见表 5-10。除个别点外，最大相对误差只有 0.61%，结果令人满意。

表 5-10　四元体系(Li^+，$Mg^{2+}//Cl^-$，$SO_4^{2-}-H_2O$)50℃介稳平衡液相密度计算与实测结果对比

编号	密度/(g/cm³)			编号	密度/(g/cm³)		
	实验值	计算值	相对误差/%		实验值	计算值	相对误差/%
1，E_1	—	1.3088	—	17	1.3693	1.3723	0.22
2	1.3218	1.3218	0.00	18	—	1.364	—
3	—	1.3313	—	19	1.3481	1.3454	−0.20
4，E	1.3397	1.3406	0.068	20	1.3481	1.3513	0.23
5，E_2	—	1.3358	—	21	1.3527	1.357	0.32
6	—	1.3407	—	22	—	1.349	—
7	1.3362	1.3429	0.50	23	—	1.3464	—
8	1.3230	1.3274	0.34	24	—	1.3385	—
9	—	1.3346	—	25	1.2937	1.3004	0.52
10，E_3	—	1.3477	—	26	1.2915	1.2974	0.46
11	1.3479	1.3461	−0.13	27	1.3503	1.3518	0.11
12	1.3860	1.3488	−2.68	28	1.3683	1.3679	−0.03
13	1.3693	1.3486	−1.51	29	1.3778	1.3702	−0.55
14	—	1.3684	—	30	1.3465	1.3547	0.61
15	1.3772	1.3752	−0.14	31	1.4125	1.4125	0.00
16，F	—	1.3726	—				

5.4　四元体系(Li^+，Na^+，$Mg^{2+}//Cl^--H_2O$) 50℃介稳相平衡研究

　　四元体系(Li^+，Na^+，$Mg^{2+}//Cl^--H_2O$)在25℃和75℃的稳定相平衡[15]已见报道，该体系包含3个三元体系：三元子体系（Li^+，$Na^+//Cl^--H_2O$)在0℃、25℃、50℃、90℃、100℃的稳定相平衡已做了研究[15,16]；子体系（Li^+，$Mg^{2+}//Cl^--H_2O$)在−10℃、0℃、25℃、30℃、70℃、102℃的稳定相平衡研究已见报道[15,17]。但关于这一体系在50℃的介稳相平衡研究尚未见到报道。

5.4.1　四元体系介稳溶解度

　　采用等温蒸发法对四元体系(Li^+，Na^+，$Mg^{2+}//Cl^--H_2O$)进行了介稳相化学实验研究。研究了该体系在50℃时介稳平衡液相中各组分的溶解度及主要物化性质：密度、折光率、黏度和pH。四元体系50℃的溶解度测定结果见表5-11，由表5-11液相组成绘制介稳相图，图5-11为干盐图。为了全面反映该体系中某一相点的存在状态，同时绘制了水图见图5-12。结合图5-11、图5-12，可以对该四元体系某一点的相平衡进行完整的描述。

表5-11　四元介稳体系（Li⁺，Na⁺，Mg²⁺//Cl⁻–H₂O)50℃的溶解度

编号	液相组成/%			耶涅克指数/(g/100g 干盐)			平衡固相
	NaCl	LiCl	MgCl₂	NaCl	MgCl₂	H₂O	
1，A	0.28	43.78	0.00	0.64	0.00	126.96	NaCl + Lc
2	0.34	40.88	7.28	0.70	15.01	106.20	NaCl + Lc
3	0.36	40.86	7.60	0.75	15.57	104.90	NaCl + Lc
4	0.35	40.02	7.94	0.72	16.44	106.94	NaCl + Lc
5	0.36	39.57	8.02	0.75	16.73	108.56	NaCl + Lc
6，B	0.00	40.06	8.15	0.00	16.90	107.42	NaCl + Lc
7，E	0.37	39.63	8.34	0.76	17.25	106.81	NaCl + Lc + Lic
8	0.37	35.06	11.01	0.80	23.71	115.29	NaCl + Lic
9	0.34	33.54	11.98	0.74	26.12	118.04	NaCl + Lic
10	0.37	33.23	12.13	0.81	26.52	121.97	NaCl + Lic
11	0.35	33.35	12.20	0.76	26.58	117.95	NaCl + Lic
12	0.40	30.33	14.14	0.89	31.51	123.00	NaCl + Lic
13	0.36	27.73	16.06	0.82	36.38	126.54	NaCl + Lic
14	0.33	27.80	16.51	0.74	36.98	123.98	NaCl + Lic
15	0.33	26.02	18.78	0.73	41.61	121.56	NaCl + Lic
16，C	0.00	24.34	19.58	0.00	44.58	127.95	Bis + Lic
17，F	0.31	26.32	19.48	0.67	42.25	116.87	NaCl + Lic + Bis
18	0.33	20.83	21.68	0.77	50.61	133.42	NaCl + Bis
19	0.32	20.45	22.05	0.75	51.50	133.56	NaCl + Bis
20	0.34	18.70	22.87	0.81	54.57	138.82	NaCl + Bis
21	0.32	18.03	23.74	0.76	56.40	137.56	NaCl + Bis
22	0.33	15.55	25.21	0.80	61.35	143.36	NaCl + Bis
23	0.36	14.01	26.36	0.88	64.72	145.46	NaCl + Bis
24	0.35	11.86	27.80	0.88	69.48	123.98	NaCl + Bis
25	0.38	8.86	29.55	0.98	76.18	157.80	NaCl + Bis
26	0.35	5.25	32.45	0.92	85.28	162.93	NaCl + Bis
27	0.38	4.00	33.42	1.00	88.41	164.54	NaCl + Bis
28	0.39	2.95	34.30	1.04	91.13	165.66	NaCl + Bis
29，D	0.15	0.00	37.01	0.40	99.60	169.11	NaCl + Bis

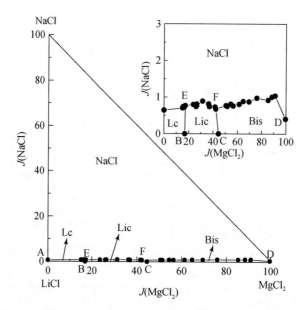

图 5-11 四元体系（Li$^+$, Na$^+$, Mg^{2+}//Cl$^-$–H$_2$O）50℃介稳相平衡干盐图

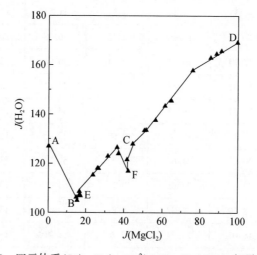

图 5-12 四元体系（Li$^+$, Na$^+$, Mg^{2+}//Cl$^-$–H$_2$O）50℃相平衡水图

由表 5-11 和图 5-11 可见，该体系 50℃介稳相图中有两个四元无变量共饱点：

共饱点 E 对应平衡固相为 NaCl + LiCl·MgCl$_2$·7H$_2$O + LiCl·H$_2$O，其平衡液相组成为：w(LiCl) 39.63%，w(NaCl) 0.37%，w(MgCl$_2$) 8.34%，w(H$_2$O)51.66%；

共饱点 F 对应平衡固相为 NaCl + MgCl$_2$·6H$_2$O + LiCl·MgCl$_2$·7H$_2$O，其平衡液相组成为：w(LiCl) 26.32%，w(NaCl) 0.31%，w(MgCl$_2$) 19.48%，w(H$_2$O)53.89%。

5 条单变量溶解度曲线，分别对应如下：AE 线 NaCl + LiCl·H$_2$O，DF 线 NaCl + MgCl$_2$·6H$_2$O，EF 线 NaCl + LiCl·MgCl$_2$·7H$_2$O，CF 线 MgCl$_2$·6H$_2$O + LiCl·MgCl$_2$·7H$_2$O，BE 线 LiCl·H$_2$O + LiCl·MgCl$_2$·7H$_2$O。

4 个单盐结晶区，分别为：NaCl、LiCl·H$_2$O、MgCl$_2$·6H$_2$O、LiCl·MgCl$_2$·7H$_2$O。其中 NaCl 的结晶区域最大，说明该盐的溶解度最小。MgCl$_2$·6H$_2$O、LiCl·MgCl$_2$·7H$_2$O、LiCl·H$_2$O 的结晶区域依次递减，LiCl·H$_2$O 结晶区最小。该体系无复盐及固溶体产生。

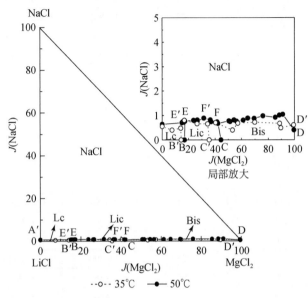

图 5-13 四元体系(Li$^+$，Na$^+$，Mg^{2+}//Cl$^-$-H$_2$O)35℃和50℃介稳相图

根据四元体系(Li$^+$，Na$^+$，Mg^{2+}//Cl$^-$-H$_2$O)分别在 35℃[18] 和 50℃时的介稳溶解度数据，绘制对比相图于图 5-13 中。由图 5-13 可见，该四元体系在 35℃和 50℃的介稳相图，均有 2 个四元无变量共饱点、5 条单变量溶解度曲线及 4 个单盐结晶区。4 个单盐结晶区分别是：NaCl 结晶区、MgCl$_2$·6H$_2$O 结晶区、LiCl·MgCl$_2$·7H$_2$O 结晶区和 LiCl·H$_2$O 结晶区。2 个四元无变量共饱点分别为：NaCl、LiCl·H$_2$O 和 LiCl·MgCl$_2$·7H$_2$O 共饱点（E，E$_1$）；NaCl、MgCl$_2$·6H$_2$O 和 LiCl·MgCl$_2$·7H$_2$O 共饱点（F，F$_1$）。该体系在此两种温度下相图皆为水合物Ⅰ型，无固溶体产生。50℃的相图较 35℃的相图而言，复盐结晶区（LiCl·MgCl$_2$·7H$_2$O）和 LiCl·H$_2$O 结晶区明显扩大，而 MgCl$_2$·6H$_2$O 结晶区减小。

5.4.2 四元体系溶液物理化学性质

根据表 5-12 中的溶液物化性质实验数据，绘制了物化性质-组成图，其横坐标组成为 MgCl$_2$ 质量百分浓度，纵坐标为物化性质，见图 5-14。

表 5-12 四元体系(Li$^+$，Na$^+$，Mg^{2+}//Cl$^-$-H$_2$O)50℃物化性质

编号	MgCl$_2$ 质量百分浓度/%	pH	折光率	黏度/(mPa·s)	密度/(g/cm^3)
1，A	0.00	4.90	1.4293	4.8340	1.2735
2	7.28	3.66	1.4441	9.5319	1.3321
3	7.60	3.27	1.4451	10.7463	1.3377

续表

编号	MgCl$_2$ 质量百分浓度/%	pH	折光率	黏度/（mPa·s）	密度/（g/cm^3）
4	7.94	4.18	1.4451	9.5759	1.3430
5	8.02	4.18	1.4446	9.1690	1.3390
6，B	8.15	4.25	1.3895	9.3218	1.3088
7，E	8.34	4.41	1.4430	9.7023	1.3374
8	11.01	4.30	1.4426	8.5844	1.3315
9	11.98	4.31	1.4410	7.8484	1.3382
10	12.13	4.02	1.4418	7.6127	1.3290
11	12.20	3.85	1.4409	7.8734	1.3372
12	14.14	4.32	1.4409	8.4028	1.3348
13	16.06	4.47	1.4392	7.1789	1.3304
14	16.51	3.92	1.4397	7.9377	1.3336
15	18.78	4.43	1.4392	—	—
16，C	19.58	4.21	1.4398	8.6528	1.3398
17，F	19.48	4.70	1.4408	7.2307	1.3417
18	21.68	—	—	—	—
19	22.05	4.23	1.4390	7.5748	—
20	22.87	4.07	1.4381	7.5082	1.3372
21	23.74	2.33	1.4369	5.7187	—
22	25.21	2.31	1.4346	5.3678	
23	26.36	3.43	1.4362	6.4575	1.3342
24	27.80	3.60	1.4351	6.2913	1.3379
25	29.55	4.31	1.4352	—	1.3457
26	32.45	4.37	1.4336	5.8047	1.3457
27	33.42	3.97	1.4318	—	—
28	34.30	4.46	1.4349	5.8119	1.3560
29，D	37.01	4.28	1.4355	5.8813	1.3596

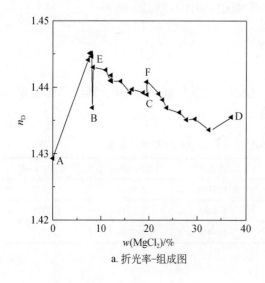

a. 折光率-组成图

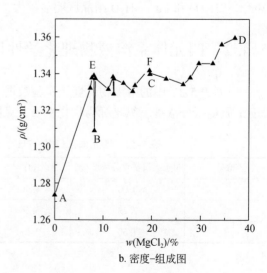

b. 密度-组成图

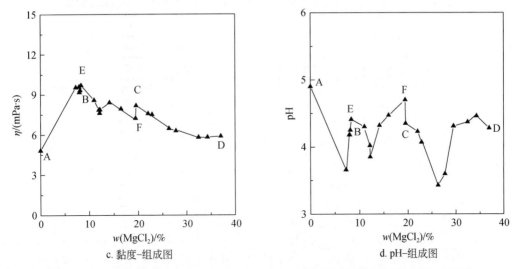

c. 黏度-组成图　　　　　　　　　　　d. pH-组成图

图 5-14　四元体系(Li⁺, Na⁺, Mg²⁺//Cl⁻-H₂O)50℃介稳平衡液相物化性质-组成图

由图 5-14 可见：溶液的物化性质随溶液浓度变化呈现一定的规律性。折光率随 $MgCl_2$ 浓度增大而减小，在四元无变量共饱点 F 出现较大值；DF 线密度随 $MgCl_2$ 浓度增大而增大，FE 线密度随 $MgCl_2$ 浓度增大先减小后增大；DC 线黏度随 $MgCl_2$ 浓度的减小而增大，在共饱点 F 处出现较低值，随之又增大，AE 线黏度都较大，主要是由于 LiCl 浓度较大，又极易吸水，所以黏度较大。EF 线黏度随 $MgCl_2$ 浓度的增大先减小后增大，在四元无变量共饱点 E 出现最大值。DF 线 pH 随 $MgCl_2$ 浓度的减小先减小后增大，EF 线 pH 随 $MgCl_2$ 浓度的增大先减小后增大，在四元无变量共饱点 F 出现最大值。

5.5　五元体系(Li^+, Na^+, Mg^{2+}//Cl^-, SO_4^{2-}-H_2O) 50℃介稳相平衡研究

5.5.1　五元体系介稳溶解度研究

采用等温蒸发法对五元体系(Li⁺, Na⁺, Mg²⁺//Cl⁻, SO₄²⁻-H₂O)开展了 50℃ NaCl 饱和的介稳相平衡实验研究，获得了该体系介稳平衡液相中各组分的溶解度数据及部分介稳液相的主要物化性质（密度、黏度、折光率、pH），其中，平衡固相采用偏光显微镜油浸观察晶体确定，并用 X-ray 粉晶衍射分析加以辅证。

五元体系(Li⁺, Na⁺, Mg²⁺//Cl⁻, SO₄²⁻-H₂O)的介稳溶解度数据列于表 5-13，并绘制了 NaCl 饱和的介稳相图（图 5-15）。

表 5-13 五元体系(Li⁺, Na⁺, Mg²⁺//Cl⁻, SO₄²⁻–H₂O)50℃介稳溶解度数据

编号	液相组成/%					耶涅克指数 /[mol/100mol(2Li⁺ + Mg²⁺ + SO₄²⁻)]				平衡固相
	Li⁺	Na⁺	Mg²⁺	Cl⁻	SO₄²⁻	2Li⁺	SO₄²⁻	2Na⁺	H₂O	
1, A	0.99	8.68	0.00	14.20	5.75	54.37	45.63	143.86	2978.35	Th + Db2 + NaCl
2	0.84	7.88	0.42	13.90	6.64	41.01	47.12	116.84	2661.23	Th + Db2 + NaCl
3	0.80	8.77	0.85	13.50	7.79	33.27	46.68	109.75	2182.98	Th + Db2 + NaCl
4	0.63	9.16	0.89	13.55	7.66	28.11	49.25	122.89	2334.43	Th + Db2 + NaCl
5	0.85	4.62	1.77	11.35	11.81	23.77	47.84	39.09	1503.65	Th + Db2 + NaCl
6	0.74	4.06	2.13	9.02	15.36	17.67	53.22	29.34	1269.18	Th + Db2 + NaCl
7, E₁	0.67	5.40	3.50	7.09	20.11	11.94	52.17	29.25	874.92	Th + Db2 + Van + NaCl
8, B	0.00	2.47	6.33	13.16	4.14	0.00	14.20	17.69	1351.45	Th + Van + NaCl
9	0.63	5.37	3.31	8.27	17.46	12.53	50.03	32.16	992.43	Van + Db2 + NaCl
10, E₂	0.59	4.69	3.38	13.37	10.18	14.79	36.87	35.50	1309.11	Van + Db2 + Ast + NaCl
11, E₃	0.88	2.38	4.77	12.25	13.26	15.89	34.76	13.01	928.80	Hex + Db2 + Ast + NaCl
12, C	0.00	8.77	2.03	12.06	3.34	0.00	29.39	161.18	3463.16	Th + Ast + NaCl
13, D	2.49	4.86	0.00	18.32	2.62	86.80	13.20	51.13	1926.31	Db2 + Ls + NaCl
14	2.58	2.96	0.25	17.67	2.59	83.27	12.07	28.85	1840.66	Db2 + Ls + NaCl
15	1.95	4.74	0.43	16.66	3.49	72.11	18.70	53.00	2077.86	Db2 + Ls + NaCl
16	1.75	4.96	0.59	16.33	3.95	65.74	21.52	56.36	2102.78	Db2 + Ls + NaCl
17	1.70	5.00	0.73	16.21	4.88	60.24	25.04	53.61	1957.92	Db2 + Ls + NaCl
18	2.14	8.75	1.53	20.92	7.89	51.55	27.44	63.60	1090.59	Db2 + Ls + NaCl
19	1.31	7.22	1.01	16.49	5.20	49.62	28.49	82.57	2008.64	Db2 + Ls + NaCl
20	1.45	6.87	1.98	16.13	7.14	40.18	28.56	57.33	1416.41	Db2 + Ls + NaCl
21	1.30	8.19	2.21	15.85	7.36	35.95	29.30	68.15	1382.74	Db2 + Ls + NaCl
22	1.22	4.54	2.47	15.35	8.61	31.48	32.11	35.37	1349.52	Db2 + Ls + NaCl
23	1.26	4.17	2.54	13.23	9.55	30.77	33.72	30.75	1304.37	Db2 + Ls + NaCl
24	1.21	3.83	2.91	12.93	10.40	27.72	34.31	26.41	1208.84	Db2 + Ls + NaCl
25	1.11	3.55	3.41	13.29	10.55	24.18	33.30	23.39	1146.14	Db2 + Ls + NaCl
26	1.11	3.61	3.62	12.62	11.78	22.73	34.92	22.35	1063.17	Db2 + Ls + NaCl
27	1.07	3.61	3.53	11.46	13.36	21.31	38.49	21.69	1028.79	Db2 + Ls + NaCl
28	0.97	3.27	4.15	12.44	13.10	18.59	36.17	18.88	972.62	Db2 + Ls + NaCl
29	0.91	3.07	4.49	13.14	12.64	17.18	34.47	17.49	956.32	Db2 + Ls + NaCl
30	0.60	1.17	6.95	18.36	9.17	10.16	22.49	5.97	833.60	Hex + Ls + NaCl
31	0.62	1.18	6.93	17.67	10.16	10.20	24.30	5.89	809.59	Hex + Ls + NaCl
32	0.59	1.08	7.17	18.41	9.72	9.64	23.07	5.36	797.96	Hex + Ls + NaCl
33	0.60	0.29	11.65	32.15	7.27	7.26	12.64	1.04	445.49	Hex + Ls + NaCl
34	0.39	0.013	9.06	25.90	3.47	6.46	8.26	0.06	776.60	Hex + Ls + NaCl
35, E₄	0.36	0.034	8.96	26.63	1.90	6.21	4.77	0.18	832.31	Tet + Bis + Ls + NaCl
36, E	0.00	0.12	9.70	26.17	1.05	0.00	2.67	0.64	852.35	Tet + Bis + NaCl
37	0.13	0.59	9.16	26.95	1.79	2.26	4.60	3.18	842.46	Tet + Bis + NaCl
38	0.21	0.010	9.45	27.30	1.86	3.64	4.58	0.05	801.37	Tet + Bis + NaCl
39	0.48	0.27	8.90	27.84	1.36	8.40	3.41	1.40	817.75	Bis + Ls + NaCl
40	0.49	0.21	8.85	27.22	1.95	8.44	4.84	1.11	809.87	Bis + Ls + NaCl
41	0.65	0.21	8.67	28.18	1.00	11.23	2.52	1.12	822.34	Bis + Ls + NaCl

续表

编号	液相组成/%					耶涅克指数/[mol/100mol($2Li^+$ + Mg^{2+} + SO_4^{2-})]				平衡固相
	Li^+	Na^+	Mg^{2+}	Cl^-	SO_4^{2-}	$2Li^+$	SO_4^{2-}	$2Na^+$	H_2O	
42，F	4.31	0.12	4.97	36.71	0.00	60.27	0.00	0.51	580.83	Lic + Bis + NaCl
43	4.84	0.0080	3.61	35.23	0.086	69.99	0.18	0.03	626.10	Lic + Bis + NaCl
44，E_5	4.36	0.012	5.02	36.84	0.093	60.20	0.19	0.05	571.61	Lic + Bis + Ls + NaCl
45，G	6.49	0.15	2.13	39.58	0.00	84.22	0.00	0.57	516.69	Lc + Lic + NaCl
46，E_6	6.53	0.019	2.10	39.48	0.084	84.34	0.16	0.07	515.02	Lc + Lic + Ls + NaCl
47，H	6.59	1.53	0.00	36.01	0.020	99.95	0.05	7.00	652.67	Lc + Ls + NaCl

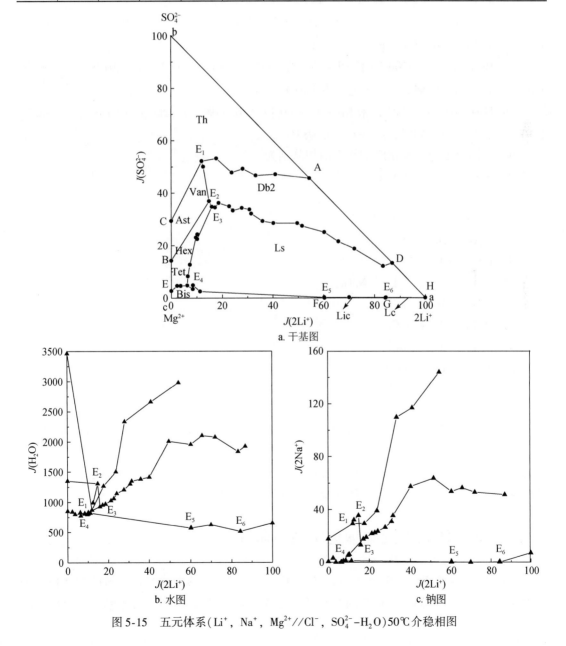

图 5-15　五元体系(Li⁺，Na⁺，Mg²⁺//Cl⁻，SO₄²⁻-H₂O)50℃介稳相图

由图 5-15 和表 5-13 可见，该五元体系在 50℃ 的 NaCl 饱和的介稳相图中存在 6 个五元无变量共饱点，12 条单变量溶解度曲线和 8 个与 NaCl 共饱和的结晶区。

五元无变量共饱点分别为：

E_1：Th+ Db2+ Van+ NaCl，液相组成为 $w(Li^+)$ 0.67%，$w(Na^+)$ 5.40%，$w(Mg^{2+})$ 3.50%，$w(Cl^-)$ 20.11%，$w(SO_4^{2-})$ 11.94%；

E_2：Db2+ Van+ Ast+ NaCl，液相组成为 $w(Li^+)$ 0.59%，$w(Na^+)$ 4.69%，$w(Mg^{2+})$ 3.38%，$w(Cl^-)$ 13.37%，$w(SO_4^{2-})$ 10.18%；

E_3：Db2+ Hex+ Ls+ NaCl，液相组成为 $w(Li^+)$ 0.88%，$w(Na^+)$ 2.38%，$w(Mg^{2+})$ 4.77%，$w(Cl^-)$ 12.25%，$w(SO_4^{2-})$ 13.26%；

E_4：Bis+ Hex+ Ls+ NaCl，液相组成为 $w(Li^+)$ 0.36%，$w(Na^+)$ 0.034%，$w(Mg^{2+})$ 8.96%，$w(Cl^-)$ 26.63%，$w(SO_4^{2-})$ 1.90%；

E_5：Bis+ Lic+ Ls+ NaCl，液相组成为 $w(Li^+)$ 4.36%，$w(Na^+)$ 0.012%，$w(Mg^{2+})$ 5.02%，$w(Cl^-)$ 36.84%，$w(SO_4^{2-})$ 0.086%；

E_6：Lic+ Lc+ Ls+ NaCl，液相组成为 $w(Li^+)$ 6.35%，$w(Na^+)$ 0.019%，$w(Mg^{2+})$ 2.10%，$w(Cl^-)$ 39.48%，$w(SO_4^{2-})$ 0.084%。

单变量溶解度曲线及相应的平衡固相分别为：

AE_1 线 Th + Db2 + NaCl；

CE_1 线 Th + Van + NaCl；

E_2E_3 线 Hex + Db2 + NaCl；

BE_2 线 Ast + Hex + NaCl；

DE_3 线 Db2 + Ls + NaCl；

E_3E_4 线 Hex（Tet）+ Ls + NaCl；

EE_4 线 Tet + Bis + NaCl；

E_4E_5 线 Bis + Ls + NaCl；

E_5E_6 线 Lic + Ls + NaCl；

E_5F 线 Bis + Lic + NaCl；

E_6G 线 Lic + Ls + NaCl；

E_6H 线 Lc + Ls + NaCl。

8 个与 NaCl 共饱的结晶相区分别为：Th 结晶区（BAE_1C）、Van（Ast）结晶区（CE_1E_2B）、Db2 结晶区（$AE_1E_2E_3D$）、Hex（Tet）结晶区（$BE_2E_3E_4E$）、Bis 结晶区（CEE_4E_5F）、Ls 结晶区（$DE_3E_4E_5E_6H$）、Lic 结晶区（FE_5E_6G）、Lc 结晶区（AHE_6G）。该体系中出现 5 种水合单盐和 4 种复盐，未见固溶体出现。

5.5.2　五元体系溶液物理化学性质研究

五元体系(Li^+，Na^+，$Mg^{2+}//Cl^-$，$SO_4^{2-}-H_2O$)在 50℃ 时的介稳平衡溶液的物化性质测定结果见表 5-14。绘制了该体系的介衡平衡溶液密度–组成性质图、折光率–组成性质图、黏度-组成性质图和 pH-组成性质图，见图 5-16。

由图 5-16 可见，该体系的物化性质随 $J(2Li^+)$ 的变化呈规律性变化，其中黏度和折光率随 $J(2Li^+)$ 的变化趋势近似。

表 5-14　五元体系(Li⁺，Na⁺，Mg²⁺//Cl⁻，SO₄²⁻-H₂O)50℃介稳平衡液相物化性质

编号	$J(2Li^+)$	物化性质			
		密度/(g/cm³)	折光率	黏度/(mPa·s)	pH
1，A	0.99	1.2190	1.3830	1.1940	8.12
2	0.84	1.2442	1.3851	0.9839	7.75
3	0.80	1.2568	1.3870	1.4070	—
4	0.63	1.2493	1.3882	1.3762	—
5	0.85	1.2744	1.3967	1.8105	7.14
6	0.74	1.3067	1.3960	2.1489	7.04
7，E₁	0.67	1.3501	1.3996	—	7.07
8，B	0.00	1.3315	1.4090	3.5210	5.70
9	0.63	1.3319	1.3975	2.38769	7.20
10，E₂	0.59	1.2792	1.4012	2.4372	6.65
11，E₃	0.88	1.3198	1.4080	3.6950	5.99
12，C	0.00	1.2853	1.3918	1.8748	7.27
13，D	2.49	1.1710	1.3850	1.2770	7.79
14	2.58	1.1894	1.3849	0.9658	7.14
15	1.95	1.2011	1.3861	1.3218	7.26
16	1.75	1.2076	1.3870	1.2587	7.25
17	1.70	1.2098	1.3863	1.2503	7.26
18	2.14	1.2296	1.3900	1.4282	6.84
19	1.31	1.2193	1.3878	1.3563	6.65
20	1.45	—	1.3909	—	—
21	1.30	1.2319	1.3960	1.5917	6.59
22	1.22	1.2434	1.3970	1.6951	6.59
23	1.26	1.2556	1.3970	1.8577	6.60
24	1.21	1.2630	1.3996	2.0165	6.45
25	1.11	—	1.4015	—	—
26	1.11	1.2879	1.4022	2.4157	6.32
27	1.07	—	1.4022	—	—
28	0.97	—	1.4054	—	—
29	0.91	1.3131	1.4080	3.0276	6.00
30	0.60	1.3328	—	—	—
31	0.62	1.3476	1.4203	4.8099	4.92
32	0.59	—	—	—	—
33	0.60	1.3241	1.4219	4.1428	4.79
34	0.39	1.3954	1.4380	7.6156	3.69
35，E₄	0.36	1.3839	1.4395	7.2645	3.23
36，E	0.00	1.3626	1.4378	9.2772	3.90

续表

编号	$J(2Li^+)$	物化性质			
		密度/(g/cm^3)	折光率	黏度/($mPa \cdot s$)	pH
37	0.13	1.3662	1.4378	7.6511	2.41
38	0.21	—	—	—	—
39	0.48	—	1.4388	—	—
40	0.49	—	1.4376	—	—
41	0.65	1.3632	1.4359		1.80
42，F	4.31	1.3417	1.4408	7.2307	4.70
43	4.84	1.3394	1.4433	—	—
44，E_5	4.36	—	1.4432	—	4.16
45，G	6.49	1.3374	1.4430	9.7023	4.41
46，E_6	6.53	—	1.4429	—	4.31
47，H	6.59	1.2740	1.4300	4.8480	4.32

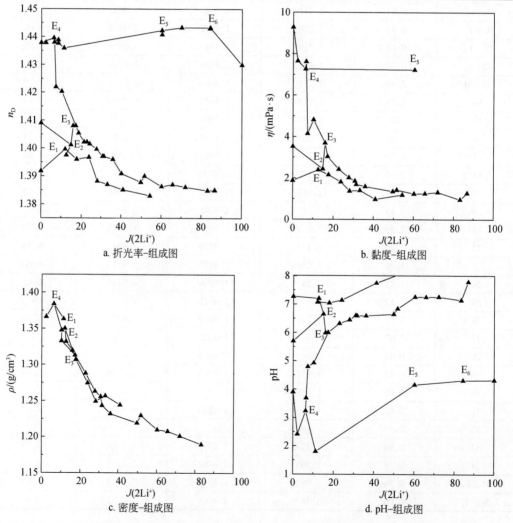

图 5-16　五元体系(Li^+，Na^+，$Mg^{2+}//Cl^-$，$SO_4^{2-}-H_2O$)50℃介稳平衡液相物化性质-组成图

5.5.3　五元体系35℃和50℃介稳相图对比

根据实验数据，将该体系35℃介稳相图[19]与50℃介稳相图对比研究，绘制对比相图，见图5-17。

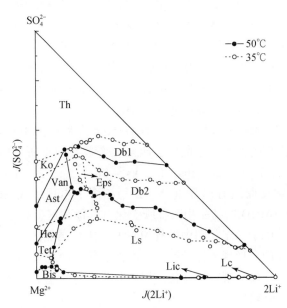

图 5-17　五元体系(Li⁺, Na⁺, Mg²⁺//Cl⁻, SO₄²⁻-H₂O)50℃和35℃[19]介稳相图对比

由图5-17可见，35℃介稳体系有9个与NaCl共饱的共饱点，19条NaCl饱和下的单变量溶解度曲线和11个与NaCl共饱的结晶区，而50℃的介稳相图中存在6个与NaCl共饱的五元无变量共饱点，12条NaCl饱和下的单变量溶解度曲线和8个与NaCl共饱和的结晶区。50℃介稳相图较35℃介稳相图少了Db1和Eps两个结晶区，且Ko结晶区转变为Van结晶区；Db1结晶区的消失可能是由于温度升高引起Db1在析出过程中很难获得结合水而形成Db2；Eps是多水化合物，其在析出过程中很难获得更多结合水，所以，在50℃介稳相图中只有Hex和Tet，而没有Eps的结晶区；Ko结晶区变为Van结晶区也当是温度升高所导致；且Ls结晶区和Bis结晶区较35℃介稳结晶区明显扩大。

5.6　小　　结

采用等温蒸发平衡法研究了五元体系(Li⁺, Na⁺, Mg²⁺// Cl⁻, SO₄²⁻-H₂O)及子体系在50℃介稳相平衡关系，测定了体系介稳平衡液相各组分的溶解度及主要物化性质：密度，黏度，折光率和pH。采用湿渣法及偏光显微镜、X-ray粉晶衍射等手段确定了上述体系相应的平衡固相。

（1）三元体系(Li⁺, Mg²⁺//SO₄²⁻-H₂O)50℃介稳相图中有1个三元无变量共饱点，2

条单变量溶解度曲线和 2 个水合物单盐结晶区, 分别为 $Li_2SO_4 \cdot H_2O$ 和 $MgSO_4 \cdot 6H_2O$, 介稳相图属水合物 I 型, 无复盐或固溶体产生。

(2) 四元体系 $(Na^+, Mg^{2+} // Cl^-, SO_4^{2-}-H_2O)$ 50℃介稳相图, 有 6 个四元无变量共饱点, 12 条单变量溶解度曲线, 7 个结晶区, 其中 Ast 和 Van 结晶区属二元复盐区; 由平衡溶液物化性质–组成图可见, 介稳平衡溶液的密度、黏度、折光率和 pH 随溶液中 Mg^{2+} 质量百分浓度的变化而呈现有规律的变化, 其中 pH 随 Mg^{2+} 浓度的增大而呈现先增大后减小的趋势, 密度、黏度和折光率随 Mg^{2+} 浓度的增大而呈现总体增大的趋势。通过对比四元体系 55℃稳定相图和 50℃介稳相图发现: 介稳相图较稳定相图少 2 个共饱点, 在介稳条件下, Loe 和 Kie 相区消失, 同时新出现 Tet 相区; 其次, 在介稳相图中, NaCl 和 Hex 相区变大, Th、Van 和 Ast 相区缩小, 说明在介稳条件下, 该体系所涉及的硫酸盐的介稳现象较严重, 尤其以 Hex 和 Ast 最为明显, 其次为 Th。

(3) 四元体系 $(Li^+, Mg^{2+} // Cl^-, SO_4^{2-}-H_2O)$ 50℃介稳相图中有 4 个四元无变量共饱点, 9 条单变量溶解度曲线和 6 个结晶区, 四元无变量共饱点所对应的平衡固相分别为: F_1, Ls + Lc + Lcar; F_2, Ls + Lcar + Bis; F_3, Ls + Bis + Tet; F_4, Ls + Tet + Hex。与 50℃稳定相平衡比较, 溶解度曲线有部分重合。介稳相图中出现了 $MgSO_4 \cdot 4H_2O$ 结晶相区, $MgCl_2 \cdot 6H_2O$ 和 $MgSO_4 \cdot 6H_2O$ 的结晶相区有所变化, 其他相区变化不明显。对比四元无变量共饱点溶解度数据, 由于稳定相图中没有 $MgSO_4 \cdot 4H_2O$ 结晶区, 无变量共饱点溶解度数据相差较大, 说明镁盐的介稳现象比较明显, 而锂盐的介稳现象不明显。平衡液相的物化性质随着溶液浓度的改变而有规律地变化。用经验公式对介稳平衡溶液密度进行了理论计算, 计算值与实验值吻合较好。

(4) 四元体系 $(Li^+, Na^+, Mg^{2+} // Cl^- - H_2O)$ 50℃介稳相图中有 2 个四元无变量共饱点、5 条单变量溶解度曲线和 4 个结晶区, 4 个结晶区分别对应的平衡固相为: NaCl、$MgCl_2 \cdot 6H_2O$、$LiCl \cdot MgCl_2 \cdot 7H_2O$ 和 $LiCl \cdot H_2O$, 其中无水 NaCl 结晶区最大, $LiCl \cdot H_2O$ 结晶区最小。该介稳体系无固溶体产生。由平衡液相物化性质–组成图可见, 介稳平衡溶液的密度、黏度、折光率和 pH 随溶液中 $MgCl_2$ 含量的变化而呈现有规律地变化。对比四元体系 35℃和 50℃的介稳相图, 此两相图均有两个四元无变量共饱点、5 条单变量溶解度曲线及 4 个结晶区。两个共饱点分别为: NaCl、$LiCl \cdot MgCl_2 \cdot 7H_2O$ 和 $LiCl \cdot H_2O$ 共饱点; NaCl、$MgCl_2 \cdot 6H_2O$ 和 $LiCl \cdot MgCl_2 \cdot 7H_2O$ 共饱点。该体系在此两种温度下相图皆为水合物 I 型, 无固溶体产生。50℃的相图较之 35℃的复盐相区 $(LiCl \cdot MgCl_2 \cdot 7H_2O)$ 明显扩大, 而 $MgCl_2 \cdot 6H_2O$ 结晶区减小, $LiCl \cdot H_2O$ 结晶区也略微扩大。

(5) 五元体系 $(Li^+, Na^+, Mg^{2+} // Cl^-, SO_4^{2-}-H_2O)$ 50℃的 NaCl 饱和条件下的介稳相图中存在 6 个 NaCl 饱和下的五元无变量共饱点, 12 条单变量溶解度曲线和 8 个与 NaCl 共饱的结晶区。其中有 4 个复盐结晶区, 分别为: Db2、Ast、Van 和 Lic 结晶区; 5 个水合单盐结晶区, 分别为: Lc、Ls、Hex、Tet、Bis 结晶区。该五元体系的平衡液相物化性质随 $J(2Li^+)$ 的变化呈规律性变化, 其中黏度和折光率随 $J(2Li^+)$ 的变化趋势近似。通过对比五元体系 35℃和 50℃的介稳相图发现: 50℃介稳相图较 35℃的该介稳体系少了 Db1 和 Eps 两个结晶区, 并且 Ko 结晶区转变为 Van 结晶区; Db1 结晶区的消失可能是由于温度升高引起 Db1 在析出过程中很难获得结合水而形成 Db2; Eps 是多水水合物, 其在析出过程中很难获得更多结合水，所以，在50℃介稳相图中只有 Hex 和 Tet，而没有 Eps 的结晶区；Ko 结晶区变为 Van 结晶区也当是由于温度升高所导致；50℃介稳相图的 Ls 结晶区和 Bis 结晶区较35℃的该介稳体系的结晶区明显扩大。

参 考 文 献

[1] 肇巍. 四元体系 Li^+，$Mg^{2+}//SO_4^{2-}$，$B_4O_7^{2-}-H_2O$ 及其三元子体系在323.15K 时相平衡研究. 成都：成都理工大学硕士学位论文，2011

[2] 宋彭生，杜宪惠. 四元体系 $Li_2B_4O_7-Li_2SO_4-LiCl-H_2O$ 25℃相关系和溶液物性质的研究. 科学通报，1986，(3)：209～210

[3] 李冰，王庆忠，李军，等. 三元体系 Li^+，K^+（Mg^{2+}）$//SO_4^{2-}-H_2O$ 25℃相关系和溶液物化性质研究. 物理化学学报，1994，10（60）：536～542

[4] Эдановский А Б，Ляховская Е И，Шлеймович Р Э. Справочник по раствори моси исолевых систем. Лени нград：Госхимидат，1953，Т. 1：960～963

[5] 韩蔚田，谷树起. 对 Na^+，$Mg^{2+}//Cl^-$，$SO_4^{2-}-H_2O$ 多温图的修正. 科学通报，1981，16：989～991

[6] 宋彭生. 海水体系介稳相平衡的计算. 盐湖研究，1998，6（2-3）：17～26

[7] Shevchuk V G，Vaysfeld M E. Phase diagram of the quaternary system $LiCl-Li_2SO_4-MgCl_2-MgSO_4-H_2O$ at 35℃. Russ. J. Inorg. Chem.，1964，9（12）：2773

[8] Shevchuk V G，Vaysfeld M E. Phase diagram of the quaternary system $LiCl-Li_2SO_4-MgCl_2-MgSO_4-H_2O$ at 50℃. Russ. J. Inorg. Chem.，1967，12（6）：1691

[9] Vaysfeld M E，Shevchuk V G. Phase diagram of the quaternary system $LiCl-Li_2SO_4-MgCl_2-MgSO_4-H_2O$ at 75℃. Russ. J. Inorg. Chem.，1968，13（2）：600

[10] Vaysfeld M E，Shevchuk V G. Phase diagram of the quaternary system $LiCl-Li_2SO_4-MgCl_2-MgSO_4-H_2O$ at 0℃. Russ. J. Inorg. Chem.，1969，14（2）：571

[11] Kadyrov M，Musuraliev K，Imanakunov V. Phase diagram of the quaternary system $LiCl-Li_2SO_4-MgCl_2-MgSO_4-H_2O$ at 25℃. Russ. J. Inorg. Chem.，1966，39（9）：2116

[12] 任开武，宋彭生. 四元交互体系 Li^+，$Mg^{2+}//Cl^-$，$SO_4^{2-}-H_2O$ 25℃相平衡及物化性质研究. 无机化学学报，1994，10（1）：69～74

[13] Balarew C，Tepavitcharova S，Rabadjieva D，et al. Solutility and Crystallization in the system $MgCl_2-MgSO_4-H_2O$ at 50 and 75℃. J. Soln. Chem.，2001，30（9）：815～823

[14] 郭智忠，刘子琴，陈敬清. Li^+，$Mg^{2+}//Cl^-$，$SO_4^{2-}-H_2O$ 四元体系 25℃的介稳相平衡. 化学学报，1991，49：937～943

[15] Эдановский А Б，Ляховская Е И，Шлеймович Р Э. Справочник по раствори моси исолевых систем. Лени нград：Госхимидат，1953，Т. 1：740～745

[16] 姜相武，张选民，李智霞. 三元体系 $LiCl-NaCl-H_2O$ 的研究. 西北大学学报，1985，1（48）：40～42

[17] 张逢星，郭志箴，陈佩珩，等. 三元体系 $LiCl-MgCl_2-H_2O$ 25℃时溶度饱和溶液的物理性质研究. 西北大学学报，1988，2（18）：75～78

[18] 张宝军. 四元体系 Li^+，Na^+，$Mg^{2+}//Cl^--H_2O$ 及三元体系 Na^+（K^+），$Mg^{2+}//Cl^--H_2O$ 35℃介稳相平衡研究. 成都：成都理工大学硕士学位论文，2007

[19] 高洁. 五元体系(Li^+，Na^+，$Mg^{2+}//Cl^-$，$SO_4^{2-}-H_2O$)介稳相平衡研究. 西宁：中科院青海盐湖研究所博士学位论文，2009

第6章 五元体系(Li^+, Na^+, Mg^{2+}//Cl^-, SO_4^{2-}–H_2O)75℃介稳相平衡研究

6.1 三元体系(Li^+, Mg^{2+}//SO_4^{2-}–H_2O)75℃介稳相平衡研究

6.1.1 三元体系介稳溶解度

采用等温蒸发法对三元体系(Li^+, Mg^{2+}//SO_4^{2-}–H_2O)75℃介稳相平衡进行了实验研究，测定了平衡液相中各组分的溶解度及溶液的密度和折光率。该三元体系75℃的介稳平衡溶解度及其物化性质实验数据分别见表6-1，由测定的溶解度数据绘制了相应的介稳相图，见图6-1。

表 6-1 三元体系(Li^+, Mg^{2+}//SO_4^{2-}–H_2O)75℃的介稳溶解度和物化性质

编号	液相组成/%		湿渣组成/%		密度/(g/cm^3)	折光率	平衡固相
	Li_2SO_4	$MgSO_4$	Li_2SO_4	$MgSO_4$			
1, A	25.34	0.00	—	—	1.2040	1.3727	Ls
2	20.76	8.70	36.18	6.45	1.2641	1.3812	Ls
3	19.09	10.82	—	—	1.2790	1.3840	Ls
4	17.93	13.20			1.2973	1.3876	Ls
5	16.39	16.24	30.50	13.22	1.3205	1.3922	Ls
6	14.65	19.15	—	—	1.3404	1.3953	Ls
7	13.96	20.86			1.3581	1.3982	Ls
8	12.63	24.47			1.3891	1.4026	Ls
9	11.32	27.31	30.25	20.61	1.4136	1.4057	Ls
10	9.53	30.75			1.4503	1.4097	Ls
11, E	8.45	33.74	13.64	36.66	1.4801	1.4150	Ls + Tet
12	4.85	36.73	3.02	42.74	1.4787	1.4135	Tet
13	4.38	36.47	—	—	1.4698	1.4125	Tet
14	2.26	36.54	2.07	39.31	1.4501	1.4081	Tet
15, B	0.00	37.86	—	—	1.4408	1.4050	Tet

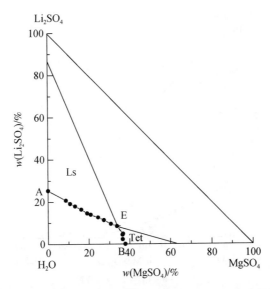

图 6-1　三元体系(Li^+，Mg^{2+}//SO_4^{2-}–H_2O)75℃介稳相图

由图 6-1 可见，在该温度下该体系介稳相图有 1 个共饱点（E 点），2 条单变量溶解度曲线 AE 和 BE；共饱点处液相组成质量分数分别为 Li_2SO_4：8.45%、$MgSO_4$：33.74%，2 个水合盐结晶区对应的平衡固相分别为 $Li_2SO_4 \cdot H_2O$ 和 $MgSO_4 \cdot 4H_2O$，该体系介稳相图属水合物 I 型，无复盐和固溶体产生。

　　将三元体系(Li^+，Mg^{2+}//SO_4^{2-}–H_2O)75℃介稳相图与稳定相图[1]进行比较，共饱点的溶解度数据列于表 6-2 中，二者对比图见图 6-2。

表 6-2　三元体系(Li^+，Mg^{2+}//SO_4^{2-}–H_2O)75℃稳定和介稳相平衡共饱点溶解度数据对比

类型	液相组成/%			平衡固相	参考文献
	Li_2SO_4	$MgSO_4$	H_2O		
介稳	8.45	33.74	57.81	Ls+Tet	本章
稳定	11.75	27.03	61.22	Ls+Kie	[1]

　　从表 6-2 及图 6-2 可以看出，75℃介稳相图和稳定相图相比，硫酸镁水合盐结晶区由 $MgSO_4 \cdot H_2O$ 转变为 $MgSO_4 \cdot 4H_2O$，同时 $MgSO_4$ 结晶相区缩小，其介稳溶解度增大，而 $Li_2SO_4 \cdot H_2O$ 结晶相区增大，表明 $MgSO_4$ 存在较严重的介稳现象，且 $MgSO_4$ 溶解度的增大对 Li_2SO_4 具有一定的盐析作用。

　　图 6-3 是三元体系(Li^+，Mg^{2+}//SO_4^{2-}–H_2O)50℃和 75℃介稳相图对比图，从图中可以看出，随着温度的升高，$MgSO_4$ 结晶区由 $MgSO_4 \cdot 6H_2O$ 转变为 $MgSO_4 \cdot 4H_2O$，同时该结晶相区增大，而 $Li_2SO_4 \cdot H_2O$ 结晶相区也增大，说明高温有利于 $MgSO_4$ 和 $Li_2SO_4 \cdot H_2O$ 的析出。

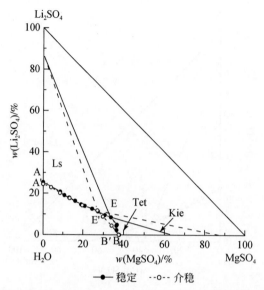

图 6-2　三元体系(Li^+，$Mg^{2+}//SO_4^{2-}-H_2O$)75℃稳定[1]及介稳相图

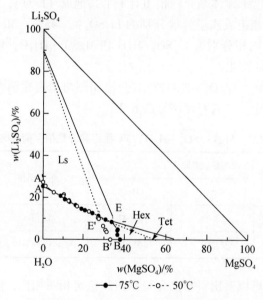

图 6-3　三元体系(Li^+，$Mg^{2+}//SO_4^{2-}-H_2O$)50℃和75℃介稳相图

6.1.2　三元体系溶液物理化学性质

6.1.2.1　三元体系溶液物化性质数据

结合表 6-1 中介稳平衡液相密度数据，绘制了密度-组成图和折光率-组成图。其横坐

标组成为 Li_2SO_4 质量百分浓度，纵坐标分别为溶液密度和折光率，见图6-4。

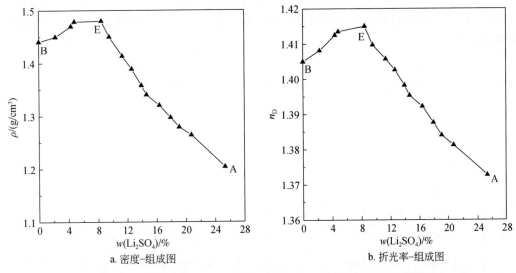

a. 密度-组成图　　　　　　　　　　b. 折光率-组成图

图 6-4　三元介稳体系（Li^+，Mg^{2+}//SO_4^{2-}-H_2O)75℃物化性质-组成图

由图 6-4 可见，该三元体系溶液物化性质-组成图中，密度、折光率随 Li_2SO_4 质量分数的增大出现有规律地变化，介稳平衡溶液的密度和折光率在共饱点处出现奇异点，呈现最大值。该体系溶液密度、折光率曲线图上的 BE 段上随 Li_2SO_4 浓度增大而逐渐增大，在共饱点 E 处达到最大值，然后，在曲线 EA 上密度或折光率又随 Li_2SO_4 浓度增大而逐渐减小，直到边界出现最小值。

6.1.2.2　三元体系溶液密度、折光率理论计算

溶液的物化性质会随着溶液的组成呈现有规律地变化，组成性质的奇异点对应于溶解度曲线上的共饱点。由此可以推导出计算溶液物化性质的经验方程式[2,3]，计算密度和折光率的方程式如下：

$$\ln \frac{d}{d_0} = \sum A_i \times w_i \qquad (6-1)$$

$$\ln \frac{D}{D_0} = \sum B_i \times w_i \qquad (6-2)$$

在式（6-1）和式（6-2）中：

d 表示温度为 t 时溶液的密度；

d_0 表示温度 t 下纯水的密度（75℃时，d_0 为 0.97486g/cm^3）；

D 表示温度为 t 时溶液的折光率；

D_0 表示温度 t 下纯水的折光率（75℃时，D_0 为 1.32410）；

A_i 和 B_i 分别表示溶液组分中第 i 种盐的常数；

75℃时，Li_2SO_4 和 $MgSO_4$ 对应的 A_i 和 B_i 分别为：0.008272，0.010280；0.001461，0.001567。

w_i 表示组分中第 i 种盐的质量分数。

表 6-3 是三元体系在 75℃介稳相平衡下平衡固相的物化性质实验结果和计算结果对比。通过表 6-3 的计算结果可以看出，计算值与测定值之间的最大相对偏差为 0.0028，说明该经验计算公式能很好地与实验结果保持一致，表明这一公式适用于介稳体系溶液密度的理论计算。

表 6-3　三元体系 75℃介稳平衡物化性质实验数据和计算数据对比

编号	密度/(g/cm³)			折光率		
	实验值	计算值	相对误差/%	实验值	计算值	相对误差/%
1，A	1.2040	1.2022	−0.15	1.3727	1.3740	−0.10
2	1.2641	1.2658	0.13	1.3812	1.3836	−0.17
3	1.2790	1.2759	−0.24	1.3840	1.3848	−0.06
4	1.2973	1.2951	−0.17	1.3876	1.3876	0.00
5	1.3205	1.3193	−0.09	1.3922	1.3911	0.08
6	1.3404	1.3400	−0.04	1.3953	1.3940	0.10
7	1.3581	1.3559	−0.16	1.3982	1.3963	0.14
8	1.3891	1.3918	0.19	1.4026	1.4015	0.08
9	1.4136	1.4175	0.28	1.4057	1.4050	0.05
10	1.4503	1.4470	−0.23	1.4097	1.4089	0.05
11，E	1.4801	1.4789	−0.08	1.4150	1.4133	0.12
12	1.4787	1.4803	0.11	1.4135	1.4125	0.07
13	1.4698	1.4706	0.05	1.4125	1.4110	0.11
14	1.4501	1.4461	−0.28	1.4081	1.4068	0.10
15，B	1.4408	1.4387	−0.15	1.4050	1.4050	0.00

6.2　四元体系(Li^+，Na^+，Mg^{2+}//Cl^--H_2O) 75℃介稳相平衡研究

简单四元体系(Li^+，Na^+，Mg^{2+}//Cl^--H_2O)，苏联学者已经对其 25℃和 75℃进行了稳定相平衡研究[4]，本书分别对其 35℃和 50℃进行了介稳相平衡研究以及对 0℃的溶解度进行了理论计算。其中，各温度下的稳定和介稳相图均出现 4 个结晶相区，分别是：氯化钠（NaCl，Ha）、一水氯化锂（LiCl·H_2O，Lc）、锂光卤石（LiCl·$MgCl_2$·7H_2O，Lic）和水氯镁石（$MgCl_2$·6H_2O，Bis）。依据文献［4］稳定溶解度数据，绘制了 75℃的稳定相图，见图 6-5。

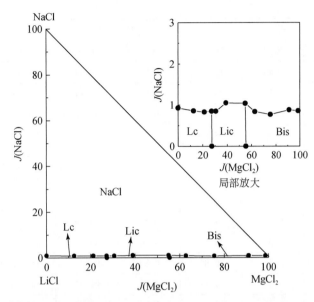

图 6-5　四元体系(Li⁺，Na⁺，Mg²⁺//Cl⁻-H₂O)75℃稳定相图[4]

6.2.1　四元体系介稳溶解度

采用等温蒸发的实验研究方法，开展了四元体系(Li⁺，Na⁺，Mg²⁺//Cl⁻-H₂O)75℃介稳相平衡实验研究，测定了该体系介稳平衡液相中各组分的溶解度及其主要物化性质（密度和 pH）。平衡固相采用偏光显微镜油浸法观察晶形确定，并用 X-ray 粉晶衍射分析加以辅证。

四元体系(Li⁺，Na⁺，Mg²⁺//Cl⁻-H₂O)实验测定的介稳相平衡溶解度结果列于表 6-4，依据该溶解度数据绘制了干盐相图和水图，分别见图 6-6、图 6-7。

表 6-4　四元体系(Li⁺，Na⁺，Mg²⁺//Cl⁻-H₂O)75℃介稳平衡溶解度结果

编号	液相组成/%			耶涅克指数/(g/100g 干盐)			平衡固相
	LiCl	NaCl	MgCl₂	NaCl	MgCl₂	H₂O	
1，A	37.79	0.37	0.00	0.96	0.00	162.04	Lc + NaCl
2	44.16	0.43	6.85	0.84	13.32	94.40	Lc + NaCl
3	44.33	0.42	8.06	0.80	15.26	89.38	Lc + NaCl
4	39.63	0.43	13.08	0.81	24.62	88.18	Lc + NaCl
5，E	38.43	0.44	14.04	0.83	26.54	89.00	NaCl + Lc + Lic
6，B	40.37	0.00	12.03	0.00	22.96	90.84	Lc + Lic
7	39.71	0.44	14.08	0.81	25.96	84.41	Lic + NaCl
8	36.66	0.41	14.12	0.80	27.58	95.37	Lic + NaCl

编号	液相组成/%			耶涅克指数/(g/100g 干盐)			平衡固相
	LiCl	NaCl	MgCl$_2$	NaCl	MgCl$_2$	H$_2$O	
9	33.78	0.43	18.54	0.82	35.14	89.58	Lic + NaCl
10	21.88	0.39	23.56	0.85	51.41	118.16	Lic + NaCl
11, F	19.07	0.37	24.21	0.85	55.46	129.10	NaCl + Bis + Lic
12, C	21.68	0.00	25.60	0.00	54.15	111.51	Bis + Lic
13	18.17	0.37	27.15	0.81	59.41	118.85	Bis + NaCl
14	17.38	0.38	27.98	0.83	61.17	118.60	Bis + NaCl
15	15.97	0.37	29.06	0.81	64.01	120.25	Bis + NaCl
16	10.72	0.36	31.28	0.85	73.84	136.06	Bis + NaCl
17	5.06	0.35	33.60	0.90	86.13	156.35	Bis + NaCl
18	3.50	0.33	35.82	0.83	90.34	152.22	Bis + NaCl
19	3.02	0.33	37.13	0.82	91.72	147.05	Bis + NaCl
20	0.34	0.34	39.00	0.86	98.30	152.07	Bis + NaCl
21, D	0.00	0.33	36.85	0.90	99.10	168.91	Bis + NaCl

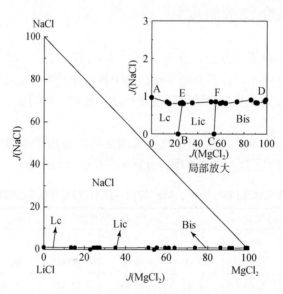

图 6-6　四元体系(Li$^+$, Na$^+$, Mg^{2+}//Cl$^-$-H$_2$O)75℃介稳相图

由表 6-4 和图 6-6 可见, 在该四元体系 75℃的介稳相图中, 有 2 个四元无变量共饱点、5 条单变量溶解度曲线和 4 个结晶区, 该体系有复盐锂光卤石 (LiCl·MgCl$_2$·7H$_2$O) 产生, 但无固溶体产生:

(1) 2 个四元无变量共饱点分别是 E 点、F 点: ①E 点的平衡固相为 NaCl + LiCl·H$_2$O + LiCl·MgCl$_2$·7H$_2$O, 液相组成为 w(NaCl) 0.44%、w(LiCl) 38.43%、w(MgCl$_2$) 14.04%;

②F点的平衡固相 NaCl + LiCl·MgCl₂·7H₂O + MgCl₂·6H₂O，液相组成为 $w(\text{NaCl})$ 0.37%、$w(\text{LiCl})$ 19.87%、$w(\text{MgCl}_2)$ 24.21%。

（2）5 条单变量溶解度曲线，对应平衡固相分别为：①AE 线 NaCl + LiCl·H₂O；②BE线 LiCl·H₂O + LiCl·MgCl₂·7H₂O；③EF 线 NaCl + LiCl·MgCl₂·7H₂O；④CF 线 LiCl·MgCl₂·7H₂O + MgCl₂·6H₂O；⑤DF 线 NaCl + MgCl₂·6H₂O。

（3）4 个结晶相区，分别为 NaCl 结晶区、LiCl·H₂O 结晶区、LiCl·MgCl₂·7H₂O（锂光卤石）结晶区和 MgCl₂·6H₂O（水氯镁石）结晶区，且其结晶区面积大小关系为：NaCl>>MgCl₂·6H₂O>LiCl·MgCl₂·7H₂O>LiCl·H₂O，表明在该体系中 75℃时 NaCl 溶解度最小从而极易饱和结晶，LiCl 溶解度最大，MgCl₂溶解度次之。

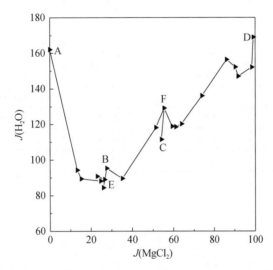

图 6-7　四元体系(Li⁺, Na⁺, Mg²⁺//Cl⁻–H₂O)75℃水图

由图 6-7 可见，该体系在 LiCl·H₂O 饱和的 BE 平衡曲线水含量随 $J(\text{MgCl}_2)$ 的增大而减小；在 LiCl·MgCl₂·7H₂O 饱和的 CF 平衡曲线水含量随 $J(\text{MgCl}_2)$ 的增大而增大；而由 NaCl 固相饱和的 AE、EF 和 FD 平衡曲线水含量随 $J(\text{MgCl}_2)$ 的增大先减小后增大，在共饱点 E 处有最小值，这与 LiCl 和 MgCl₂的溶解度规律一致。

6.2.2　四元体系溶液物理化学性质研究

实验测定的四元体系 Li⁺, Na⁺, Mg²⁺//Cl⁻–H₂O 75℃介稳相平衡溶液的物化性质（密度、pH）结果分别见表 6-5 和图 6-8。

表 6-5　四元体系(Li⁺, Na⁺, Mg²⁺//Cl⁻–H₂O)在 75℃时液相物化性质数据

编号	耶涅克指数/(g/100g 干盐)			密度/(g/cm³)	pH
	NaCl	MgCl₂	H₂O		
1，A	0.96	0.00	162.04	1.5082	4.195

编号	耶涅克指数/(g/100g 干盐)			密度/(g/cm³)	pH
	NaCl	MgCl₂	H₂O		
2	0.84	13.32	94.40	1.6249	3.830
3	0.80	15.26	89.38	—	3.540
4	0.81	24.62	88.18	1.5166	—
5，E	0.83	26.54	89.00	1.5237	3.310
6，B	0.00	22.96	90.84	1.3804	—
7	0.81	25.96	84.41	—	—
8	0.80	27.58	95.37	—	—
9	0.82	35.14	89.58	1.4831	3.292
10	0.85	51.41	118.16	1.5038	3.630
11，F	0.85	55.46	129.10	1.6435	3.270
12，C	0.00	54.15	111.51	1.4418	—
13	0.81	59.41	118.85	1.5529	—
14	0.83	61.17	118.60	—	—
15	0.81	64.01	120.25	—	3.550
16	0.85	73.84	136.06	1.4179	3.642
17	0.90	86.13	156.35	—	3.850
18	0.83	90.34	152.22	—	3.730
19	0.82	91.72	147.05	—	3.766
20	0.86	98.30	152.07	1.4571	3.898
21，D	0.90	99.10	168.91	1.3845	3.972

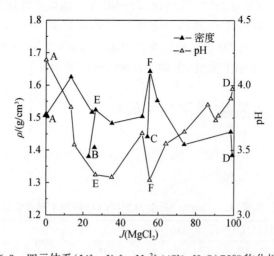

图 6-8　四元体系(Li⁺，Na⁺，Mg²⁺//Cl⁻–H₂O)75℃物化性质

由表6-5和图6-8可见，四元体系(Li^+, Na^+, Mg^{2+}//Cl^--H_2O)75℃介稳相平衡溶液的物化性质-密度、pH 随 $J(MgCl_2)$ 的变化呈现规律地变化。总体而言，密度随 $J(MgCl_2)$ 的逐渐增大先减小后增大，再增大后减小；在 B 点有最小值 1.3804g/cm³，在 F 点有最大值 1.6435g/cm³；在 NaCl 饱和时，pH 随 $J(MgCl_2)$ 的逐渐增大而增大，即酸度是随 $J(MgCl_2)$ 的逐渐增大而降低，这与 LiCl>$MgCl_2$ 溶解度关系以及 $LiCl \cdot H_2O$ 易水解的性质有关。

6.2.3 四元体系介稳相图与稳定相图对比

根据本书的研究结果和文献中的稳定溶解度数据[4]，将四元体系(Li^+, Na^+, Mg^{2+}//Cl^--H_2O)75℃介稳相图和稳定相图进行了对比（图6-9）；其共饱点溶解度对比结果见表6-6。

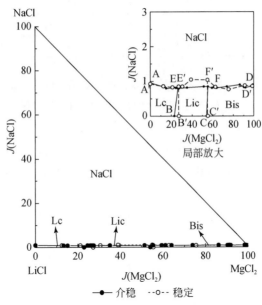

图6-9 四元体系(Li^+, Na^+, Mg^{2+}//Cl^--H_2O)75℃稳定[4]与介稳相图对比

表6-6 四元体系(Li^+, Na^+, Mg^{2+}//Cl^--H_2O)75℃稳定[4]与介稳四元无变量共饱点溶解度对比

类型	液相组成/%			耶涅克指数/(g/100g 干盐)			平衡固相
	LiCl	NaCl	$MgCl_2$	NaCl	$MgCl_2$	H_2O	
稳定	36.59	0.43	13.82	0.85	27.18	96.70	NaCl + Lc + Lic
	19.91	0.47	24.97	1.04	55.06	120.51	NaCl + Bis + Lic
介稳	38.43	0.44	14.04	0.83	26.54	89.00	NaCl + Lc + Lic
	19.07	0.37	24.21	0.85	55.46	129.10	NaCl + Bis + Lic

由图6-9和表6-6中可见，四元体系(Li^+, Na^+, Mg^{2+}//Cl^--H_2O)75℃的介稳和稳定

相图都有 4 个结晶区，既无相区消失也无新相区出现，介稳与稳定对应的两个共饱点溶解度相近；除锂光卤石（$LiCl \cdot MgCl_2 \cdot 7H_2O$）的介稳相区比稳定相区略微缩小外，其他相区没有明显差异，表明该体系在75℃时介稳现象不明显。

四元体系（Li^+，Na^+，$Mg^{2+}//Cl^- - H_2O$）35℃[5]、50℃[6]与75℃介稳相平衡对应的共饱点溶解度数据对比见表6-7，其介稳相图对比见图6-10a、b。

表6-7　四元体系（Li^+，Na^+，$Mg^{2+}//Cl^- - H_2O$）35℃[5]、50℃[6]和75℃共饱点溶解度对比

温度/℃	液相组成/%			耶涅克指数/（g/100g 干盐）			平衡固相
	LiCl	NaCl	$MgCl_2$	NaCl	$MgCl_2$	H_2O	
35	40.54	0.23	6.68	0.48	14.08	110.75	NaCl + Lc + Lic
	28.21	0.28	14.88	0.65	34.31	130.57	NaCl + Bis + Lic
50	39.63	0.37	8.34	0.76	17.25	106.81	NaCl + Lc + Lic
	26.32	0.31	19.48	0.67	42.25	116.87	NaCl + Bis + Lic
75	38.43	0.44	14.04	0.83	26.54	89.00	NaCl + Lc + Lic
	19.07	0.37	24.21	0.85	55.46	129.10	NaCl + Bis + Lic

由表6-7和图6-10可见，随着温度的升高，四元体系（Li^+，Na^+，$Mg^{2+}//Cl^- - H_2O$）介稳各结晶相区和饱和的溶解度蒸发曲线都有偏移，但是，既无相区消失也无新相区出现。其中，$LiCl \cdot H_2O$ 结晶相区明显扩大，$MgCl_2 \cdot 6H_2O$ 结晶相区明显缩小，$LiCl \cdot MgCl_2 \cdot 7H_2O$ 相区略微扩大但不明显，NaCl 相区变化不明显，但结晶区面积大小仍为：NaCl > $MgCl_2 \cdot 6H_2O$ > $LiCl \cdot MgCl_2 \cdot 7H_2O$ > $LiCl \cdot H_2O$，说明在该体系中 NaCl 的溶解度最小易饱和结晶，LiCl 的溶解度最大不易结晶。

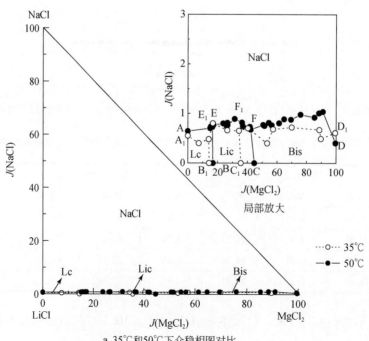

a. 35℃和50℃下介稳相图对比

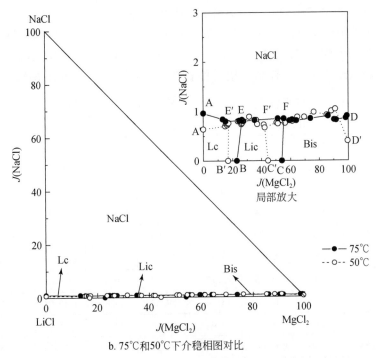

b. 75℃和50℃下介稳相图对比

图 6-10　四元体系(Li⁺，Na⁺，Mg²⁺//Cl⁻–H₂O)35℃[5]、50℃[6]和75℃介稳相图对比

该体系各温度下对应的共饱点溶解度随着温度升高，LiCl 的溶解度逐渐减小，而 $MgCl_2$ 的溶解度反之，NaCl 的溶解度变化甚微，这种水盐体系中 LiCl 和 $MgCl_2$ 的盐效应和温差效应对盐湖提锂工艺研究具有指导意义。

6.3　四元体系(Li⁺，Na⁺//Cl⁻，SO₄²⁻–H₂O) 75℃介稳相平衡研究

1958 年，Campbell 等[7]研究了四元体系(Li⁺，Na⁺//Cl⁻，SO₄²⁻–H₂O)25℃的稳定相平衡。1960 年，胡克源[8]研究了该体系（0℃、25℃、50℃、100℃）不同温度下稳定相平衡（但其相图中 0℃的 LiCl ·2H₂O 和 50℃的 LiCl ·H₂O 相区都没完成）。对比二者该体系 25℃稳定相平衡研究结果，后者的各相区划分以及各共饱点溶解度数据更具明确性：出现 7 个结晶相区，分别是氯化钠（NaCl，Ha）、十水芒硝（Na₂SO₄ ·10H₂O，Mir）、无水芒硝（Na₂SO₄，Th）、锂复盐 1（Li₂SO₄ ·3Na₂SO₄ ·12H₂O，Db1）、锂复盐 2（Li₂SO₄ ·Na₂SO₄，Db2）、一水硫酸锂（Li₂SO₄ ·H₂O，Ls）和一水氯化锂（LiCl ·H₂O，Lc），6 个共饱点（Mir + Th + Db1、Th + Db1 + NaCl、Db1 + NaCl + Db2、NaCl + Db2 + Ls、Db2 + Ls + Db1、NaCl + Ls + Lc）。

6.3.1　四元体系介稳溶解度

采用等温蒸发的实验研究方法，开展四元体系(Li⁺，Na⁺//Cl⁻，SO₄²⁻–H₂O)75℃介稳

相平衡实验研究,测定了该体系介稳平衡液相中各组分的溶解度及主要物化性质(密度和pH)。平衡固相采用偏光显微镜油浸观察晶形确定,并用 X-ray 粉晶衍射分析加以确证。

实验测定的四元体系(Li^+,$Na^+//Cl^-$,$SO_4^{2-}-H_2O$)75℃介稳溶解度结果列于表6-8中。根据表6-8实验数据绘制了该体系干盐图和水图,分别见图6-11和图6-12。

表6-8　四元体系(Li^+,$Na^+//Cl^-$,$SO_4^{2-}-H_2O$)75℃的介稳平衡溶解度

编号	液相组成/%				耶涅克指数/(mol/100mol 干盐)			平衡固相
	Li^+	Na^+	Cl^-	SO_4^{2-}	$2Na^+$	SO_4^{2-}	H_2O	
1，A	0.00	10.43	13.80	3.09	100.00	14.19	1772.38	Th + NaCl
2	0.53	10.17	15.13	4.41	85.27	17.70	1488.25	Th + NaCl
3	0.69	9.62	15.04	4.50	80.81	18.10	1498.30	Th + NaCl
4，E_1	1.06	8.61	14.99	5.03	70.99	19.87	1474.26	Th + NaCl + Db2
5	1.22	8.07	15.34	4.48	66.71	17.73	1490.73	NaCl + Db2
6	1.17	8.18	14.76	5.17	67.92	20.54	1493.30	NaCl + Db2
7	1.47	7.19	15.84	3.74	59.62	14.82	1512.91	NaCl + Db2
8	1.51	7.07	16.07	3.44	58.64	13.64	1515.92	NaCl + Db2
9	1.88	6.80	18.00	2.84	52.21	10.43	1375.59	NaCl + Db2
10	2.44	4.40	17.21	2.76	35.29	10.57	1491.09	NaCl + Db2
11	2.60	4.09	17.74	2.50	32.19	9.41	1463.13	NaCl + Db2
12	2.80	3.68	18.31	2.26	28.38	8.36	1431.35	NaCl + Db2
13	2.98	3.27	18.76	2.03	24.90	7.40	1412.47	NaCl + Db2
14	3.11	3.00	19.05	1.96	22.59	7.06	1394.59	NaCl + Db2
15，E_2	3.17	2.75	19.04	1.88	20.80	6.79	1404.98	NaCl + Db2 + Ls
16	3.63	1.70	20.47	0.97	12.41	3.39	1355.62	NaCl + Ls
17	3.70	1.63	20.72	0.96	11.74	3.31	1335.48	NaCl + Ls
18，E_3	8.37	0.16	42.93	0.089	0.57	0.15	441.93	NaCl + Ls + Lc
19，B	1.13	8.67	0.00	25.96	69.88	100.00	1314.80	Th + Db2
20	1.08	7.87	6.55	15.01	68.82	62.84	1546.12	Th + Db2
21	1.03	7.93	10.69	9.21	69.92	38.86	1595.52	Th + Db2
22	0.99	8.27	12.18	7.62	71.60	31.60	1562.87	Th + Db2
23，C	2.71	2.93	0.00	24.89	24.66	100.00	1482.97	Ls + Db2
24	2.67	2.28	7.39	13.20	20.51	56.09	1703.43	Ls + Db2
25	2.62	2.31	8.32	11.69	21.02	50.91	1736.44	Ls + Db2
26	2.78	2.33	13.87	5.34	20.15	22.12	1666.32	Ls + Db2
27，D	8.61	0.00	43.94	0.031	0.00	0.051	423.08	Ls + Lc
28，F	6.19	0.14	31.82	0.00	0.69	0.00	762.12	NaCl + Lc

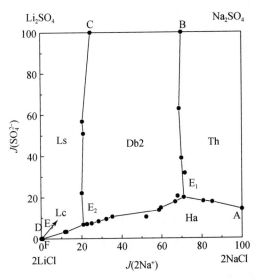

图 6-11　四元体系(Li⁺, Na⁺//Cl⁻, SO₄²⁻-H₂O)75℃介稳相图

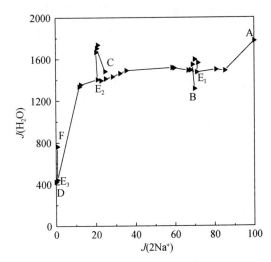

图 6-12　四元体系(Li⁺, Na⁺//Cl⁻, SO₄²⁻-H₂O)75℃水图

由表 6-8 和图 6-11 可见，在该四元体系 75℃的介稳相图中，有 3 个四元无变量共饱点、7 条单变量溶解度曲线和 5 个结晶区，该体系有锂复盐 Db2 （Li₂SO₄·Na₂SO₄）生成，但无固溶体产生：

（1）3 个四元无变量共饱点分别是 E_1、E_2 和 E_3 点：①E_1 点的平衡固相为 NaCl + Na₂SO₄ + Li₂SO₄·Na₂SO₄ （NaCl + Th + Db2），液相组成为 $w(\text{Li}^+)$ 1.06%、$w(\text{Na}^+)$ 8.61%、$w(\text{Cl}^-)$ 14.99%、$w(\text{SO}_4^{2-})$ 5.03%；②E_2 点的平衡固相为 NaCl+Li₂SO₄·Na₂SO₄ + Li₂SO₄·H₂O （NaCl + Db2 + Ls），液相组成为 $w(\text{Li}^+)$ 3.71%、$w(\text{Na}^+)$ 2.75%、$w(\text{Cl}^-)$ 19.04%、$w(\text{SO}_4^{2-})$ 1.88%；③E_3 点平衡固相为 NaCl + Li₂SO₄·H₂O + LiCl·H₂O （NaCl + Ls + Lc），

液相组成为 $w(Li^+)$ 8.37%、$w(Na^+)$ 0.16%、$w(Cl^-)$ 42.93%、$w(SO_4^{2-})$ 0.09%。

（2）7 条单变量溶解度曲线，对应平衡固相分别为：①AE$_1$ 线 NaCl + Th；②E$_1$E$_2$ 线 NaCl + Db2；③E$_2$E$_3$ 线 NaCl + Ls；④BE$_1$ 线 Th + Db2；⑤CE$_2$ 线 Db2 + Ls；⑥DE$_3$ 线 Ls + Lc；⑦FE$_3$ 线 NaCl + Lc。

（3）5 个结晶相区分别为：氯化钠（NaCl，Ha）结晶区、无水芒硝（Na$_2$SO$_4$，Th）结晶区、锂复盐 2（Li$_2$SO$_4$·Na$_2$SO$_4$，Db2）结晶区、一水硫酸锂（Li$_2$SO$_4$·H$_2$O，Ls）、一水氯化锂（LiCl·H$_2$O，Lc）结晶区。其中，Li$_2$SO$_4$·Na$_2$SO$_4$结晶区最大，LiCl·H$_2$O 结晶区最小，表明 75℃时该体系中 Li$_2$SO$_4$ 和 Na$_2$SO$_4$ 溶解度很小而易饱和结晶析出，LiCl 的溶解度最大不易结晶析出。

由图 6-12 可见，复盐 Db2 饱和的溶解度曲线 BE$_1$ 和 CE$_2$ 水含量随 $J(2Na^+)$ 的减小先增大后降低，NaCl 饱和的溶解度曲线 AE$_1$、E$_1$E$_2$ 和 E$_2$E$_3$ 水含量随 $J(2Na^+)$ 的减小逐渐减小，而溶解度曲线 FE$_3$ 水含量随 $J(2Na^+)$ 的减小而增大。

6.3.2 四元体系溶液物理化学性质

四元体系$(Li^+, Na^+//Cl^-, SO_4^{2-}-H_2O)$75℃的溶液物化性质实验测定结果见表6-9，由表6-9绘制了物化性质-组成图，其横坐标为 Na^+ 的耶涅克指数，纵坐标为介稳溶液的物化性质，见图6-13a、b。

表6-9 四元体系$(Li^+, Na^+//Cl^-, SO_4^{2-}-H_2O)$75℃时介稳平衡物化性质结果

编号	耶涅克指数/(mol/100mol 干盐)			pH	密度/(g/cm³)
	$2Na^+$	SO_4^{2-}	H_2O		
1, A	100.00	14.19	1772.38	5.821	1.2325
2	85.27	17.70	1488.25	7.490	1.2653
3	80.81	18.10	1498.30	7.294	—
4, E$_1$	70.99	19.87	1474.26	7.299	1.2628
5	66.71	17.73	1490.73	—	1.2001
6	67.92	20.54	1493.30	7.399	—
7	59.62	14.82	1512.91	7.332	1.1906
8	58.64	13.64	1515.92	7.226	1.1865
9	52.21	10.43	1375.59	—	—
10	35.29	10.57	1491.09	7.296	1.1665
11	32.19	9.41	1463.13	7.163	1.1687
12	28.38	8.36	1431.35	6.650	1.1643
13	24.90	7.40	1412.47	—	—
14	22.59	7.06	1394.59	6.343	—
15, E$_2$	20.80	6.79	1404.98	6.021	1.1572

续表

编号	耶涅克指数/(mol/100mol 干盐)			pH	密度/(g/cm³)
	$2Na^+$	SO_4^{2-}	H_2O		
16	12.41	3.39	1355.62	4.280	1.1566
17	11.74	3.31	1335.48	—	—
18, E₃	0.57	0.15	441.93	2.380	1.3452
19, B	69.88	100.00	1314.80	8.277	1.3208
20	68.82	62.84	1546.12	—	—
21	69.92	38.86	1595.52	—	1.3312
22	71.60	31.60	1562.87	—	—
23, C	24.66	100.00	1482.97	8.072	1.2796
24	20.51	56.86	1703.43	7.539	1.1881
25	21.02	50.91	1736.44	7.539	1.1881
26	20.15	22.12	1666.32	7.529	1.1801
27, D	0.00	0.051	423.08	7.070	—
28, F	0.69	0.00	762.12	4.750	1.3360

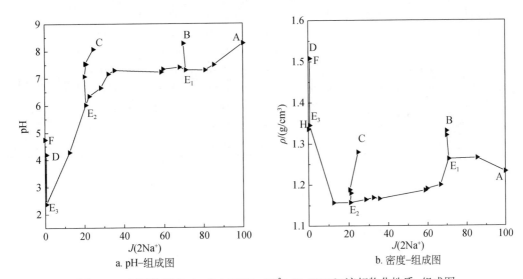

图 6-13　四元体系(Li⁺, Na⁺//Cl⁻, SO₄²⁻–H₂O)75℃液相物化性质–组成图

由表6-9和图6-13 a、b可见,四元体系(Li⁺, Na⁺//Cl⁻, SO₄²⁻–H₂O)75℃介稳平衡溶液物化性质pH和密度随Na⁺浓度的变化而有规律地变化。图6-13 a中,溶液的pH在AE₁→E₁E₂→E₂E₃线(即:蒸发路径)随Na⁺浓度的减小而减小,在共饱点E₃有最小值2.380,溶液pH在DE₃线和FE₃线随Na⁺浓度的减小而增大;图6-13 b中,溶液的密度在AE₁→E₁E₂→E₂E₃线随Na⁺浓度的减小先减小后增大,在E₂点有最小值1.1572g/cm³。

6.3.3　四元体系不同温度下介稳相平衡对比

6.3.3.1　75℃与50℃、35℃和0℃时介稳相平衡对比

交互四元体系(Li^+，Na^+//Cl^-，SO_4^{2-}–H_2O)分别在75℃、50℃、35℃和0℃介稳相平衡对应的共饱点溶解度数据对比见表6-10，其75℃与其他温度介稳相图对比分别见图6-14、图6-15和图6-16。

表6-10　四元体系(Li^+，Na^+//Cl^-，SO_4^{2-}–H_2O)75℃、50℃、35℃和0℃四元无变量共饱点溶解度对比

共饱点	温度/℃	液相组成/%				耶涅克指数/(mol/100mol 干盐)			平衡固相
		Li^+	Na^+	Cl^-	SO_4^{2-}	$2Na^+$	SO_4^{2-}	H_2O	
E_1	75	1.06	8.61	14.99	5.03	70.99	19.87	1474.26	Th + NaCl + Db2
	50	0.99	8.68	14.20	5.75	72.58	23.03	1502.00	
	35	0.83	9.05	13.27	6.69	76.72	27.12	1511.16	Th + NaCl + Db1
	0	1.54	6.17	15.42	2.62	54.67	11.14	1677.96	Mir + NaCl + Db1
E_2	75	3.17	2.75	19.04	1.88	20.80	6.79	1404.98	NaCl + Db2 + Ls
	50	2.49	4.86	18.32	2.62	37.21	23.01	1394.00	
	35	1.46	7.27	14.78	5.29	60.09	20.90	1494.44	NaCl + Db2 + Db1
	0	2.94	2.72	17.06	3.13	22.48	11.93	1501.26	NaCl + Db1 + Ls
E_3	75	8.37	0.16	42.93	0.089	0.57	0.15	441.93	NaCl + Ls + Lc
	50	6.59	1.53	36.01	0.024	6.54	9.55	610.10	
	35	2.50	4.22	16.82	3.35	33.81	12.82	1511.16	NaCl + Db2 + Ls
	0	3.41	1.79	0.00	27.55	14.35	100.00	1296.97	NaCl + Ls + Lc
E_4	35	6.39	4.79	39.98	0.040	18.42	11.14	478.34	NaCl + Ls + Lc

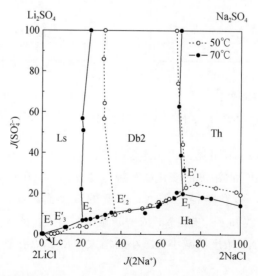

图6-14　四元体系(Li^+，Na^+//Cl^-，SO_4^{2-}–H_2O)50℃和75℃介稳相图对比

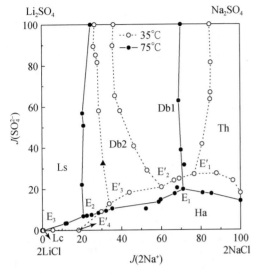

图 6-15　四元体系(Li⁺, Na⁺//Cl⁻, SO₄²⁻–H₂O)
35℃和 75℃介稳相图对比

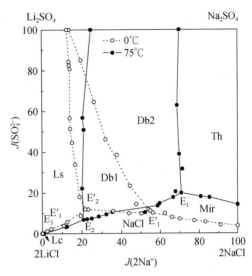

图 6-16　四元体系(Li⁺, Na⁺//Cl⁻, SO₄²⁻–H₂O)
0℃和 75℃介稳相图对比

　　由表 6-10 和图 6-14 可见，四元体系(Li⁺, Na⁺//Cl⁻, SO₄²⁻–H₂O)从 50℃到 75℃，其介稳相图中无相区消失也无新相区出现，但在 75℃时 Db2 和 Lc 结晶区明显扩大侵占了 Ls 结晶区致使 Ls 结晶区明显缩小。说明在高温下该体系中的 Li₂SO₄、Li₂SO₄·Na₂SO₄ 易于饱和结晶析出。

　　由表 6-10 和图 6-15 可见，四元体系(Li⁺, Na⁺//Cl⁻, SO₄²⁻–H₂O)在 35℃时有 6 个结晶相区，分别为：NaCl（Ha）、Na₂SO₄（Th）、Li₂SO₄·3Na₂SO₄·12H₂O（Db1）、Li₂SO₄·Na₂SO₄（Db2）、Li₂SO₄·H₂O（Ls）和 LiCl·H₂O（Lc）结晶区；该体系在 75℃时有 5 个结晶相区，分别为：NaCl、Th、Db2、Ls 和 Lc 结晶区，其中，50℃时的复盐 Db1 结晶区消失从而 Db2 和 Th 结晶区明显扩大，且复盐 Db2 侵占了 Ls 的结晶区从而使 Ls 结晶区明显缩小。

　　由表 6-10 和图 6-16 可见，四元体系(Li⁺, Na⁺//Cl⁻, SO₄²⁻–H₂O)在 0℃时有 5 个结晶相区，分别为：NaCl、Na₂SO₄·10H₂O（Mir）、Db1、Ls 和 LiCl·2H₂O（Lc）结晶区，其中 Na₂SO₄·10H₂O 结晶区最大；该体系在 75℃时有 5 个结晶相区，分别为：NaCl、Na₂SO₄（Th）、Li₂SO₄·Na₂SO₄（Db2）、Li₂SO₄·H₂O（Ls）和 LiCl·H₂O（Lc）结晶区，其中 Li₂SO₄·Na₂SO₄ 结晶区最大。虽然该四元体系在 0℃和 75℃时的结晶区数目相同，但在 0℃时结晶析出的固相水合盐 Na₂SO₄·10H₂O、Li₂SO₄·3Na₂SO₄·12H₂O 和 LiCl·2H₂O 在 75℃时均脱水转化为 Na₂SO₄、Li₂SO₄·Na₂SO₄ 和 LiCl·H₂O，并且复盐结晶区明显扩大。

6.3.3.2　多温介稳相平衡连续对比

　　四元体系(Li⁺, Na⁺//Cl⁻, SO₄²⁻–H₂O)从 0~75℃介稳相图连续对比见图 6-17 a、b、c、d。

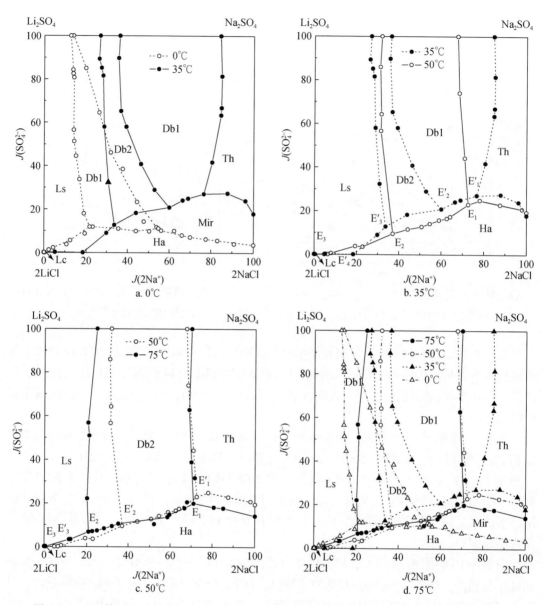

图 6-17　四元体系（Li^+，$Na^+//Cl^-$，$SO_4^{2-}-H_2O$）分别在 0℃、35℃、50℃和 75℃介稳相图对比

　　由表 6-10 和图 6-17 a、b、c、d 可见，四元体系（Li^+，$Na^+//Cl^-$，$SO_4^{2-}-H_2O$）从低温 0℃到中温 35℃、中高温 50℃、高温 75℃过程中，介稳相图中各结晶相区和溶解度曲线发生偏移，既有相区消失又有新相区出现，在 35℃时有 6 个结晶区和 4 个共饱点，二者数目最多且同时出现复盐 $Li_2SO_4 \cdot 3Na_2SO_4 \cdot 12H_2O$（Db1）和复盐 $Li_2SO_4 \cdot Na_2SO_4$（Db2）结晶区：

　　（1）由图 6-17 a 中可见，该体系从 0℃到 35℃时介稳相图中各溶解度曲线向右偏移致使 NaCl、Ls 和复盐 Db1 结晶区明显扩大，并出现复盐 Db2 新结晶相区，$Na_2SO_4 \cdot 10H_2O$（Mir）脱水转化为 Na_2SO_4（Th）（结晶区面积：Th ≪ Mir），$LiCl \cdot 2H_2O$ 脱水转化为$LiCl \cdot H_2O$。

（2）由图 6-17 b 中可见，该体系从35℃到50℃时介稳相图中复盐 Db1 相区消失，复盐 Db2、Ls 和 Th 结晶区明显扩大侵占 Th 结晶区致使其面积缩小。

（3）由图 6-17 c 中可见，该体系从50℃到75℃时介稳相图中无相区消失也无新相区出现，但在75℃时 Db2 和 Lc 结晶区明显扩大侵占了 Ls 结晶区致使其面积明显缩小。

（4）由图 6-17 d 中可见，该体系从0℃到75℃随着温度逐渐升高，介稳相图各结晶区均出现不同变化：①NaCl 结晶区面积先增大后减小，在0℃时最小，在35℃时最大；②芒硝结晶区面积先减小后增大，在0℃时最大，在35℃时最小，这与水合盐 $Na_2SO_4 \cdot 10H_2O$ 从低温升向中温发生脱水转化成 Na_2SO_4 有关；③Ls 结晶区面积先增大后减小，在0℃时最小，在50℃最大；④从0℃到50℃再到75℃，Lc 结晶区逐渐增大；⑤从0℃到35℃复盐 Db1 结晶区面积增大，从35℃到75℃复盐 Db2 结晶区面积亦呈增大趋势，这与 Li_2SO_4 的溶解度随温度升高而降低以及和 Na_2SO_4 共存发生转化有关。

值得指出的是：Li_2SO_4 的溶解度随着温度的升高而逐渐降低，其结晶区域应该逐渐扩大，但在75℃时 Li_2SO_4 的溶解度增大，结晶区域缩小。其主要原因是随温度升高，锂复盐 $Li_2SO_4 \cdot Na_2SO_4$ 大量结晶析出侵占了 $Li_2SO_4 \cdot H_2O$ 的结晶区。通过四元体系(Li^+，Na^+//Cl^-，SO_4^{2-}-H_2O)从 0~75℃连续对比研究，结果表明，该体系盐类矿物在水中的溶解度与温度密切相关，且含锂盐矿物存在介稳相区的扩大或缩小，可为含锂盐类矿物分离提取提供重要理论指导作用。

6.4 四元体系(Na^+，Mg^{2+}//Cl^-，SO_4^{2-}-H_2O) 75℃介稳相平衡研究

20世纪60年代，苏联学者 Эдановский А Б[7] 测定了四元体系(Na^+，Mg^{2+}//Cl^-，SO_4^{2-}-H_2O)-15~75℃多温稳定相平衡溶解度数据。

6.4.1 四元体系介稳溶解度

采用等温蒸发的实验方法，对四元体系(Na^+，Mg^{2+}//Cl^-，SO_4^{2-}-H_2O)75℃介稳相平衡进行了实验研究，分析测定了平衡溶液中各组分溶解度及溶液的 pH 和密度。

四元体系(Na^+，Mg^{2+}//Cl^-，SO_4^{2-}-H_2O)75℃介稳相平衡溶解度测定结果见表 6-11。根据测定的实验数据绘制干盐图 6-18，对应水图见图 6-19。

表 6-11 四元体系(Na^+，Mg^{2+}//Cl^-，SO_4^{2-}-H_2O)75℃的介稳相平衡溶解度

编号	液相组成/%				耶涅克指数/(mol/100mol 干盐)			平衡固相
	Na^+	Mg^{2+}	Cl^-	SO_4^{2-}	$2Na^+$	SO_4^{2-}	H_2O	
1，A	13.81	0.00	3.81	5.39	100.00	16.92	1422.84	Th + NaCl
2	5.16	0.78	14.73	4.68	77.76	18.98	2871.24	Th + NaCl

编号	液相组成/%				耶涅克指数/（mol/100mol 干盐）			平衡固相
	Na$^+$	Mg^{2+}	Cl$^-$	SO$_4^{2-}$	2Na$^+$	SO$_4^{2-}$	H$_2$O	
3	5.11	0.88	14.65	4.99	75.43	20.10	2801.71	Th + NaCl
4	5.00	1.04	14.40	5.49	71.76	21.96	2713.24	Th + NaCl
5，E$_1$	5.07	1.32	15.48	5.43	67.00	20.57	2452.02	Th + NaCl + Van
6	4.85	1.51	13.46	7.97	62.93	30.41	2391.43	Th + Van
7	5.05	1.79	11.95	11.99	59.86	42.54	2094.12	Th + Van
8	4.57	1.73	7.46	15.80	58.27	61.00	2292.30	Th + Van
9	4.96	2.15	5.71	21.50	54.95	73.53	1856.94	Th + Van
10，B	8.97	2.36	0.00	28.07	66.77	100.00	1151.25	Th + Van
11	4.41	1.87	14.68	5.91	55.49	22.91	2348.45	NaCl + Van
12，E$_2$	4.03	2.19	14.91	5.30	49.31	20.79	2297.44	NaCl + Van + Low
13	3.80	2.77	12.74	9.60	42.04	35.73	2007.03	Van + Low
14	3.64	3.15	10.73	13.11	37.92	47.41	1844.45	Van + Low
15	3.19	3.25	7.88	15.49	34.16	59.21	1918.38	Van + Low
16	3.04	3.14	6.09	16.84	33.85	67.12	2014.77	Van + Low
17	3.25	3.42	5.02	20.29	33.44	74.89	1786.08	Van + Low
18	3.56	3.72	4.32	23.72	33.59	80.22	1557.74	Van + Low
19，C	5.73	3.22	0.00	24.70	48.47	100.00	1432.49	Van + Low
20	3.75	2.59	14.69	6.03	43.35	23.26	2152.23	NaCl + Low
21	4.00	4.13	17.56	5.88	33.86	19.83	1478.46	NaCl + Low
22	2.53	5.36	18.56	6.61	19.97	20.82	1348.47	NaCl + Low
23	1.35	5.71	17.12	5.01	11.11	17.77	1487.22	NaCl + Low
24，E$_3$	0.97	6.62	18.50	5.14	7.19	17.02	1300.78	NaCl + Low + Kie
25	0.84	7.06	15.21	10.82	5.92	34.43	1187.87	Low + Kie
26	0.83	7.80	14.75	14.31	5.33	41.73	1020.37	Low + Kie
27	0.85	7.57	9.93	19.98	5.60	59.74	1037.52	Low + Kie
28	0.68	7.31	6.69	22.70	4.69	71.47	1101.56	Low + Kie
29	0.74	7.48	5.38	25.37	4.97	77.68	1046.08	Low + Kie
30，D	1.20	7.45	0.00	31.97	7.85	100.00	990.96	Low + Kie
31	0.49	6.07	16.82	3.24	4.09	12.45	1564.24	Kie + NaCl
32，E$_4$	0.02	10.05	29.08	0.43	0.11	1.09	810.25	NaCl + Kie + Bis
33，F	0.24	10.00	28.75	0.00	1.25	0.00	812.81	NaCl + Bis
34，G	0.00	10.23	27.10	3.73	0.00	9.21	777.31	Kie + Bis

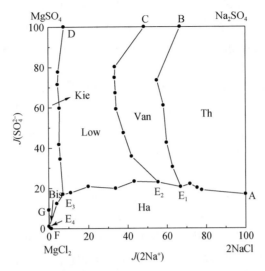

图 6-18　四元体系(Na^+ , $Mg^{2+}//Cl^-$, SO_4^{2-}-H_2O)75℃介稳相图干盐图

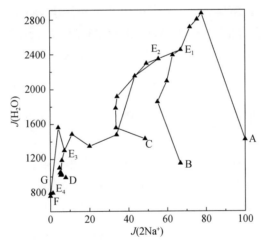

图 6-19　四元体系(Na^+ , $Mg^{2+}//Cl^-$, SO_4^{2-}-H_2O)75℃介稳相平衡水图

由表 6-11 和图 6-18 可见，四元体系(Na^+ , $Mg^{2+}//Cl^-$, SO_4^{2-}-H_2O)75℃介稳相平衡干盐图中有 4 个四元无变量共饱点，9 条单变量溶解度曲线和 6 个结晶区，该体系生成复盐 Van ($3Na_2SO_4 \cdot MgSO_4$) 和 Low ($6Na_2SO_4 \cdot 7MgSO_4 \cdot 15H_2O$)，但无固溶体产生：

(1) 4 个四元无变量共饱点分别为 E_1、E_2、E_3 和 E_4 点：①共饱点 E_1 对应平衡固相为 $NaCl + Na_2SO_4 + 3Na_2SO_4 \cdot MgSO_4$ ($NaCl + Th + Van$)，液相组成为 $w(Li^+)$ 5.07% , $w(Mg^{2+})$ 1.32% , $w(Cl^-)$ 15.48% , $w(SO_4^{2-})$ 5.43% , $w(H_2O)$72.69%；②共饱点 E_2 对应平衡固相为 $NaCl + 3Na_2SO_4 \cdot MgSO_4 + 6Na_2SO_4 \cdot 7MgSO_4 \cdot 15H_2O$ ($NaCl + Van + Low$)，$w(Li^+)$4.03% , $w(Mg^{2+})$ 2.19% , $w(Cl^-)$ 14.91% , $w(SO_4^{2-})$ 5.30% , $w(H_2O)$73.56%；③共饱点 E_3 对应平衡固相为 $NaCl + 6Na_2SO_4 \cdot 7MgSO_4 \cdot 15H_2O + MgSO_4 \cdot H_2O$ ($NaCl + Low +$

Kie），$w(\mathrm{Li^+})$ 0.97%，$w(\mathrm{Mg^{2+}})$ 6.62%，$w(\mathrm{Cl^-})$ 18.50%，$w(\mathrm{SO_4^{2-}})$ 5.14%，$w(\mathrm{H_2O})$ 68.77%；④共饱点 E_4 对应平衡固相为 $\mathrm{NaCl + MgSO_4 \cdot H_2O + MgCl_2 \cdot 6H_2O}$（NaCl + Kie + Bis），$w(\mathrm{Li^+})$ 0.02%，$w(\mathrm{Mg^{2+}})$ 10.05%，$w(\mathrm{Cl^-})$ 29.08%，$w(\mathrm{SO_4^{2-}})$ 0.43%，$w(\mathrm{H_2O})$ 60.41%。

（2）9 条单变量溶解度曲线，对应平衡固相分别为：①AE_1 线 Th + NaCl；②BE_1 线 Th + Van；③E_1E_2 线 NaCl + Van；④CE_2 线 Van + Low；⑤E_2E_3 线 Low + NaCl；⑥E_3D 线 Low + Kie；⑦E_3E_4 线 Kie + NaCl；⑧E_4F 线 NaCl + Bis；⑨E_4G 线 Kie + Bis。

（3）6 个结晶区分别为：无水芒硝（$\mathrm{Na_2SO_4}$，Th）结晶区、无水钠镁矾（$\mathrm{3Na_2SO_4 \cdot MgSO_4}$，Van）结晶区、钠镁矾（$\mathrm{6Na_2SO_4 \cdot 7MgSO_4 \cdot 15H_2O}$，Low）结晶区、氯化钠（NaCl，Ha）结晶区、硫镁矾（$\mathrm{MgSO_4 \cdot H_2O}$，Kie）结晶区和水氯镁石（$\mathrm{MgCl_2 \cdot 6H_2O}$，Bis）结晶区。其中，$\mathrm{6Na_2SO_4 \cdot 7MgSO_4 \cdot 15H_2O}$ 结晶区最大，表明该体系 75℃时 $\mathrm{Na_2SO_4}$ 和 $\mathrm{MgSO_4}$ 的溶解度很小且易达到饱和状态析出。NaCl、$\mathrm{Na_2SO_4}$、$\mathrm{3Na_2SO_4 \cdot MgSO_4}$、$\mathrm{MgSO_4 \cdot H_2O}$、$\mathrm{MgCl_2 \cdot 6H_2O}$ 的结晶相区依次递减，说明 NaCl、$\mathrm{Na_2SO_4}$、$\mathrm{MgSO_4}$、$\mathrm{MgCl_2}$ 的溶解度依次递减。$\mathrm{MgCl_2 \cdot 6H_2O}$ 结晶相区最小，$\mathrm{MgCl_2}$ 的溶解度最大，不易达饱和状态结晶析出。

由图 6-18 可见，共饱点 E_4 为干盐点，E_1、E_2 和 E_3 为转溶共饱点。该体系为交互四元体系，75℃介稳相平衡时无固溶体产生。由图 6-19 可见，复盐 Van（$\mathrm{3Na_2SO_4 \cdot MgSO_4}$）饱和的溶解度曲线 E_1B 和 E_2C 水含量随 $J(\mathrm{2Na^+})$ 的增大而逐渐增大，水合盐 Kie（$\mathrm{MgSO_4 \cdot H_2O}$）饱和的溶解度曲线 E_3D 水含量随 $J(\mathrm{2Na^+})$ 的增大而逐渐增大，而 NaCl 饱和的溶解度曲线 AE_1、E_1E_2、E_2E_3 和 E_3E_4 水含量随 $J(\mathrm{2Na^+})$ 的增大而逐渐增大。

6.4.2　四元体系溶液物理化学性质

四元体系（$\mathrm{Na^+}$，$\mathrm{Mg^{2+}}$//$\mathrm{Cl^-}$，$\mathrm{SO_4^{2-}}$–$\mathrm{H_2O}$）75℃介稳相平衡的溶液物化性质实验测定结果见表 6-12，由表 6-12 绘制了该体系溶液密度–组成图和 pH–组成图，其中横坐标为 $\mathrm{Na^+}$ 的耶涅克指数 $J(\mathrm{2Na^+})$，纵坐标为物化性质，见图 6-20 a、b。

表 6-12　四元体系（$\mathrm{Na^+}$，$\mathrm{Mg^{2+}}$//$\mathrm{Cl^-}$，$\mathrm{SO_4^{2-}}$–$\mathrm{H_2O}$）75℃的介稳相平衡物化性质测定结果

编号	耶涅克指数/（mol/100mol 干盐）			pH	密度/（g/cm³）
	$\mathrm{2Na^+}$	$\mathrm{SO_4^{2-}}$	$\mathrm{H_2O}$		
1，A	100.00	16.92	1422.84	1.2325	5.82
2	77.76	18.98	2871.24	1.2377	5.90
3	75.43	20.10	2801.71	1.2462	6.14
4	71.76	21.96	2713.24	1.2529	6.17
5，E_1	67.00	20.57	2452.02	1.2588	6.25
6	62.93	30.41	2391.43	1.2626	6.37
7	59.86	42.54	2094.12	1.3406	6.47
8	58.27	61.00	2292.30	1.352	6.53

编号	耶涅克指数/(mol/100mol 干盐)			pH	密度/(g/cm³)
	$2Na^+$	SO_4^{2-}	H_2O		
9	54.95	73.53	1856.94	1.3723	6.63
10, B	66.77	100.00	1151.25	1.3726	6.72
11	55.49	22.91	2348.45	1.2655	6.29
12, E_2	49.31	20.79	2297.44	1.2737	6.37
13	42.04	35.73	2007.03	1.2884	5.56
14	37.92	47.41	1844.45	1.3193	5.47
15	34.16	59.21	1918.38	1.2812	6.13
16	33.85	67.12	2014.77	1.3363	5.33
17	33.44	74.89	1786.08	1.3563	5.25
18	33.59	80.22	1557.74	1.4161	5.91
19, C	48.47	100.00	1432.49	1.4288	6.28
20	43.35	23.26	2152.23	1.2601	5.57
21	33.86	19.83	1478.46	1.2765	4.99
22	19.97	20.82	1348.47	1.2809	4.73
23	11.11	17.77	1487.22	1.2926	4.03
24, E_3	7.19	17.02	1300.78	1.3169	3.96
25	5.92	34.43	1187.87	1.2983	3.99
26	5.33	41.73	1020.37	1.3973	4.33
27	5.60	59.74	1037.52	1.4228	4.68
28	4.69	71.47	1101.56	1.4329	4.73
29	4.97	77.68	1046.08	1.4534	5.03
31	7.85	100.00	990.96	1.3351	3.73
30, D	4.09	12.45	1564.24	1.4508	4.88
32, E_4	0.11	1.09	810.25	1.3496	3.52
33, F	1.25	0.00	812.81	1.3924	3.48
34, G	0.00	9.21	777.31	1.3423	3.34

由表 6-12 和图 6-20 a、b 可见,四元体系 (Na⁺, Mg²⁺//Cl⁻, SO₄²⁻–H₂O)75℃介稳相平衡溶液密度和 pH 均随着体系 $J(2Na^+)$ 的改变而呈现有规律地变化。在图 6-20 a 中,溶液的密度在 $AE_1 \rightarrow E_1E_2 \rightarrow E_2E_3 \rightarrow E_3E_3$ 线随着 $J(2Na^+)$ 的减小而呈逐渐增大的趋势,在 $3Na_2SO_4 \cdot MgSO_4$、$6Na_2SO_4 \cdot 7MgSO_4 \cdot 15H_2O$、$MgSO_4 \cdot H_2O$ 的结晶相区密度均随 $J(2Na^+)$ 的减小而增大,但是在 $MgCl_2 \cdot 6H_2O$ 密度却呈递减趋势。在图 6-20 b 中,溶液的 pH 在 $AE_1 \rightarrow E_1E_2 \rightarrow E_2E_3 \rightarrow E_3E_3$ 线随着 $J(2Na^+)$ 的减小先缓慢增加而后迅速降低,在 E_1B 和 E_3D 结晶线上 pH 均呈递增趋势,而在 E_2C 线上则先减小后增大。本体系溶液均呈酸性或接近中性,B 点时 pH 有最大值,为 6.72。

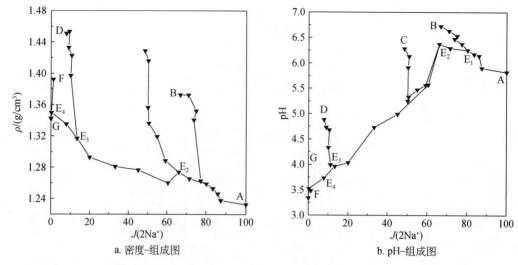

a. 密度–组成图　　　　　　　　　　　　b. pH–组成图

图 6-20　四元体系(Na⁺，Mg²⁺//Cl⁻，SO₄²⁻–H₂O)75℃介稳平衡物化性质–物质组成图

6.4.3　四元体系相平衡对比

6.4.3.1　四元体系 75℃介稳与稳定相平衡对比

四元体系(Na⁺，Mg²⁺//Cl⁻，SO₄²⁻–H₂O)75℃介稳相平衡和稳定[9,10]相平衡对应的共饱点溶解度对比数据见表6-13，对比相图见图6-21。

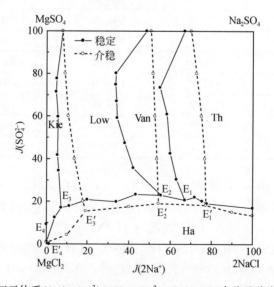

图 6-21　四元体系(Na⁺，Mg²⁺//Cl⁻，SO₄²⁻–H₂O)75℃介稳及稳定[9,10]相图

表 6-13　四元体系(Na⁺，Mg²⁺//Cl⁻，SO₄²⁻–H₂O)75℃介稳和稳定[9,10]
四元无变量共饱点溶解度数据对比

类型	共饱点	液相组成/%				耶涅克指数 /(mol/100mol 干盐)			平衡固相
		Na^+	Mg^{2+}	Cl^-	SO_4^{2-}	$2Na^+$	SO_4^{2-}	H_2O	
介稳	E_1	5.07	1.32	15.48	5.43	80.20	20.57	1740	Th + NaCl + Van
	E_2	4.03	2.19	14.91	5.30	66.02	20.79	1772	NaCl + Van + Low
	E_3	0.97	6.62	18.50	5.14	13.36	17.02	1252	NaCl + Low + Kie
	E_4	0.02	10.05	29.08	0.43	0.24	1.09	809	NaCl + Kie + Bis
稳定	E_1'	9.12	1.42	14.89	4.49	77.30	18.21	1515	Th + NaCl + Van
	E_2'	6.67	2.96	15.32	4.87	54.40	19.02	1460	NaCl + Van + Low
	E_3'	2.66	5.91	18.06	4.45	19.20	15.41	1270	NaCl + Low + Kie
	E_4'	0.09	9.98	29.02	0.32	0.45	0.82	815	NaCl + Kie + Bis

由图 6-21 和表 6-13 可见，四元体系(Na⁺，Mg²⁺//Cl⁻，SO₄²⁻–H₂O)75℃介稳和稳定相图相比，区别不大，均有 4 个四元无变量共饱点和 6 个结晶区。其中 Na_2SO_4、NaCl 的介稳相区均有所扩大，$MgSO_4 \cdot H_2O$ 的结晶相区明显减小，说明 $MgSO_4$ 介稳现象较为严重，而 $3Na_2SO_4 \cdot MgSO_4$ 结晶相区基本保持不变。

6.4.3.2　四元体系50℃和75℃介稳相平衡对比

四元体系(Na⁺，Mg²⁺//Cl⁻，SO₄²⁻–H₂O)分别在 50℃ 和 75℃ 介稳相平衡对应的共饱点溶解度对比数据见表 6-14，对比相图见图 6-22。

表 6-14　四元体系(Na⁺，Mg²⁺//Cl⁻，SO₄²⁻–H₂O)50℃和75℃介稳四元无变量共饱点溶解度数据对比

$T/℃$	共饱点	液相组成/%				耶涅克指数 /(mol/100mol 干盐)			平衡固相
		Na^+	Mg^{2+}	Cl^-	SO_4^{2-}	$2Na^+$	SO_4^{2-}	H_2O	
55	F_1	8.77	2.03	12.06	3.34	69.58	37.98	1359	Th + NaCl + Van
	F_2	8.33	2.46	8.34	5.28	64.40	58.56	1279	Th + Van + Ast
	F_3	7.57	2.58	12.82	2.89	60.81	33.23	1402	NaCl + Van + Ast
	F_4	2.47	6.33	13.12	4.14	17.07	41.11	1161	NaCl + Ast + Hex
	F_5	0.99	7.57	16.87	3.04	6.56	28.51	1091	NaCl + Tet + Hex
	F_6	0.12	9.70	26.17	1.05	0.65	8.15	841	NaCl + Tet + Bis
75	E_1	5.07	1.32	15.48	5.43	80.20	20.57	1740	Th + NaCl + Van
	E_2	4.03	2.19	14.91	5.30	66.02	20.79	1772	NaCl + Van + Low
	E_3	0.97	6.62	18.50	5.14	13.36	17.02	1252	NaCl + Low + Kie
	E_4	0.02	10.05	29.08	0.43	0.24	1.09	809	NaCl + Kie + Bis

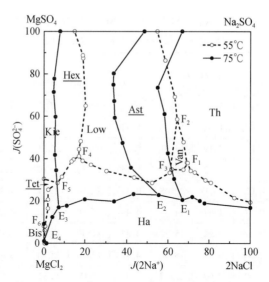

图6-22　四元体系(Na^+，Mg^{2+}//Cl^-，SO_4^{2-}–H_2O)50℃和75℃介稳相图对比

由表6-14和图6-22可见，四元体系(Na^+，Mg^{2+}//Cl^-，SO_4^{2-}–H_2O)在50℃时有6个四元无变量共饱点（F_1、F_2、F_3、F_4、F_5、F_6），12条单变量溶解度曲线，7个结晶区，分别对应为：无水芒硝（Na_2SO_4，Th）结晶区、六水泻利盐（$MgSO_4 \cdot 6H_2O$，Hex）结晶区、白钠镁矾（$NaSO_4 \cdot MgSO_4 \cdot 4H_2O$，Ast）结晶区、无水钠镁矾（$NaSO_4 \cdot 3MgSO_4$，Van）结晶区、石盐（NaCl，NaCl）结晶区、四水泻利盐（$MgSO_4 \cdot 4H_2O$，Tet）结晶区和水氯镁石（$MgCl_2 \cdot 6H_2O$，Bis）结晶区，其中Ast和Van为二元复盐。而该体系在75℃时有4个无变量共饱点，9条单变量溶解度曲线，6个结晶相区，分别对应为：无水芒硝（Na_2SO_4，Th）结晶区、氯化钠（NaCl，NaCl）结晶区、无水钠镁矾（$3Na_2SO_4 \cdot MgSO_4$，Van）结晶区、钠镁矾（$6Na_2SO_4 \cdot 7MgSO_4 \cdot 15H_2O$，Low）结晶区、硫镁矾（$MgSO_4 \cdot H_2O$，Kie）结晶区和水氯镁石（$MgCl_2 \cdot 6H_2O$，Bis）结晶区，其中Low和Van为二元复盐。在75℃时，四元体系(Na^+，Mg^{2+}//Cl^-，SO_4^{2-}–H_2O)中Ast、Tet和Hex结晶相区消失不见，出现了复盐Low和Kie结晶区，而Th与Van结晶区明显增大，NaCl结晶区明显缩小，Bis结晶区变化不大。说明随温度升高，Ast完全失水转化为Van，而Tet和Hex失水转化为Kie，即高温时Van和Kie更稳定存在。

6.5　四元体系(Li^+，Mg^{2+}//Cl^-，SO_4^{2-}–H_2O)
75℃介稳相平衡研究

早在20世纪60年代，苏联学者 B. Г. щевчук 和 M. И. Вайсфельд 等[11-15]已对四元体系(Li^+，Mg^{2+}//Cl^-，SO_4^{2-}–H_2O)进行过0℃、25℃、35℃、50℃、75℃的稳定相平衡研究，但受分析和鉴定手段限制，B. Г. щевчук[11]在0℃、35℃相图中均仅发现 $MgSO_4 \cdot 7H_2O$ 一种硫酸镁水合物，在50℃相图中仅发现 $MgSO_4 \cdot 6H_2O$ 一种硫酸镁水合物，在75℃相图中仅发现 $MgSO_4 \cdot H_2O$ 一种硫酸镁水合物。Кыдынов M[12]在25℃相图中也仅发现 $MgSO_4 \cdot 7H_2O$ 一种硫酸镁水合物。近年来，任开武等[16]也对该体系25℃稳定相平衡进行了详细研

究，发现 $MgSO_4 \cdot 5H_2O$ 和 $MgSO_4 \cdot 6H_2O$ 两个新相区。由于镁盐的介稳现象比较严重，郭智忠等[17]对此体系进行了25℃的介稳相平衡研究及其理论计算，研究发现该体系平衡固相含有 $Li_2SO_4 \cdot H_2O$、$LiCl \cdot H_2O$、$LiCl \cdot MgCl_2 \cdot 7H_2O$、$MgSO_4 \cdot 7H_2O$、$MgSO_4 \cdot 6H_2O$、$MgSO_4 \cdot 5H_2O$ 和 $MgCl_2 \cdot 6H_2O$，但 $MgSO_4 \cdot 5H_2O$ 未列出独立相区，$LiCl$ 和 $MgCl_2$ 对 $NaCl$、$MgSO_4$ 有强的盐析作用。

6.5.1　四元体系介稳溶解度

采用等温蒸发法对四元体系(Li^+，$Mg^{2+}//Cl^-$，$SO_4^{2-}-H_2O$)75℃介稳相平衡进行了具体的实验研究，测定了平衡液相中各组分的溶解度及溶液的主要的物化性质。四元体系(Li^+，$Mg^{2+}//Cl^-$，$SO_4^{2-}-H_2O$)75℃的溶解度测定结果列于表6-15，根据其溶解度数据绘制介稳相图、干盐图见图6-23，同时其对应的水图见图6-24。

表 6-15　四元体系(Li^+，$Mg^{2+}//Cl^-$，$SO_4^{2-}-H_2O$)75℃的介稳平衡溶解度

编号	液相组成/%				耶涅克指数/(mol/100mol 干盐)			平衡固相
	Li^+	Mg^{2+}	Cl^-	SO_4^{2-}	Mg^{2+}	$2Cl^-$	H_2O	
1，A	1.08	6.76	0.00	34.21	78.14	0.00	736.32	Ls + Hex
2	1.43	5.73	0.41	31.99	69.58	1.71	985.30	Ls + Hex
3	1.46	5.35	0.39	30.76	67.59	1.68	1052.05	Ls + Hex
4	1.50	5.24	0.38	30.61	66.54	1.66	1061.33	Ls + Hex
5	1.53	4.90	2.20	27.00	64.60	9.94	1139.11	Ls + Hex
6，E_1	1.46	5.05	2.24	27.03	66.39	10.09	1133.34	Ls + Hex + Tet
7	1.59	4.99	2.60	27.18	64.24	11.47	1099.84	Ls + Tet
8	1.58	5.14	2.68	27.62	65.01	11.62	1069.27	Ls + Tet
9，E_2	1.39	5.20	3.80	25.05	68.06	17.05	1134.24	Tet + Kie + Ls
10	1.93	7.06	18.43	16.30	67.62	60.50	723.55	Ls + Kie
11	0.99	6.78	21.25	4.88	79.59	85.51	1041.58	Ls + Kie
12，E_3	0.97	8.91	30.47	0.66	83.96	98.42	746.17	Ls + Kie + Bis
13	0.60	9.24	29.20	1.09	89.84	97.32	781.04	Kie + Bis
14	0.56	9.29	28.99	1.32	90.45	96.75	782.09	Kie + Bis
15，D	0.00	10.23	27.12	3.73	100.00	90.87	773.17	Kie + Bis
16，B	0.00	7.54	0.71	28.82	100.00	3.23	1066.66	Hex + Tet
17，C	0.00	7.73	2.38	27.32	100.00	10.55	1086.62	Tet + Kie
18，E_4	1.50	8.15	31.07	0.50	75.64	98.84	732.36	Ls + Bis + Lic
19	1.59	8.14	31.55	0.46	74.46	98.93	715.32	Ls + Lic
20，E_5	7.08	2.06	42.12	0.085	14.25	99.85	451.70	Ls + Lc + Lic

编号	液相组成/%				耶涅克指数/(mol/100mol 干盐)			平衡固相
	Li$^+$	Mg^{2+}	Cl$^-$	SO$_4^{2-}$	Mg^{2+}	2Cl$^-$	H$_2$O	
21	7.20	1.82	42.00	0.084	12.60	99.85	455.32	Ls + Lc
22，H	8.60	0.00	43.92	0.03	0.00	99.98	424.38	Ls + Lc
23，F	3.55	6.54	37.20	0.00	51.27	99.97	662.32	Bis + Lic
24，G	6.61	3.07	42.72	0.00	20.97	100.00	483.23	Lic + Lc

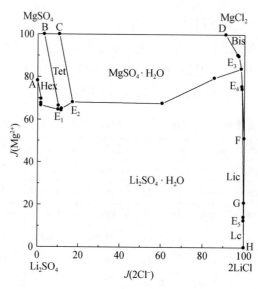

图 6-23 四元体系(Li$^+$，Mg^{2+}//Cl$^-$，SO$_4^{2-}$-H$_2$O)75℃介稳相图干盐图

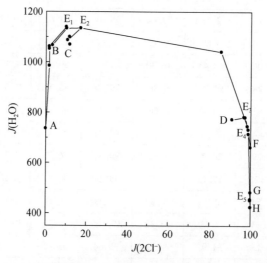

图 6-24 四元体系(Li$^+$，Mg^{2+}//Cl$^-$，SO$_4^{2-}$-H$_2$O)75℃水图

由表6-15和图6-23可见，该体系介稳相平衡相图干盐图中有5个四元无变量共饱点 (E_1, E_2, E_3, E_4, E_5)。

共饱点 E_1 对应平衡固相为 $MgSO_4 \cdot 6H_2O + MgSO_4 \cdot 4H_2O + Li_2SO_4 \cdot H_2O$，其共饱点液相组成为：$w(Li^+)$ 1.46%，$w(Mg^{2+})$ 5.05%，$w(Cl^-)$ 2.24%，$w(SO_4^{2-})$ 27.03%，$w(H_2O)$ 64.22%；

共饱点 E_2 对应平衡固相为 $MgSO_4 \cdot 4H_2O + MgSO_4 \cdot H_2O + Li_2SO_4 \cdot H_2O$，其共饱点液相组成为：$w(Li^+)$ 1.39%，$w(Mg^{2+})$ 5.20%，$w(Cl^-)$ 3.80%，$w(SO_4^{2-})$ 25.05%，$w(H_2O)$ 64.56%；

共饱点 E_3 对应平衡固相为 $MgSO_4 \cdot H_2O + MgCl_2 \cdot 6H_2O + Li_2SO_4 \cdot H_2O$，其共饱点液相组成为：$w(Li^+)$ 0.97%，$w(Mg^{2+})$ 8.91%，$w(Cl^-)$ 30.47%，$w(SO_4^{2-})$ 0.66%，$w(H_2O)$ 58.99%；

共饱点 E_4 对应平衡固相为 $MgCl_2 \cdot 6H_2O + LiCl \cdot MgCl_2 \cdot 7H_2O + Li_2SO_4 \cdot H_2O$，其共饱点液相组成为：$w(Li^+)$ 1.50%，$w(Mg^{2+})$ 8.15%，$w(Cl^-)$ 31.07%，$w(SO_4^{2-})$ 0.50%，$w(H_2O)$ 58.78%；

共饱点 E_5 对应平衡固相为 $LiCl \cdot MgCl_2 \cdot 7H_2O + LiCl \cdot H_2O + Li_2SO_4 \cdot H_2O$，其共饱点液相组成为：$w(Li^+)$ 7.08%，$w(Mg^{2+})$ 2.06%，$w(Cl^-)$ 42.12%，$w(SO_4^{2-})$ 0.085%，$w(H_2O)$ 48.66%。

11条单变量溶解度曲线，分别对应如下：

AE_1 线 Ls + Hex；

$E_1 + E_2$ 线 Ls + Tet；

$E_2 + E_3$ 线 Ls + Kie；

$E_3 + E_4$ 线 Ls + Bis；

$E_4 + E_5$ 线 Ls + Lic；

$E_5 + H$ 线 Ls + Lc；

$G + E_5$ 线 Lc + Lic；

$F + E_4$ 线 Bis + Lic；

$D + E_3$ 线 Kie + Bis；

$C + E_2$ 线 Tet + Kie；

$B + E_1$ 线 Hex + Tet。

6个单盐结晶区和1个复盐结晶区，分别为：$Li_2SO_4 \cdot H_2O$、$MgSO_4 \cdot 6H_2O$、$MgSO_4 \cdot 4H_2O$、$MgSO_4 \cdot H_2O$、$MgCl_2 \cdot 6H_2O$、$LiCl \cdot MgCl_2 \cdot 7H_2O$、$LiCl \cdot H_2O$。其中 $Li_2SO_4 \cdot H_2O$ 的结晶区域最大，说明 $Li_2SO_4 \cdot H_2O$ 的溶解度最小。$MgSO_4 \cdot H_2O$、$MgSO_4 \cdot 6H_2O$、$MgSO_4 \cdot 4H_2O$、$MgCl_2 \cdot 6H_2O$、$LiCl \cdot MgCl_2 \cdot 7H_2O$、$LiCl \cdot H_2O$ 的结晶区域依次递减，说明 $MgSO_4$、$MgCl_2$、$LiCl$ 的溶解度依次递减。

实验中随着 LiCl 和 $MgCl_2$ 浓度的增大，Li_2SO_4 和 $MgSO_4$ 浓度均降低，说明在该体系中，LiCl 和 $MgCl_2$ 对 Li_2SO_4 和 $MgSO_4$ 有强烈的盐析作用。共饱点 E_5 为干盐点，E_1、E_2、E_3 和 E_4 为转溶共饱点。该体系属交互四元体系，无固溶体产生。

等温蒸发过程中析出的复盐 $LiCl \cdot MgCl_2 \cdot 7H_2O$，经偏光显微镜下观察鉴定为锂光卤石，其光学性质为一轴晶正光型，光学数据为 $N_o = 1.4712$，$N_e = 1.4821$。

由水图 6-24 可见，溶液的水含量随着 $J(2Cl^-)$ 的变化而呈现有规律地变化，其水含量随溶液浓度的增大而逐渐减少，在干盐点 E_5 处具有最小值。

6.5.2　四元体系溶液物理化学性质

四元体系(Li^+，$Mg^{2+}//Cl^-$，$SO_4^{2-}-H_2O$)75℃的物化性质实验数据见表 6-16，根据实验数据绘制的该体系介稳相平衡溶液密度–组成性质图和 pH–组成性质图见图 6-25，其横坐标组成为 $J(2Li^+)$，纵坐标为物化性质。

表 6-16　四元体系(Li^+，$Mg^{2+}//Cl^-$，$SO_4^{2-}-H_2O$)75℃时介稳平衡物化性质结果

编号	耶涅克指数/(mol/100mol 干盐)			pH	密度/(g/cm³)
	$2Li^+$	$2Cl^-$	H_2O		
1，A	21.86	0.00	736.32	5.991	1.4696
2	30.42	1.71	985.30	6.320	1.4124
3	32.41	1.68	1052.05	6.232	1.4035
4	33.46	1.66	1061.33	6.221	1.3982
5	35.40	9.94	1139.11	6.282	1.3621
6，E_1	33.61	10.09	1133.34	6.299	1.3662
7	35.76	11.47	1099.84	—	—
8	34.99	11.62	1069.27	—	—
9，E_2	31.94	17.05	1134.24	6.230	1.355
10	32.38	60.50	723.55	—	—
11	20.41	85.51	1041.58	—	—
12，E_3	16.04	98.42	746.17	3.516	1.3386
13	10.16	97.32	781.04	3.018	1.3234
14	9.55	96.75	782.09	3.106	1.3685
15，D	0.00	90.87	773.17	3.390	1.3924
16，B	0.00	3.23	1066.66	4.310	—
17，C	0.00	10.55	1086.62	4.020	—
18，E_4	24.36	98.84	732.36	3.516	1.3386
19	25.54	98.93	715.32	—	—
20，E_5	85.75	99.85	451.70	4.041	1.3620
21	87.40	99.85	455.32	4.170	1.3505
22，H	100.00	99.98	424.38	4.750	1.3360
23，F	48.73	99.97	662.32	—	—
24，G	79.03	100.00	483.23	—	—

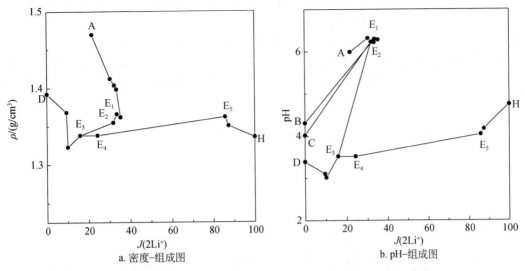

图 6-25 四元体系(Li⁺, Mg²⁺//Cl⁻, SO₄²⁻–H₂O)75℃介稳物化性质–组成图

由图 6-25 可见,单变线上溶液的物化性质随着 Li⁺ 浓度的改变而有规律地变化。图 6-25a中,密度在边界点 A 处有最大值。图 6-25b 中,pH 在共饱点 E₁ 处出现最大值,但仍小于 7,溶液呈酸性。

6.5.3 四元体系相平衡对比

将四元体系(Li⁺, Mg²⁺//Cl⁻, SO₄²⁻–H₂O)75℃的稳定相平衡相图[13]和介稳相平衡相图进行比较,见图 6-26。并将两者共饱点处的溶解度数据进行对比,见表 6-17。

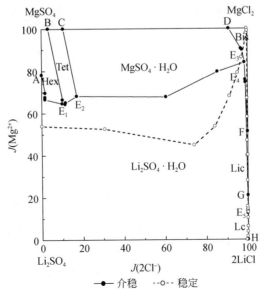

图 6-26 四元体系(Li⁺, Mg²⁺//Cl⁻, SO₄²⁻–H₂O)75℃稳定[13]及介稳相图

由图 6-26 可见，介稳相图和稳定相图干盐图相比，区别较大，介稳现象明显。稳定相图存在 5 个结晶区，分别为 $Li_2SO_4 \cdot H_2O$ 、$MgSO_4 \cdot H_2O$、$MgCl_2 \cdot 6H_2O$、$LiCl \cdot MgCl_2 \cdot 7H_2O$、$LiCl \cdot H_2O$，而介稳相图共 7 个结晶区，新出现了 $MgSO_4 \cdot 6H_2O$、$MgSO_4 \cdot 4H_2O$ 2 个结晶相区，但区域面积较小。与稳定相图相比，介稳相图中 $Li_2SO_4 \cdot H_2O$ 的结晶区有明显的扩大，$MgSO_4 \cdot H_2O$ 的结晶区有明显的缩小。说明在 75℃时采用等温蒸发有助于 $Li_2SO_4 \cdot H_2O$ 的析出。

表 6-17　四元体系(Li^+，$Mg^{2+}//Cl^-$，$SO_4^{2-}-H_2O$)75℃稳定[13]和
介稳相平衡四元无变量共饱点溶解度数据对比

编号		类型	耶涅克指数/(mol/100mol 干盐)			平衡固相
			$2Li^+$	$2Cl^-$	H_2O	
1	E_1	介稳	33.61	10.09	1133.34	Ls + Hex + Tet
2	E_2	介稳	31.94	17.05	1134.24	Tet + Kie + Ls
3	T_1	稳定	1.11	99.74	837.00	Ls + Kie + Bis
			2.21	99.43	821.00	Ls + Kie + Bis
	E_3	介稳	16.04	98.42	746.17	Ls + Kie + Bis
4	T_2	稳定	60.22	99.66	418.00	Ls + Bis + Lic
	E_4	介稳	24.36	98.84	732.36	Ls + Bis + Lic
5	T_3	稳定	86.51	99.90	266.00	Ls + Lc + Lic
			86.72	99.89	262.00	Ls + Lc + Lic
			86.26	99.69	265.00	Ls + Lc + Lic
	E_5	介稳	85.75	99.85	451.70	Ls + Lc + Lic

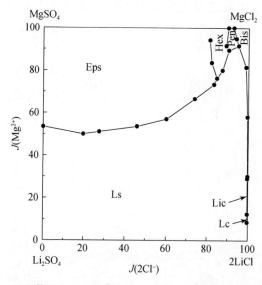

图 6-27　四元体系(Li^+，$Mg^{2+}//Cl^-$，$SO_4^{2-}-H_2O$)25℃介稳相图[17]

该四元体系介稳现象比较严重,并且发现多种硫酸镁水合物和锂光卤石,我们对此体系在不同温度下的介稳相平衡进行研究,高洁[18]研究了此体系35℃的介稳相图,该体系平衡固相含有 $Li_2SO_4 \cdot H_2O$、$LiCl \cdot H_2O$、$LiCl \cdot MgCl_2 \cdot 7H_2O$、$MgSO_4 \cdot 7H_2O$、$MgSO_4 \cdot 6H_2O$、$MgSO_4 \cdot 4H_2O$ 和 $MgCl_2 \cdot 6H_2O$;孟令宗[19]研究了此体系50℃的介稳相图,并进行理论计算,与此体系的35℃介稳相图进行比较发现 $MgSO_4 \cdot 7H_2O$ 结晶区消失,$MgSO_4 \cdot 6H_2O$ 和 $MgSO_4 \cdot 4H_2O$ 的结晶区显著扩大,LiCl 和 $MgCl_2$ 对体系的盐析作用依然剧烈。四元体系(Li^+, Mg^{2+}//Cl^-, SO_4^{2-}–H_2O)不同温度下的介稳相平衡相图如图6-27、图6-28、图6-29[17-19]所示。

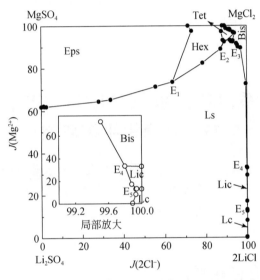

图6-28　四元体系(Li^+, Mg^{2+}//Cl^-, SO_4^{2-}–H_2O)35℃介稳相图[18]

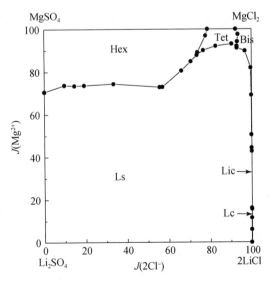

图6-29　四元体系(Li^+, Mg^{2+}//Cl^-, SO_4^{2-}–H_2O)50℃介稳相图[19]

分析图 6-27、图 6-28 及图 6-29 可知，四元体系(Li^+，$Mg^{2+}//Cl^-$，$SO_4^{2-}-H_2O$)在 25℃ 介稳相图中有 7 个结晶区，分别为 $Li_2SO_4 \cdot H_2O$、$MgSO_4 \cdot 7H_2O$、$MgSO_4 \cdot 6H_2O$、$MgSO_4 \cdot$ $5H_2O$、$MgCl_2 \cdot 6H_2O$、$LiCl \cdot MgCl_2 \cdot 7H_2O$ 和 $LiCl \cdot H_2O$。当温度达到 35℃ 时，介稳相图中仍有 7 个结晶区，分别为 $Li_2SO_4 \cdot H_2O$、$MgSO_4 \cdot 7H_2O$、$MgSO_4 \cdot 6H_2O$、$MgSO_4 \cdot 4H_2O$、 $MgCl_2 \cdot 6H_2O$、$LiCl \cdot MgCl_2 \cdot 7H_2O$ 和 $LiCl \cdot H_2O$，相图中未出现 $MgSO_4 \cdot 5H_2O$ 结晶区，但出现了 $MgSO_4 \cdot 4H_2O$ 结晶区，$Li_2SO_4 \cdot H_2O$ 和 $MgSO_4 \cdot 6H_2O$ 结晶区扩大，$MgSO_4 \cdot 7H_2O$ 结晶区缩小，其他结晶区差异甚小。体系温度为 50℃ 时介稳相图中有 6 个结晶区，分别为 $Li_2SO_4 \cdot H_2O$、$MgSO_4 \cdot 6H_2O$、$MgSO_4 \cdot 4H_2O$、$MgCl_2 \cdot 6H_2O$、$LiCl \cdot MgCl_2 \cdot 7H_2O$ 和 $LiCl \cdot H_2O$， 相图中未出现 $MgSO_4 \cdot 7H_2O$ 结晶区，$Li_2SO_4 \cdot H_2O$ 和 $MgSO_4 \cdot 6H_2O$ 结晶区继续扩大，$MgSO_4 \cdot$ $4H_2O$ 结晶区也扩大，其他结晶区差异甚小。说明随着体系温度的升高，体系中的 $MgSO_4$ 的水合物趋向低水合物，而且 $Li_2SO_4 \cdot H_2O$ 的结晶区不断扩大，有助于 $Li_2SO_4 \cdot H_2O$ 的析出。

6.6　五元体系(Li^+，Na^+，$Mg^{2+}//Cl^-$，$SO_4^{2-}-H_2O$) 75℃介稳相平衡研究

盐湖卤水提钾盐后在蒸发后期锂离子浓度增大，卤水蒸发路线可用五元体系(Li^+， Na^+，$Mg^{2+}//Cl^-$，$SO_4^{2-}-H_2O$)的蒸发相图表示。本书对该五元体系分别在 0℃、35℃ 和 50℃ 时的介稳相平衡关系进行了实验研究，为了给盐湖深池积温分离工艺提供理论支撑，本书进一步开展了五元体系(Li^+，Na^+，$Mg^{2+}//Cl^-$，$SO_4^{2-}-H_2O$)高温 75℃ 的相平衡研究。

6.6.1　五元体系介稳相平衡

采用等温蒸发实验研究方法，开展了 NaCl 饱和条件下五元体系(Li^+，Na^+，$Mg^{2+}//$ Cl^-，$SO_4^{2-}-H_2O$)在 75℃ 时介稳相平衡的实验研究，测定了该体系介稳平衡液相中各组分的溶解度和密度。平衡固相采用偏光显微镜浸油观察晶形确定，并结合 X-ray 粉晶衍射分析加以辅证。

实验测定了五元体系(Li^+，Na^+，$Mg^{2+}//Cl^-$，$SO_4^{2-}-H_2O$)75℃ 的介稳溶解度和密度，实验结果见表 6-18。依据该溶解度数据换算成耶涅克指数（Jänecke index），绘制了 NaCl 饱和时的干盐介稳相图，见图 6-30。为了完整反映各相点的状态，同时绘制了其相应的水图和钠图，分别见图 6-31 和图 6-32；以 $J(2Li^+)$ 为横坐标，溶液密度为纵坐标，绘制了该体系在 75℃ 时的密度组成图，见图 6-33。

表 6-18　五元体系(Li^+，Na^+，$Mg^{2+}//Cl^-$，$SO_4^{2-}-H_2O$)75℃介稳溶解度和溶液密度测定结果

编号	密度/(g/cm³)	液相组成/%					耶涅克指数/[mol/100mol($2Li^+ + Mg^{2+} + SO_4^{2-}$)]				平衡固相
		Li^+	Na^+	Mg^{2+}	Cl^-	SO_4^{2-}	$2Li^+$	SO_4^{2-}	$2Na^+$	H_2O	
1，A	1.2628	1.06	8.61	0.00	14.99	5.03	59.32	40.68	145.60	3032.02	NaCl + Th + Db2

续表

编号	密度/（g/cm³）	液相组成/%					耶涅克指数/[mol/100mol (2Li⁺ + Mg²⁺ + SO₄²⁻)]				平衡固相
		Li^+	Na^+	Mg^{2+}	Cl^-	SO_4^{2-}	$2Li^+$	SO_4^{2-}	$2Na^+$	H_2O	
2	1.3718	1.08	8.55	0.14	14.17	6.66	50.72	45.42	121.69	2522.53	NaCl + Th + Db2
3	1.3808	0.79	8.99	0.38	13.09	8.00	36.50	53.49	125.64	2452.64	NaCl + Th + Db2
4	—	0.74	8.98	0.78	12.09	10.64	27.25	56.33	99.42	1885.60	NaCl + Th + Db2
5	1.4296	0.67	7.93	1.98	8.73	17.23	15.67	57.96	55.70	1138.08	NaCl + Th + Db2
6, E₁	1.4488	0.55	6.01	2.63	5.37	19.46	11.30	57.85	37.35	1045.94	NaCl + Th + Db2 + Van
7	—	0.71	6.69	2.91	6.97	20.89	13.09	56.07	37.50	884.78	NaCl + Db2 + Van
8	—	0.80	6.13	2.70	9.54	16.07	17.10	49.81	39.68	1070.16	NaCl + Db2 + Van
9, E₂	1.4544	0.87	5.71	2.62	12.53	11.36	21.76	40.90	42.93	1285.08	NaCl + Db2 + Van + Low
10	1.4624	0.76	5.96	2.68	14.27	8.99	21.19	36.16	50.06	1443.91	NaCl + Db2 + Low
11, E₃	1.4662	1.07	3.64	3.79	14.32	10.57	22.44	32.10	23.11	1078.90	NaCl + Db2 + Low + Ls
12, B	1.1572	3.17	2.75	0.00	19.04	1.88	92.11	24.10	12.09	1638.00	NaCl + Db2 + Ls
13	1.3685	1.98	4.69	0.25	15.36	3.65	74.73	19.93	53.59	2158.16	NaCl + Db2 + Ls
14	1.3802	1.78	5.10	0.54	14.62	5.33	62.29	26.92	53.85	1956.11	NaCl + Db2 + Ls
15	1.3880	1.65	4.71	0.74	13.88	5.41	57.85	27.36	49.81	1985.12	NaCl + Db2 + Ls
16	—	1.46	5.93	1.03	15.61	5.41	51.61	27.65	50.31	2006.46	NaCl + Db2 + Ls
17	1.3983	1.32	5.86	1.39	14.78	6.86	42.45	31.92	56.95	1730.88	NaCl + Db2 + Ls
18	—	1.25	5.52	1.92	14.76	7.75	36.04	32.34	48.12	1531.42	NaCl + Db2 + Ls
19	—	1.11	5.32	2.37	14.77	8.15	30.44	32.35	44.12	1444.66	NaCl + Db2 + Ls
20	1.4242	0.87	5.15	2.88	14.80	8.13	23.62	31.80	42.06	1422.20	NaCl + Db2 + Ls
21	—	1.03	3.61	3.96	15.67	9.09	22.42	28.52	23.66	1115.50	NaCl + Low + Ls
22, E₄	1.4720	1.21	1.80	5.14	17.35	8.93	22.26	23.75	10.01	929.45	NaCl + Low + Ls + Kie
23	—	1.16	0.92	6.00	19.66	7.04	20.74	18.15	4.96	896.39	NaCl + Kie + Ls
24	1.4792	0.88	0.67	7.61	24.70	4.13	15.17	10.25	3.47	819.86	NaCl + Kie + Ls
25, H	—	0.00	0.016	10.01	28.74	0.70	0.00	1.74	0.17	801.53	NaCl + Kie + Bis
26	1.4755	0.22	0.26	9.81	29.39	1.01	3.62	2.45	1.33	765.90	NaCl + Kie + Bis
27	—	0.26	0.24	9.74	29.42	0.98	4.42	2.38	1.23	765.70	NaCl + Kie + Bis
28	—	0.46	0.32	9.41	29.54	1.04	7.75	2.51	1.59	762.29	NaCl + Kie + Bis
29, E₅	1.4820	0.91	0.26	8.89	30.21	1.04	14.85	2.45	1.27	736.87	NaCl + Kie + Bis + Ls
30	—	0.91	0.29	8.89	30.27	1.04	14.85	2.45	1.44	735.76	NaCl + Bis + Ls
31	1.4885	1.15	0.24	8.77	31.36	0.63	18.40	1.46	1.14	712.89	NaCl + Bis + Ls
32		2.15	0.17	7.00	31.34	0.38	34.62	0.89	0.81	733.27	NaCl + Bis + Ls
33	1.4979	2.63	0.16	7.23	34.63	0.21	38.76	0.44	0.73	625.81	NaCl + Bis + Ls
34, E₆	—	3.41	0.15	6.79	37.36	0.11	46.65	0.23	0.61	550.70	NaCl + Bis + Ls + Lic

编号	密度/(g/cm³)	液相组成/%					耶涅克指数/[mol/100mol (2Li⁺ + Mg²⁺ + SO₄²⁻)]				平衡固相
		Li^+	Na^+	Mg^{2+}	Cl^-	SO_4^{2-}	$2Li^+$	SO_4^{2-}	$2Na^+$	H_2O	
35	1.5014	3.57	0.14	6.50	37.33	0.11	48.95	0.21	0.58	552.82	NaCl + Ls + Lic
36	1.5081	4.49	0.10	5.35	38.63	0.10	59.36	0.19	0.42	522.92	NaCl + Ls + Lic
37	—	4.97	0.10	4.85	39.62	0.10	64.11	0.19	0.40	500.27	NaCl + Ls + Lic
38	—	5.19	0.10	4.31	39.18	0.088	67.71	0.17	0.39	513.84	NaCl + Ls + Lic
39	—	5.64	0.11	4.31	41.49	0.079	69.51	0.14	0.42	459.56	NaCl + Ls + Lic
40, E_7	1.5076	6.74	0.10	3.14	43.69	0.064	78.87	0.11	0.34	417.32	NaCl + Lic + Lc + Ls
41	—	7.16	0.09	2.68	44.50	0.066	82.28	0.11	0.32	402.86	NaCl + Lc + Ls
42	1.5012	7.37	0.10	1.82	43.06	0.068	87.53	0.12	0.37	435.41	NaCl + Lc + Ls
43, C	1.3452	8.37	0.16	0.00	42.93	0.090	99.84	0.16	0.57	445.35	NaCl + Lc + Lic
44, D	1.3444	0.00	5.07	1.32	15.48	5.43	0.00	50.95	198.71	3636.40	NaCl + Th + Van
45, F	1.3175	0.00	4.03	2.19	14.91	5.30	0.00	37.97	120.55	2807.61	NaCl + Van + Low
46, G	1.4188	0.00	0.97	6.62	18.50	5.14	0.00	16.42	12.89	1171.32	NaCl + Low + Kie
47, I	1.6435	3.12	0.15	6.18	34.20	0.00	46.93	0.00	0.66	652.76	NaCl + Bis + Lic
48, J	1.5237	6.29	0.17	3.58	42.86	0.00	75.45	0.00	0.64	435.18	NaCl + Lc + Lic

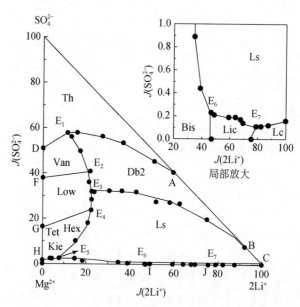

图6-30 五元体系(Li^+，Na^+，Mg^{2+}//Cl^-，SO_4^{2-}－H_2O)在75℃时的介稳相图

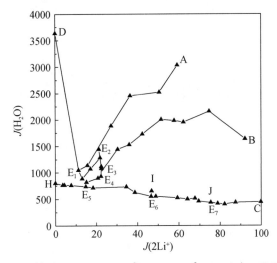

图 6-31　五元体系(Li^+，Na^+，Mg^{2+}//Cl^-，SO_4^{2-}–H_2O)在 75℃时的水图

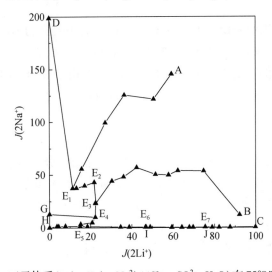

图 6-32　五元体系(Li^+，Na^+，Mg^{2+}//Cl^-，SO_4^{2-}–H_2O)在 75℃时的钠图

由表 6-18 和图 6-30 可见，该五元体系 NaCl 饱和时的 75℃介稳相图中有 7 个五元无变量共饱点、15 条单变量溶解度曲线和 9 个与 NaCl 共饱和的结晶区，该体系有含锂复盐 2 ($\text{Li}_2\text{SO}_4 \cdot \text{Na}_2\text{SO}_4$，Db2)、锂光卤石（$\text{LiCl} \cdot \text{MgCl}_2 \cdot 7\text{H}_2\text{O}$，Lic）、钠镁矾（$6\text{Na}_2\text{SO}_4 \cdot 7\text{MgSO}_4 \cdot 15\text{H}_2\text{O}$,Low）和无水钠镁矾（$3\text{Na}_2\text{SO}_4 \cdot \text{MgSO}_4$，Van）生成，并出现 Na_2SO_4 向 $\text{Li}_2\text{SO}_4 \cdot \text{Na}_2\text{SO}_4$、$\text{Li}_2\text{SO}_4 \cdot \text{Na}_2\text{SO}_4$ 向 $\text{Li}_2\text{SO}_4 \cdot \text{H}_2\text{O}$ 转溶现象，但没有固溶体生成。

（1）7 个五元无变量共饱点分别是 E_1、E_2、E_3、E_4、E_5、E_6 和 E_7 点：

①E_1 点的平衡固相为 NaCl + Th + Db2 + Van，液相组成为 $w(\text{Li}^+)$ 0.55% 、$w(\text{Na}^+)$ 6.01% 、$w(\text{Mg}^{2+})$ 2.63% 、$w(\text{Cl}^-)$ 5.37% 、$w(\text{SO}_4^{2-})$ 19.46% ；

②E_2 点的平衡固相为 NaCl + Db2 + Van + Low，液相组成为 $w(\text{Li}^+)$ 0.87% 、$w(\text{Na}^+)$ 5.71% 、$w(\text{Mg}^{2+})$ 2.62% 、$w(\text{Cl}^-)$ 12.53% 、$w(\text{SO}_4^{2-})$ 11.36% ；

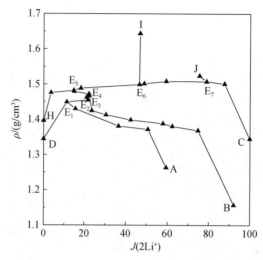

图 6-33　五元体系(Li^+, Na^+, Mg^{2+}//Cl^-, SO_4^{2-}–H_2O)在 75℃时密度组成图

③E_3点的平衡固相为 NaCl + Db2 + Low + Ls，液相组成为 $w(Li^+)$ 1.07% 、 $w(Na^+)$ 3.64% 、 $w(Mg^{2+})$ 3.97% 、 $w(Cl^-)$ 14.32% 、 $w(SO_4^{2-})$ 10.57%；

④E_4点的平衡固相为 NaCl + Low + Ls + Kie，液相组成为 $w(Li^+)$ 1.21% 、 $w(Na^+)$ 1.80 % 、 $w(Mg^{2+})$ 5.14% 、 $w(Cl^-)$ 17.35% 、 $w(SO_4^{2-})$ 8.93%；

⑤E_5点的平衡固相为 NaCl + Kie + Ls + Bis，液相组成为 $w(Li^+)$ 0.46 % 、 $w(Na^+)$ 0.32 % 、 $w(Mg^{2+})$ 9.41% 、 $w(Cl^-)$ 29.54% 、 $w(SO_4^{2-})$ 1.04%；

⑥E_6点的平衡固相为 NaCl + Bis + Lic + Ls，液相组成为 $w(Li^+)$ 3.41% 、 $w(Na^+)$ 0.15% 、 $w(Mg^{2+})$ 6.97% 、 $w(Cl^-)$ 37.36% 、 $w(SO_4^{2-})$ 0.11%；

⑦E_7点的平衡固相为 NaCl + Bis + Lc + Ls，液相组成为 $w(Li^+)$ 6.74% 、 $w(Na^+)$ 0.10% 、 $w(Mg^{2+})$ 3.14% 、 $w(Cl^-)$ 43.69% 、 $w(SO_4^{2-})$ 0.06% 。

（2）15 条单变量溶解度曲线，对应平衡固相分别为：

① AE_1线 NaCl + Th + Db2；

② DE_1线 NaCl + Th + Van；

③ E_1E_2线 NaCl + Van + Db2；

④ FE_2线 NaCl + Van + Low；

⑤ E_2E_3线 NaCl + Low + Db2；

⑥ BE_3线 NaCl + Db2 + Ls；

⑦ E_3E_4线 NaCl + Ls + Low；

⑧ GE_4线 NaCl + Low + Kie；

⑨ E_4E_5线 NaCl + Kie + Ls；

⑩ HE_5线 NaCl + Kie + Bis；

⑪ E_5E_6线 NaCl + Bis + Ls；

⑫ IE_6线 NaCl + Lic + Ls；

⑬ E_6E_7线 NaCl + Lic + Ls；

⑭ JE_7线 NaCl + Lic + Lc；

⑮ CE_7线 NaCl + Lc + Ls。

（3）9 个与 NaCl 共饱和的结晶区，分别为：①Th（Na_2SO_4）结晶区；②Db2（$Li_2SO_4·Na_2SO_4$）结晶区；③Ls（$Li_2SO_4·H_2O$）结晶区；④Lc（$LiCl·H_2O$）结晶区；⑤Lic（$LiCl·MgCl_2·7H_2O$）结晶区；⑥Bis（$MgCl_2·6H_2O$）结晶区；⑦Kie（$MgSO_4·H_2O$）结晶区；⑧Low（$6Na_2SO_4·7MgSO_4·15H_2O$）结晶区；⑨Van（$3Na_2SO_4·MgSO_4$）结晶区。其中，$Li_2SO_4·H_2O$ 的结晶区域最大，$LiCl·H_2O$ 的结晶区域最小，表明该体系在 75℃时 Li_2SO_4 溶解度最小最易结晶析出，LiCl 溶解度最大不易结晶析出。

值得指出的是：①五元体系(Li^+，Na^+，$Mg^{2+}//Cl^-$，$SO_4^{2-}-H_2O$)75℃介稳相图中 Ls 相区最大，Db2 次之；而该温度下四元子体系（Li^+，$Na^+//Cl^-$，$SO_4^{2-}-H_2O$）介稳相图中 Db2 相区最大，Ls 次之。该五元体系与四元子体系存在该差异主要与镁盐的溶解和结晶析出相关；②该五元相图中 Lc 结晶区域最小，与四元子体系（Li^+，Na^+，$Mg^{2+}//Cl^--H_2O$）结晶区域分布相吻合；③与 NaCl 共饱和的 Kie（$MgSO_4·H_2O$）结晶区，实验中也发现少量的 $MgSO_4·4H_2O$ 和 $MgSO_4·6H_2O$ 生成，但不能形成独立的相区。

由图 6-31 和图 6-32 可见，五元介稳体系（Li^+，Na^+，$Mg^{2+}//Cl^-$，$SO_4^{2-}-H_2O$)75℃时的介稳相图对应水含量和钠含量随 $J(2Li^+)$ 的变化呈现规律性地变化，在五元无变量共饱点处有异变，且在共饱点 E_7 处水含量和钠含量有最小值。干盐图结合钠图和水图就可以完整地描述该五元体系任意一点的相态。

由表 6-18 和图 6-33 可见，总体趋势而言，该五元体系 75℃时的介稳平衡溶液密度随 $J(2Li^+)$ 的增大而减小，在 B 点有最小值 1.1572g/cm^3。

6.6.2　五元体系不同温度介稳相平衡对比

根据本课题组已完成的五元体系(Li^+，Na^+，$Mg^{2+}//Cl^-$，$SO_4^{2-}-H_2O$)0℃、35℃、50℃和 75℃时的介稳相平衡研究结果[20-23]，将该体系介稳相平衡共饱点溶解度进行了比较，见表 6-19。

6.6.2.1　五元体系 50℃和 75℃介稳相平衡比较

由于各温度下五元介稳体系（Li^+，Na^+，$Mg^{2+}//Cl^-$，$SO_4^{2-}-H_2O$)的各结晶相区和溶解度曲线分布差异较大，不宜在同一图中叠层比较，故本书仅就 50℃和 75℃介稳相图在同一图中叠层比较，见图 6-34。

由表 6-19 和图 6-34 可见，该五元体系 NaCl 饱和时 50℃介稳相图有 6 个五元无变量共饱点，12 条单变量溶解度曲线和 8 个结晶相区；而该体系 NaCl 饱和时 75℃介稳相图有 7 个无变量共饱点、15 条单变量溶解度曲线和 9 个结晶相区：

（1）从 50℃到 75℃，白钠镁矾（$Na_2SO_4·MgSO_4·4H_2O$，Ast）结晶区消失，新结晶区钠镁矾（$6Na_2SO_4·7MgSO_4·15H_2O$，Low）和硫镁矾（$MgSO_4·H_2O$，Kie）出现；

（2）从 50℃到 75℃，Ast 结晶区消失，无水钠镁矾（$3Na_2SO_4·MgSO_4$，Van）和锂复

盐 2（$Li_2SO_4 \cdot Na_2SO_4$，Db2）结晶区扩大侵占了部分无水芒硝（Na_2SO_4，Th）结晶区使其面积缩小，一水氯化锂（$LiCl \cdot H_2O$，Lc）和锂光卤石（$LiCl \cdot MgCl_2 \cdot 7H_2O$，Lic）结晶区扩大，水氯镁石（$MgCl_2 \cdot 6H_2O$，Bis）结晶区缩小；

（3）从 50℃ 到 75℃，都是 Th、Ls（$Li_2SO_4 \cdot H_2O$）和 Db2 三个结晶区面积加和约占整个相图的四分之三，只是其区域分布略有不同。在 50℃ 时，结晶区面积：Ls>Th>Db2；在 75℃ 时，结晶区面积：Ls>Db2≈Th。

表 6-19　五元体系(Li^+，Na^+，Mg^{2+}//Cl^-，SO_4^{2-}–H_2O)75℃、50℃、35℃和 0℃ 五元无变量共饱点溶解度对比

温度/℃	共饱点	液相组成/%					平衡固相
		Li^+	Na^+	Mg^{2+}	Cl^-	SO_4^{2-}	
75	E_1	0.55	6.01	2.63	5.37	19.46	NaCl + Th + Db2 + Van
	E_2	0.87	5.71	2.62	12.53	11.36	NaCl + Db2 + Van + Low
	E_3	1.07	3.64	3.79	14.32	10.57	NaCl + Db2 + Low + Ls
	E_4	1.21	1.80	5.14	17.35	8.93	NaCl + Low + Ls + Kie
	E_5	0.91	0.26	8.89	30.21	1.04	NaCl + Kie + Bis + Ls
	E_6	3.41	0.15	6.79	37.36	0.11	NaCl + Bis + Ls + Lic
	E_7	6.74	0.096	3.14	43.69	0.064	NaCl + Lic + Lc + Ls
50	E_1	0.67	5.40	3.50	7.09	20.11	NaCl + Th + Db2 + Van
	E_2	0.59	4.69	3.38	13.37	10.18	NaCl + Db2 + Ast + Van
	E_3	0.88	2.38	4.77	12.25	13.26	NaCl + Db2 + Ast + Hex
	E_4	0.36	0.034	8.96	26.63	1.90	NaCl + Bis + Ls + Tet
	E_5	4.36	0.011	5.02	36.84	0.093	NaCl + Bis + Ls + Lic
	E_6	6.54	0.019	2.10	39.48	0.083	NaCl + Lic + Lc + Ls
35	E_1	0.43	7.96	1.72	11.60	10.68	NaCl + Th + Db1 + Ko
	E_2	0.59	7.06	2.10	11.10	12.05	NaCl + Db1 + Eps + Ko
	E_3	0.80	6.66	2.30	10.74	14.04	NaCl + Db1 + Db2 + Eps
	E_4	0.90	4.35	3.20	12.74	10.68	NaCl + Eps + Db2 + Ast
	E_5	1.21	2.61	3.85	14.52	9.36	NaCl + Db2 + Ast + Hex
	E_6	1.24	1.78	4.37	15.76	8.22	NaCl + Db2 + Ls + Hex
	E_7	0.36	0.071	8.92	25.44	3.41	NaCl + Bis + Ls + Tet
	E_8	4.50	0.18	3.80	34.31	0.048	NaCl + Bis + Ls + Lic
	E_9	6.65	0.043	1.53	38.46	0.035	NaCl + Lic + Lc + Ls
0	E_1	0.46	4.13	3.28	13.89	5.96	NaCl + Mir + Db1 + Eps
	E_2	1.62	2.40	2.56	16.04	4.58	NaCl + Ls + Db1 + Eps
	E_3	0.50	0.075	8.17	25.05	1.97	NaCl + Ls + Bis + Eps
	E_4	4.80	0.026	2.26	31.14	0.031	NaCl + Bis + Ls + Lic
	E_5	5.50	0.032	1.95	33.82	0.027	NaCl + Lic + Lc + Ls

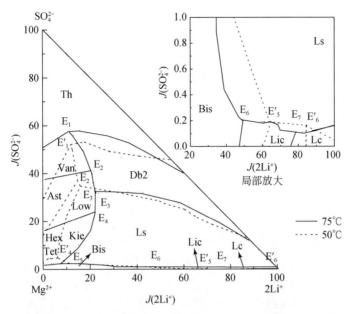

图 6-34 五元体系（Li⁺，Na⁺，Mg²⁺//Cl⁻，SO₄²⁻–H₂O)50℃[22] 和 75℃介稳相图对比

6.6.2.2 五元体系不同温度的介稳相平衡对比

五元体系（Li⁺，Na⁺，Mg²⁺//Cl⁻，SO₄²⁻–H₂O）在 NaCl 饱和时 0℃、35℃、50℃ 和 75℃ 的介稳相图比较见图 6-35 a、b、c、d。

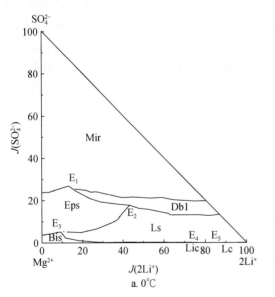

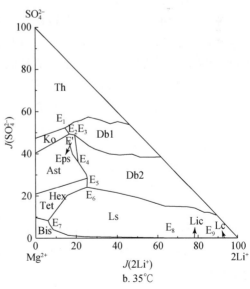

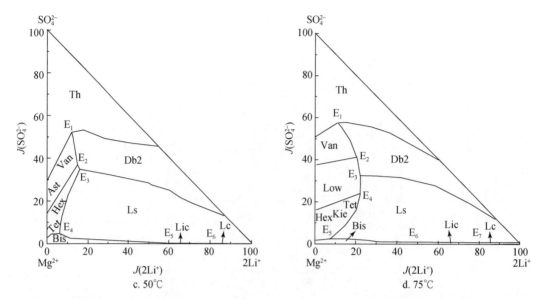

图 6-35　五元体系(Li^+，Na^+，$Mg^{2+}//Cl^-$，$SO_4^{2-}-H_2O$)多温介稳相图[20-23] 对比

从图 6-35 a、b、c、d 可见，五元体系(Li^+，Na^+，$Mg^{2+}//Cl^-$，$SO_4^{2-}-H_2O$)从低温 0℃到中温 35℃、中高温 50℃、高温 75℃过程中介稳相图中与 NaCl 共饱和的各结晶相区和溶解度曲线均发生偏移，高水合盐不断脱水生成低水合盐，既有旧相区消失又有新相区出现。该体系在 0℃时相区最少，7 个与 NaCl 共饱结晶区；在 35℃时相区最多，11 个与 NaCl 共饱结晶区，且同时出现复盐 Db1 和复盐 Db2 结晶区：

（1）由图 6-35 a、b 可见，从 0℃到 35℃，与 NaCl 共饱和各溶解度曲线整体抬高。芒硝（$Na_2SO_4 \cdot 10H_2O$，Mir）脱水转化为无水芒硝（Na_2SO_4，Th），二水氯化锂（$LiCl \cdot 2H_2O$，Lc）脱水转化为一水氯化锂（$LiCl \cdot H_2O$，Lc）；白钠镁矾（$Na_2SO_4 \cdot MgSO_4 \cdot 4H_2O$，Ast）结晶区和硫酸镁的低水合物结晶区六水泻盐（$MgSO_4 \cdot 6H_2O$，Hex）和四水泻盐（$MgSO_4 \cdot 4H_2O$，Tet）出现，侵占了部分泻利盐（$MgSO_4 \cdot 7H_2O$，Eps）结晶区使之面积减小；锂复盐 2（$Li_2SO_4 \cdot Na_2SO_4$，Db2）结晶区和孔钠镁矾（$Na_2SO_4 \cdot MgSO_4 \cdot 5H_2O$，Ko）结晶区出现，加之锂复盐 1（$Li_2SO_4 \cdot 3Na_2SO_4 \cdot 12H_2O$，Db1）结晶区和一水硫酸锂（$Li_2SO_4 \cdot H_2O$，Ls）结晶区扩大侵占了部分芒硝区致使脱水后的无水芒硝结晶区明显缩小，因此溶解度曲线整体上移。

（2）由图 6-35 b、c 可见，从 35℃到 50℃时与 NaCl 共饱和结晶区从 11 个减少至 8 个。锂复盐 1（Db1）结晶区和泻利盐（$MgSO_4 \cdot 7H_2O$，Eps）结晶区消失，无水钠镁矾（$3Na_2SO_4 \cdot MgSO_4$，Van）结晶区出现取代了孔钠镁矾（$Na_2SO_4 \cdot MgSO_4 \cdot 5H_2O$，Ko），无水芒硝（$Na_2SO_4$，Th）结晶区扩大侵占了白钠镁矾（$Na_2SO_4 \cdot MgSO_4 \cdot 4H_2O$，Ast）结晶区使之面积减小。

（3）由图 6-35 c、d 可见，该体系从 50℃到 75℃与 NaCl 共饱和结晶区从 8 个增加至 9 个，其对比见图 6-34 之分析。

值得指出的是：分析 0～75℃的介稳相图，在低温到高温的不同温度下，Th、Ls 和

Db2 三个结晶区的面积总和均约占相图面积的四分之三，镁盐结晶区只占了整个相图面积的四分之一。针对柴达木盆地盐湖提钾后的老卤资源，利用五元体系(Li^+，Na^+，Mg^{2+}//Cl^-，SO_4^{2-}-H_2O)及其子体系的介稳相图及其盐类矿物的温差效差，尤其是一水硫酸锂和锂复盐 2 的温差效应特点（温度升高而溶解度降低），探索介稳相图的工艺过程解析，对于指导提钾后老卤的锂镁分离具有重要的应用意义。

6.7　小　结

　　针对柴达木盆地提钾后盐湖老卤资源，采用等温蒸发法开展至今尚未见报道的五元体系(Li^+，Na^+，Mg^{2+}//Cl^-，SO_4^{2-}-H_2O)及其子体系在 75℃时介稳实验相平衡研究，绘制相应的干盐图、水图、物化性质组成图，取得如下主要结论：

　　（1）三元体系(Li^+，Mg^{2+}//SO_4^{2-}-H_2O)75℃时的介稳相图有 1 个三元无变量共饱点，2 条单变量溶解度曲线和 2 个单盐结晶区，分别为 $Li_2SO_4 \cdot H_2O$ 和 $MgSO_4 \cdot 4H_2O$。该体系 75℃下的介稳相图属水合物 I 型，无复盐或固溶体出现。对比三元体系 50℃稳定和介稳相图、75℃稳定和介稳相图发现：在 50℃和 75℃介稳条件下，$MgSO_4$结晶区同时都由 $MgSO_4 \cdot H_2O$ 分别转变为 $MgSO_4 \cdot 6H_2O$ 和 $MgSO_4 \cdot 4H_2O$，且 $MgSO_4$结晶区面积减小，$Li_2SO_4 \cdot H_2O$ 结晶区面积变化不大，说明在介稳状态下，$MgSO_4$介稳现象严重；对比三元体系 50℃和 75℃介稳相图发现：在高温下，$MgSO_4$和 Li_2SO_4结晶区面积增大，说明高温有利于 $MgSO_4$ 和 $Li_2SO_4 \cdot H_2O$ 的析出。

　　（2）四元体系(Li^+，Na^+，Mg^{2+}//Cl^--H_2O)75℃介稳相图中有 2 个四元无变量共饱点，5 条单变量溶解度曲线和 4 个结晶区，其 4 个结晶区分别为：氯化钠（NaCl，Ha）、一水氯化锂（$LiCl \cdot H_2O$，Lc）、锂光卤石（$LiCl \cdot MgCl_2 \cdot 7H_2O$，Lic）和水氯镁石（$MgCl_2 \cdot 6H_2O$，Bis），且其结晶区面积大小为：NaCl≫$MgCl_2 \cdot 6H_2O$>$LiCl \cdot MgCl_2 \cdot 7H_2O$>$LiCl \cdot H_2O$，说明在该体系中 NaCl 的溶解度最小极易饱和结晶，LiCl 溶解度最大，$MgCl_2$次之；在溶液的物化性质-组成图中，平衡溶液的密度和 pH 随液相组分中 $MgCl_2$浓度的增加呈现规律性的变化，在共饱点处出现异变。与 75℃稳定相平衡对比，该体系介稳相图与稳定相图都有 4 个结晶区，既无相区消失也无新相区出现，介稳现象不明显。与不同温度（35℃、50℃和 75℃）的介稳相图发现，随着温度的升高，该体系介稳各结晶相区和饱和的溶解度蒸发曲线都有偏移，但是既无相区消失也无新相区出现。其中，$LiCl \cdot H_2O$ 相区明显扩大，$MgCl_2 \cdot 6H_2O$ 相区明显缩小，$LiCl \cdot MgCl_2 \cdot 7H_2O$ 复盐相区面积变化不显著，表明 LiCl 和 $MgCl_2$存在盐析效应和温差效应，这对于盐湖提锂工艺研究具有指导意义。

　　（3）交互四元体系(Li^+，Na^+//Cl^-，SO_4^{2-}-H_2O)75℃介稳实验相图中有 3 个四元无变量共饱点，7 条溶解度单变量曲线和 5 个结晶区，各结晶区分别为 NaCl、Na_2SO_4、$Li_2SO_4 \cdot Na_2SO_4$、$Li_2SO_4 \cdot H_2O$、$LiCl \cdot H_2O$，其中，$Li_2SO_4 \cdot Na_2SO_4$结晶区面积最大，$LiCl \cdot H_2O$ 结晶区面积最小，表明 75℃时该体系中易饱和结晶析出，而 LiCl 不易结晶析出；该体系溶液 pH 和密度随溶液中钠离子的耶涅克指数增大呈规律性变化，在该四元体系无变量共饱点有异变。通过多温度（0℃、35℃、50℃和 75℃）介稳相图对比，发现在不同温度下平衡固相数目（在 35℃时有 6 个结晶区和 4 个四元无变量共饱点，二者数目最多且同时出现复盐

$Li_2SO_4 \cdot 3Na_2SO_4 \cdot 12H_2O$ 和复盐 $Li_2SO_4 \cdot Na_2SO_4$ 结晶区）和相区大小差异甚大，随着温度升高，存在 $Na_2SO_4 \cdot 10H_2O$（0℃）向 Na_2SO_4（35℃）转化，复盐 $Li_2SO_4 \cdot 3Na_2SO_4 \cdot 12H_2O$（0℃和35℃）向复盐 $Li_2SO_4 \cdot Na_2SO_4$（35℃和50℃）转化；该体系中 Li_2SO_4 的溶解度随着温度升高逐渐减小，结晶区域逐渐扩大，但在75℃时发生突变，溶解度增大，相区逐渐缩小，其主要原因是随着温度的升高复盐 $Li_2SO_4 \cdot Na_2SO_4$ 大量结晶析出侵占了 $Li_2SO_4 \cdot H_2O$ 相区。

（4）四元体系(Na^+, $Mg^{2+}//Cl^-$, $SO_4^{2-}-H_2O$)75℃介稳相图中有4个四元无变量共饱点、9条单变量溶解度曲线和6个结晶相区，其中 $MgCl_2 \cdot 6H_2O$ 结晶区面积最小。体系无固溶体产生，但有复盐 $3Na_2SO_4 \cdot MgSO_4$ 和 $6Na_2SO_4 \cdot 7MgSO_4 \cdot 15H_2O$ 生成。溶液中水含量随着 $J(2Na^+)$ 的增大而呈现有规律的增大，在干盐点 E_4 处出现最小值。由溶液密度–组成图和pH–组成图可见，介稳体系平衡溶液的密度和pH均随着溶液中 $J(2Na^+)$ 的变化而呈现规律性地变化，于共饱点处有异变。对比该体系75℃时的介稳和稳定相图发现：介稳平衡时 Na_2SO_4、$6Na_2SO_4 \cdot 7MgSO_4 \cdot 15H_2O$、NaCl 的结晶区均有所扩大，而 $MgSO_4 \cdot H_2O$ 的结晶相区明显减小，说明 $MgSO_4$ 介稳现象较为严重，而 $3Na_2SO_4 \cdot MgSO_4$ 结晶相区基本保持不变。对比该体系50℃和75℃的介稳平衡相图发现：75℃时 Ast、Tet 和 Hex 结晶相区消失不见，出现了复盐 Low 和 Kie 结晶区，而 Th 与 NaCl 结晶区明显缩小，Bis 结晶区保持不变，且 Van 的结晶区随着温度的升高侵占了 Th 和 NaCl 的结晶区从而明显扩大。

（5）四元体系(Li^+, $Mg^{2+}//Cl^-$, $SO_4^{2-}-H_2O$)75℃介稳相平衡相图有5个四元无变量共饱点、11条单变量溶解度曲线和7个结晶区，分别对应为：$Li_2SO_4 \cdot H_2O$、$MgSO_4 \cdot 6H_2O$、$MgSO_4 \cdot 4H_2O$、$MgSO_4 \cdot H_2O$、$MgCl_2 \cdot 6H_2O$、$LiCl \cdot MgCl_2 \cdot 7H_2O$、$LiCl \cdot H_2O$，其中 $LiCl \cdot MgCl_2 \cdot 7H_2O$ 结晶区属复盐结晶区，该体系属交互四元体系，无固溶体产生。对比该四元体系75℃的稳定和介稳相图发现，介稳现象很明显，介稳相图较稳定相图多2个结晶区 $MgSO_4 \cdot 6H_2O$ 和 $MgSO_4 \cdot 4H_2O$，但区域面积较小，$Li_2SO_4 \cdot H_2O$ 的结晶区有明显的扩大，$MgSO_4 \cdot H_2O$ 的结晶区有明显的缩小。

（6）五元体系(Li^+, Na^+, $Mg^{2+}//Cl^-$, $SO_4^{2-}-H_2O$)NaCl 饱和条件下75℃时的介稳干盐相图中有7个五元无变量共饱点、15条单变量溶解度曲线和9个与 NaCl 共饱和的结晶区，各结晶区分别为：①Na_2SO_4 结晶区；②$Li_2SO_4 \cdot Na_2SO_4$ 结晶区；③$Li_2SO_4 \cdot H_2O$ 结晶区；④$LiCl \cdot H_2O$ 结晶区；⑤$LiCl \cdot MgCl_2 \cdot 7H_2O$ 结晶区；⑥$MgCl_2 \cdot 6H_2O$ 结晶区；⑦$MgSO_4 \cdot H_2O$ 结晶区；⑧$6Na_2SO_4 \cdot 7MgSO_4 \cdot 15H_2O$ 结晶区；⑨$3Na_2SO_4 \cdot MgSO_4$ 结晶区；该体系有含锂复盐2（$Li_2SO_4 \cdot Na_2SO_4$）、锂光卤石（$LiCl \cdot MgCl_2 \cdot 7H_2O$）、钠镁矾（$6Na_2SO_4 \cdot 7MgSO_4 \cdot 15H_2O$）和无水钠镁矾（$3Na_2SO_4 \cdot MgSO_4$）生成，并出现 Na_2SO_4 向 $Li_2SO_4 \cdot Na_2SO_4$、$Li_2SO_4 \cdot Na_2SO_4$ 向 $Li_2SO_4 \cdot H_2O$ 转溶现象，但没有固溶体产生；该五元体系的水图和钠图中，溶液水含量和钠含量随 $J(2Li^+)$ 的变化呈现规律性变化，在共饱点处有异变，且在 NaCl + $LiCl \cdot MgCl_2 \cdot 7H_2O$ + $LiCl \cdot H_2O$ + $Li_2SO_4 \cdot H_2O$ 共饱点处水和钠含量均有最小值；通过多温度（0℃、35℃、50℃和75℃）介稳相图对比，发现该体系不同温度介稳相图中与 NaCl 共饱和的各结晶相区和溶解度曲线均发生偏移，高水合盐不断脱水生成低水合盐，既有旧相区消失又有新相区出现，在0℃时相区最少（7个与 NaCl 共饱结晶区），在35℃时相区最多（11个与 NaCl 共饱结晶区），且同时出现复盐 Db1 和复盐 Db2 结晶区；随着温度的

升高，Ls 结晶区逐渐扩大，整个温度变化过程中 Th、Ls 和 Db2 三个结晶区面积加和约占相图的 70% 以上，镁盐结晶区只占了相图的不足 25%。针对柴达木盆地提钾后卤水的蒸发路线，可采用交互五元体系(Li⁺，Na⁺，Mg²⁺//Cl⁻，SO₄²⁻-H₂O)及其四元子体系在多温下的介稳相图，利用不同盐类矿物的温度效应，为提钾后卤水的冷冻、盐田滩晒、再深池积温制定锂镁分离提供主要的热力学基础数据，有助于推动提钾后卤水的资源化利用。

参 考 文 献

[1] Shevchuk V G. Phase equilibrium of the ternary system Li_2SO_4 – $MgSO_4$ – H_2O. Russ. J. Inorg. Chem. , 1957, 8: 6 引自 Bushteyn V M, Valyashko M G, Pelvsh A L. Handbook of experimental data on solubilities of the multi-component salt-water system: four-component and more complex systems (vol. 2). Leningrad: State of scientific and Technical Publishing, 1954, 489~490

[2] 宋彭生，杜宪惠. 四元体系 $Li_2B_4O_7$ – Li_2SO_4 – $LiCl$ – H_2O 25℃相关系和溶液物性质的研究. 科学通报, 1986, (3): 209~210

[3] 李冰，王庆忠，李军，等. 三元体系 Li⁺，K⁺(Mg²⁺)//SO₄²⁻-H₂O 25℃相关系和溶液物化性质研究. 物理化学学报, 1994, 10 (60): 536~542

[4] Lepeshkov I N, Bedaleva N V. Phase equilibrium of the ternary system $LiCl$ – $NaCl$ – $MgCl_2$ – H_2O. Russ. J. Inorg. Chem. , 1962, 7 (7): 1699

[5] 张宝军. 四元体系 Li⁺，Na⁺，Mg/Cl⁻-H₂O 及三元体系 Na⁺(K⁺)，Mg²⁺//Cl⁻-H₂O 35℃介稳相平衡研究. 成都：成都理工大学硕士学位论文, 2007

[6] 曹旭. 四元体系($NaCl$ – $LiCl$ – $MgCl_2$ – H_2O)50℃及三元体系($LiCl$ – $MgCl_2$ – H_2O)50℃和75℃介稳相平衡研究. 成都：成都理工大学硕士学位论文, 2009

[7] Campbell A N, Kartzmark E M, Lovering E G. Reciprocal salt pairs, involving the cations Li_2^{2+}, Na_2^{2+}, and K_2^{2+}, the anions SO_4^{2-} and Cl_2^{2-}, and water, at 25℃. Can. J. Chem. , 1958, 36 (1): 1511~1517

[8] Hu K Y. Phase equilibrium of the quaternary system $LiCl$ – $NaCl$ – Li_2SO_4 – Na_2SO_4 – H_2O. Russ. J. Inorg. Chem. , 1960, 5 (1): 191~196

[9] Edanovsky A B, Lyakhovskaya E I, Shleymovich R E. Handbook of experimental data on the solubility of multi-component slat-water system (vol. 1). Leningrad: State of scientific and Technical Publishing, 1953, 960~963

[10] Howard S, Silcock L. Solubilities of inorganic and organic compounds. Pergamon Press, 1979, 3 (2): 359~370

[11] Shevchuk V G, Vaysfeld M E. Phase diagram of the quaternary system $LiCl$ – Li_2SO_4 – $MgCl_2$ – $MgSO_4$ – H_2O at 35℃. Russ. J. Inorg. Chem. , 1964, 9 (12): 2773

[12] Shevchuk V G, Vaysfeld M E. Phase diagram of the quaternary system $LiCl$ – Li_2SO_4 – $MgCl_2$ – $MgSO_4$ – H_2O at 50℃. Russ. J. Inorg. Chem. , 1967, 12 (6): 1691

[13] Vaysfeld M E, Shevchuk V G. Phase diagram of the quaternary system $LiCl$ – Li_2SO_4 – $MgCl_2$ – $MgSO_4$ – H_2O at 75℃. Russ. J. Inorg. Chem. , 1968, 13 (2): 600

[14] Vaysfeld M E, Shevchuk V G. Phase diagram of the quaternary system $LiCl$ – Li_2SO_4 – $MgCl_2$ – $MgSO_4$ – H_2O at 0℃. Russ. J. Inorg. Chem. , 1969, 14 (2): 571

[15] Kadyrov M, Musuraliev K, Imanakunov V. Phase diagram of the quaternary system $LiCl$ – Li_2SO_4 – $MgCl_2$ – $MgSO_4$ – H_2O at 25℃. Russ. J. Inorg. Chem. , 1966, 39 (9): 2116

[16] 任开武，宋彭生. 四元交互体系 Li⁺，Mg²⁺//Cl⁻，SO₄²⁻-H₂O 25℃相平衡及物化性质研究. 无机化学

学报，1994，10（1）：69～74

[17] 郭智忠，刘子琴，陈敬清. Li^+，Mg^{2+}// Cl^-，SO_4^{2-}-H_2O 四元体系 25℃的介稳相平衡. 化学学报，1991，49：937～943

[18] Gao J，Deng T L. Metastable phase equilibrium in the aqueous quaternary system（$LiCl$ + $MgCl_2$ + Li_2SO_4 + $MgSO_4$ + H_2O）at 308. 15 K. J. Chem. Eng. Data，2011，56：1452～1458

[19] Meng L Z，Yu X P，Li D，et al. Solid liquid metastable equilibria of the reciprocal quaternary system（$LiCl$+$MgCl_2$+Li_2SO_4+$MgSO_4$+H_2O）at 323. 15 K. J. Chem. Eng. Data，2011，56：4627～4632

[20] 王士强. 五元体系 Li^+，Na^+，Mg^{2+}//Cl^-，SO_4^{2-}-H_2O 及子体系 273. 15 K 介稳相平衡研究. 西宁：中科院青海盐湖研究所博士学位论文，2009

[21] 高洁. 五元体系(Li^+，Na^+，Mg^{2+}//Cl^-，SO_4^{2-}-H_2O)介稳相平衡研究. 西宁：中科院青海盐湖研究所博士学位论文，2009

[22] 李增强. 五元体系(Li^+，Na^+，Mg^{2+}//Cl^-，SO_4^{2-}-H_2O)50℃及其子体系（Na_2SO_4-$MgSO_4$-H_2O）在 50℃和 75℃介稳相平衡研究. 成都：成都理工大学硕士学位论文，2010

[23] 郭亚飞. 五元体系 Li^+，Na^+，Mg^{2+}// Cl^-，SO_4^{2-}-H_2O 348. 15 K 时介稳相平衡研究. 成都：成都理工大学博士学位论文，2012

[24] 王芹. 四元体系（$Li+$，Mg^{2+}//Cl^-，SO_4^{2-}-H_2O）在 75℃时介稳相平衡研究. 成都：成都理工大学硕士学位论文，2011

[25] 沈栋梁. 四元体系（Na^+，Mg^{2+}//Cl^-，SO_4^{2-}-H_2O）及相关三元体系 348. 15 K 介稳相平衡研究. 成都：成都理工大学硕士学位论文，2013

第7章 盐湖卤水体系介稳溶解度理论预测

为了进一步从理论上研究柴达木盆地盐湖复杂多组分体系的热力学性质，揭示盐湖卤水开发过程中卤水组分及浓度变化的动态变化过程，本书在等温蒸发实验研究五元体系（Li^+，Na^+，$Mg^{2+}//Cl^-$，$SO_4^{2-}-H_2O$）及子体系在0℃、25℃、35℃和75℃时的介稳相平衡关系的基础上，进一步结合电解质溶液理论的最新进展，采用Pitzer电解质溶液理论模型对该研究体系进行了介稳溶解度的预测研究。

7.1 Pitzer 电解质溶液理论

7.1.1 Pitzer 模型

1973年，美国化学家Pitzer提出了电解质溶液半经验统计力学理论[1-7]，可以处理高浓度电解质溶液，通常称为"Pitzer离子相互作用模型"，简称为Pitzer理论或Pitzer模型。从1973年以后，Pitzer及其合作者又不断发展其模型，并在应用中逐渐对其加以完善，该模型把Debye-Hückel理论引申到高浓度的酸、碱、盐溶液，并且该模型以简洁和紧凑的形式描述电解质溶液的热力学性质，已成为目前使用最广泛的一种电解质溶液模型。其后，加州大学圣地亚哥分校（UCSD）的Harvie和Wear等将Pitzer电解质溶液离子相互作用模型应用于高离子强度多组分天然水体系相平衡的理论计算中[8-10]：如经典的海水体系Na^+，K^+，Ca^{2+}，$Mg^{2+}//Cl^-$，$SO_4^{2-}-H_2O$、高离子强度的Na^+，K^+，Ca^{2+}，Mg^{2+}，$H^+//Cl^-$，SO_4^{2-}，OH^-，HCO_3^-，CO_3^{2-}，CO_2-H_2O体系，后来又补充中性分子与离子的相互作用，而进一步扩展到硼酸盐体系，并成功应用于美国加利福尼亚西尔斯湖（Searles Lake）硼酸盐沉积的地球化学的研究。针对我国盐湖资源富含锂、硼的特点，宋彭生等[11-13]科研人员用Pitzer模型进行多组分体系溶解度的计算及其引申性工作。这些工作证明了Pitzer模型对电解质溶液的适用性很高，从而可以将该模型的应用进一步拓展到离子强度更高、更复杂的含锂盐类体系中。

7.1.2 Pitzer 方程参数拟合

Pitzer方程的参数包括单盐参数：$\beta^{(0)}$、$\beta^{(1)}$、$\beta^{(2)}$、C^ϕ，混合离子作用参数：θ、ψ。Pitzer等发表的系列文章中曾给出了240种电解质的参数，后来又增加了38种电解质参数，总计278种电解质参数，1988年Kim等[14,15]又重新拟合出了304种单盐及49种混盐参数，有了这些参数就可以计算出这些电解质溶液在不同浓度的热力学性质。一般地，Pitzer方程参数的获取由可靠的二元及三元体系活度系数、渗透系数和溶解度运用多元线性回归方法来拟合，文献提供了 25℃标准状态下的 Pitzer 参数。

7.1.2.1　利用活度系数和渗透系数拟合

　　由 Pitzer 提出的电解质活度系数和渗透系数计算公式可知，若已知给定浓度时的活度系数或渗透系数，那么就可以反过来求得该电解质的 Pitzer 参数。例如当已知电解质 MX 在某一质量摩尔浓度 m 时溶液的渗透系数 ϕ，从式（1-4）看出，ϕ 则变成了 $\beta^{(0)}$，$\beta^{(1)}$，$\beta^{(2)}$ 和 C^{ϕ} 的线性函数，$\phi = f\left(\beta^{(0)}, \beta^{(1)}, \beta^{(2)}, C^{\phi}\right)$。为了求出四个参数，至少必须有四组 $m - \phi$ 对应的数据，实际文献中往往在一定浓度范围内有很多组数据，而这些数据都具有一定的由误差造成的不确定性，这时须用最小二乘法由多元线性回归的统计分析来确定这些参数，计算框图见图 7-1。

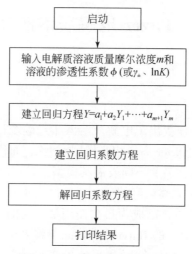

图 7-1　多元线性回归计算框图

　　同样也可以根据式（1-3）由多组 $m - \gamma_{\pm}$ 数据，建立 $\gamma_{\pm} = f\left(\beta^{(0)}, \beta^{(1)}, \beta^{(2)}, C^{\phi}\right)$ 关系式，用最小二乘法多元线性回归确定 Pitzer 参数。

　　NaCl 为例：

$$Z_{M} = 1, \ Z_{X} = -1, \ \nu_{M} = \nu_{X} = 1, \ \nu = 2$$

　　由此可得

$$\phi - 1 = A + B\beta_{NaCl}^{(0)} + C\beta_{NaCl}^{(1)} + DC_{NaCl}^{\phi}$$

其中，A、B、C、D 的含义分别为

$$A = 1 + A^{\phi}\left[I^{1/2}/(1 + 1.2I^{1/2})\right]; \ B = m; \ C = m\exp(-2I^{1/2}); \ D = m^2$$

　　首先计算出系数 A、B、C、D 的值，建立三元一次方程，通过求解可获得 NaCl 的 Pitzer 参数。对于在一定浓度范围内的若干组数据（通常远多于拟求取参数的个数），一般就通过回归分析统计处理来获取参数。值得注意的是，由不同浓度段的溶液热力学数据获得的电解质 Pitzer 参数一般是有差别的，并非完全一致。由此可以看出，Pitzer 的离子相互作用模型是半经验性的，而非纯理论的。

　　Pitzer 和 Mayoga 正是这样从许多电解质的渗透系数和活度系数数据回归得到了 278 种

电解质的参数，他们使用的数据大多取自 Robinson 和 Stokes 的标准书，而且主要是由渗透系数拟合的。因为一般来说，渗透系数要比活度系数测定得准确些。对于某些电解质，他们采用了不同作者的几种数据，并给予不同的权重，进行不等权拟合。

在拟合混合参数时，Pitzer 和 Kim 假设 θ 主要反映混合电解质之间的短程相互作用力，与离子强度无关。在此基础上，他们利用含有共同离子的二元电解质混合溶液的实验数据，确定了 50 多个混合电解质体系的混合参数 θ 和 ψ。

7.1.2.2　利用溶解度数据拟合

通常 Pitzer 模型中参数 $\beta^{(0)}$、$\beta^{(1)}$、$\beta^{(2)}$、C^{ϕ}、θ 和 ψ 等是用电解质溶液的二元或三元体系的渗透系数或活度系数，通过多元线性回归法求出的。当缺乏渗透系数或活度系数数据时，这些参数也可以通过可靠的溶解度数据求得，并同时求出电解质溶解平衡常数。

下面就以三元体系 NaCl-KCl-H_2O 为例来说明求解的原理及方法。按化学平衡原理，在一定温度下，各种盐在水中溶解达到饱和时，达到了溶解平衡，活度积等于该盐的溶度积（溶解平衡常数）。该体系存在的平衡固相分别为：NaCl、KCl，其溶度积分别为 K_{NaCl}、K_{KCl}。

当溶液中 NaCl 达到饱和时，体系中存在以下平衡：

$$NaCl(s) \rightleftharpoons Na^+ + Cl^-$$

$$K_{NaCl} = m_{Na^+} \cdot \gamma_{Na^+} \cdot m_{Cl^-} \cdot \gamma_{Cl^-} \tag{7-1}$$

两边取对数，得

$$\ln K_{NaCl} = \ln m_{Na^+} + \ln \gamma_{Na^+} + \ln m_{Cl^-} + \ln \gamma_{Cl^-} \tag{7-2}$$

当溶液中 KCl 达到饱和时，体系中存在以下平衡：

$$KCl(s) \rightleftharpoons K^+ + Cl^-$$

$$K_{KCl} = m_{K^+} \cdot \gamma_{K^+} \cdot m_{Cl^-} \cdot \gamma_{Cl^-} \tag{7-3}$$

两边取对数，得

$$\ln K_{KCl} = \ln m_{K^+} + \ln \gamma_{K^+} + \ln m_{Cl^-} + \ln \gamma_{Cl^-} \tag{7-4}$$

由 HW 公式（1-17）和式（1-18）可知，各离子活度系数 γ_{Na^+}、γ_{K^+}、γ_{Cl^-} 为各离子质量摩尔浓度 m_{Na^+}、m_{K^+}、m_{Cl^-} 的函数。将活度系数公式（1-17）和式（1-18）代入计算式（7-1）和式（7-4），并简记为如下形式：

$$
\begin{aligned}
\ln K_{NaCl} =\ & \ln m_{Na^+} + \ln m_{Cl^-} - 2A^{\phi}[I^{1/2}/(1+1.2I^{1/2}) + 2/1.2\ln(1+1.2I^{1/2})] \\
& + \beta_{NaCl}^{(0)} \times 2(m_{Na^+} + m_{Cl^-}) \\
& + \beta_{NaCl}^{(1)} \times 2[m_{Na^+}m_{Cl^-}g'(a_1 I^{1/2}) + (m_{Na^+}+m_{Cl^-})g(a_1 I^{1/2})] \\
& + \frac{C_{NaCl}^{\phi}}{2} \times [2m_{Na^+}m_{Cl^-} + (m_{Na^+}+m_{Cl^-}) \cdot Z] \\
& + \beta_{KCl}^{(0)} \times 2m_{K^+} \\
& + \beta_{KCl}^{(1)} \times 2[m_{K^+}m_{Cl^-}g'(a_1 I^{1/2}) + m_{K^+}g(a_1 I^{1/2})] \\
& + \frac{C_{KCl}^{\phi}}{2} \times [2m_{K^+}m_{Cl^-} + m_{K^+}Z] \\
& + \theta_{Na^+, K^+} \times 2m_{K^+} \\
& + \psi_{Na^+, K^+, Cl^-}[m_{K^+}m_{Cl^-} + m_{Na^+}m_{K^+}]
\end{aligned}
\tag{7-5}
$$

$$\ln K_{\mathrm{KCl}} = \ln m_{\mathrm{K+}} + \ln m_{\mathrm{Cl-}} - 2A^{\phi}\big[I^{1/2}/(1 + 1.2I^{1/2}) + 2/1.2\ln(1 + 1.2I^{1/2})\big]$$

$$+ \beta_{\mathrm{KCl}}^{(0)} \times 2(m_{\mathrm{K+}} + m_{\mathrm{Cl-}})$$

$$+ \beta_{\mathrm{KCl}}^{(1)} \times 2\big[m_{\mathrm{K+}}m_{\mathrm{Cl-}}g'(a_1 I^{1/2}) + (m_{\mathrm{K+}} + m_{\mathrm{Cl-}})g(a_1 I^{1/2})\big]$$

$$+ \frac{C_{\mathrm{KCl}}^{\phi}}{2} \times \big[2m_{\mathrm{K+}}m_{\mathrm{Cl-}} + (m_{\mathrm{K+}} + m_{\mathrm{Cl-}})\cdot Z\big]$$

$$+ \beta_{\mathrm{NaCl}}^{(0)} \times 2m_{\mathrm{Na+}}$$

$$+ \beta_{\mathrm{NaCl}}^{(1)} \times 2\big[m_{\mathrm{Na+}}m_{\mathrm{Cl-}}g'(a_1 I^{1/2}) + m_{\mathrm{Na+}}g(a_1 I^{1/2})\big]$$

$$+ \frac{C_{\mathrm{NaCl}}^{\phi}}{2} \times \big[2m_{\mathrm{Na+}}m_{\mathrm{Cl-}} + m_{\mathrm{Na+}}Z\big]$$

$$+ \theta_{\mathrm{Na+,K+}} \times 2m_{\mathrm{Na+}}$$

$$+ \psi_{\mathrm{Na+,K+,Cl-}}\big[m_{\mathrm{Na+}}m_{\mathrm{Cl-}} + m_{\mathrm{Na+}}m_{\mathrm{K+}}\big] \tag{7-6}$$

从式（7-5）和式（7-6）可见，$\ln K$ 则变成了 $\beta_{\mathrm{NaCl}}^{(0)}$、$\beta_{\mathrm{NaCl}}^{(1)}$、$C_{\mathrm{NaCl}}^{\phi}$；$\beta_{\mathrm{KCl}}^{(0)}$、$\beta_{\mathrm{KCl}}^{(1)}$、$C_{\mathrm{KCl}}^{\phi}$；$\theta_{\mathrm{Na+,K+}}$ 和 $\psi_{\mathrm{Na+,K+,Cl-}}$ 的线性函数，$\ln K = f$（$\beta_{\mathrm{NaCl}}^{(0)}$，$\beta_{\mathrm{NaCl}}^{(1)}$，$C_{\mathrm{NaCl}}^{\phi}$，$\beta_{\mathrm{KCl}}^{(0)}$，$\beta_{\mathrm{KCl}}^{(1)}$，$C_{\mathrm{KCl}}^{\phi}$，$\theta_{\mathrm{Na+,K+}}$，$\psi_{\mathrm{Na+,K+,Cl-}}$）。为了求出 8 个参数，分别利用三元体系 NaCl-KCl-H₂O 相平衡中 NaCl、KCl 中两条溶解度曲线上的点，采用最小二乘法由多元线性回归进行拟合求解，计算框图见图 7-1。

7.1.2.3　Pitzer 参数与温度的关联

Pitzer 方程的单盐和混合离子作用参数不仅与电解质溶液的结构、性质、离子相互作用有关，还与溶液的温度有关。

Pitzer 在专著[1]中指出，当体系温度偏离 25℃不大时，可以根据 Pitzer 参数的温度系数 $\dfrac{\partial \beta^{(0)}}{\partial T}$、$\dfrac{\partial \beta^{(1)}}{\partial T}$、$\dfrac{\partial C^{\phi}}{\partial T}$ 来计算不同温度时的 Pitzer 参数。其后，Pitzer 和合作者研究指出电解质溶液中，由相应温度下的渗透系数和活度系数计算出的 Pitzer 参数可以由温度的关联式表达，并给出了 NaCl-H₂O[16]、Na₂SO₄-H₂O[17]、NaOH-H₂O[18]、MgSO₄-H₂O[19] 等的 Pitzer 参数和温度的关联式，1987 年 Pabalan 和 Pitze 利用 Pitzer 参数和温度的关联式对体系 Na-K-Mg-Cl-SO₄-OH-H₂O 的溶解度进行了理论预测[20]，并给出了计算该体系中存在的盐类矿物自由能公式：

$$\mu_{\mathrm{i,T_f}}^{0} - \mu_{\mathrm{i,Tr}}^{0} = -S_{\mathrm{i,r}}^{0}(T_{\mathrm{f}} - T_{\mathrm{r}}) + \int_{T_{\mathrm{r}}}^{T_{\mathrm{f}}} C_{\mathrm{pi}}^{0}\,\mathrm{d}T - T\int_{T_{\mathrm{r}}}^{T_{\mathrm{f}}}(C_{\mathrm{pi}}^{0}/T)\,\mathrm{d}T \tag{7-7}$$

Moller 等[21,22]对体系 Na-K-Ca-Cl-SO₄-H₂O（0~250℃）、Na-Ca-Cl-SO₄-H₂O（25~250℃）相平衡关系进行了理论预测，并给出了 Pitzer 参数与温度的关联式及体系中盐类矿物自由能的公式：

$$P(T) = a_1 + a_2 T + \frac{a_3}{T} + a_4\ln T + \frac{a_5}{T - 263} + a_6 T^2 + \frac{a_7}{680 - T} + \frac{a_8}{T - 227}$$

$$\frac{\partial G}{\partial n_{\mathrm{j}}} = \mu_{\mathrm{j}} = \mu_{\mathrm{j}}^{0} + RT\ln\gamma_{\mathrm{j}}m_{\mathrm{j}} \tag{7-8}$$

Spencer 等[23]于 1990 年整理出可应用于低于 25℃时相平衡关系的 SMW 模型，把固液

溶解平衡常数 K 与 Pitzer 参数一起关联拟合, 并预测了 Na-K-Ca-Mg-Cl-SO$_4$-H$_2$O 在 $-60 \sim 25℃$ 范围内体系的溶解度, 并给出了 Pitzer 参数与温度的关联式及盐类矿物自由能的公式:

$$P(T) = a_1 + a_2 T + a_6 T^2 + a_9 T^3 + \frac{a_3}{T} + a_4 \ln T$$

$$\mu_r^0/RT = \mu_i^0/RT - \mu_w^0/RT = \ln(PH_2O_i/PH_2O_w) \tag{7-9}$$

Christov 和 Moller[24,25] 对体系 H-Na-K-Ca-OH-Cl-HSO$_4$-SO$_4$-H$_2$O 高温下的相关系进行了理论预测, 并给出了酸/碱 Pitzer 参数与温度的关联式:

$$P(T) = a_1 + a_2 T + \frac{a_5}{T} + a_6 \ln T \tag{7-10}$$

Marion 等[26-28] 对 Spencer 等提出的 SMW 模型进行了整理, 尤其是对硫酸盐的参数进行了修正, 并对 Na-K-Mg-Ca-H-Cl-SO$_4$-OH-HCO$_3$-CO$_3$-CO$_2$-H$_2$O 体系碳酸盐矿物的溶解度和强酸性电解质溶液低于 25℃ 时相关系分别进行了理论预测。

上述 Pitzer 参数与温度的关联式需用不同温度下, 大量的基础数据 (活度系数、渗透系数、溶解度) 拟合出温度关联方程式的系数。

7.1.3　介稳溶解平衡常数的计算

盐类的溶解度平衡与反应平衡一样, 都服从化学热力学的基本平衡规律。按照化学平衡原理, 恒温恒压下, 某种盐 (或称电解质) 在溶液中溶解达到溶解平衡时, 该种盐的溶解平衡常数 K_{sp} 是一个常数。盐 (或称电解质) 的活度等于它们的浓度与它们的活度系数的乘积 Q_i。如果一种盐在盐溶液中的离子活度积大于其溶度积, 则该盐呈过饱和状态; 如果小于其溶度积, 该盐呈未饱和状态; 如果离子活度积等于其溶度积, 那么这种盐则刚好处于饱和状态, 即:

$Q_i > K_{sp}$ 该盐呈过饱和状态;

$Q_i = K_{sp}$ 该盐刚好饱和;

$Q_i < K_{sp}$ 该盐呈未饱和状态。

溶解平衡常数一般通过两种方法得到: ①利用可靠的热力学数据, 由公式 $\ln K = -\dfrac{\Delta G^\theta}{RT}$ 计算; ②利用电解质溶液理论活度系数模型计算。本书中我们采用介稳条件下实验数据, 计算出体系中相应平衡盐类矿物的介稳溶度积, 求其算术平均值即为此矿物相应温度下的溶解平衡常数。原理如下:

以 $M_{N_1}X_{N_2} \cdot N_3 H_2O$ 为例, 当其达到固液平衡时, 其溶解平衡常数在一定温度和溶剂中是一常数。

$$M_{N_1}X_{N_2} \cdot N_3 H_2O \rightleftharpoons N_1 M^{\nu+} + N_2 M^{\nu-} + N_3 H_2O$$

$$K_{M_{N_1}X_{N_2} \cdot N_3 H_2O} = (^m M)^{N_1} \cdot (^m X)^{N_2} \cdot \gamma_M^{N_1} \cdot \gamma_X^{N_2} \cdot \alpha_w^{N_3}$$

$$\ln \alpha_w = (-M_{H_2O} \sum_i m_i) \times \phi \tag{7-11}$$

式（7-11）两边取对数，则化简为

$$\ln K_{M_{N_1}X_{N_2} \cdot N_3 H_2 O} = N_1 \ln m_M + N_2 \ln m_X + N_1 \ln \gamma_M + N_2 \ln \gamma_X + N_3 \ln \alpha_w \tag{7-12}$$

将式（7-12）代入 Pitzer 方程活度系数和渗透系数计算公式，就可以求出平衡矿物的溶度积。

7.1.4　溶解度的理论计算

在恒温恒压下，当达到溶解平衡时，体系自由能的变化为零，即 $\Delta G = \sum n_i \mu_i^\theta - \sum n_j \mu_j^\theta$，或者说体系的自由能最小，则可以得出 $Q_i = K_{sp}$，即在平衡时活度积 Q_i 应等于常数 K_{sp}。运用 Pitzer 方程，代入各单盐参数和混合离子作用参数，以 $Q_i = K_{sp}$ 作为平衡判据，用拟牛顿法求解非线性联立方程组，计算原理如下：

对于相图中的任一单变量线和共饱点，都以 $\sum (Q_i - K_{sp}) \leqslant \varepsilon$ 为判据，联立 Pitzer 方程求出。以五元体系（Li^+，Na^+，Mg^{2+}//Cl^-，SO_4^{2-}–H_2O）共饱点 E 为例，共饱点为 NaCl、$Na_2SO_4 \cdot 10H_2O$、$MgSO_4 \cdot 7H_2O$ 和 $Li_2SO_4 \cdot 3Na_2SO_4 \cdot 12 H_2O$ 四种平衡固相与液相达到平衡，设平衡时液相组成质量摩尔浓度为：$m_{Li^+} = x_1$，$m_{Na^+} = x_2$，$m_{Mg^{2+}} = x_3$，$m_{Cl^-} = x_4$，$m_{SO_4^{2-}} = x_5 = 0.5 \times x_1 + 0.5 \times x_2 + x_3 - 0.5 \times x_4$，固液相平衡关系的表达式如下：

$$K_{NaCl} = x_2 \cdot \gamma_{Na^+} \cdot x_4 \cdot \gamma_{Cl^-} \tag{7-13}$$

$$K_{Na_2SO_4 \cdot 10H_2O} = x_2^2 \cdot \gamma_{Na^+}^2 \cdot x_5 \cdot \gamma_{SO_4^{2-}} \cdot \alpha_w^{10} \tag{7-14}$$

$$K_{MgSO_4 \cdot 7H_2O} = x_3 \cdot \gamma_{Mg^{2+}} \cdot x_5 \cdot \gamma_{SO_4^{2-}} \cdot \alpha_w^7 \tag{7-15}$$

$$K_{Li_2SO_4 \cdot 3Na_2SO_4 \cdot 12H_2O} = x_1^2 \cdot \gamma_{Li^+}^2 \cdot x_2^6 \cdot \gamma_{Na^+}^6 \cdot x_5^4 \cdot \gamma_{SO_4^{2-}}^4 \cdot \alpha_w^{12} \tag{7-16}$$

联立式（7-13）、式（7-14）、式（7-15）和式（7-16），求解非线性联立方程组，可解出未知数 x_1，x_2，x_3，x_4，x_5，即可得到共饱点 E 的溶解度数据，其计算的算法程序框图如下：

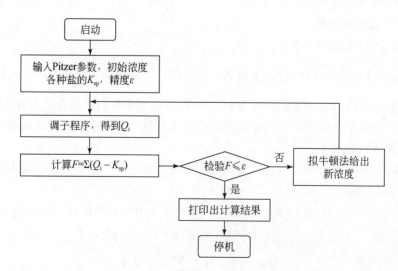

7.2　五元体系及子体系 0℃溶解度的理论预测

7.2.1　五元体系及子体系 Pitzer 参数及溶解平衡常数

　　Pitzer 在论文中给出了 25℃时 LiCl 的单盐参数，Holme 和 Mesmer[29]给出了 LiCl 的 Pitzer 单盐参数与温度 T 的函数关系式，但此函数关系式只适用于计算 LiCl 在 0~6.0mol/kg 浓度范围的 Pitzer 参数值，当 LiCl 浓度较高时计算值与实验结果误差较大。1973 年 Gibbard 和 Scatchar[30]给出了 0℃、25℃、50℃、75℃和 100℃时，0.1~18.0mol/kg 范围内的 LiCl 溶液的渗透系数 ϕ。我们将 0℃时 LiCl 溶液不同浓度的渗透系数采用最小二乘法，进行多元线性回归，求取了 LiCl 的 Pitzer 单盐参数；1986 年 Holmes 和 Mesmer[31]给出了一个碱金属硫酸盐的 Pitzer 参数与温度 T 的函数关系式，见式（7-17），我们利用此函数关系式求得了 0℃时 Li_2SO_4 的 Pitzer 参数值。

$$f(T) = p_1 + p_2\left(T_R - \frac{T_R^2}{T}\right) + p_3\left(T^2 + \frac{2T_R^3}{T} - 3T_R^2\right) + p_4\left(T + \frac{T_R^2}{T} - 3T_R\right) + p_5\left(\ln\frac{T}{T_R} + \frac{T_R}{T} - 1\right)$$

$$+ p_6\left[\frac{1}{T - 263} + \frac{263T - T_R^2}{T(T_R - 263)^2}\right] + p_7\left[\frac{1}{680 - T} + \frac{T_R^2 - 680T}{T(680 - T_R)^2}\right] \tag{7-17}$$

　　对于含锂的二离子参数 $\theta_{Li,Na}$、$\theta_{Li,Mg}$ 和三离子作用参数 $\Psi_{Li,Na,Cl}$、Ψ_{Li,Na,SO_4}、$\Psi_{Li,Mg,Cl}$ 和 Ψ_{Li,Mg,SO_4}，我们运用获得的三元体系在 0℃时溶解度数据，以溶解平衡常数 K 作为固液平衡的判据，建立回归方程，拟合出上述含锂 Pitzer 混合离子作用参数。其他 Pitzer 单盐及混合参数我们采用 Spencer 等提出的 Pitzer 参数与温度关联式求得，将获得的参数列于表 7-1 和表 7-2 中。

表 7-1　五元体系 0℃的 Pitzer 单盐参数值

单盐	二元参数			
	$\beta^{(0)}$	$\beta^{(1)}$	$\beta^{(2)}$	C^ϕ
LiCl	0.21729	−0.32289	—	−0.003516
Li_2SO_4	0.12250	1.08720		−0.00120
NaCl	0.053201	0.24193	—	0.0043585
Na_2SO_4	−0.061939	0.84007		0.017942
$MgCl_2$	0.36157	1.29415	—	0.0093017
$MgSO_4$	0.085516	2.28375	14.35412	0.089522

表 7-2　五元体系 0℃的 Pitzer 混合离子作用参数值

参数	值	参数	值
$\theta_{Li,Na}$	0.022197	Ψ_{Li,Mg,SO_4}	0.0067811
$\Theta_{Li,Mg}$	−0.012041	$\Psi_{Na,Mg,Cl}$	−0.0089215

参数	值	参数	值
$\Theta_{Na,Mg}$	0.070000	Ψ_{Na,Mg,SO_4}	-0.019008
Θ_{Cl,SO_4}	0.050443	Ψ_{Li,Cl,SO_4}	-0.01137[27]
$\Psi_{Li,Na,Cl}$	-0.015079	Ψ_{Na,Cl,SO_4}	-0.001723
Ψ_{Li,Na,SO_4}	-0.0029295	Ψ_{Mg,Cl,SO_4}	-0.024944
$\Psi_{Li,Mg,Cl}$	0.0019004	A^{ϕ}	0.378124

该五元体系0℃平衡矿物的介稳溶度积见表7-3。

表7-3　五元体系在0℃时矿物的溶解平衡常数

盐	ln K	盐	ln K
NaCl	3.46510	$LiCl \cdot 2H_2O$	9.91212
$Na_2SO_4 \cdot 10H_2O$	-5.83091	$Li_2SO_4 \cdot H_2O$	1.22585
$MgCl_2 \cdot 6H_2O$	10.96446	$Li_2SO_4 \cdot 3Na_2SO_4 \cdot 12H_2O$	-12.92558
$MgSO_4 \cdot 7H_2O$	-5.00529	$LiCl \cdot MgCl_2 \cdot 7H_2O$	22.66341

7.2.2　四元体系(Na^+, Mg^{2+}//Cl^-, SO_4^{2-}-H_2O)溶解度的理论预测

根据表7-1、表7-2中Pitzer单盐参数及混合离子作用参数，以本书实验数据计算出的各盐类介稳溶度积（表7-3）作为介稳平衡的判据，用拟牛顿法求解固液平衡关系表达式组成的非线性方程组，计算得到四元体系(Na^+, Mg^{2+}//Cl^-, SO_4^{2-}-H_2O)在0℃时的介稳平衡溶解度见表7-4，由计算的部分溶解度数据绘制了该四元体系的相图、水图和水活度图，见图7-2、图7-3、图7-4。

表7-4　四元体系(Na^+, Mg^{2+}//Cl^-, SO_4^{2-}-H_2O)在0℃计算的介稳溶解度数据

编号	液相组成/(mol/kg H₂O)				耶涅克指数/(mol/100mol 干盐)			a_w	平衡固相
	$2Na^+$	Mg^{2+}	$2Cl^-$	SO_4^{2-}	$2Na^+$	SO_4^{2-}	H_2O		
1, A	3.13	0.00	3.01	0.11	100.00	3.61	1774.74	0.75	NaCl + Mir
2	2.83	0.30	2.99	0.14	90.42	4.36	1773.03	0.75	NaCl + Mir
3	2.54	0.60	2.98	0.17	80.92	5.36	1765.13	0.74	NaCl + Mir
4	2.27	0.90	2.96	0.21	71.63	6.73	1749.74	0.74	NaCl + Mir
5	1.78	1.50	2.91	0.37	54.31	11.22	1690.71	0.72	NaCl + Mir
6	1.57	1.80	2.88	0.50	46.66	14.79	1644.77	0.71	NaCl + Mir
7, E	1.40	2.09	2.81	0.68	40.13	19.36	1589.82	0.70	NaCl + Mir + Eps
8	1.05	2.46	3.00	0.51	29.86	14.58	1582.70	0.68	NaCl + Eps
9	0.77	2.82	3.18	0.41	21.44	11.39	1546.33	0.66	NaCl + Eps

续表

编号	液相组成/(mol/kg H₂O)				耶涅克指数 /(mol/100mol 干盐)			a_w	平衡固相
	$2Na^+$	Mg^{2+}	$2Cl^-$	SO_4^{2-}	$2Na^+$	SO_4^{2-}	H_2O		
10	0.55	3.18	3.39	0.34	14.71	9.07	1488.76	0.63	NaCl + Eps
11	0.33	3.66	3.72	0.28	8.31	6.90	1390.58	0.58	NaCl + Eps
12	0.22	4.02	3.99	0.24	5.18	5.78	1309.30	0.54	NaCl + Eps
13	0.14	4.38	4.30	0.23	3.13	4.98	1227.62	0.49	NaCl + Eps
14	0.08	4.86	4.72	0.21	1.55	4.32	1124.43	0.43	NaCl + Eps
15	0.05	5.22	5.05	0.21	0.90	4.07	1053.79	0.38	NaCl + Eps
16，F	0.03	5.64	5.44	0.23	0.47	4.01	979.52	0.32	NaCl + Eps + Bis
17，B	0.41	2.16	0.00	2.56	15.94	100.00	2165.09	0.92	Mir + Eps
18	0.43	2.10	0.30	2.23	17.24	88.15	2129.39	0.91	Mir + Eps
19	0.47	2.04	0.60	1.92	18.74	76.15	2206.52	0.89	Mir + Eps
20	0.51	2.01	0.90	1.63	20.47	64.36	2198.30	0.87	Mir + Eps
21	0.58	1.99	1.20	1.37	22.45	53.32	2159.19	0.85	Mir + Eps
22	0.66	2.00	1.50	1.60	24.74	43.59	2087.37	0.83	Mir + Eps
23	0.76	2.03	1.80	0.99	27.39	35.50	1988.93	0.81	Mir + Eps
24	0.90	2.06	2.10	0.86	30.50	29.09	1874.36	0.78	Mir + Eps
25	1.08	2.08	2.40	0.77	34.13	24.17	1753.77	0.75	Mir + Eps
26	1.30	2.09	2.70	0.70	38.35	20.50	1634.45	0.72	Mir + Eps
27，C	0.03	5.54	5.57	0.00	0.50	29.78	996.53	0.33	NaCl + Bis
28	0.03	5.58	5.52	0.08	0.49	1.43	990.46	0.33	NaCl + Bis
29	0.03	5.61	5.48	0.16	0.48	2.84	984.49	0.33	NaCl + Bis
30，D	0.00	5.65	5.43	0.23	0.00	4.00	981.60	0.33	Eps + Bis
31	0.01	5.65	5.43	0.22	0.18	4.01	980.82	0.33	Eps + Bis
32	0.02	5.64	5.44	0.23	0.35	4.01	980.04	0.33	Eps + Bis

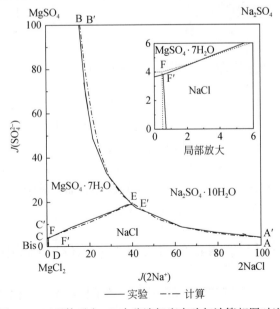

图 7-2　四元体系在 0℃介稳溶解度实验与计算相图对比

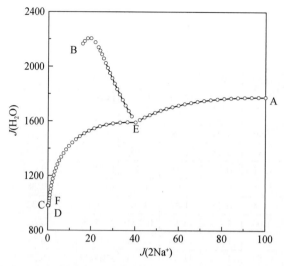

图 7-3　四元体系(Na^+，Mg^{2+}//Cl^-，SO_4^{2-}–H_2O)在 0℃计算水图

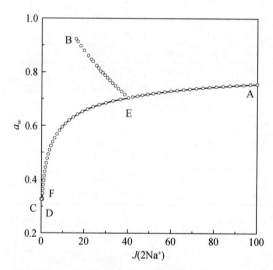

图 7-4　四元体系(Na^+，Mg^{2+}//Cl^-，SO_4^{2-}–H_2O)在 0℃计算水活度图

　　我们将计算得到的相图与实验相图进行了比较，从图 7-2 可以看出，四元体系在 0℃计算的介稳相图与实验相图几乎完全一致，说明我们采用的 0℃的 Pitzer 参数是可靠的，能够用来精确预测复杂水盐体系介稳相平衡的溶解度。

　　由绘制的体系水图（图 7-3）和水活度图（图 7-4）可见，四元体系的水含量和水活度变化趋势相同，在 BE 线随 $J(2Na^+)$ 的增大而减小，而在其余各线溶液的水含量和水活度随 $J(2Na^+)$ 的减小而变小，在共饱点 F 有最小值。

7.2.3　四元体系(Li^+，Na^+//Cl^-，SO_4^{2-}–H_2O)溶解度的理论预测

　　根据表 7-1、表 7-2 中 Pitzer 单盐参数及混合离子作用参数，以该体系各盐类介稳溶度

积（表 7-3）作为介稳平衡的判据，计算得到四元体系(Li^+, $Na^+//Cl^-$, $SO_4^{2-}-H_2O$)在 0℃时的介稳平衡溶解度见表 7-5，由计算的溶解度数据绘制了该四元体系的相图、水图和水活度图，见图 7-5、图 7-6、图 7-7。

表 7-5　四元体系(Li^+, $Na^+//Cl^-$, $SO_4^{2-}-H_2O$)在 0℃计算的介稳溶解度数据

编号	液相组成/(mol/kg H_2O)				耶涅克指数 /(mol/100mol 干盐)			a_w	平衡固相
	Li^+	Na^+	Cl^-	SO_4^{2-}	$2Li^+$	SO_4^{2-}	H_2O		
1, A	0.00	6.26	6.03	0.11	0.00	3.61	1774.74	0.7519	NaCl + Mir
2	0.60	5.75	6.10	0.13	9.44	3.98	1747.47	0.7459	NaCl + Mir
3	1.20	5.26	6.17	0.15	18.57	4.58	1717.87	0.7357	NaCl + Mir
4	1.80	4.79	6.22	0.18	27.31	5.52	1684.19	0.7241	NaCl + Mir
5, E	2.25	4.46	6.27	0.22	33.56	6.56	1654.74	0.7145	NaCl + Mir + Dbl
6	2.60	4.16	6.34	0.21	38.47	6.21	1642.76	0.7068	NaCl + Dbl
7	3.00	3.83	6.42	0.20	43.94	5.96	15626.26	0.6972	NaCl + Dbl
8	3.40	3.51	6.50	0.20	49.21	5.86	1530.57	0.6868	NaCl + Dbl
9	4.00	3.06	6.64	0.21	56.64	5.96	1572.03	0.6696	NaCl + Dbl
10	4.60	2.66	6.79	0.23	63.40	6.36	1530.20	0.6504	NaCl + Dbl
11, F	5.08	2.36	6.93	0.26	68.26	6.95	1491.61	0.6337	NaCl + Dbl + Ls
12	5.60	1.95	7.25	0.15	74.17	4.02	1470.34	0.6118	NaCl + Ls
13	6.20	1.58	7.61	0.09	79.65	2.26	1426.26	0.5842	NaCl + Ls
14	8.00	0.88	8.84	0.02	90.09	0.50	1250.17	0.4915	NaCl + Ls
15	9.00	0.65	9.63	0.01	93.24	0.24	1150.18	0.4372	NaCl + Ls
16	10.00	0.50	10.48	0.07	95.27	0.13	1057.68	0.3840	NaCl + Ls
17	14.00	0.23	14.23	0.00	98.36	0.02	780.00	0.2079	NaCl + Ls
18	15.20	0.21	15.41	0.00	98.65	0.01	720.51	0.1693	NaCl + Ls
19, G	16.19	0.20	16.38	0.00	98.79	0.01	677.57	0.1423	NaCl + Ls + Lc
20, B	5.89	1.08	0.00	3.48	84.50	100.00	1593.70	0.8288	Mir + Dbl
21	5.34	1.14	0.75	2.86	82.47	88.42	1714.09	0.8227	Mir + Dbl
22	4.36	1.21	2.25	1.66	78.33	59.59	1994.10	0.8096	Mir + Dbl
23	3.70	1.43	3.60	0.76	72.14	29.78	2165.51	0.7911	Mir + Dbl
24	3.20	2.31	4.80	0.35	58.01	12.87	2015.17	0.7611	Mir + Dbl
25	2.45	4.01	6.00	0.23	37.94	7.18	1717.39	0.7236	Mir + Dbl
26, C	6.25	1.02	0.00	3.63	86.01	100.00	1528.41	0.8182	Ls + Dbl
27	5.97	1.04	0.60	3.20	85.18	91.44	1583.99	0.8086	Ls + Dbl
28	5.44	1.06	1.80	2.35	83.65	72.30	1708.36	0.7895	Ls + Dbl
29	5.00	1.08	3.00	1.54	82.21	50.63	1826.84	0.7686	Ls + Dbl
30	4.78	1.18	4.20	0.88	80.18	29.54	1862.34	0.7399	Ls + Dbl

续表

编号	液相组成/(mol/kg H_2O)				耶涅克指数 /(mol/100mol 干盐)			a_w	平衡固相
	Li^+	Na^+	Cl^-	SO_4^{2-}	$2Li^+$	SO_4^{2-}	H_2O		
31	4.85	1.51	5.40	0.48	76.23	15.10	1745.45	0.6979	Ls + Dbl
32	5.03	2.14	6.60	0.29	70.13	8.06	1546.42	0.6476	Ls + Dbl
33, D	16.19	0.20	16.38	0.00	98.79	0.00	677.62	0.1423	NaCl + Lc
34, H	16.17	0.00	16.17	0.00	100.00	0.01	686.51	0.1436	Ls + Lc
35	16.18	0.10	16.28	0.00	99.39	0.01	681.96	0.1429	Ls + Lc

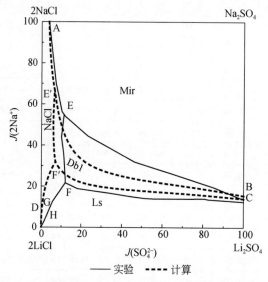

图 7-5　四元体系在 0℃介稳溶解度实验与计算相图对比

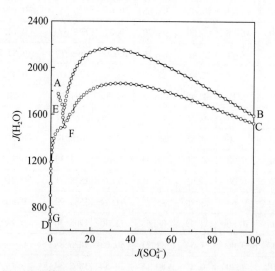

图 7-6　四元体系(Li^+，Na^+//Cl^-，SO_4^{2-}—H_2O)在 0℃计算水图

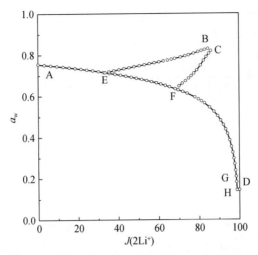

图 7-7　四元体系 $(Li^+，Na^+//Cl^-，SO_4^{2-}-H_2O)$ 在 0℃ 计算水活度图

我们将计算得到的相图与实验相图进行了比较，从图 7-5 可以看出，四元体系在 0℃ 计算的介稳相图与实验相图趋势基本一致。由于体系生成的含锂复盐 $Li_2SO_4 \cdot 3Na_2SO_4 \cdot 12H_2O$ 是不相称（异成分）复盐，其介稳平衡常数利用实验数据拟合时差异较大，可相差几十倍，使复盐 $Li_2SO_4 \cdot 3Na_2SO_4 \cdot 12H_2O$ 饱和的平衡曲线 BE、CF 和 EF 与实验曲线有一定偏差。

由绘制的体系水图（图 7-6）和水活度图（图 7-7）可见，四元体系的水含量和水活度随溶液组分浓度的变化而有规律地变化，在共饱点处有异变，且在共饱点 F 溶液的水含量和水活度有最小值。

7.2.4　四元体系 $(Li^+，Mg^{2+}//Cl^-，SO_4^{2-}-H_2O)$ 溶解度的理论预测

四元体系 $(Li^+，Mg^{2+}//Cl^-，SO_4^{2-}-H_2O)$ 在 0℃ 介稳相平衡的研究未见报道，我们根据表 7-1、表 7-2 中 Pitzer 单盐参数及混合离子作用参数，以该体系各盐类介稳溶度积（表 7-3）作为介稳平衡的判据，计算得到该四元体系在 0℃ 时的介稳平衡溶解度见表 7-6。

由表 7-6 和图 7-8 可见，四元体系在 0℃ 的介稳相图中有 3 个四元无变量共饱点、5 个结晶区和 7 条单变量溶解度曲线，该体系有一个含锂复盐 $LiCl \cdot MgCl_2 \cdot 7H_2O$ 生成，但没有固溶体产生。5 个结晶相区分别为：$MgSO_4 \cdot 7H_2O$ 结晶区、$Li_2SO_4 \cdot H_2O$ 结晶区、$LiCl \cdot MgCl_2 \cdot 7H_2O$ 结晶区、$MgCl_2 \cdot 6H_2O$ 结晶区和 $LiCl \cdot 2H_2O$ 结晶区，其中 $MgSO_4 \cdot 7H_2O$ 结晶区面积最大，$LiCl \cdot MgCl_2 \cdot 7H_2O$ 结晶区最小。

表 7-6　四元体系 $(Li^+，Mg^{2+}//Cl^-，SO_4^{2-}-H_2O)$ 在 0℃ 计算的介稳溶解度数据

编号	液相组成/(mol/kg H₂O)				耶涅克指数/(mol/100mol 干盐)			a_w	平衡固相
	$2Li^+$	Mg^{2+}	$2Cl^-$	SO_4^{2-}	$2Li^+$	SO_4^{2-}	H_2O		
1，A	2.41	1.39	0.00	3.8	63.49	100.00	1460.10	0.8006	Ls + Eps

| 编号 | 液相组成/(mol/kg H_2O) | | | | 耶涅克指数 /(mol/100mol 干盐) | | | a_w | 平衡固相 |
	$2Li^+$	Mg^{2+}	$2Cl^-$	SO_4^{2-}	$2Li^+$	SO_4^{2-}	H_2O		
2	2.31	1.38	0.40	3.29	62.52	89.16	1503.75	0.7857	Ls + Eps
3	2.21	1.37	0.80	2.78	61.79	77.65	1551.03	0.7704	Ls + Eps
4	2.13	1.34	1.20	2.27	61.27	65.42	1599.62	0.7544	Ls + Eps
5	2.06	1.32	1.60	1.78	60.82	52.65	1642.72	0.7367	Ls + Eps
6	2.00	1.34	2.00	1.33	59.94	40.00	1665.34	0.7155	Ls + Eps
7	1.90	1.57	2.70	0.77	54.71	22.14	1600.64	0.6631	Ls + Eps
8	1.44	2.83	3.90	0.38	33.73	8.84	1297.50	0.5276	Ls + Eps
9	0.96	4.03	4.70	0.29	19.24	5.83	1112.23	0.4213	NaCl + Eps
10, E	0.50	5.30	5.53	0.28	8.57	4.77	956.72	0.3102	Ls + Eps + Bis
11	1.20	4.69	5.85	0.04	20.36	0.68	941.83	0.2918	Ls + Bis
12	1.90	4.20	6.08	0.013	31.17	0.21	910.59	0.2699	Ls + Bis
13	2.60	3.73	6.32	0.0058	41.07	0.09	876.91	0.2473	Ls + Bis
14	3.30	3.29	6.59	0.003	50.06	0.05	842.07	0.2245	Ls + Bis
15	3.80	3.00	6.79	0.002	55.91	0.03	816.72	0.2082	Ls + Bis
16	4.40	2.66	7.06	0.0013	62.30	0.02	785.95	0.1888	Ls + Bis
17	5.10	2.30	7.40	0.00089	68.89	0.01	749.80	0.1666	Ls + Bis
18, F	5.86	1.95	7.81	0.00062	75.03	0.01	710.44	0.1432	Ls + Bis + Lic
19	6.10	1.79	7.89	0.00059	77.30	0.01	703.38	0.1399	Ls + Lic
20	6.30	1.66	7.96	0.00057	79.13	0.01	697.23	0.1369	Ls + Lic
21, G	6.58	1.49	8.06	0.00055	81.57	0.01	688.36	0.1327	Ls + Lic + Lc
22, B	0.00	5.65	5.43	0.23	0.00	4.00	981.61	0.3256	Eps + Bis
23	0.10	5.58	5.45	0.24	1.76	4.14	976.72	0.3225	Eps + Bis
24	0.20	5.51	5.47	0.24	3.50	4.29	971.77	0.3194	Eps + Bis
25	0.30	5.44	5.49	0.25	5.22	4.44	966.77	0.3163	Eps + Bis
26	0.40	5.37	5.51	0.27	6.93	4.60	961.71	0.3132	Eps + Bis
27, C	5.86	1.95	7.81	0.00	75.03	0.00	710.47	0.1432	Bis + Lic
28	5.86	1.95	7.81	0.004	75.04	0.05	710.26	0.1432	Bis + Lic
29, D	6.58	1.49	8.06	0.00	81.57	0.00	688.39	0.1327	Lic + Lc
30	6.58	1.49	8.06	0.002	81.57	0.03	688.28	0.1327	Lic + Lc
31, H	8.09	0.00	8.08	0.00074	100.00	0.01	686.52	0.1436	Ls + Lc
32	7.16	0.90	8.06	0.00062	88.84	0.01	688.54	0.1374	Ls + Lc

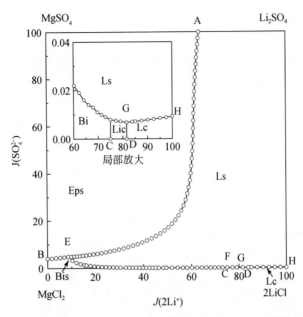

图 7-8　四元体系(Li^+，Mg^{2+}//Cl^-，SO_4^{2-}-H_2O)在 0℃的计算相图

　　由绘制的该体系水图（图 7-9）和水活度图（图 7-10）可见，四元体系的水含量和水活度随溶液 $J(2Li^+)$ 浓度的变化而有规律地变化，除 AE 线外，溶液的水含量和水活度随 $J(2Li^+)$ 浓度的增大而减小，且在共饱点 G 处有最小值。

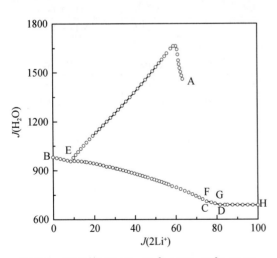

图 7-9　四元体系(Li^+，Mg^{2+}//Cl^-，SO_4^{2-}-H_2O)
在 0℃计算水图

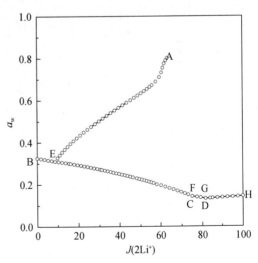

图 7-10　四元体系(Li^+，Mg^{2+}//Cl^-，SO_4^{2-}-H_2O)
在 0℃计算水活度图

7.2.5　四元体系(Li^+，Na^+，$Mg^{2+}//Cl^--H_2O$)溶解度的理论预测

四元体系(Li^+，Na^+，$Mg^{2+}//Cl^--H_2O$)在0℃相平衡的研究未见报道，计算得到该四元体系在0℃时的介稳平衡溶解度见表7-7，由计算的溶解度数据绘制了该四元体系的相图、水图和水活度图，见图7-11、图7-12、图7-13。

该四元体系在0℃的介稳相图中有2个四元无变量点、4个结晶区和5条单变量溶解度曲线，该体系有一个含锂复盐$LiCl \cdot MgCl_2 \cdot 7H_2O$生成，但没有固溶体产生。4个结晶相区分别为：$NaCl$结晶区、$MgCl_2 \cdot 6H_2O$结晶区、$LiCl \cdot MgCl_2 \cdot 7H_2O$结晶区和$LiCl \cdot 2H_2O$结晶区，其中$NaCl$结晶区面积最大，$LiCl \cdot MgCl_2 \cdot 7H_2O$结晶区最小。

表 7-7　四元体系(Li^+，Na^+，$Mg^{2+}//Cl^--H_2O$)在0℃计算的介稳溶解度数据

编号	液相组成/%				耶涅克指数/(g/100g 干盐)		a_w	平衡固相
	LiCl	NaCl	$MgCl_2$	H_2O	LiCl	H_2O		
1, A	0.00	0.056	34.47	65.32	0.00	188.35	0.3282	NaCl + Bis
2	2.76	0.20	32.00	65.03	7.89	186.00	0.3132	NaCl + Bis
3	5.49	0.19	29.61	64.71	15.55	183.39	0.2979	NaCl + Bis
4	8.18	0.19	27.28	64.35	22.96	180.53	0.2823	NaCl + Bis
5	10.84	0.18	25.03	63.95	30.09	177.42	0.2664	NaCl + Bis
6	13.46	0.17	22.86	63.51	36.90	174.06	0.2503	NaCl + Bis
7	16.03	0.16	20.78	63.03	43.36	170.47	0.2341	NaCl + Bis
8	18.55	0.15	18.81	62.50	49.46	166.66	0.2178	NaCl + Bis
9	21.00	0.14	16.93	61.93	55.16	162.64	0.2016	NaCl + Bis
10	23.39	0.13	15.17	61.31	60.45	158.44	0.1856	NaCl + Bis
11	25.71	0.12	13.53	60.64	65.32	154.07	0.1697	NaCl + Bis
12	27.95	0.12	12.01	59.93	69.75	149.57	0.1542	NaCl + Bis
13, E	29.55	0.11	10.96	59.38	72.74	146.17	0.1431	NaCl + Bis + Lic
14	30.39	0.11	10.25	59.24	74.57	145.36	0.1405	NaCl + Lic
15	31.08	0.12	9.67	59.13	76.04	144.66	0.1384	NaCl + Lic
16	31.77	0.12	9.11	59.00	77.49	143.92	0.1362	NaCl + Lic
17, F	32.85	0.12	8.23	58.79	79.72	142.67	0.1325	NaCl + Lic + Lc
18, B	40.55	0.25	0.00	59.19	99.38	145.04	0.1431	NaCl + Lc
19	39.49	0.23	1.13	59.15	96.68	144.83	0.1418	NaCl + Lc
20	38.43	0.21	2.25	59.11	93.98	144.57	0.1405	NaCl + Lc
21	37.37	0.19	3.37	59.06	91.29	144.29	0.1392	NaCl + Lc
22	36.32	0.17	4.49	59.01	88.61	143.97	0.1378	NaCl + Lc
23	34.24	0.14	6.72	58.89	83.29	143.24	0.1347	NaCl + Lc
24	33.21	7.84	7.84	58.82	80.65	142.83	0.1331	NaCl + Lc
25, C	29.54	11.04	11.04	59.43	72.79	146.46	0.1432	Lic + Bis
26	29.54	11.02	11.02	59.41	72.78	146.37	0.1432	Lic + Bis

续表

| 编号 | 液相组成/% | | | | 耶涅克指数 /（g/100g 干盐） | | a_w | 平衡固相 |
	LiCl	NaCl	MgCl₂	H₂O	LiCl	H₂O		
27	29.54	10.99	10.99	59.40	72.76	146.28	0.1431	Lic + Bis
28	29.55	10.98	10.98	59.39	72.75	146.24	0.1431	Lic + Bis
29，D	32.82	8.33	8.33	58.85	79.76	143.03	0.1327	Lc + Lic
30	32.82	8.32	8.32	58.84	79.75	142.98	0.1327	Lc + Lic
31	32.83	8.29	8.29	58.83	79.74	142.88	0.1326	Lc + Lic
32	32.85	8.25	8.25	58.80	79.73	142.73	0.1325	Lc + Lic

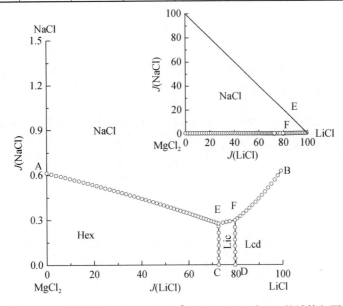

图 7-11　四元体系（Li⁺，Na⁺，Mg²⁺//Cl⁻–H₂O）在 0℃的计算相图

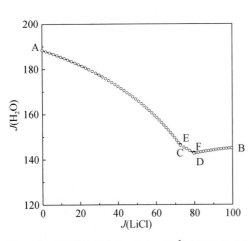

图 7-12　四元体系（Li⁺，Na⁺，Mg²⁺//Cl⁻–H₂O）
在 0℃计算水图

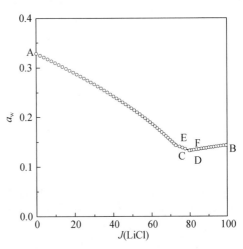

图 7-13　四元体系（Li⁺，Na⁺，Mg²⁺//Cl⁻–H₂O）
在 0℃计算水活度图

由绘制的体系水图（图 7-12）和水活度图（图 7-13）可见，该四元体系的水含量和水活度变化趋势相同，在 BF 线，溶液的水含量和水活度随 $J(\text{LiCl})$ 浓度的增大而增大，在 AE 和 EF 线，随 $J(\text{LiCl})$ 浓度的增大而减小，且在共饱点 F 处有最小值。

7.2.6　五元体系(Li^+，Na^+，Mg^{2+}//Cl^-，SO_4^{2-}–H_2O)溶解度的理论预测

根据表 7-1、表 7-2 中 Pitzer 单盐参数及混合离子作用参数，以实验数据计算出的各盐类介稳溶度积（表 7-3）作为介稳平衡的判据，用拟牛顿法求解固液平衡关系表达式组成的非线性方程组，计算得到氯化钠饱和时五元体系(Li^+，Na^+，Mg^{2+}//Cl^-，SO_4^{2-}–H_2O)在 0℃时的介稳平衡溶解度，见表 7-8，由计算的溶解度数据绘制该五元体系相图、水含量图、钠含量图和水活度图，见图 7-14、图 7-15、图 7-16、图 7-17。

由表 7-8 和图 7-14 可见，四元体系在 0℃的氯化钠饱和下的介稳相图中有 5 个四元无变量点、7 个结晶区和 11 条单变量溶解度曲线，与实验相图一致，NaCl 饱和的 Na_2SO_4·$10H_2O$ 结晶区最大，占相图的 60% 以上。

表 7-8　五元体系(Li^+，Na^+，Mg^{2+}//Cl^-，SO_4^{2-}–H_2O)0℃计算介稳溶解度数据

编号	液相组成 /(mol/kg H₂O)					耶涅克指数/[mol/100mol (2Li⁺+Mg²⁺+SO₄²⁻)]				a_w	平衡固相
	$2Li^+$	$2Na^+$	Mg^{2+}	$2Cl^-$	SO_4^{2-}	$2Li^+$	SO_4^{2-}	$2Na^+$	H_2O		
1，A	0.00	1.40	2.09	2.81	0.68	0.00	24.44	50.65	2006.65	0.7030	NaCl + Eps + Mir
2	0.10	1.40	2.01	2.82	0.70	3.56	24.74	49.84	1975.61	0.7004	NaCl + Eps + Mir
3	0.20	1.40	1.94	2.82	0.72	7.00	25.08	48.98	1943.08	0.6978	NaCl + Eps + Mir
4	0.30	1.40	1.87	2.83	0.74	10.32	25.46	48.07	1908.99	0.6950	NaCl + Eps + Mir
5，E	0.44	0.40	1.77	2.83	0.78	14.84	26.06	46.70	1857.23	0.6910	NaCl + Eps + Mir + Dbl
6	0.50	1.34	1.77	2.86	0.76	16.49	24.98	44.18	1830.69	0.6872	NaCl + Eps + Dbl
7	0.80	1.12	1.77	2.99	0.70	24.52	21.39	34.31	1701.09	0.6679	NaCl + Eps + Dbl
8	1.10	0.97	1.71	3.09	0.69	31.47	19.68	27.76	1587.96	0.6492	NaCl + Eps + Dbl
9	1.40	0.86	1.63	3.18	0.71	37.46	18.93	22.92	1485.38	0.6307	NaCl + Eps + Dbl
10，F	1.69	0.77	1.55	3.25	0.75	42.40	18.82	19.24	1391.72	0.6126	NaCl + Eps + Dbl + Ls
11，B	1.13	2.23	0.00	3.13	0.22	83.64	16.36	165.61	4124.53	0.7145	NaCl + Mir + Dbl
12	1.04	2.12	0.20	3.11	0.25	69.59	17.00	142.30	3722.21	0.7127	NaCl + Mir + Dbl
13	0.95	2.02	0.40	3.08	0.29	57.92	17.75	122.74	3376.57	0.7108	NaCl + Mir + Dbl
14	0.87	1.92	0.60	3.05	0.34	48.14	18.62	106.19	3075.61	0.7087	NaCl + Mir + Dbl
15	0.79	1.82	0.80	3.02	0.39	39.89	19.60	92.06	2810.35	0.7063	NaCl + Mir + Dbl
16	0.71	1.72	1.00	2.99	0.45	32.92	20.71	79.92	2574.01	0.7038	NaCl + Mir + Dbl
17	0.64	1.63	1.20	2.95	0.52	27.01	21.94	69.44	2361.39	0.7009	NaCl + Mir + Dbl
18	0.53	1.50	1.50	2.89	0.64	19.83	24.00	56.27	2078.61	0.6960	NaCl + Mir + Dbl
19，C	2.54	1.18	0.00	3.46	0.26	90.76	9.24	42.20	1983.28	0.6337	NaCl + Dbl + Ls
20	2.31	1.06	0.40	3.42	0.35	75.47	11.44	34.79	1816.02	0.6293	NaCl + Dbl + Ls
21	2.08	0.95	0.80	3.37	0.46	62.23	13.86	28.48	1658.73	0.6243	NaCl + Dbl + Ls

续表

编号	液相组成 /(mol/kg H₂O)					耶涅克指数/[mol/ 100mol (2Li⁺+Mg²⁺+SO₄²⁻)]				a_w	平衡固相
	2Li⁺	2Na⁺	Mg²⁺	2Cl⁻	SO₄²⁻	2Li⁺	SO₄²⁻	2Na⁺	H₂O		
22	1.87	0.85	1.20	3.31	0.60	50.87	16.46	23.15	1511.28	0.6185	NaCl + Dbl + Ls
23, D	0.00	0.027	5.64	5.44	0.23	0.00	3.88	0.46	946.02	0.3247	NaCl + Eps + Bis
24	0.20	0.027	5.50	5.48	0.25	3.37	4.14	0.45	933.96	0.3187	NaCl + Eps + Bis
25	1.52	0.35	2.40	3.83	0.44	34.82	10.08	8.11	1274.44	0.5442	NaCl + Eps + Ls
26	1.25	0.18	3.20	4.29	0.34	26.07	7.12	3.79	1158.82	0.4814	NaCl + Eps + Ls
27	0.95	0.092	4.00	4.75	0.29	18.13	5.58	1.75	1058.64	0.4172	NaCl + Eps + Ls
28	0.66	0.044	4.80	5.23	0.27	11.49	4.79	0.76	968.18	0.3509	NaCl + Eps + Ls
29, G	0.50	0.027	5.29	5.54	0.28	8.20	4.58	0.44	915.22	0.3095	NaCl + Eps + Ls + Bis
30	1.50	0.028	4.46	5.96	0.024	25.07	0.39	0.47	927.66	0.2820	NaCl + Ls + Bis
31	2.55	0.028	3.75	6.32	0.0061	40.46	0.097	0.45	880.67	0.2487	NaCl + Ls + Bis
32	3.60	0.029	3.10	6.72	0.0024	53.74	0.035	0.43	828.59	0.2147	NaCl + Ls + Bis
33	4.65	0.030	2.51	7.19	0.0012	64.91	0.016	0.42	774.82	0.1811	NaCl + Ls + Bis
34, H	5.89	0.032	1.92	7.84	0.0062	75.43	0.0079	0.41	710.77	0.1429	NaCl + Ls + Bis + Lic
35, I	6.63	0.040	1.44	8.11	0.0055	82.13	0.0069	0.50	688.14	0.1322	NaCl + Ls + Lic + Lc
36, L	8.09	0.099	0.00	8.19	0.0076	100.0	0.0093	1.22	685.78	0.1423	NaCl + Ls + Lc
37	7.63	0.074	0.45	8.15	0.0068	94.42	0.0085	0.92	687.32	0.1395	NaCl + Ls + Lc
38	7.01	0.051	1.05	8.11	0.0060	86.97	0.0074	0.63	688.26	0.1353	NaCl + Ls + Lc
39, M	5.89	0.032	1.92	7.84	0.00	75.44	0.00	0.41	710.86	0.1429	NaCl + Bis + Lic
40, N	6.62	0.040	1.44	8.11	0.00	82.14	0.00	0.50	688.22	0.1322	NaCl + Lc + Lic

注: Mir—Na₂SO₄·10H₂O; Lc—LiCl·2H₂O; Ls—Li₂SO₄·H₂O; Eps—MgSO₄·7H₂O; Bis—MgCl₂·6H₂O; Lic—LiCl·MgCl₂·7H₂O; Dbl—Li₂SO₄·3Na₂SO₄·12H₂O。

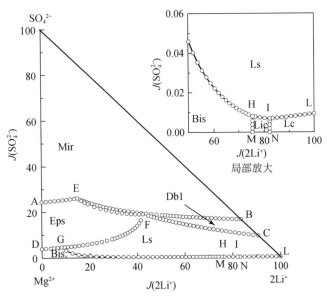

图 7-14　五元体系(Li⁺, Na⁺, Mg²⁺//Cl⁻, SO₄²⁻-H₂O)在 0℃的计算相图

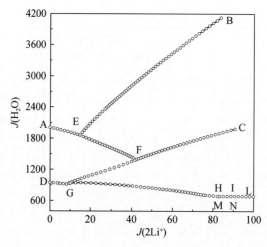

图 7-15　五元体系(Li^+，Na^+，$Mg^{2+}//Cl^-$，$SO_4^{2-}-H_2O$)在 0℃计算水含量图

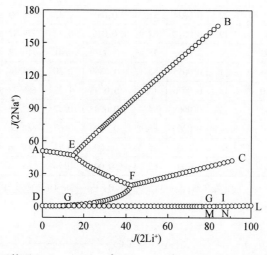

图 7-16　五元体系(Li^+，Na^+，$Mg^{2+}//Cl^-$，$SO_4^{2-}-H_2O$)在 0℃时计算钠含量图

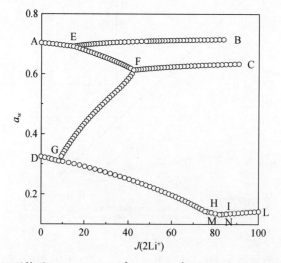

图 7-17　五元体系(Li^+，Na^+，$Mg^{2+}//Cl^-$，$SO_4^{2-}-H_2O$)在 0℃计算水活度图

由绘制的体系水含量图（图 7-15）和钠含量图（图 7-16）可见，五元体系的水含量和钠含量随溶液 $J(2Li^+)$ 浓度的变化而有规律地变化，且变化趋势相同，在共饱点 G 处有最小值；由水活度图（图 7-17）可见，在 LiCl 饱和区，溶液的水活度 a_w 非常小（只有 0.13），使 $LiCl \cdot 2H_2O$ 难于从溶液中蒸发出来。

将计算得到的相图与实验相图进行了比较，由图 7-18 可以看出，五元体系计算的介稳相图与实验相图溶解度曲线趋势基本一致，说明我们采用的 0℃ 的 Pitzer 参数是可靠的，能够对我国含锂多组分水盐体系在低温时的介稳相平衡关系进行理论预测。

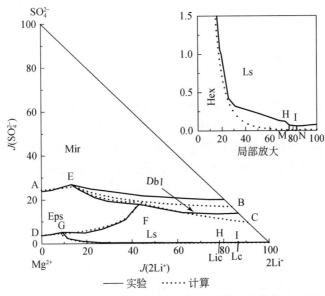

图 7-18　五元体系在 0℃ 介稳溶解度实验值与计算值对比图

理论计算中出现的问题讨论如下：

（1）对于水盐体系介稳溶解度的本质，至今没有统一的成熟见解，通常用过饱和度来描述其介稳程度的大小[28]。过饱和度（d.s.）的定义为盐在溶液中的离子活度积（Q_i）与溶解平衡常数（K_{sp}）之比，即：$d.s. = \dfrac{Q_i}{K_{sp}}$。通常情况下，介稳状态下析出盐的溶度积大于稳定条件下的溶度积。研究发现，不同研究体系下，析出的平衡固相其溶度积变化较大，造成预测的溶解度曲线偏差较大，因而我们在计算时采用介稳溶度积的平均值作为判据来减小误差。

（2）Pitzer 方程中参数的获得，一般采用精度较高的活度系数和渗透系数来拟合，也可以采用可靠的溶解度数据来拟合。而本书含锂 Pitzer 参数拟合过程中，缺乏相关的 0℃ 二元及三元体系活度系数及渗透系数的数据，只能依靠相关体系的溶解度数据来拟合。目前含锂体系 0℃ 的溶解度数据相对较少，且数据的精确度不高，导致拟合出的 Pitzer 参数，在预测 LiCl 饱和的高浓度区误差较大，因此要进一步提高数据的精度来获得更可靠的参数。

（3）本书研究体系是一个复杂的多组分高浓度溶液体系，LiCl 饱和时（0℃）浓度高达 16.2mol/kg，而现有的低元基础数据较少，使其理论模拟难度变大。

（4）本研究体系中有一含锂复盐 $Li_2SO_4 \cdot 3Na_2SO_4 \cdot 12H_2O$ 生成，它是不相称（异成分）复盐，在体系蒸发过程中不断发生转溶，导致溶度积变化较大，因而使得预测的其饱和蒸发曲线与实验曲线偏差较大，因此需要提高实验和固相鉴定手段，对三元体系 $Li_2SO_4-Na_2SO_4-H_2O$ 进行详细的研究，获得精度更高的 $Li_2SO_4 \cdot 3Na_2SO_4 \cdot 12H_2O$ 的实验数据。

7.3 五元体系及子体系 25℃溶解度的理论计算

7.3.1 Pitzer 参数和盐类矿物溶解平衡常数

Harvie 和 Wear[8,9]对海水体系的 Pitzer 参数进行拟合，宋彭生、姚燕等[11-13]采用等压法、离子选择电极法对含锂体系渗透系数和平均活度系数进行测定，利用获得的热力学数据对 25℃含锂 Pitzer 参数重新进行拟合，所涉及的其他 Pitzer 单盐及混合参数均采用 Harvie 和 Wear 拟合的结果。25℃时 Pitzer 单盐及混合参数见表7-9、表7-10。

表 7-9　25℃的 Pitzer 单盐参数值[8, 9, 11-13]

单盐	二元参数			
	$\beta^{(0)}$	$\beta^{(1)}$	$\beta^{(2)}$	C^{ϕ}
$MgCl_2$	0.35235	1.68150	—	0.00519
$MgSO_4$	0.22100	3.34300	−37.24000	0.02500
NaCl	0.07650	0.26640	—	0.00127
Na_2SO_4	0.01958	1.11300		0.00497
LiCl	0.20818	−0.07264	—	−0.00424
Li_2SO_4	0.14396	1.17736	—	−0.00571

表 7-10　25℃的 Pitzer 混合离子作用参数值

参数	值	参数	值
$\theta_{Li,Na}$	0.020160	Ψ_{Li,Mg,SO_4}	0.005700
$\Theta_{Li,Mg}$	0.010196	$\Psi_{Na,Mg,Cl}$	−0.012000
$\Theta_{Na,Mg}$	0.070000	Ψ_{Na,Mg,SO_4}	−0.015000
Θ_{Cl,SO_4}	0.020000	Ψ_{Li,Cl,SO_4}	−0.012360
$\Psi_{Li,Na,Cl}$	−0.007416	Ψ_{Na,Cl,SO_4}	0.001400
Ψ_{Li,Na,SO_4}	−0.007774	Ψ_{Mg,Cl,SO_4}	−0.004000
$\Psi_{Li,Mg,Cl}$	−0.0005947	A^{ϕ}	0.392000

该五元体系 25℃平衡矿物的平衡溶度积由标准生成能数据计算所得，见表 7-11。

表 7-11　25℃时体系中所有化学形态物种的标准生成能[8-13]

种类	简写	μ_i^0/RT
H_2O	—	−95.6635
Li^+	—	−118.0439
Na^+	—	−105.651
Mg^{2+}	—	−113.957
Cl^-	—	−183.468
SO_4^{2-}	—	−52.955
$MgCl_2 \cdot 6H_2O$	Bis	−583.1
$Na_2Mg(SO_4)_2 \cdot 4H_2O$	Ast	−1383.6
$Li_2SO_4 \cdot 3Na_2SO_4 \cdot 12H_2O$	Db1	−3227.404
$Li_2SO_4 \cdot Na_2SO_4$	Db2	−1048.74
$MgSO_4 \cdot 7H_2O$	Eps	−1157.833
NaCl	NaCl	−154.99
$MgSO_4 \cdot 6H_2O$	Hex	−1061.563
$MgSO_4 \cdot 4H_2O$	Tet	−868.457
$LiCl \cdot MgCl_2 \cdot 7H_2O$	Lic	−1108.343
$LiCl \cdot H_2O$	Lc	−254.5962
$Li_2SO_4 \cdot H_2O$	Ls	−631.1121
$MgSO_4 \cdot 5H_2O$	Pen	−965.084
Na_2SO_4	Th	−512.35

7.3.2　四元体系(Li^+，$Na^+//Cl^-$，$SO_4^{2-}-H_2O$)溶解度的理论预测

根据表 7-9、表 7-10 中 Pitzer 单盐参数及混合离子作用参数，以该体系各盐类平衡溶度积（表 7-11）作为平衡的判据，计算得到四元体系(Li^+，$Na^+//Cl^-$，$SO_4^{2-}-H_2O$)在 25℃时的介稳平衡溶解度见表 7-12，由计算的溶解度数据绘制了该四元体系的相图，并将计算相图和实验相图对比见图 7-19。计算的溶解度数据列在表 7-12 中。

表 7-12　四元体系(Li^+，$Na^+//Cl^-$，$SO_4^{2-}-H_2O$)25℃溶解度计算值

编号	液相组成/(mol/kg H_2O)				耶涅克指数/(mol/100mol 干盐)			平衡固相
	Li^+	Na^+	Cl^-	SO_4^{2-}	$2Li^+$	SO_4^{2-}	H_2O	
1	1.9335	4.3665	0.0000	3.1500	30.69	100.00	1762.2	Mir + Db1
2	1.6952	4.5053	0.5000	2.8503	27.34	91.94	1790.5	Mir + Db1

编号	液相组成/(mol/kg H₂O)				耶涅克指数/(mol/100mol 干盐)			平衡固相
	Li^+	Na^+	Cl^-	SO_4^{2-}	$2Li^+$	SO_4^{2-}	H_2O	
3	1.4661	4.6842	1.0000	2.5752	23.84	83.74	1805.1	Mir + Db1
4	1.2454	4.9172	1.5000	2.3300	20.21	75.66	1801.4	Mir + Db1
5	1.0327	5.2186	2.0000	2.1257	16.52	68.01	1775.9	Mir + Db1
6	0.8285	5.6008	2.5000	1.9646	12.89	61.11	1726.7	Mir + Db1
7, A	0.6582	6.0104	2.9392	1.8647	9.87	55.92	1664.8	Mir + Th + Db1
8	0.0000	6.3878	3.4482	1.4698	0.00	46.02	1737.9	Mir + Th
9	0.1500	6.2905	3.3403	1.5501	2.33	48.14	1723.7	Mir + Th
10	0.3000	6.1997	3.2276	1.6361	4.62	50.34	1708.0	Mir + Th
11	0.4500	6.1156	3.1101	1.7278	6.85	52.63	1690.9	Mir + Th
12	0.6841	5.9724	3.3000	1.6782	10.28	50.42	1667.8	Db1 + Th
13	0.7297	5.9545	3.8000	1.4421	10.92	43.15	1660.9	Db1 + Th
14	0.7896	5.9754	4.3000	1.2325	11.67	36.44	1641.1	Db1 + Th
15	0.8673	6.0308	4.8000	1.0491	12.57	30.42	1609.4	Db1 + Th
16, B	1.0006	6.1416	5.4403	0.8509	14.01	23.83	1554.4	Db1 + Th + H
17	0.0000	6.9078	5.4949	0.7064	0.00	20.45	1607.1	H + Th
18	0.2000	6.7489	5.4856	0.7317	2.88	21.06	1597.6	H + Th
19	0.4000	6.5927	5.4755	0.7586	5.72	21.70	1587.6	H + Th
20	0.6000	6.4394	5.4646	0.7874	8.52	22.37	1577.1	H + Th
21	0.8000	6.2891	5.4529	0.8181	11.29	23.08	1566.0	H + Th
22	1.4000	5.6746	5.5431	0.7657	19.79	21.65	1569.2	Db1 + H
23	1.8000	5.2637	5.6118	0.7260	25.48	20.55	1571.6	Db1 + H
24	2.2000	4.8880	5.6640	0.7120	31.04	20.09	1566.3	Db1 + H
25	2.6000	4.5393	5.7071	0.7161	36.42	20.06	1555.0	Db1 + H
26	3.0000	4.2150	5.7444	0.7353	41.58	20.38	1538.7	Db1 + H
27, C	3.4938	3.8473	5.7842	0.7785	47.59	21.21	1512.3	Db1 + Db2 + H
28	5.8434	2.2088	0.0000	4.0261	72.57	100.00	1378.7	Db1 + Ls
29	5.7124	2.2124	0.4000	3.7624	72.08	94.95	1400.9	Db1 + Ls
30	5.5791	2.2194	0.8000	3.4993	71.54	89.74	1423.6	Db1 + Ls
31	5.4451	2.2305	1.2000	3.2378	70.94	84.37	1446.4	Db1 + Ls
32	5.3118	2.2465	1.6000	2.9791	70.28	78.83	1468.8	Db1 + Ls
33	5.1811	2.2688	2.0000	2.7249	69.55	73.15	1490.2	Db1 + Ls
34, E	4.9765	2.3239	2.6599	2.3203	68.17	63.57	1520.7	Db1 + Db2 + Ls

续表

编号	液相组成/(mol/kg H₂O)				耶涅克指数/(mol/100mol 干盐)			平衡固相
	Li⁺	Na⁺	Cl⁻	SO₄²⁻	2Li⁺	SO₄²⁻	H₂O	
35, D	4.6628	2.7852	6.1612	0.6434	62.60	17.28	1490.6	Db2 + H + Ls
36	5.0000	2.3666	6.4460	0.4603	67.87	12.50	1507.0	H + Ls
37	5.4000	1.9864	6.7336	0.3264	73.11	8.84	1503.0	H + Ls
38	5.8000	1.6830	7.0028	0.2401	77.51	6.42	1483.6	H + Ls
39	6.2000	1.4327	7.2700	0.1814	81.23	4.75	1454.5	H + Ls
40	6.6000	1.2229	7.5432	0.1399	84.37	3.58	1419.1	H + Ls
41	7.0000	1.0458	7.8262	0.1098	87.00	2.73	1379.8	H + Ls
42	7.8000	0.7684	8.4270	0.07068	91.03	1.65	1295.7	H + Ls
43	8.2000	0.6605	8.7448	0.05787	92.55	1.31	1252.9	H + Ls
44	8.6000	0.5691	9.0731	0.04798	93.79	1.05	1210.8	H + Ls
45	11.0000	0.2494	11.2100	0.02003	97.78	0.36	986.9	H + Ls
46	12.2000	0.1745	12.3443	0.01513	98.59	0.24	897.1	H + Ls
47	16.6000	0.06797	16.6423	0.01285	99.59	0.15	666.0	H + Ls
48	4.7985	2.3878	3.0000	2.0932	66.77	58.25	1544.8	Db1 + Db2
49	4.5466	2.5101	3.5000	1.7784	64.43	50.40	1573.2	Db1 + Db2
50	4.3071	2.6782	4.0000	1.4926	61.66	42.74	1589.3	Db1 + Db2
51	4.0777	2.9068	4.5000	1.2423	58.38	35.57	1589.5	Db1 + Db2
52	3.8533	3.2093	5.0000	1.0313	54.56	29.20	1571.9	Db1 + Db2
53	3.6265	3.5930	5.5000	0.8598	50.23	23.82	1537.7	Db1 + Db2
54	4.8895	2.3102	3.0000	2.0998	67.91	58.33	1542.0	Db2 + Ls
55	4.7786	2.3027	3.5000	1.7907	67.48	50.57	1567.7	Db2 + Ls
56	4.6937	2.3143	4.0000	1.5040	66.98	42.92	1584.2	Db2 + Ls
57	4.6404	2.3493	4.5000	1.2448	66.39	35.62	1588.3	Db2 + Ls
58	4.6225	2.4117	5.0000	1.0171	65.71	28.92	1578.2	Db2 + Ls
59	4.6412	2.5047	5.5000	0.8230	64.95	23.03	1553.6	Db2 + Ls
60	3.7000	3.6312	5.8573	0.7370	50.47	20.10	1514.3	Db2 + H
61	3.9500	3.3829	5.9446	0.6941	53.87	18.93	1514.0	Db2 + H
62	4.2000	3.1483	6.0318	0.6582	57.16	17.91	1510.8	Db2 + H
63	4.4500	2.9265	6.1203	0.6281	60.33	17.03	1505.0	Db2 + H
64, F	19.4690	0.05065	19.4728	0.02338	99.74	0.24	568.8	Lc + Ls + H
65	19.4120	0.05033	19.4620	0.0000	99.74	0.00	570.4	Lc + H
66	19.4750	0.0000	19.4267	0.02391	100.00	0.25	570.1	Lc + Ls

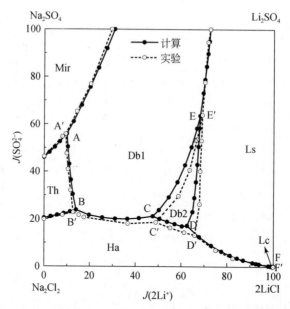

图 7-19　四元体系(Li^+，Na^+//Cl^-，SO_4^{2-}-H_2O)在 25℃的相图

从表 7-12 和图 7-19 看出，由 Pitzer 电解质溶液理论公式（HW 公式）计算的相图与实验相图整体上很好地一致，仅 Db2 相区平衡曲线和共饱点 F 与实验值有所偏离。尤其共饱点 Db1 + Db2 + Ls 的位置对 Db2 的化学势非常敏感，若 Db2 的化学势降低 0.1 即 μ_{Db2}/RT =-1048.84，计算的共饱点由 E′移至 E 的位置与实验值一致。产生上述偏差的主要原因是该体系实验相图测定的年代较早，当时锂的含量测定不够精确。

7.3.3　四元体系(Li^+，Mg^{2+}//Cl^-，SO_4^{2-}-H_2O)25℃的平衡溶解度计算

采用表 7-9 和表 7-10 中 25℃的 Pitzer 单盐参数及混合参数，运用表 7-11 中物质的标准生成能计算各盐类的溶度积作为平衡判据，对四元体系(Li^+，Mg^{2+}//Cl^-，SO_4^{2-}-H_2O)进行了 25℃的平衡溶解度预测，计算数据列于表 7-13 中，并绘制计算相图，见图 7-20。

表 7-13　四元体系(Li^+，Mg^{2+}//Cl^-，SO_4^{2-}-H_2O)在 25℃的溶解度计算结果

编号	液相组成/%				耶涅克指数 /（mol/100mol 干盐）			平衡固相
	Li^+	Mg^{2+}	Cl^-	SO_4^{2-}	$2Cl^-$	Mg^{2+}	H_2O	
1	2.79	5.59	0.00	41.40	0.00	53.28	1288.41	Eps + Ls
2	2.68	5.49	3.55	35.45	11.93	53.94	1324.53	Eps + Ls
3	2.55	5.49	7.09	29.68	24.44	55.19	1356.45	Eps + Ls
4	2.39	5.61	10.64	24.30	37.21	57.21	1376.88	Eps + Ls
5	2.22	5.91	14.18	19.50	49.58	60.29	1376.01	Eps + Ls

续表

编号	液相组成/%				耶涅克指数 /（mol/100mol 干盐）			平衡固相
	Li+	Mg2+	Cl-	SO4 2-	2Cl-	Mg2+	H2O	
6	2.02	6.49	17.73	15.56	60.63	64.64	1346.20	Eps + Ls
7，E1	1.47	8.63	25.21	10.28	76.90	77.02	1200.43	Eps + Ls + Hex
8，E2	1.03	10.89	31.87	7.01	86.00	85.72	1061.81	Ls + Hex + Pen
9，E3	0.85	12.18	35.91	5.28	90.15	89.14	988.19	Ls + Tet + Pen
10，E4	0.71	13.44	40.27	3.55	93.91	91.48	917.71	Ls + Tet + Bis
11	0.00	10.89	27.26	6.05	85.85	100.00	1239.98	Eps + Hex
12	0.69	9.77	26.41	7.69	82.26	88.96	1225.84	Eps + Hex
13	0.00	12.49	32.86	4.90	90.10	100.00	1079.23	Hex + Pen
14	0.69	11.40	32.23	6.24	87.53	90.37	1068.54	Hex + Pen
15	0.00	13.51	36.48	3.94	92.63	100.00	999.25	Tet + Pen
16	0.69	12.40	36.02	5.00	90.66	91.08	990.49	Tet + Pen
17	0.00	14.29	39.46	2.98	94.69	100.00	944.50	Tet + Bis
18	0.69	13.46	40.24	3.55	93.94	91.73	918.50	Tet + Bis
19	8.20	6.03	59.42	0.00	100.00	29.57	662.24	Lic + Bis
20	11.70	2.65	67.50	0.00	100.00	11.49	583.18	Lic + Lc
21	13.53	0.00	68.92	0.24	99.74	100.00	569.60	Ls + Lc
22	2.78	10.65	45.06	0.22	99.65	68.64	870.26	Ls + Bis
23	4.16	9.16	47.93	0.10	99.84	55.68	819.97	Ls + Bis
24	5.55	7.85	51.19	0.07	99.91	44.66	767.92	Ls + Bis
25，E5	8.54	5.64	60.06	0.45	99.94	27.34	655.06	Ls + Bis + Lic
26，E6	11.72	2.65	67.50	0.10	99.89	11.41	582.43	Ls + Lc + Lic

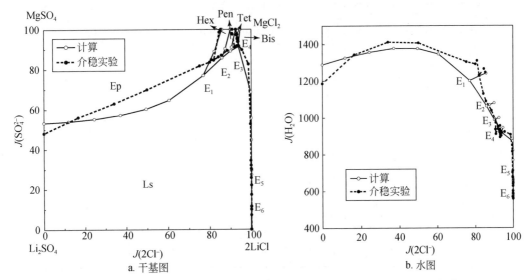

图 7-20　四元体系（Li+，Mg2+//Cl-，SO4 2--H2O）25℃计算稳定相图与介稳相图[32]对比图

表 7-13 和图 7-20 可见，预测相图中包括 8 个结晶区，13 条单变量溶解度曲线和 6 个四元无变量共饱点（E_1：Eps + Ls + Hex、E_2：Ls + Hex + Pen、E_3：Ls + Tet + Pen、E_4：Ls + Tet + Bis、E_5：Ls + Bis + Lic 和 E_6：Ls + Lc + Lic）。

本书将 25℃的计算稳定相图与介稳相图进行了对比，见图 7-20。25℃时的稳定溶解度计算相图与介稳相图在干基图和水图上趋势基本一致，但介稳相图中的水含量普遍比计算稳定值高。25℃的计算稳定相图中出现了介稳相图未出现的 Pen 结晶区，Eps 结晶相区扩大，其他相区基本没有变化。

7.3.4　五元体系$(Li^+, Na^+, Mg^{2+}//Cl^-, SO_4^{2-}-H_2O)$溶解度的理论预测

25℃的 Pitzer 单盐参数及混合参数见表 7-9 和表 7-10，运用表 7-11 中各盐类标准生成能计算出体系中各盐类在 25℃的平衡溶度积作为平衡判据，进行了五元体系$(Li^+, Na^+, Mg^{2+}//Cl^-, SO_4^{2-}-H_2O)$在 25℃时氯化钠饱和下的稳定溶解度预测，预测结果见表 7-14，并绘制相图（包括干基图、水图和钠图），见图 7-21。

表 7-14　五元体系$(Li^+, Na^+, Mg^{2+}//Cl^-, SO_4^{2-}-H_2O)$25℃计算溶解度数据

编号	液相组成/%					耶涅克指数/[mol /100mol $(2Li^+ + Mg^{2+} + SO_4^{2-})$]					平衡固相
	Li^+	Na^+	Mg^{2+}	Cl^-	SO_4^{2-}	$2Li^+$	SO_4^{2-}	Mg^{2+}	H_2O	$2Na^+$	
1	0.49	9.92	0.00	13.56	5.74	37.02	62.98	0.00	4104.58	227.08	Db1 + Th + NaCl
2	0.48	9.44	0.34	13.37	6.26	30.35	57.34	12.36	3430.20	180.98	Db1 + Th + NaCl
3	0.46	8.73	0.85	13.09	7.04	23.47	51.90	24.63	2734.09	134.02	Db1 + Th + NaCl
4，E_1	0.45	7.94	1.43	12.69	8.13	18.27	48.18	33.55	2191.65	98.26	Db1 + Th + Ast + NaCl
5	0.27	8.25	1.50	12.79	7.68	11.90	49.61	38.48	2402.95	111.60	Th + Ast + NaCl
6	0.14	8.45	1.56	12.86	7.36	6.92	50.80	42.80	2561.52	121.79	Th + Ast + NaCl
7	0.00	8.70	1.61	12.93	7.03	0.00	52.51	47.49	2774.67	135.70	Th + Ast + NaCl
8	1.81	6.19	0.00	14.73	5.51	69.52	30.48	0.00	2119.04	71.53	Db1 + Db2 + NaCl
9	1.63	5.73	0.69	14.33	6.55	54.83	31.87	13.29	1844.96	58.30	Db1 + Db2 + NaCl
10	1.45	5.29	1.37	13.86	7.70	43.35	33.30	23.35	1620.29	47.78	Db1 + Db2 + NaCl
11，E_2	1.27	4.83	2.09	13.26	9.13	33.49	34.96	31.55	1414.97	38.60	Db1 + Db2 + Ast + NaCl
12	2.35	4.66	0.00	15.86	4.53	78.31	21.69	0.00	1863.05	46.76	Db2 + Ls + NaCl
13	2.05	4.03	1.04	15.52	5.71	58.99	23.85	17.16	1587.51	35.05	Db2 + Ls + NaCl
14	1.72	3.35	2.22	15.01	7.36	42.51	26.17	31.32	1337.41	24.88	Db2 + Ls + NaCl
15，E_3	1.40	2.66	3.44	14.36	9.38	29.71	28.69	41.60	1123.50	16.95	Db2 + Ls + Ast + NaCl

编号	液相组成/%					耶涅克指数/[mol/100mol（$2Li^+ + Mg^{2+} + SO_4^{2-}$）]					平衡固相
	Li^+	Na^+	Mg^{2+}	Cl^-	SO_4^{2-}	$2Li^+$	SO_4^{2-}	Mg^{2+}	H_2O	$2Na^+$	
16	0.00	2.58	5.51	15.29	6.47	0.00	22.84	77.16	1325.48	19.07	Ast + Eps + NaCl
17	0.34	2.27	5.28	15.36	7.09	7.73	23.48	68.79	1225.66	15.63	Ast + Eps + NaCl
18	0.72	1.93	5.03	15.39	8.01	15.10	24.44	60.46	1117.42	12.32	Ast + Eps + NaCl
19，E_4	1.12	1.62	4.80	15.35	9.26	21.46	25.74	52.80	1006.88	9.40	Ast + Eps + Ls + NaCl
20	0.00	0.92	7.10	18.89	4.36	0.00	13.52	86.48	1129.26	5.91	Hex + Eps + NaCl
21	0.33	0.98	6.54	18.44	5.20	6.90	15.63	77.46	1094.39	6.07	Hex + Eps + NaCl
22	0.66	1.03	6.00	17.86	6.29	13.27	18.11	68.63	1051.90	6.21	Hex + Eps + NaCl
23，E_5	1.00	1.09	5.48	17.14	7.61	19.05	21.04	59.91	999.62	6.34	Hex + Eps + Ls + NaCl
24	0.00	0.37	8.14	21.92	3.25	0.00	9.12	90.88	998.88	2.12	Hex + Pen + NaCl
25	0.32	0.38	7.61	21.63	3.82	6.16	10.58	83.26	976.64	2.18	Hex + Pen + NaCl
26，E_6	0.69	0.39	7.03	21.18	4.69	12.89	12.57	74.53	945.61	2.25	Hex + Pen + Ls + NaCl
27	0.00	0.21	8.67	23.76	2.49	0.00	6.82	93.18	940.42	1.17	Tet + Pen + NaCl
28	0.27	0.21	8.24	23.57	2.93	5.01	7.79	87.21	926.09	1.20	Tet + Pen + NaCl
29，E_7	0.56	0.22	7.77	23.35	3.42	10.19	8.99	80.82	908.23	1.23	Tet + Pen + Ls + NaCl
30	0.00	0.13	9.05	25.24	1.84	0.00	4.95	95.05	902.74	0.73	Tet + Bis + NaCl
31	0.22	0.13	8.76	25.39	2.01	4.00	5.26	90.74	887.09	0.69	Tet + Bis + NaCl
32，E_8	0.47	0.12	8.45	25.57	2.19	8.28	5.64	86.08	869.15	0.65	Tet + Bis + Ls + NaCl
33	3.03	0.02	2.12	0.00	58.84	71.50	0.00	28.50	653.35	0.18	Lic + Bis + NaCl
34，E_9	4.83	0.04	3.37	34.53	0.02	71.50	0.05	28.45	652.72	0.18	Lic + Bis + Ls + NaCl
35	3.87	0.02	1.00	0.00	61.53	87.13	0.00	12.87	583.17	0.17	Lic + Lc + NaCl
36，E_{10}	6.33	0.04	1.63	37.09	0.05	87.12	0.10	12.78	581.92	0.17	Lic + Lc + Ls + NaCl
37	7.39	0.06	0.00	37.74	0.13	99.75	0.25	0.00	568.74	0.26	Lc + Ls + NaCl
38	1.10	0.12	7.51	27.45	0.37	20.23	0.96	78.81	898.38	0.62	Lic + Bis + NaCl
39	2.17	0.09	6.17	29.13	0.06	37.98	0.22	61.80	843.29	0.47	Lic + Bis + NaCl
40	3.17	0.07	5.00	30.84	0.06	52.55	0.10	47.35	777.83	0.34	Lic + Bis + NaCl
41	0.56	7.31	1.61	12.88	8.02	21.06	44.07	34.87	2037.60	83.94	Ast + Dbl + NaCl
42	0.78	6.27	1.87	13.11	8.18	25.95	38.88	35.16	1774.42	62.51	Ast + Dbl + NaCl

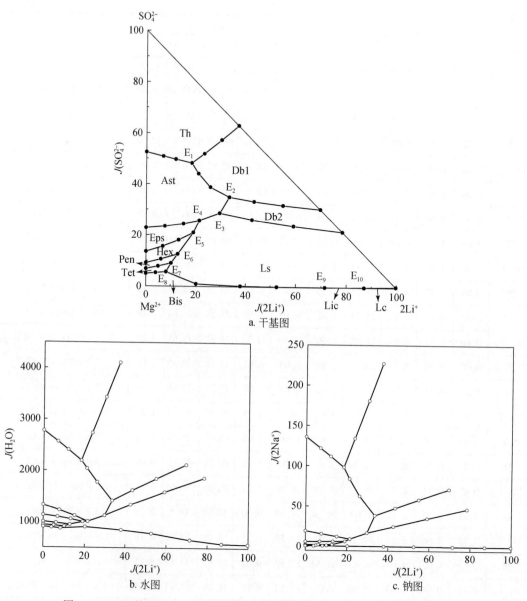

图 7-21　五元体系(Li^+，Na^+，Mg^{2+}//Cl^-，SO_4^{2-}–H_2O)在 25℃的计算平衡相图

由表 7-14 和图 7-21 可见，预测氯化钠饱和下的相图干基图中包括 12 个结晶区（Th、Db1、Db2、Ast、Eps、Hex、Pen、Tet、Lic、Lc、Ls 和 Bis），21 条单变量溶解度曲线和 10 个五元无变量共饱点（E_1：Th + Db1 + Ast + NaCl、E_2：Db1 + Db2 + Ast + NaCl、E_3：Db2 + Ls + Ast + NaCl、E_4：Ast + Eps + Ls + NaCl、E_5：Hex + Eps + Ls + NaCl、E_6：Hex + Pen + Ls + NaCl、E_7：Tet + Pen + Ls + NaCl、E_8：Tet + Bis + Ls + NaCl、E_9：Lic + Bis + Ls + NaCl 和 E_{10}：Lic + Lc + Ls + NaCl）。

7.4　五元体系及子体系 35℃溶解度的理论计算

7.4.1　五元体系 Pitzer 参数及盐类矿物的溶解平衡常数

Gibbard 等[30]给出了 LiCl 水溶液从 0.1mol/kg 到 18.0mol/kg，在 35℃的渗透系数，根据 LiCl 的 Pitzer 渗透系数公式，采用多元线性回归算法[14]以 Fortran77 语言编程拟合得到了 35℃时 LiCl 的单盐 Pitzer 参数 $\beta^{(0)}$，$\beta^{(1)}$ 和 C^{ϕ}。Li_2SO_4 在 35℃的单盐 Pitzer 参数 $\beta^{(0)}$、$\beta^{(1)}$ 和 C^{ϕ} 由 Holmes 等[31]提供的 Pitzer 参数与温度关系表达式计算。

对于含锂的二离子参数 $\theta_{Li,Mg}$ 和三离子作用参数 $\Psi_{Li,Mg,Cl}$ 和 Ψ_{Li,Mg,SO_4}，运用可靠的三元体系在 35℃时溶解度数据，以溶解平衡常数 K 作为判据，建立回归方程，拟合出上述含锂 Pitzer 混合离子作用参数。本书所涉及的其他 Pitzer 单盐及混合参数均采用 Pabalan 和 Pitzer[20]提出的 Pitzer 参数与温度关联式求得，将获得的参数列于表 7-15 和表 7-16 中。

表 7-15　35℃的 Pitzer 方程单盐参数值

单盐	二元参数			
	$\beta^{(0)}$	$\beta^{(1)}$	$\beta^{(2)}$	C^{ϕ}
$MgCl_2$	0.345458	1.698730	—	0.054888
$MgSO_4$	0.220933	3.710150	−35.204600	0.024610
NaCl	0.081906	0.285446	—	0.000405
Na_2SO_4	0.039387	1.153250	—	0.001423
LiCl	0.201199	−0.228162	—	−0.004032
Li_2SO_4	0.134997	1.307850	—	−0.004727

表 7-16　35℃的 Pitzer 方程混合离子作用参数值

参数	值	参数	值
A^{ϕ}	0.398500	Ψ_{Li,Mg,SO_4}	0.041650
$\Theta_{Li,Mg}$	−0.007430	$\Psi_{Na,Mg,Cl}$	−0.010960
$\Theta_{Na,Mg}$	0.070000	Ψ_{Na,Mg,SO_4}	−0.013400
Θ_{Cl,SO_4}	0.030000	Ψ_{Li,Cl,SO_4}	−0.010960
$\Psi_{Li,Mg,Cl}$	−0.000595	Ψ_{Na,Cl,SO_4}	0.000000
Ψ_{Mg,Cl,SO_4}	−0.011458	—	—

该五元体系 35℃平衡矿物的介稳和稳定平衡溶度积见表 7-17。

表 7-17　35℃时体系中盐类矿物的介稳和稳定平衡溶度积

化学式	K_{sp}	
	介稳	稳定[5]
$MgCl_2 \cdot 6H_2O$	303523. 8583000	28545. 0787000
$Na_2Mg(SO_4)_2 \cdot 4H_2O$	0. 0155236	0. 0038702
$Na_2Mg(SO_4)_2 \cdot 5H_2O$	0. 0123885	—
$MgSO_4 \cdot 7H_2O$	0. 0163409	0. 0162423
NaCl	39. 4399886	39. 7571838
$MgSO_4 \cdot 6H_2O$	0. 0244862	0. 0234783
$MgSO_4 \cdot 4H_2O$	0. 1719689	0. 1029905
$LiCl \cdot H_2O$	150659. 2791900	—
$Li_2SO_4 \cdot H_2O$	2. 7011861	—
$MgSO_4 \cdot 5H_2O$	0. 0561772	—
Na_2SO_4	0. 5120845	0. 4958703

7.4.2　三元体系($Mg^{2+}//Cl^-$，$SO_4^{2-}-H_2O$)35℃介稳溶度计算

$MgCl_2(aq)$ 和 $MgSO_4(aq)$ 在 35℃的单盐 Pitzer 参数及混合参数由参数与温度的关系式计算所得，介稳溶度积 K_{sp} 值是由本书实验数据计算所得，见表 7-17，溶解度计算结果见表 7-18。

表 7-18　三元体系($Mg^{2+}//Cl^-$，$SO_4^{2-}-H_2O$)在 35℃时的介稳溶解度计算结果

编号	液相组成/%			平衡固相
	$MgCl_2$	$MgSO_4$	H_2O	
1，A	0. 00	29. 13	70. 87	Eps
2	3. 42	24. 70	71. 88	Eps
3	10. 27	16. 84	72. 89	Eps
4	14. 62	12. 95	72. 43	Eps
5，E_1	18. 38	10. 46	71. 16	Eps + Hex
6	22. 28	8. 70	69. 02	Hex
7	23. 72	8. 02	68. 26	Hex
8，E_2	28. 75	5. 65	65. 60	Hex + Pen
9	29. 82	5. 20	64. 98	Pen
10	30. 20	5. 02	64. 68	Pen
11，E_3	33. 08	4. 18	62. 74	Pen + Tet
12，E_4	34. 06	3. 74	62. 20	Bis + Tet
13	35. 39	1. 62	62. 99	Bis

续表

编号	液相组成/%			平衡固相
	MgCl₂	MgSO₄	H₂O	
14	35.85	0.86	63.29	Bis
15，B	36.38	0.00	63.62	Bis

由表 7-18 中计算介稳溶解度数据绘制相图（图 7-22），可见计算介稳相图中有 5 个结晶区（Eps、Hex、Pen、Tet 和 Bis），5 条单变量溶解度曲线和 4 个三元无变量共饱点（Eps + Hex、Hex + Pen、Pen + Tet 和 Tet + Bis）。

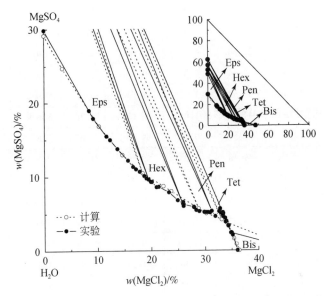

图 7-22　三元体系($Mg^{2+}//Cl^-$，$SO_4^{2-}-H_2O$)35℃介稳溶解度实验值与计算值对比图

结果讨论：

（1）由表 7-18 和图 7-22 可以看出，35℃时此三元体系的介稳溶解度计算值与实验值基本吻合：二者结晶区相同，共饱点基本一致，仅是计算单盐 Ep 介稳溶解度稍偏低，而 Bis 介稳溶解度稍偏高。

（2）计算值与实验值的吻合，说明 Pitzer 理论不仅适用于稳定体系的溶解度计算，同样适用于介稳体系的溶解度计算。且本三元体系($Mg^{2+}//Cl^-$，$SO_4^{2-}-H_2O$)在 35℃的介稳溶解度计算中，所取的 Pitzer 参数与实验所得介稳溶度积基本匹配。

7.4.3　四元体系(Li^+，$Mg^{2+}//Cl^-$，$SO_4^{2-}-H_2O$)35℃溶解度计算

该四元体系 35℃的 Pitzer 单盐参数及混合参数见表 7-15 和表 7-16，运用本书实验数据计算各盐类介稳溶度积（表 7-17）作为介稳平衡的判据，对四元体系(Li^+，$Mg^{2+}//Cl^-$，$SO_4^{2-}-H_2O$)进行了 35℃的介稳溶解度预测，数据列于表 7-19，并绘制相图，见图 7-23。

表 7-19   四元体系(Li^+，Mg^{2+}//Cl^-，$SO_4^{2-}-H_2O$）在 35℃的介稳溶解度计算结果

编号	液相组成/%				耶涅克指数 /（mol/100mol 干盐）			平衡固相
	Li^+	Mg^{2+}	Cl^-	SO_4^{2-}	$2Cl^-$	Mg^{2+}	H_2O	
1	2.50	6.34	0.00	42.46	0.00	59.28	1256.94	Eps + Ls
2	2.08	6.56	3.55	35.54	11.93	64.28	1320.69	Eps + Ls
3	1.86	6.54	7.09	29.11	24.83	66.78	1378.31	Eps + Ls
4	1.74	6.42	10.64	22.96	38.55	67.79	1426.49	Eps + Ls
5	1.69	6.32	14.18	17.39	52.43	68.05	1455.06	Eps + Ls
6，E_1	1.68	6.34	17.19	13.45	63.45	68.33	1452.62	Eps + Ls + Hex
7	1.71	6.51	21.27	8.84	76.62	68.43	1417.77	Ls + Hex
8	1.72	7.02	24.82	6.05	84.71	69.96	1343.49	Ls + Hex
9	1.68	7.87	28.36	4.32	89.80	72.83	1246.15	Ls + Hex
10，E_2	1.46	10.09	34.64	3.07	93.94	79.83	1067.42	Ls + Hex + Pen
11，E_3	1.26	12.47	41.34	2.02	96.51	84.95	919.02	Ls + Pen + Tet
12，E_4	1.23	13.59	44.85	1.44	97.67	86.36	856.93	Ls + Tet + Bis
13	2.08	12.69	47.54	0.14	99.77	77.67	826.16	Ls + Bis
14	2.78	12.15	49.60	0.03	99.96	71.43	793.01	Ls + Bis
15	4.16	11.35	54.42	0.00	99.99	60.90	723.43	Ls + Bis
16	0.00	9.55	19.25	11.72	68.95	100.00	1410.87	Eps + Hex
17	0.69	8.12	19.07	11.05	70.00	86.99	1444.36	Eps + Hex
18	1.04	7.44	18.75	11.24	69.35	80.34	1455.29	Eps + Hex
19	1.39	6.81	18.15	11.91	67.27	73.71	1459.5	Eps + Hex
20	0.00	12.93	32.62	6.92	86.54	100.00	1043.46	Hex + Pen
21	0.69	11.52	33.75	4.61	90.85	90.46	1059.38	Hex + Pen
22	1.04	10.86	34.21	3.75	92.45	85.62	1063.96	Hex + Pen
23	0.00	14.80	39.25	5.28	90.92	100.00	911.38	Pen + Tet
24	0.35	14.12	39.96	4.03	93.01	95.87	916.18	Pen + Tet
25	0.69	13.46	40.56	3.07	94.64	91.73	918.6	Pen + Tet
26	0.00	15.21	40.84	4.80	92.05	100.00	887.18	Tet + Bis
27	0.35	14.68	42.08	3.46	94.29	96.03	881.89	Tet + Bis
28	0.69	14.22	43.22	2.50	95.96	92.13	873.75	Tet + Bis

由表 7-19 和图 7-23 可见，四元体系（Li^+，Mg^{2+}//Cl^-，$SO_4^{2-}-H_2O$）在 35℃的预测介稳相图中有 6 个结晶区，9 条单变度溶解度曲线和 4 个无变度共饱点（E_1：Eps + Ls + Hex、E_2：Ls + Hex + Pen、E_3：Ls + Pen + Tet 和 E_4：Ls + Tet + Bis）。但是 Lic 和 Lc 结晶区无计算结果。

对比 35℃的计算介稳相图和本书实验相图，见图 7-23，计算相图与实验相图中结晶区趋势基本一致，但仅 Eps 结晶区比较接近，其他结晶区均相差甚远，尤其到 Lic 结晶区

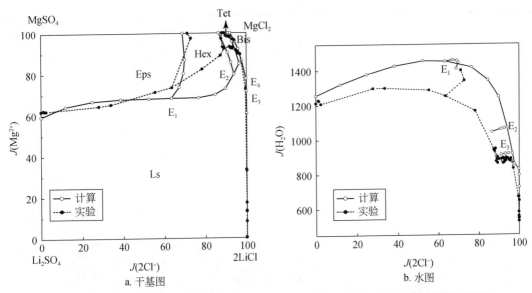

图 7-23　四元体系(Li^+，Mg^{2+}//Cl^-，SO_4^{2-}-H_2O)35℃介稳溶解度实验值与计算值对比图

和 Lc 结晶区时计算不出结果。说明所采用的 35℃的 Pitzer 参数间匹配性不好，尤其是在计算 Lic 结晶区和 Lc 结晶区过程中表现更为明显。对比计算相图及实验相图中的水图，发现该四元体系水含量计算值比实验值普遍偏高。

7.4.4　四元体系(Na^+，Mg^{2+}//Cl^-，SO_4^{2-}-H_2O)35℃的溶解度计算

7.4.4.1　四元体系(Na^+，Mg^{2+}//Cl^-，SO_4^{2-}-H_2O)35℃的介稳溶解度计算

采用表 7-15 和表 7-16 中的 35℃的 Pitzer 单盐参数及混合参数，运用本书实验数据计算了各盐类的介稳溶度积（表 7-17）作为介稳平衡判据，对四元体系(Na^+，Mg^{2+}//Cl^-，SO_4^{2-}-H_2O)进行了 35℃的介稳溶解度预测，结果见表 7-20，并绘制相图，见图 7-24。

表 7-20　四元体系(Na^+，Mg^{2+}//Cl^-，SO_4^{2-}-H_2O)在 35℃的计算介稳溶解度计算结果

编号	液相组成/%				耶涅克指数/（mol/100mol 干盐）			平衡固相
	Na^+	Mg^{2+}	Cl^-	SO_4^{2-}	$2Cl^-$	Mg^{2+}	H_2O	
1，E_1	5.66	3.83	11.71	11.12	43.95	41.21	1337.55	NaCl + Th + Ast
2，E_2	3.34	5.40	12.31	11.64	24.66	41.13	1267.31	NaCl + Ast + Hex
3，E_3	0.21	8.83	22.82	4.41	1.20	12.55	962.02	NaCl + Hex + Tet
4，E_4	0.10	9.43	25.43	2.98	0.55	7.95	883.33	NaCl + Tet + Bis
5，E_5	3.40	5.33	11.63	12.40	25.23	44.08	1273.13	Eps + Ast + Hex
6	7.13	0.00	8.33	18.57	37.84	100.00	2362.06	Ast + Th
7	5.65	2.42	8.29	17.23	39.40	83.18	1656.99	Ast + Th

编号	液相组成/%				耶涅克指数/（mol/100mol 干盐）			平衡固相
	Na$^+$	Mg^{2+}	Cl$^-$	SO$_4^{2-}$	2Cl$^-$	Mg^{2+}	H$_2$O	
8	4.20	4.86	8.32	15.95	41.45	64.73	1270.22	Ast + Th
9	7.14	0.00	7.75	19.29	35.27	100.00	2352.05	Ast + Eps
10	5.67	2.40	6.92	19.12	32.92	83.33	1647.14	Ast + Eps
11	4.29	4.79	6.15	19.11	30.37	65.53	1255.85	Ast + Eps
12	11.18	0.00	14.14	4.20	100.00	17.99	1608.94	NaCl + Th
13	9.56	1.02	13.75	5.40	83.17	22.55	1559.23	NaCl + Th
14	8.07	2.03	13.23	7.02	67.76	28.12	1492.16	NaCl + Th
15	6.74	3.01	12.49	8.99	54.17	34.73	1412.43	NaCl + Th
16	2.02	6.17	15.32	7.91	14.83	27.55	1279.00	NaCl + Hex
17	1.16	6.96	17.65	6.03	8.07	20.07	1214.63	NaCl + Hex
18	0.65	7.66	19.68	4.96	4.29	15.70	1130.52	NaCl + Hex
19	6.47	0.00	13.73	8.37	0.00	31.10	2817.69	Eps + Hex
20	6.10	0.86	13.36	9.09	6.23	33.44	2332.29	Eps + Hex
21	5.77	1.69	12.95	9.91	12.18	36.09	1982.44	Eps + Hex
22	5.47	2.51	12.47	10.83	17.85	39.11	1718.53	Eps + Hex
23	8.49	0.00	22.92	4.44	0.00	12.46	1927.38	Hex + Tet
24	8.99	0.00	25.52	3.00	0.00	7.98	1773.43	Bis + Tet
25	0.11	9.24	27.15	0.00	0.61	0.00	921.00	NaCl + Bis

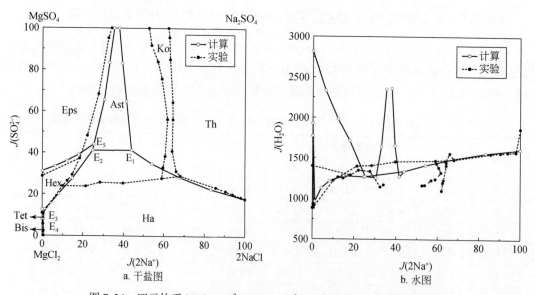

图 7-24 四元体系（Na$^+$，Mg^{2+}//Cl$^-$，SO$_4^{2-}$-H$_2$O）35℃的预测介稳相图

由表7-20和图7-24可见，预测的四元体系(Na^+，Mg^{2+}//Cl^-，SO_4^{2-}–H_2O)在35℃的介稳相图中包括6个结晶区（Eps、Ha、Hex、Ast、Tet和Bis），11条单变量溶解度曲线和4个无变量四元共饱点（E_1：Th + NaCl + Ast、E_2：NaCl + Hex + Ast、E_3：NaCl + Hex + Tet、E_4：NaCl + Tet + Bis 和 E_5：Eps + Hex + Ast）。

7.4.4.2　四元体系(Na^+，Mg^{2+}//Cl^-，SO_4^{2-}–H_2O)35℃的平衡溶解度计算

由于对四元体系(Na^+，Mg^{2+}//Cl^-，SO_4^{2-}–H_2O)35℃的介稳溶解度预测结果与实验结果相差较大，故又对该体系进行了35℃时的平衡溶解度预测，结果见表7-21，并绘制相图，见图7-25。35℃的Pitzer单盐参数及混合参数见表7-15和表7-16，以各盐类在35℃的平衡溶度积（表7-17）作为平衡的判据。

表7-21　四元体系(Na^+，Mg^{2+}//Cl^-，SO_4^{2-}–H_2O)35℃的预测稳定溶解度数据

编号	液相组成/%				耶涅克指数/（mol/100mol 干盐）			平衡固相
	Na^+	Mg^{2+}	Cl^-	SO_4^{2-}	$2Cl^-$	Mg^{2+}	H_2O	
1，E_1	8.52	1.72	13.54	6.25	72.38	25.41	1516.62	NaCl + Th + Ast
2，E_2	1.58	6.53	16.43	6.91	11.32	23.67	1255.85	NaCl + Ast + Hex
3，E_3	0.52	7.91	20.40	4.72	3.32	14.53	1094.84	NaCl + Hex + Tet
4，E_4	0.11	9.30	25.92	1.87	0.62	5.00	905.82	NaCl + Tet + Bis
5，E_5	1.98	5.76	11.58	11.21	15.43	41.75	1377.38	Eps + Ast + Hex
6	6.57	0.00	13.19	9.51	65.26	100.00	2747.94	Ast + Th
7	4.89	2.60	12.76	8.30	67.43	79.90	1856.47	Ast + Th
8	3.32	5.22	12.59	7.29	69.97	57.59	1384.25	Ast + Th
9	2.08	7.73	12.74	6.73	71.88	36.38	1079.93	Ast + Th
10	6.48	0.00	4.54	20.92	22.66	100.00	2681.57	Ast + Eps
11	5.03	2.48	4.05	20.50	21.10	81.15	1784.84	Ast + Eps
12	3.72	4.91	3.58	20.44	19.13	61.61	1321.63	Ast + Eps
13	2.64	7.21	2.99	21.27	15.96	43.78	1033.68	Ast + Eps
14	11.16	0.00	14.21	4.07	100.00	17.35	1613.62	NaCl + Th
15	10.34	0.51	14.05	4.60	91.41	19.45	1590.50	NaCl + Th
16	9.54	1.03	13.87	5.20	83.12	21.79	1563.62	NaCl + Th
17	7.89	2.05	13.77	5.95	67.04	24.14	1524.96	NaCl + Ast
18	5.26	3.62	14.60	5.52	43.46	21.85	1496.18	NaCl + Ast
19	3.14	5.13	15.42	5.95	24.38	22.14	1398.20	NaCl + Ast
20	6.29	0.00	12.76	8.99	0.00	34.10	2921.50	Eps + Hex
21	5.95	0.86	12.35	9.76	6.44	36.88	2392.61	Eps + Hex

编号	液相组成/%				耶涅克指数/(mol/100mol 干盐)			平衡固相
	Na+	Mg2+	Cl-	SO42-	2Cl-	Mg2+	H2O	
22	7.75	0.00	20.52	4.58	0.00	14.17	2211.49	Hex + Tet
23	7.63	0.33	20.48	4.69	1.98	14.38	2071.21	Hex + Tet
24	8.90	0.00	26.00	1.88	0.00	5.03	1814.00	Tet + Bis
25	0.12	9.19	27.00	0.00	0.66	0.00	928.23	NaCl + Bis

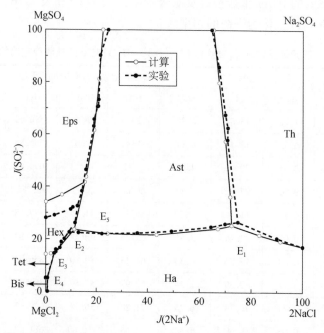

图 7-25　四元体系（Na+，Mg2+//Cl-，SO42--H2O）35℃的稳定平衡实验[33]与计算相图对比

由表 7-21 和图 7-25 可见，预测的四元体系（Na+，Mg2+//Cl-，SO42--H2O）在 35℃的介稳相图中包括 6 个结晶区（Eps、Ha、Hex、Ast、Tet 和 Bis），11 条单变量溶解度曲线和 5 个四元无变量共饱点（E₁：Th + NaCl + Ast、E₂：NaCl + Hex + Ast，E₃：NaCl + Hex + Tet，E₄：NaCl + Tet + Bis 和 E₅：Eps + Hex + Ast）。

7.4.4.3　结果讨论

（1）对比 35℃时的介稳相图和计算介稳相图（图 7-24）：二者溶解度曲线趋势基本一致，但结晶区相差较大，尤其是计算介稳相图中缺少 Ko 结晶相区。由于计算过程中只可以计算出共饱点（Th + Ko + NaCl），但是无法计算出共饱点（Ko + Ast + NaCl），因而没有在相图上标出 Ko 结晶区。

（2）对比 35℃时的稳定相图和计算稳定相图（图 7-25），发现计算相图与稳定相图基本一致，仅共饱点 Ast + Eps + Hex 偏差较大，其他共饱点组成基本吻合。

（3）35℃的计算稳定相图与文献中稳定相图基本吻合，说明计算所用 Pitzer 参数间匹配较好，并可用于此四元体系的溶解度预测；但介稳溶解度预测值与实验值相差较大，主要原因是所用介稳平衡判据与 Pitzer 参数匹配不好，或平衡判据不适于该体系的介稳溶解度预测。由于此四元体系介稳现象非常明显，介稳相图与稳定相图相差甚远，尤其是 Ast 的溶度积相差很大，因而导致利用平衡 Pitzer 参数和介稳溶度积常数计算此介稳相图时结果不理想。介稳溶解度计算中的判据介稳溶度积 K_{sp} 是根据三元子体系中的介稳溶解度数据拟合获得，推断三元体系介稳程度与该四元体系有一定差别，故而，三元子体系数据拟合的介稳溶度积 K_{sp} 并不适用于该四元体系的介稳溶解度预测。

7.5 四元体系(Li^+，Mg^{2+}//Cl^-，SO_4^{2-}–H_2O) 50℃时的介稳溶解度计算

7.5.1 Pitzer 参数和盐类溶解平衡常数

Gibbard 等[30]给出了 LiCl 水溶液从 0.1mol/kg 到 18.0mol/kg，在 50℃的渗透系数，根据 LiCl 的 Pitzer 渗透系数公式，采用多元线性回归算法拟合得到了 50℃时 LiCl 的单盐 Pitzer 参数 $\beta^{(0)}$，$\beta^{(1)}$ 和 C^{ϕ}。Li_2SO_4 在 50℃的单盐 Pitzer 参数 $\beta^{(0)}$、$\beta^{(1)}$ 和 C^{ϕ} 由 Holmes 等[31]提供的 Pitzer 参数与温度关系表达式计算。

对于含锂的二离子参数 $\theta_{Li,Mg}$ 和三离子作用参数 $\Psi_{Li,Mg,Cl}$ 和 Ψ_{Li,Mg,SO_4}，运用可靠的三元体系在 50℃时溶解度数据，以溶解平衡常数 K 作为判据，建立回归方程，拟合出上述含锂 Pitzer 混合离子作用参数。本书所涉及的其他 Pitzer 单盐及混合参数均采用 Pabalan 和 Pitzer 提出的 Pitzer 参数与温度关联式求得，将获得的参数列于表 7-22 中。

表 7-22 四元体系(Li^+，Mg^{2+}//Cl^-，SO_4^{2-}–H_2O) 50℃的 Pitzer 参数

种类	$\beta^{(0)}$	$\beta^{(1)}$	$\beta^{(2)}$	C^{ϕ}	θ	Ψ
LiCl	0.191584	−0.277995	—	−0.004074	—	—
Li_2SO_4	0.139751	1.321205	—	−0.007791	—	—
$MgCl_2$	0.337022	1.781700	—	0.004014	—	—
$MgSO_4$	0.227487	3.614270	−40.262540	0.019761	—	—
Cl^-，SO_4^{2-}	—	—	—	—	0.030000	—
Li^+，Mg^{2+}	—	—	—	—	0.331201	—
Li^+，Cl^-，SO_4^{2-}	—	—	—	—	—	0.027492
Mg^{2+}，Cl^-，SO_4^{2-}	—	—	—	—	—	−0.016425
Li^+，Mg^{2+}，Cl^-	—	—	—	—	—	−0.021835
Li^+，Mg^{2+}，SO_4^{2-}	—	—	—	—	—	−0.056252

50℃时体系中存在的盐类矿物的介稳溶解平衡常数均为实验结果拟合获得，数据列于表 7-23 中。

表 7-23　四元体系(Li⁺，Mg²⁺//Cl⁻，SO₄²⁻-H₂O)50℃固相介稳溶解平衡常数 ln$K$

固相	Lc	Ls	Lic	Bis	Tet	Hex
ln$K$	11. 309795	2. 234878	23. 377552	9. 833500	−2. 114489	−3. 677860

7.5.2　四元体系介稳溶解度计算结果

根据表 7-22 中 Pitzer 参数和表 7-23 的固相介稳平衡常数，计算得到介稳溶解度见表 7-24，为便于比较，将 50℃时实验与计算相图绘于图 7-26。

表 7-24　四元体系(Li⁺，Mg²⁺//Cl⁻，SO₄²⁻-H₂O)50℃计算的介稳溶解度

编号	液相组成/(mol/kg)				耶涅克指数/(mol/100mol 干盐)			平衡固相
	Li⁺	Mg²⁺	Cl⁻	SO₄²⁻	2Li⁺	2Cl⁻	H₂O	
1，E₁	21. 9045	0. 0000	21. 8901	0. 0072	100. 00	99. 93	506. 82	Ls + Lc
2，F₁	18. 2210	1. 7707	21. 7465	0. 008	83. 73	99. 92	510. 13	Ls + Lc + Lic
3，E₂	18. 0050	1. 6640	21. 3330	0. 0000	84. 40	100. 00	520. 40	Lc + Lic
4，E₃	9. 9713	3. 7185	17. 4084	0. 0000	57. 28	100. 00	637. 72	Bis + Lic
5，F₂	9. 5962	3. 8480	17. 2544	0. 0189	55. 49	99. 78	642. 01	Ls + Bis + Lic
6	8. 3128	3. 8565	16. 0000	0. 0129	51. 87	99. 84	692. 74	Ls + Bis
7	6. 6708	4. 1756	15. 0000	0. 0110	44. 41	99. 85	739. 03	Ls + Bis
8	5. 6699	4. 4276	14. 5000	0. 0126	39. 04	99. 83	764. 31	Ls + Bis
9	4. 0653	4. 9794	14. 0000	0. 0121	28. 99	99. 83	791. 61	Ls + Bis
10	3. 0455	5. 3765	13. 7000	0. 0493	22. 07	99. 29	804. 56	Ls + Bis
12	1. 7456	5. 7789	13. 0000	0. 1517	13. 12	97. 72	834. 50	Ls + Bis
13	1. 3856	5. 8789	12. 7000	0. 2217	10. 54	96. 63	844. 66	Ls + Bis
14	1. 1456	6. 0289	12. 5000	0. 3517	8. 68	94. 67	840. 82	Ls + Bis
15，F₃	1. 0658	6. 1124	12. 3778	0. 4564	8. 02	93. 13	835. 31	Ls + Bis + Tet
16，E₄	0. 0000	6. 4765	11. 9686	0. 4922	0. 00	92. 40	857. 08	Bis + Tet
17	0. 2000	6. 4885	12. 2686	0. 4542	1. 52	93. 11	842. 51	Bis + Tet
18	0. 4000	6. 4565	12. 3686	0. 4722	3. 00	92. 91	833. 90	Bis + Tet
19	0. 6000	6. 3065	12. 2886	0. 4622	4. 54	93. 00	840. 21	Bis + Tet
28，F₄	1. 3502	4. 8046	8. 1187	1. 4203	12. 32	74. 08	1012. 99	Ls + Tet + Hex
29，E₅	0. 0000	5. 4642	8. 5933	1. 1676	0. 00	78. 63	1015. 86	Tet + Hex
30	0. 3000	5. 3842	8. 4933	1. 2876	2. 71	76. 73	1003. 01	Tet + Hex
31，E₆	0. 6000	5. 2842	8. 3933	1. 3876	5. 37	75. 15	994. 03	Tet + Hex

编号	液相组成/(mol/kg)				耶涅克指数/(mol/100mol 干盐)			平衡固相
	Li⁺	Mg²⁺	Cl⁻	SO₄²⁻	2Li⁺	2Cl⁻	H₂O	
32	0.9000	5.1642	8.3933	1.4176	8.02	74.75	988.72	Tet + Hex
33	1.2000	5.0342	8.2933	1.4876	10.65	73.60	985.21	Tet + Hex
34	3.0546	3.6652	0.0000	5.1925	29.41	0.00	1069.01	Ls + Hex
35	2.8097	3.5382	0.5000	4.6930	28.42	5.06	1122.96	Ls + Hex
36	2.5116	3.3181	1.0000	4.0740	27.46	10.93	1213.58	Ls + Hex
37	2.5616	3.4181	1.5000	3.9490	27.26	15.96	1181.29	Ls + Hex
38	2.5116	3.5681	2.0000	3.8240	26.03	20.73	1150.68	Ls + Hex
39	2.5616	3.6681	2.5000	3.6990	25.88	25.26	1121.62	Ls + Hex
40	2.4916	3.7381	3.0000	3.4840	25.00	30.10	1113.74	Ls + Hex
41	2.4437	3.7976	3.5000	3.2695	24.34	34.86	1105.86	Ls + Hex
42	2.3536	3.8675	4.0000	3.0443	23.33	39.65	1100.41	Ls + Hex
43	2.2909	3.9173	4.5000	2.8128	22.62	44.44	1096.40	Ls + Hex
44	2.1918	3.9725	5.0000	2.5684	21.62	49.33	1095.19	Ls + Hex
45	2.0816	4.0944	5.5000	2.3852	20.27	53.55	1080.94	Ls + Hex
46	1.9546	4.2108	6.0000	2.1881	18.84	57.82	1069.92	Ls + Hex
47	1.8995	4.2639	6.5000	1.9636	18.22	62.34	1064.68	Ls + Hex
48	1.7576	4.4085	7.0000	1.7873	16.62	66.20	1049.85	Ls + Hex
49	1.5917	4.5949	7.5000	1.6408	14.76	69.56	1029.69	Ls + Hex

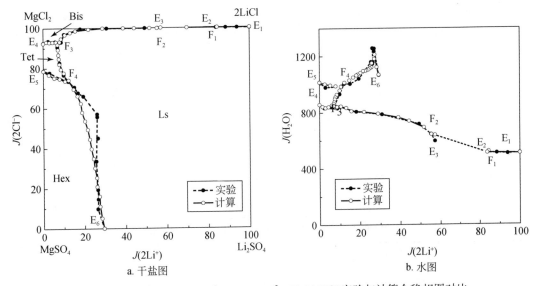

图 7-26　四元体系(Li⁺，Mg²⁺//Cl⁻，SO₄²⁻-H₂O)50℃实验与计算介稳相图对比

从图 7-26 看出，计算相图与实验相图基本一致，有 4 个四元无变量共饱点，9 条单变量溶解度曲线和 6 个结晶区。干盐图中 Ls + Hex 单变量溶解度曲线差别较大，主要是由于拟合的三离子参数 Ψ_{Li,Mg,SO_4} 不够精确。无变量共饱点及其与单变量溶解度曲线数据基本一致，说明四元体系(Li^+，$Mg^{2+}//Cl^-$，$SO_4^{2-}-H_2O$)50℃的 Pitzer 参数比较可靠，可以用来精确预测复杂水盐体系平衡溶解度。

7.6 五元体系及子体系 75℃溶解度的理论计算

7.6.1 五元体系 Pitzer 参数及盐类矿物的溶解平衡常数

Pitzer[1]给出了 25℃时 LiCl 的单盐参数，Holme 和 Mesmer[29]给出了 LiCl 的 Pitzer 单盐参数与温度 T 的函数关系式，但此函数关系式只适用于计算 LiCl 在 0 ~ 6.0mol/kg 浓度范围的 Pitzer 参数值，当 LiCl 浓度较高时计算值与实验结果误差较大。1973 年，Gibbard 和 Scatchard[30]给出了 0℃、25℃、50℃、75℃和 100℃时，0.1 ~ 18.0mol/kg 范围内的 LiCl 溶液的渗透系数 ϕ。本书将 75℃时 LiCl 溶液不同浓度的渗透系数采用最小二乘法，进行多元线性回归，求取了 LiCl 的 Pitzer 单盐参数；1986 年，Holmes 和 Mesmer[31]给出了一个碱金属硫酸盐的 Pitzer 参数与温度 T 的函数关系式，利用此函数关系式求得了 75℃时 Li_2SO_4 的 Pitzer 参数值。

对于含锂的二离子参数 $\theta_{Li,Na}$、$\theta_{Li,Mg}$ 和三离子作用参数 $\Psi_{Li,Na,Cl}$、Ψ_{Li,Na,SO_4}、$\Psi_{Li,Mg,Cl}$ 和 Ψ_{Li,Mg,SO_4}，运用可靠的三元体系在 75℃时溶解度数据，以溶解平衡常数 K 作为判据，建立回归方程，首次拟合出上述含锂 Pitzer 混合离子作用参数。本书所涉及的其他 Pitzer 单盐及混合参数均采用 Pabalan 和 Pitzer 提出的 Pitzer 参数与温度关联式求得，将获得的参数列于表 7-25 和表 7-26 中。

表 7-25 五元体系(Li^+，Na^+，$Mg^{2+}//Cl^-$，$SO_4^{2-}-H_2O$)75℃的 Pitzer 单盐参数值

单盐	参数			
	$\beta^{(0)}$	$\beta^{(1)}$	$\beta^{(2)}$	C^{ϕ}
LiCl	0.180600	−0.185100	—	−0.004293
Li_2SO_4	0.144100	1.334400	—	−0.011787
NaCl	0.096680	0.314500	—	−0.002282
Na_2SO_4	0.088860	1.288900	—	0.005502
$MgCl_2$	0.323700	1.944000	—	0.001824
$MgSO_4$	0.237200	3.843900	−3.720100	0.011580

表 7-26　五元体系(Li^+，Na^+，$Mg^{2+}//Cl^-$，$SO_4^{2-}-H_2O$)75℃的 Pitzer 混合离子作用参数值

参数	值	参数	值
$\theta_{Li,Na}$	0.0201600	Ψ_{Li,Mg,SO_4}	−0.0482100
$\Theta_{Li,Mg}$	0.0101960	$\Psi_{Na,Mg,Cl}$	−0.0074160
$\Theta_{Na,Mg}$	0.0700000	Ψ_{Na,Mg,SO_4}	−0.0150000
Θ_{Cl,SO_4}	0.0200000	Ψ_{Li,Cl,SO_4}	−0.0123600
$\Psi_{Li,Na,Cl}$	−0.0074160	Ψ_{Na,Cl,SO_4}	0.0000000
Ψ_{Li,Na,SO_4}	−0.0077740	Ψ_{Mg,Cl,SO_4}	−0.0236800
$\Psi_{Li,Mg,Cl}$	−0.0005947	A^ϕ	0.4333000

该五元体系75℃平衡矿物的溶解平衡常数见表 7-27。

表 7-27　五元体系(Li^+，Na^+，$Mg^{2+}//Cl^-$，$SO_4^{2-}-H_2O$)在 75℃时矿物的溶解平衡常数

矿物	简写	$\ln K_{aver}$
NaCl	NaCl	3.7116
Na_2SO_4	Th	−0.1105
$3Na_2SO_4 \cdot MgSO_4$	Van	−4.2692
$6Na_2SO_4 \cdot 7MgSO_4 \cdot 15H_2O$	Low	−4.8929
$MgSO_4 \cdot H_2O$	Kie	−2.8251
$MgCl_2 \cdot 6H_2O$	Bis	9.1675
$LiCl \cdot MgCl_2 \cdot 7H_2O$	Lic	22.7132
$LiCl \cdot H_2O$	Lc	10.6104
$Li_2SO_4 \cdot H_2O$	Ls	−0.3482
$Li_2SO_4 \cdot Na_2SO_4$	Db2	−1.7312

7.6.2　四元体系(Li^+，Na^+，$Mg^{2+}//Cl^--H_2O$)75℃溶解度的理论预测

四元体系(Li^+，Na^+，$Mg^{2+}//Cl^--H_2O$)在 75℃相平衡的研究未见报道，本书根据表 7-25、表 7-26 中 Pitzer 单盐参数及混合参数，以该体系各盐类介稳溶度积（表 7-27）作为介稳平衡的判据，计算得到该四元体系在 75℃时的介稳平衡溶解度见表 7-28，由计算的溶解度数据绘制了该四元体系的相图和水图，见图 7-27 和图 7-28，其计算相图和实验相图的对比见图 7-29。

由表 7-28 和图 7-27 可见，该四元体系在 75℃介稳相图中有 2 个四元无变量共饱点、4 个结晶区和 5 条单变量溶解度曲线，该体系有一个含锂复盐 $LiCl \cdot MgCl_2 \cdot 7H_2O$ 生成，但没有固溶体产生。4 个结晶相区分别为：NaCl 结晶区、$MgCl_2 \cdot 6H_2O$ 结晶区、$LiCl \cdot MgCl_2 \cdot 7H_2O$ 结晶区和 $LiCl \cdot H_2O$ 结晶区，其中，NaCl 结晶区最大，$LiCl \cdot MgCl_2 \cdot 7H_2O$ 结晶区

最小。

表7-28　四元体系(Li^+，Na^+，$Mg^{2+}//Cl^-–H_2O$)在75℃计算的介稳溶解度数据

编号	液相组成/%				耶涅克指数/(g/100g 干盐)			平衡固相
	LiCl	NaCl	$MgCl_2$	H_2O	LiCl	$MgCl_2$	H_2O	
1，A	0.00	0.36	35.06	64.59	0.00	99.00	182.38	NaCl + Bis
2	1.37	0.33	33.66	64.64	3.87	95.19	182.79	NaCl + Bis
3	2.74	0.31	32.27	64.68	7.76	91.37	183.15	NaCl + Bis
4	4.12	0.28	30.88	64.72	11.67	87.53	183.44	NaCl + Bis
5	5.49	0.26	29.50	64.75	15.57	83.69	183.66	NaCl + Bis
6	6.86	0.24	28.13	64.76	19.48	79.84	183.80	NaCl + Bis
7	8.24	0.22	26.77	64.77	23.38	75.99	183.86	NaCl + Bis
8	9.61	0.20	25.42	64.77	27.27	72.16	183.82	NaCl + Bis
9	10.98	0.18	24.09	64.75	31.15	68.34	183.67	NaCl + Bis
10	11.66	0.17	23.43	64.73	33.07	66.44	183.56	NaCl + Bis
11	13.03	0.16	22.12	64.69	36.90	62.66	183.23	NaCl + Bis
12	14.39	0.14	20.84	64.64	40.68	58.92	182.78	NaCl + Bis
13，E	17.90	0.10	17.60	64.40	50.29	49.43	180.87	NaCl + Bis + Lic
14	19.16	0.099	16.18	64.56	54.06	45.66	182.18	NaCl + Lic
15	21.72	0.091	13.34	64.85	61.79	37.95	184.49	NaCl + Lic
16	24.27	0.082	10.59	65.05	69.47	30.30	186.20	NaCl + Lic
17，F	26.12	0.082	8.65	65.15	74.95	24.81	186.92	NaCl + Lic + Lc
18，B	33.05	0.088	0.00	66.87	99.73	0.00	201.80	NaCl + Lc
19	32.03	0.088	1.27	66.62	95.94	7.80	199.55	NaCl + Lc
20	31.02	0.087	2.53	66.37	92.23	7.52	197.34	NaCl + Lc
21	30.01	0.086	3.78	66.12	88.60	11.15	195.18	NaCl + Lc
22	29.02	0.086	5.01	65.88	85.05	14.70	193.05	NaCl + Lc
23	28.04	0.084	6.25	65.63	81.57	18.18	190.95	NaCl + Lc
24	27.06	0.083	7.47	65.39	78.18	21.58	188.89	NaCl + Lc
25，C	17.96	0.00	17.60	64.44	50.52	49.48	181.22	Lic + Bis
26	17.95	0.019	17.60	64.43	50.47	49.47	181.16	Lic + Bis
27	17.93	0.056	17.60	64.42	50.39	49.45	181.03	Lic + Bis
28	17.92	0.075	17.60	64.41	50.35	49.44	18.096	Lic + Bis
29，D	26.18	0.00	8.64	65.18	75.18	24.82	187.21	Lc + Lic
30	26.16	0.019	8.64	65.17	75.13	24.82	187.14	Lc + Lic
31	26.15	0.038	8.64	65.17	75.08	24.82	187.08	Lc + Lic
32	26.14	0.057	8.65	65.16	75.02	24.81	187.01	Lc + Lic

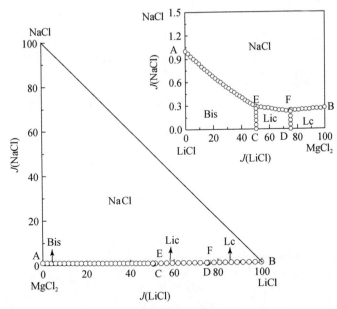

图 7-27　四元体系(Li^+，Na^+，$Mg^{2+}//Cl^- - H_2O$)在 75℃计算介稳相图

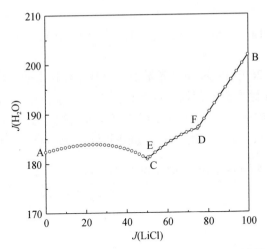

图 7-28　四元体系(Li^+，Na^+，$Mg^{2+}//Cl^- - H_2O$)在 75℃计算介稳水图

　　由图 7-28 可见，该四元体系在 EF 和 BF 线溶液的水含量随 $J(LiCl)$ 的增大而增大；在 AE 线水含量随 $J(LiCl)$ 的增大而减小，且在共饱点 E 处有最小值。

　　由图 7-29 可见，四元体系(Li^+，Na^+，$Mg^{2+}//Cl^- - H_2O$)在 75℃计算的介稳相图与实验相图吻合较好，由于体系生成了含锂复盐 $LiCl \cdot MgCl_2 \cdot 7H_2O$，其介稳平衡常数利用实验数据拟合时差异较大，使复盐 $LiCl \cdot MgCl_2 \cdot 7H_2O$ 饱和的平衡曲线与实验曲线有一定偏差。对比结果说明运用 75℃的 Pitzer 参数具有可靠性，可以对高温下的高锂镁比氯化物型水盐体系进行理论预测。

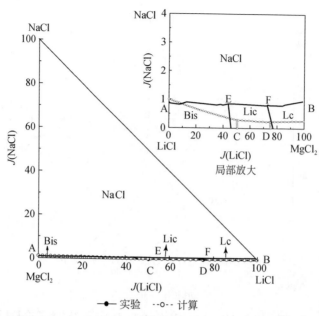

图 7-29　四元体系(Li⁺, Na⁺, Mg²⁺//Cl⁻–H₂O)在75℃介稳实验相图与计算相图对比

7.6.3　四元体系(Li⁺, Na⁺//Cl⁻, SO₄²⁻–H₂O)75℃溶解度的理论预测

根据表7-25、表7-26中Pitzer单盐参数及混合离子作用参数,以该体系各盐类介稳溶解度积(表7-27)作为介稳平衡的判据,计算得到四元体系(Li⁺, Na⁺//Cl⁻, SO₄²⁻–H₂O)在75℃时的介稳平衡溶解度见表7-29,由计算的溶解度数据绘制了该四元体系的相图和水图,见图7-30和图7-31,其计算相图和实验相图对比见图7-32,对比水图见图7-33。

表 7-29　四元体系(Li⁺, Na⁺//Cl⁻, SO₄²⁻–H₂O)在75℃计算的介稳溶解度数据

编号	液相组成/(mol/kg H₂O)				耶涅克指数/(mol/100mol)			平衡固相
	Li⁺	Na⁺	Cl⁻	SO₄²⁻	2Na⁺	SO₄²⁻	H₂O	
1, A	0.00	6.87	5.92	0.48	100.00	13.91	1615.62	Th + NaCl
2	0.20	6.72	5.93	0.50	97.11	14.31	1604.21	Th + NaCl
3	0.40	6.57	5.94	0.51	94.26	14.74	1592.54	Th + NaCl
4	0.60	6.42	5.96	0.53	91.46	15.20	1580.57	Th + NaCl
5	0.80	6.28	5.97	0.56	88.70	15.69	1568.30	Th + NaCl
6	1.00	6.14	5.98	0.58	85.99	16.21	1555.69	Th + NaCl
7	1.20	6.00	5.99	0.60	83.32	16.78	1542.73	Th + NaCl
8	1.40	5.86	6.00	0.63	80.71	17.38	1529.40	Th + NaCl
9, E₁	1.65	5.69	6.01	0.67	77.53	18.19	1512.19	Th + Db2 + NaCl
10	1.80	5.52	6.10	0.61	75.42	16.71	1516.30	Db2 + NaCl

续表

编号	液相组成/(mol/kg H$_2$O)				耶涅克指数/(mol/100mol)			平衡固相
	Li$^+$	Na$^+$	Cl$^-$	SO$_4^{2-}$	2Na$^+$	SO$_4^{2-}$	H$_2$O	
11	2.00	5.31	6.21	0.55	72.63	15.08	1519.10	Db2 + NaCl
12	2.20	5.11	6.30	0.50	69.89	13.74	1519.56	Db2 + NaCl
13	2.40	4.91	6.39	0.46	67.18	12.63	1518.16	Db2 + NaCl
14	2.60	4.73	6.47	0.43	64.51	11.69	1515.26	Db2 + NaCl
15	2.80	4.55	6.55	0.40	61.89	10.88	1511.08	Db2 + NaCl
16	3.00	4.37	6.62	0.38	59.31	10.19	1505.82	Db2 + NaCl
17	3.20	4.20	6.69	0.35	56.78	9.58	1499.58	Db2 + NaCl
18	3.40	4.04	6.76	0.34	54.29	9.06	1492.48	Db2 + NaCl
19	3.60	3.88	6.84	0.32	51.86	8.59	1484.58	Db2 + NaCl
20	3.80	3.72	6.91	0.31	49.48	8.18	1475.95	Db2 + NaCl
21	4.00	3.57	6.98	0.30	47.16	7.81	1466.62	Db2 + NaCl
22	4.20	3.42	7.05	0.29	44.89	7.49	1456.63	Db2 + NaCl
23, E$_2$	4.38	3.29	7.12	0.28	42.92	7.23	1447.19	Ls + Db2 + NaCl
24	4.80	2.95	7.34	0.21	38.09	5.30	1431.97	Ls + NaCl
25	5.20	2.66	7.55	0.16	33.88	4.03	1411.63	Ls + NaCl
26	5.60	2.40	7.75	0.12	30.03	3.11	1387.11	Ls + NaCl
27	6.00	2.17	7.97	0.10	26.53	2.44	1359.44	Ls + NaCl
28	6.40	1.95	8.19	0.081	23.36	1.94	1329.37	Ls + NaCl
29	6.80	1.76	8.42	0.067	20.52	1.56	1297.51	Ls + NaCl
30	7.20	1.58	8.67	0.056	18.00	1.27	1264.40	Ls + NaCl
31	7.60	1.42	8.93	0.047	15.76	1.04	1230.48	Ls + NaCl
32	8.00	1.28	9.20	0.040	13.80	0.86	1196.17	Ls + NaCl
33	8.40	1.16	9.49	0.035	12.09	0.72	1161.83	Ls + NaCl
34	8.80	1.04	9.78	0.030	10.60	0.61	1127.77	Ls + NaCl
35	9.20	0.95	10.09	0.027	9.32	0.53	1094.24	Ls + NaCl
36	9.60	0.86	10.41	0.024	8.21	0.46	1061.44	Ls + NaCl
37	10.00	0.78	10.74	0.022	7.26	0.40	1029.54	Ls + NaCl
38	10.40	0.72	11.08	0.020	6.45	0.36	998.65	Ls + NaCl
39	10.80	0.66	11.42	0.018	5.75	0.32	968.84	Ls + NaCl
40	11.20	0.61	11.77	0.017	5.15	0.29	940.17	Ls + NaCl
41	11.60	0.56	12.13	0.016	4.64	0.27	912.64	Ls + NaCl
42	12.00	0.53	12.49	0.016	4.20	0.25	886.27	Ls + NaCl
43	12.40	0.49	12.86	0.015	3.83	0.24	861.04	Ls + NaCl
44	12.80	0.47	13.23	0.015	3.51	0.23	836.91	Ls + NaCl
45	13.20	0.44	13.61	0.015	3.23	0.22	813.85	Ls + NaCl

编号	液相组成/(mol/kg H₂O)				耶涅克指数/(mol/100mol)			平衡固相
	Li^+	Na^+	Cl^-	SO_4^{2-}	$2Na^+$	SO_4^{2-}	H_2O	
46	13.60	0.42	13.99	0.015	3.00	0.22	791.82	Ls + NaCl
47	14.00	0.40	14.37	0.016	2.80	0.22	770.78	Ls + NaCl
48	14.40	0.39	14.76	0.016	2.63	0.22	750.67	Ls + NaCl
49	14.80	0.38	15.14	0.017	2.49	0.22	731.45	Ls + NaCl
50	15.20	0.37	15.53	0.018	2.37	0.23	713.07	Ls + NaCl
51	15.60	0.36	15.92	0.019	2.27	0.24	695.49	Ls + NaCl
52	16.00	0.36	16.32	0.021	2.19	0.26	678.65	Ls + NaCl
53	16.40	0.36	16.71	0.023	2.13	0.28	662.52	Ls + NaCl
54	16.80	0.36	17.11	0.026	2.08	0.30	647.05	Ls + NaCl
55	17.20	0.36	17.50	0.029	2.05	0.34	632.20	Ls + NaCl
56	17.60	0.37	17.90	0.034	2.04	0.38	617.93	Ls + NaCl
57	18.00	0.37	18.30	0.039	2.04	0.43	604.20	Ls + NaCl
58	18.40	0.39	18.69	0.046	2.05	0.49	590.98	Ls + NaCl
59	18.80	0.40	19.09	0.055	2.08	0.58	578.22	Ls + NaCl
60	19.20	0.42	19.48	0.067	2.13	0.69	565.90	Ls + NaCl
61	19.60	0.44	19.87	0.083	2.20	0.83	553.96	Ls + NaCl
62	20.00	0.47	20.26	0.10	2.29	1.02	542.37	Ls + NaCl
63	20.40	0.50	20.64	0.13	2.41	1.29	531.08	Ls + NaCl
64, B	2.19	5.26	0.00	3.72	70.63	100.00	1491.27	Th + Db2
65	2.13	5.22	0.30	3.53	70.98	95.92	1509.16	Th + Db2
66	2.08	5.19	0.60	3.34	71.33	91.75	1526.88	Th + Db2
67	2.04	5.15	0.90	3.14	71.68	87.48	1544.25	Th + Db2
68	1.99	5.12	1.20	2.96	72.03	83.13	1561.06	Th + Db2
69	1.94	5.10	1.50	2.77	72.38	78.69	1577.05	Th + Db2
70	1.90	5.07	1.80	2.59	72.73	74.19	1591.94	Th + Db2
71	1.86	5.05	2.10	2.41	73.07	69.63	1605.40	Th + Db2
72	1.83	5.04	2.40	2.23	73.42	65.04	1617.09	Th + Db2
73	1.79	5.03	2.70	2.06	73.76	60.44	1626.63	Th + Db2
74	1.76	5.04	3.00	1.90	74.09	55.85	1633.63	Th + Db2
75	1.73	5.05	3.30	1.74	74.42	51.32	1637.72	Th + Db2
76	1.71	5.07	3.60	1.59	74.76	46.87	1638.54	Th + Db2
77	1.69	5.10	3.90	1.44	75.09	42.53	1635.81	Th + Db2
78	1.67	5.14	4.20	1.31	75.42	38.36	1629.29	Th + Db2
79	1.66	5.20	4.50	1.18	75.76	34.38	1618.89	Th + Db2
80	1.65	5.27	4.80	1.06	76.10	30.62	1604.60	Th + Db2
81	1.65	5.35	5.10	0.95	76.45	27.12	1586.54	Th + Db2
82	1.65	5.45	5.40	0.85	76.80	23.88	1564.98	Th + Db2

续表

编号	液相组成/(mol/kg H$_2$O)				耶涅克指数/(mol/100mol)			平衡固相
	Li$^+$	Na$^+$	Cl$^-$	SO$_4^{2-}$	2Na$^+$	SO$_4^{2-}$	H$_2$O	
83	1.65	5.56	5.70	0.75	77.16	20.92	1540.24	Th + Db2
84，C	5.08	2.65	0.00	3.86	34.29	100.00	1436.70	Ls + Db2
85	4.90	2.62	0.40	3.56	34.85	94.68	1475.80	Ls + Db2
86	4.73	2.59	0.80	3.26	35.41	89.07	1516.10	Ls + Db2
87	4.57	2.56	1.20	2.97	35.97	83.17	1557.02	Ls + Db2
88	4.41	2.54	1.60	2.67	36.51	76.97	1597.70	Ls + Db2
89	4.27	2.51	2.00	2.39	37.03	70.51	1637.00	Ls + Db2
90	4.14	2.49	2.40	2.12	37.52	63.82	1673.46	Ls + Db2
91	4.04	2.47	2.80	1.86	37.99	56.99	1705.24	Ls + Db2
92	3.95	2.47	3.20	1.61	38.42	50.13	1730.25	Ls + Db2
93	3.89	2.47	3.60	1.38	38.83	43.37	1746.31	Ls + Db2
94	3.85	2.49	4.00	1.17	39.22	36.89	1751.43	Ls + Db2
95	3.84	2.52	4.40	0.98	39.61	30.87	1744.29	Ls + Db2
96	3.86	2.58	4.80	0.82	40.00	25.44	1724.54	Ls + Db2
97	3.91	2.65	5.20	0.68	40.43	20.70	1692.99	Ls + Db2
98	3.97	2.75	5.60	0.56	40.89	16.69	1651.50	Ls + Db2
99	4.06	2.87	6.00	0.46	41.38	13.39	1602.54	Ls + Db2
100	4.16	3.00	6.40	0.38	41.91	10.72	1548.69	Ls + Db2
101	4.28	3.16	6.80	0.32	42.47	8.59	1492.32	Ls + Db2

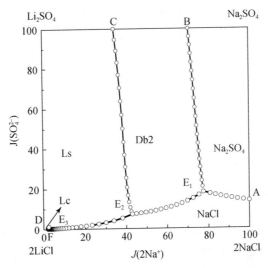

图 7-30　四元体系(Li$^+$，Na$^+$//Cl$^-$，SO$_4^{2-}$-H$_2$O)在75℃计算介稳相图

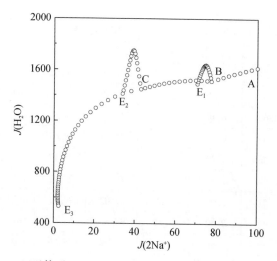

图 7-31　四元体系$(Li^+,Na^+//Cl^-,SO_4^{2-}-H_2O)$75℃介稳计算水图

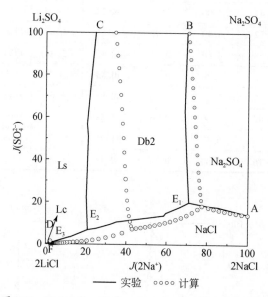

—— 实验　○○○○ 计算

图 7-32　四元体系$(Li^+,Na^+//Cl^-,SO_4^{2-}-H_2O)$在 75℃介稳实验相图与计算相图对比

由表 7-29 和图 7-30 可见,该四元体系在 75℃的介稳相图中有 3 个四元无变量共饱点、5 个结晶区和 7 条单变量溶解度曲线,该体系有锂复盐 $Li_2SO_4 \cdot Na_2SO_4$ 生成。5 个结晶区分别为 NaCl 结晶区、Na_2SO_4 结晶区、$Li_2SO_4 \cdot Na_2SO_4$ 结晶区、$Li_2SO_4 \cdot H_2O$ 结晶区、$LiCl \cdot H_2O$ 结晶区,其中,$Li_2SO_4 \cdot Na_2SO_4$ 结晶区最大,$LiCl \cdot H_2O$ 结晶区最小。

由图 7-31 可见,该体系在 BE_1 和 CE_2 线水含量随 $J(2Na^+)$ 的减小先增大后降低,在 AE_1、E_1E_2 和 E_2E_3 线水含量随 $J(2Na^+)$ 的减小逐渐减小,且在共饱点 E_3 处有最小值。

由图 7-32 可见,四元体系$(Li^+,Na^+//Cl^-,SO_4^{2-}-H_2O)$在 75℃计算的介稳相图与实验相图趋势基本一致。由于体系生成了含锂复盐 $Li_2SO_4 \cdot Na_2SO_4$,其介稳平衡常数利用实验

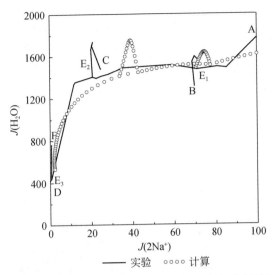

图 7-33　四元体系(Li^+, $Na^+//Cl^-$, $SO_4^{2-}-H_2O$)75℃介稳实验水图和计算水图对比

数据拟合时差异较大，使复盐 $Li_2SO_4 \cdot Na_2SO_4$ 饱和的平衡曲线 BE_1、CE_2 和 E_1E_2 与实验曲线有一定偏差。

　　由图 7-33 可见，四元体系(Li^+, $Na^+//Cl^-$, $SO_4^{2-}-H_2O$)在 75℃时计算的水图与实验相图趋势基本一致，水含量随溶液组分浓度的变化而有规律地变化，在共饱点处有异变，且在共饱点 E_3 处溶液的水含量有最小值。

7.6.4　五元体系(Li^+, Na^+, $Mg^{2+}//Cl^-$, $SO_4^{2-}-H_2O$)75℃溶解度的理论预测

　　根据表 7-25、表 7-26 中 Pitzer 单盐参数及混合离子作用参数，以实验数据计算出的各盐类介稳溶度积（表 7-27）作为介稳平衡的判据，用拟牛顿法求解固液平衡关系表达式组成的非线性方程组，计算得到氯化钠饱和时五元体系(Li^+, Na^+, $Mg^{2+}//Cl^-$, $SO_4^{2-}-H_2O$)在 75℃时的介稳平衡溶解度，见表 7-30，由计算的溶解度数据绘制了该五元体系的相图、水含量图和钠含量图，分别见图 7-34、图 7-35 和图 7-36。

表 7-30　五元体系(Li^+, Na^+, $Mg^{2+}//Cl^-$, $SO_4^{2-}-H_2O$)75℃计算介稳溶解度数据

编号	液相组成/(mol/kg H_2O)					耶涅克指数/[mol/100mol ($2Li^+ + Mg^{2+} + SO_4^{2-}$)]				平衡固相
	Li^+	Na^+	Mg^{2+}	Cl^-	SO_4^{2-}	$2Li^+$	SO_4^{2-}	$2Na^+$	H_2O	
1，A	1.81	6.11	0.00	5.79	1.07	45.90	54.10	154.68	2810.01	NaCl + Th + Db2
2	1.80	6.05	0.05	5.77	1.09	44.08	53.47	148.28	2716.26	NaCl + Th + Db2
3	1.79	6.00	0.10	5.75	1.12	42.37	52.90	141.84	2628.05	NaCl + Th + Db2
4	1.77	5.89	0.20	5.72	1.17	39.25	51.87	130.60	2466.39	NaCl + Th + Db2

编号	液相组成/(mol/kg H₂O)					耶涅克指数/[mol/ 100mol（$2Li^+ + Mg^{2+} + SO_4^{2-}$）]				平衡固相
	Li^+	Na^+	Mg^{2+}	Cl^-	SO_4^{2-}	$2Li^+$	SO_4^{2-}	$2Na^+$	H_2O	
5	1.76	5.83	0.25	5.70	1.19	37.82	51.41	125.65	2392.15	NaCl + Th + Db2
6	1.73	5.72	0.35	5.66	1.24	35.20	50.58	116.50	2255.18	NaCl + Th + Db2
7	1.72	5.66	0.40	5.64	1.27	34.00	50.21	111.86	2191.89	NaCl + Th + Db2
8	1.70	5.55	0.50	5.60	1.33	31.77	49.54	103.54	2074.46	NaCl + Th + Db2
9	1.67	5.39	0.65	5.54	1.41	28.84	48.70	93.09	1918.21	NaCl + Th + Db2
10	1.65	5.29	0.75	5.50	1.47	27.11	48.23	86.86	1825.35	NaCl + Th + Db2
11，E_1	1.63	5.18	0.85	5.46	1.53	25.54	47.81	81.06	1740.28	NaCl + Th + Db2 + Van
12	1.87	4.73	1.05	5.61	1.54	26.14	43.69	67.09	1635.38	NaCl + Van + Db2
13	2.10	4.29	1.25	5.77	1.55	26.74	40.35	55.71	1530.47	NaCl + Van + Db2
14	2.37	3.84	1.45	5.92	1.57	27.34	37.54	45.66	1425.57	NaCl + Van + Db2
15	2.57	3.39	1.64	6.08	1.59	27.95	35.15	37.54	1320.67	NaCl + Van + Db2
16	2.81	2.94	1.84	6.23	1.61	28.55	33.09	30.28	1215.77	NaCl + Van + Db2
17，B	4.65	3.46	0.00	6.97	0.57	80.25	19.75	59.76	1916.29	NaCl + Db2 + Ls
18	4.53	3.35	0.16	6.95	0.63	74.24	20.52	54.83	1818.63	NaCl + Db2 + Ls
19	4.42	3.24	0.32	6.93	0.68	68.76	21.28	50.47	1727.99	NaCl + Db2 + Ls
20	4.30	3.13	0.48	6.91	0.73	63.76	22.03	46.58	1643.65	NaCl + Db2 + Ls
21	4.20	3.02	0.64	6.89	0.81	59.19	22.77	42.54	1565.02	NaCl + Db2 + Ls
22	4.09	2.92	0.80	6.86	0.87	55.00	23.50	39.30	1491.58	NaCl + Db2 + Ls
23	3.99	2.81	0.96	6.84	0.95	51.17	24.23	35.98	1422.88	NaCl + Db2 + Ls
24	3.89	2.71	1.12	6.81	1.02	47.64	24.94	33.17	1358.54	NaCl + Db2 + Ls
25	3.80	2.61	1.28	6.77	1.10	44.41	25.65	30.49	1298.21	NaCl + Db2 + Ls
26	3.71	2.51	1.44	6.74	1.18	41.44	26.35	28.04	1241.60	NaCl + Db2 + Ls
27	3.61	2.41	1.60	6.70	1.26	38.70	27.04	25.83	1188.44	NaCl + Db2 + Ls
28	3.49	2.27	1.84	6.65	1.40	35.00	28.05	22.77	1114.66	NaCl + Db2 + Ls
29	3.40	2.18	2.00	6.60	1.49	32.78	28.70	21.00	1069.16	NaCl + Db2 + Ls
30，E_3	3.28	2.05	2.23	6.54	1.64	29.75	29.65	18.60	1005.96	NaCl + Db2 + Ls + Low
31，D	0.00	5.83	0.99	5.46	1.18	0.00	54.17	134.33	2247.20	NaCl + Th + Van
32	0.20	5.75	0.97	5.47	1.21	4.39	53.06	126.10	2159.90	NaCl + Th + Van
33	0.40	5.67	0.94	5.48	1.24	8.39	52.07	119.10	2080.54	NaCl + Th + Van
34	0.60	5.60	0.92	5.48	1.28	12.02	51.18	112.00	2008.52	NaCl + Th + Van
35	0.90	5.49	0.88	5.48	1.34	16.87	50.03	102.81	1912.30	NaCl + Th + Van
36	1.10	5.41	0.86	5.48	1.38	19.72	49.37	96.95	1855.76	NaCl + Th + Van
37	1.40	5.31	0.83	5.48	1.44	23.54	48.53	89.39	1779.97	NaCl + Th + Van
38，F	0.00	1.30	3.90	7.34	0.88	0.00	18.48	13.60	1160.30	NaCl + Low + Van
39	0.40	1.30	3.75	7.37	0.91	4.11	18.79	13.37	1136.63	NaCl + Low + Van
40	0.80	1.29	3.60	7.40	0.95	8.09	19.13	13.03	1068.66	NaCl + Low + Van
41	1.20	1.29	3.45	7.43	0.98	11.91	19.52	12.82	1025.54	NaCl + Low + Van

续表

编号	液相组成/(mol/kg H₂O)					耶涅克指数/[mol/100mol (2Li⁺ + Mg²⁺ + SO₄²⁻)]				平衡固相
	Li⁺	Na⁺	Mg²⁺	Cl⁻	SO₄²⁻	2Li⁺	SO₄²⁻	2Na⁺	H₂O	
42	1.60	1.29	3.31	7.46	1.02	15.58	19.95	12.57	984.10	NaCl + Low + Van
43	2.00	1.28	3.17	7.49	1.07	19.07	20.43	12.21	944.70	NaCl + Low + Van
44	3.11	1.90	2.49	6.91	1.54	28.10	27.59	17.01	988.29	NaCl + Low + Ls
45	2.77	1.60	2.99	7.66	1.34	24.80	23.50	14.00	952.94	NaCl + Low + Ls
46	2.43	1.29	3.49	8.41	1.15	21.49	20.45	11.02	917.60	NaCl + Low + Ls
47, E₄	2.26	1.14	3.74	8.79	1.05	19.84	18.60	9.63	899.93	NaCl + Low + Ls + Kie
48	1.91	0.84	4.25	9.54	0.85	16.54	14.89	6.94	864.58	NaCl + Kie + Ls
49	1.57	0.54	4.75	10.29	0.66	13.23	11.19	4.36	829.24	NaCl + Kie + Ls
50, E₅	1.06	0.08	5.50	11.40	0.36	8.28	5.63	0.63	776.22	NaCl + Bis + Kie + Ls
51, G	0.00	0.09	5.84	11.20	0.30	0.00	4.95	0.73	802.75	NaCl + Kie + Bis
52	0.40	0.09	5.71	11.30	0.32	3.21	5.20	0.72	790.25	NaCl + Kie + Bis
53, B	2.50	0.08	4.87	12.20	0.06	20.23	0.96	0.65	798.38	NaCl + Bis + Ls
54	5.40	0.06	3.95	13.30	0.01	40.52	0.19	0.45	733.10	NaCl + Bis + Ls
55, E₆	7.86	0.05	3.29	14.50	0.01	54.39	0.09	0.35	668.16	NaCl + Bis + Lic + Ls
56	9.40	0.05	2.70	14.80	0.01	63.45	0.08	0.34	649.42	NaCl + Lic + Ls
57	11.70	0.05	1.90	15.60	0.01	75.34	0.08	0.32	614.84	NaCl + Lic + Ls
58, E₇	13.20	0.05	1.45	16.20	0.01	81.92	0.09	0.31	587.95	NaCl + Lic + Lc + Ls
59, C	16.20	0.07	0.00	16.30	0.01	99.84	0.16	0.43	583.16	NaCl + Lc + Ls
60	15.20	0.06	0.50	16.20	0.01	93.70	0.13	0.37	585.62	NaCl + Lc + Ls
61	14.10	0.06	1.00	16.20	0.01	87.52	0.10	0.37	587.12	NaCl + Lc + Ls
62, I	7.85	0.05	3.29	14.50	0.00	54.41	0.00	0.35	669.30	NaCl + Lic + Bis
63, J	13.20	0.05	1.45	16.20	0.00	81.95	0.00	0.34	589.04	NaCl + Lc + Lic

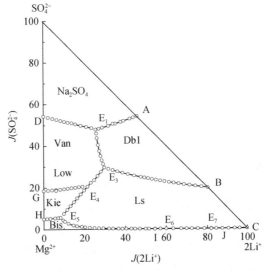

图 7-34　五元体系(Li⁺, Na⁺, Mg²⁺//Cl⁻, SO₄²⁻–H₂O)在 75℃计算介稳相图

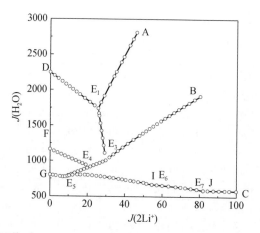

图 7-35　五元体系(Li^+，Na^+，$Mg^{2+}//Cl^-$，$SO_4^{2-}-H_2O$)在75℃计算介稳水图

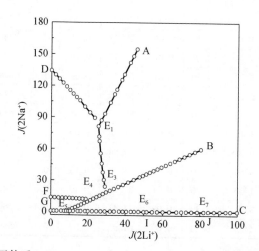

图 7-36　五元体系(Li^+，Na^+，$Mg^{2+}//Cl^-$，$SO_4^{2-}-H_2O$)在75℃计算介稳钠图

由表 7-30 和图 7-34 可见，该五元体系在75℃时氯化钠饱和下的计算介稳相图中有 7 个无变量共饱点、9 个结晶区和 15 条单变量溶解度曲线，NaCl 饱和的 Na_2SO_4、$Li_2SO_4 \cdot Na_2SO_4$ 和 $Li_2SO_4 \cdot H_2O$ 结晶区最大，占相图的 70% 以上。

由图 7-35 和图 7-36 可见，该五元体系的水含量和钠含量随溶液 $J(2Li^+)$ 浓度的变化而有规律地变化，且变化趋势相同，在共饱点 E_7 处有最小值。

该体系是一个复杂的多组分高浓度溶液体系，有含锂复盐 $Li_2SO_4 \cdot Na_2SO_4$、$LiCl \cdot MgCl_2 \cdot 7H_2O$ 生成，复盐均是不相称复盐，在体系蒸发过程中不断发生转溶，介稳溶解度变化范围较宽，并且该复盐75℃时的溶解度数据较少，导致拟合的含锂复盐溶解平衡常数变化较大，使得预测的其饱和蒸发曲线与实验曲线偏差较大。

将计算得到的相图与实验相图进行了比较，由图 7-37 可见，该五元体系计算的介稳相图与实验相图溶解度曲线趋势基本一致，说明我们采用的75℃的 Pitzer 参数具有可靠性，可以对我国含锂多组分水盐体系在高温时的介稳相平衡关系进行理论预测。

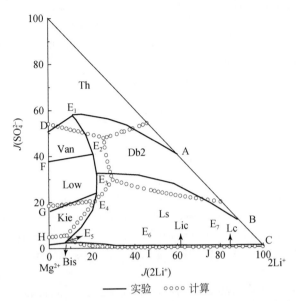

图 7-37 五元体系(Li^+，Na^+，$Mg^{2+}//Cl^-$，$SO_4^{2-}-H_2O$)在 75℃时介稳溶解度实验值与计算值对比图

7.7 小 结

进一步从理论上研究柴达木盆地盐湖复杂多组分体系的热力学性质，为盐湖卤水的开发过程建立卤水组分及浓度变化的动态数学模型，本书采用 Pitzer 理论模型，对五元体系（Li^+，Na^+，$Mg^{2+}//Cl^-$，$SO_4^{2-}-H_2O$）及四元子体系 0℃、25℃、35℃、50℃和 75℃下的介稳溶解度进行了理论计算，从理论上完善了该五元体系的实验介稳相图。该五元体系及子体系不同温度下计算的介稳相图与实验相图溶解度曲线趋势基本一致，说明我们采用的 Pitzer 参数具有可靠性，能够对我国含锂多组分水盐体系在不同温度下的介稳相平衡关系进行理论预测。

该五元体系中存着多种含锂复盐（$Li_2SO_4 \cdot 3Na_2SO_4 \cdot 12H_2O$、$Li_2SO_4 \cdot Na_2SO_4$、$LiCl \cdot MgCl_2 \cdot 7H_2O$）生产，由于其介稳现象明显，并且相应温度下的溶解度数据较少，导致拟合含锂参数匹配性不佳，使得预测的其饱和蒸发曲线与实验曲线偏差较大。今后我们将进一步补充和完善 0℃、25℃、35℃、50℃和 75℃下的含锂二元、三元体系稳定溶解度数据，在此基础上优化相应温度下的 Pitzer 参数，可实现我国含锂多组分水盐体系在不同温度时的介稳相平衡关系进行更准确的理论预测，将可节省大量的人力和物力，对于理论指导柴达木盆地盐湖浓缩老卤的资源化利用具有重要的意义。

参 考 文 献

[1] Pitzer K S. Activity coefficients in electrolyte solution. Second edition. Boca Raton：CRC Press，1992

[2] Pitzer K S. Thermodynamics of electrolytes. I. Theoretical basis and general equations. J. Phys. Chem.，1973，77（2）：268～277

［3］ Pitzer K S. Thermodynamics of electrolytes. II. Activity and osmotic coefficients for strong electrolytes with one or both ions univalent. J. Phys. Chem. , 1973, 77 (19): 2300~2308

［4］ Pitzer K S. Thermodynamics of electrolytes. III. Activity and osmotic coefficients for 2-2 electrolytes. J. Solution Chem. , 1974, 3 (7): 539~546

［5］ Pitzer K S. Thermodynamics of electrolytes. IV. Activity and osmotic coefficients for mixed electrolytes. J. Am. Chem. Soc. , 1974, 96 (18): 5701~5707

［6］ Pitzer K S. Thermodynamics of electrolytes. v. effects of higher-order electrostatic terms. J. Solution Chem. , 1975, 4 (3): 249~265

［7］ Pitzer K S. Electrolytes theory-improvements since Debye-Hückel. Account Chem. Res. , 1977, 10 (10): 371~377

［8］ Harvie C E, Were J H. The prediction of mineral solubilities in natural waters: the Na-K-Mg-Ca-Cl-SO$_4$-H$_2$O system from zero to high concentration at 25℃. Geochimi Cosmochim Acta, 1980, 44 (7): 981~997

［9］ Harvie C E, Moller N, Weare J H. The prediction of mineral solubilities in natural waters: The Na-K-Mg-Ca-H-Cl-SO$_4$-OH-HCO$_3$-CO$_3$-CO$_2$-H$_2$O system to high ionic strength salt 25℃. Geochim Cosmochim Acta, 1984, 48 (4): 723~751

［10］ Felmy A R, Weare J H. The prediction of borate mineral equilibria in natural waters: Application to Searles Lake, California. Geochim Cosmochim Acta, 1986, 50 (11): 2771~2784

［11］ Song P S, Yao Y. Thermodynamics and phase diagram of the salt lake brine system at 25℃ I. Li$^+$, K$^+$, Mg^{2+}//Cl$^-$, SO$_4^{2-}$-H$_2$O system. Calphad, 2001, 25: 329~341

［12］ Song P S, Yao Y. Thermodynamics and phase diagram of the salt lake brine system at 298. 15 K V. model for the system Li$^+$, Na$^+$, K$^+$, Mg^{2+}//Cl$^-$, SO$_4^{2-}$-H$_2$O and its applications. Calphad, 2003, 27: 343~352

［13］ 宋彭生, 姚燕, 孙柏, 等. Li$^+$, Na$^+$, K$^+$, Mg^{2+}/Cl$^-$, SO$_4^{2-}$-H$_2$O 体系 Pitzer 热力学模型. 中国科学: 化学, 2010, 40 (9): 1286~1296

［14］ Kim H T, Frederick W J. Evaluation of Pitzer ion interaction parameters of aqueous electrolytes at 25℃. 1. Single salt parameters. J. Chem. Eng. Data, 1988, 33 (2): 177~184

［15］ Kim H T, Frederick W J. Evaluation of Pitzer ion interaction parameters of aqueous electrolytes at 25℃. 2. Ternary mixing parameters. J. Chem. Eng. Data, 1988, 33 (3): 278~283

［16］ Pitzer K S, Peiper J C, Busey R H. Thermodynamics properties of aqueous sodium chloride solutions. J. Phys. Chem. Ref. Data, 1984, 13: 1~102

［17］ Rogers P S Z, Pitzer K S. High temperature thermodynamics properties of sodium sulfate solutions. J. Phys. Chem. , 1981, 85: 2886~2895

［18］ Pabalan R T, Pitzer K S. Thermodynamics of NaOH (aq) in hydrothermal solutions. Geochim. Cosmochim. Acta, 1987, 51: 829~837

［19］ Phutela R C, Pitzer K S. Heat capacity and other thermodynamic properties of aqueous magnesium silfate to 473 K. J. Phys. Chem. , 1986, 90: 895~901

［20］ Pabalan R T, Pitzer K S. Thermodynamics of concentrated electrolyte mixtures and the prediction of mineral solubilities to high temperatures for mixtures in the system Na-K-Mg-Cl-SO$_4$-OH-H$_2$O. Geochim. Cosmochim. Acta, 1987, 51: 2429~2443

［21］ Moller N. The prediction of mineral solubilities in natural waters: A chemical equilibrium model for the Na-Ca-Cl-SO$_4$-H$_2$O system, to high temperature and concentration. Geochim. Cosmochim. Acta, 1988, 52: 821~837

［22］ Greenberg J P, Moller N. The prediction of mineral solubilities in natural waters: A chemical equilibrium model for the $Na-K-Ca-Cl-SO_4-H_2O$ system to high concentration from 0℃ to 250℃. Geochim. Cosmochim. Acta, 1989, 53: 2503~2518

[23] Spencer R J, Moller N, Weare J. The prediction of mineral solubilities in natural waters: A chemical equilibrium model for the $Na-K-Ca-Mg-Cl-SO_4-H_2O$ system at temperatures blow 25℃. Geochim. Cosmochim. Acta, 1990, 54: 575~590

[24] Christov C, Moller N. A chemical equilibrium model of solution behavior and solubility in the $H-Na-K-Ca-OH-Cl-HSO_4-SO_4-H_2O$ system to high concentration and temperature. Geochim. Cosmochim. Acta, 2004, 68: 3717~3739

[25] Christov C, Moller N. Chemical equilibrium model of solution behavior and solubility in the $H-Na-K-OH-Cl-HSO_4-SO_4-H_2O$ system to high concentration and temperature. Geochim. Cosmochim. Acta, 2004, 68: 1309~1331

[26] Marion G M, Farren R E. Mineral solubilities in the $Na-K-Mg-Ca-Cl-SO_4-H_2O$ system: A re-evaluation of the sulfate chemistry in the Spencer-Møller-Weare model. Geochim. Cosmochim. Acta, 1980, 63: 1305~1318

[27] Marion G M. Carbonate mineral solubility at low temperatures in the $Na-K-Mg-Ca-H-Cl-SO_4-OH-HCO_3-CO_3-CO_2-H_2O$ system. Geochim. Cosmochim. Acta, 2001, 65: 1883~1896

[28] Marion G M. A molal-based model for strong acid chemistry at low temperatures (<200 to 298 K). Geochim. Cosmochim. Acta, 2002, 66: 2499~2516

[29] Holme H F, Mesmer R E. Thermodynamic properties of aqueous solutions of the alkali metal chlorides to 250℃. J. Phys. Chem. , 1983, 87: 1242~1255

[30] Gibbard H F, Scatchard G. Liquid-vapor equilibrium of aqueous lithium chloride, from 25℃ to 100℃ and from 1.0 to 18.5 Molal, and related properties. J. Chem. Eng. Data, 1973, 18: 293~298

[31] Holmes H F, Mesmer R E. Thermodynamics of aqueous solutions of the alkali metal sulfates. J. Solution Chem. , 1986, 15: 495~517

[32] 郭智忠, 刘子琴, 陈敬清. Li^+, Mg^{2+}// Cl^-, $SO_4^{2-}-H_2O$ 四元体系 25℃ 的介稳相平衡. 化学学报, 1991, 49: 937~943

[33] Здановский А Б, Ляховская Е И, Шлеймович Р Э. Справочник Экспериментальных Ланных По Растворимости Многокомпонентных Водно-Соаевых Систем (ТОМ II). Государственное Научно-Техническое Издательство Химической Литературы. Ленинград, 1954, 959

第8章 盐湖卤水介稳体系相图的应用

相平衡与相图是无机化工生产及盐湖资源开发利用的基础，盐湖卤水是多组分的水盐体系，由于盐湖处于特殊的自然条件下，卤水和盐之间不断进行着固液转化过程达到平衡状态。在盐湖卤水的盐田自然蒸发过程中，盐类的结晶顺序往往与稳定平衡相图不符而呈现介稳平衡。本章采用本书五元体系(Li^+，Na^+，$Mg^{2+}//Cl^-$，$SO_4^{2-}-H_2O$)多温介稳相平衡实验和理论预测结果，利用多温相图差异和盐类矿物温差效应，对柴达木盆地盐湖提钾后老卤进行含锂盐类的加工工艺过程的简单介绍。

8.1 卤水蒸发的相图分析与计算

8.1.1 等温蒸发析盐规律

盐湖卤水等温蒸发过程中盐类结晶析出顺序、析出量、剩余母液量及其组成变化规律是盐湖资源综合利用的一项基础性研究工作。它不仅给盐田工艺设计提供最基本的资料和依据，还会对后续工艺的选择起决定性作用，同时它也是盐湖地球化学演化研究的理论基础[1]。本书采用五元体系(Li^+，Na^+，$Mg^{2+}//Cl^-$，$SO_4^{2-}-H_2O$)0℃、35℃、50℃和75℃的实验相图，选取柴达木盆地盐湖中锂含量居于前列的东台吉乃尔盐湖老卤，进行各温度下的等温蒸发，通过相图分析获得老卤蒸发析盐规律。

东台吉乃尔盐湖提钾后卤水进行0℃等温蒸发时，以本书0℃实验介稳相图为理论依据，等温蒸发的析盐顺序为：NaCl 析出；NaCl 和 $MgSO_4 \cdot 7H_2O$ 共析；NaCl、$MgSO_4 \cdot 7H_2O$ 和 $MgCl_2 \cdot 6H_2O$ 共析；NaCl、$MgSO_4 \cdot 7H_2O$、$MgCl_2 \cdot 6H_2O$ 和 $Li_2SO_4 \cdot H_2O$ 共析；NaCl、$MgCl_2 \cdot 6H_2O$ 和 $Li_2SO_4 \cdot H_2O$ 继续共析，$MgSO_4 \cdot 7H_2O$ 溶解，至溶完；NaCl、$MgCl_2 \cdot 6H_2O$ 和 $Li_2SO_4 \cdot H_2O$ 继续共析；NaCl、$MgCl_2 \cdot 6H_2O$、$Li_2SO_4 \cdot H_2O$ 和 $LiCl \cdot MgCl_2 \cdot 7H_2O$ 共析；NaCl、$Li_2SO_4 \cdot H_2O$ 和 $LiCl \cdot MgCl_2 \cdot 7H_2O$ 继续共析，$MgCl_2 \cdot 6H_2O$ 溶解，至溶完；NaCl、$Li_2SO_4 \cdot H_2O$、$LiCl \cdot MgCl_2 \cdot 7H_2O$ 和 $LiCl \cdot H_2O$ 共析，至蒸干。

东台吉乃尔盐湖提钾后卤水进行35℃和50℃等温蒸发时，析盐顺序相同。以本书35℃或50℃实验介稳相图为理论依据，等温蒸发的析盐顺序为：NaCl 析出；NaCl 和 $Na_2SO_4 \cdot MgSO_4 \cdot 4H_2O$ 共析；NaCl、$Na_2SO_4 \cdot MgSO_4 \cdot 4H_2O$ 和 $MgSO_4 \cdot 6H_2O$ 共析；NaCl、$MgSO_4 \cdot 6H_2O$ 和 $Li_2SO_4 \cdot Na_2SO_4$ 共析，$Na_2SO_4 \cdot MgSO_4 \cdot 4H_2O$ 溶解，至溶完；NaCl、$MgSO_4 \cdot 6H_2O$ 和 $Li_2SO_4 \cdot Na_2SO_4$ 共析；NaCl、$MgSO_4 \cdot 6H_2O$ 和 $Li_2SO_4 \cdot H_2O$ 共析，$Li_2SO_4 \cdot Na_2SO_4$ 溶解，至溶完；NaCl、$MgSO_4 \cdot 6H_2O$ 和 $Li_2SO_4 \cdot H_2O$ 继续共析；NaCl、$MgSO_4 \cdot 4H_2O$ 和 $Li_2SO_4 \cdot H_2O$ 共析，$MgSO_4 \cdot 6H_2O$ 溶解，至溶完；NaCl、$MgSO_4 \cdot 4H_2O$ 和 $Li_2SO_4 \cdot H_2O$ 继续共析；NaCl、$MgSO_4 \cdot 4H_2O$、$Li_2SO_4 \cdot H_2O$ 和 $MgCl_2 \cdot 6H_2O$ 共析。NaCl、$MgCl_2 \cdot 6H_2O$ 和

$Li_2SO_4 \cdot H_2O$ 继续共析，$MgSO_4 \cdot 4H_2O$ 溶解，至溶完；$NaCl$、$MgCl_2 \cdot 6H_2O$ 和 $Li_2SO_4 \cdot H_2O$ 继续共析；$NaCl$、$MgCl_2 \cdot 6H_2O$、$Li_2SO_4 \cdot H_2O$ 和 $LiCl \cdot MgCl_2 \cdot 7H_2O$ 共析；$NaCl$、$Li_2SO_4 \cdot H_2O$ 和 $LiCl \cdot MgCl_2 \cdot 7H_2O$ 继续共析，$MgCl_2 \cdot 6H_2O$ 溶解，至溶完；$NaCl$、$Li_2SO_4 \cdot H_2O$、$LiCl \cdot MgCl_2 \cdot 7H_2O$ 和 $LiCl \cdot H_2O$ 共析，至蒸干。

　　东台吉乃尔盐湖提钾后卤水进行 75℃ 等温蒸发时，以本书 75℃ 实验介稳相图为理论依据，等温蒸发的析盐顺序为：$NaCl$ 析出；$NaCl$ 和 $6Na_2SO_4 \cdot 7MgSO_4 \cdot 15H_2O$ 共析；$NaCl$、$6Na_2SO_4 \cdot 7MgSO_4 \cdot 15H_2O$ 和 $MgSO_4 \cdot H_2O$ 共析；$NaCl$、$MgSO_4 \cdot H_2O$ 和 $Li_2SO_4 \cdot H_2O$ 共析，$6Na_2SO_4 \cdot 7MgSO_4 \cdot 15H_2O$ 溶解，至溶完；$NaCl$、$MgSO_4 \cdot H_2O$ 和 $Li_2SO_4 \cdot H_2O$ 继续共析；$NaCl$、$MgSO_4 \cdot H_2O$、$Li_2SO_4 \cdot H_2O$ 和 $MgCl_2 \cdot 6H_2O$ 共析。$NaCl$、$MgCl_2 \cdot 6H_2O$ 和 $Li_2SO_4 \cdot H_2O$ 继续共析，$MgSO_4 \cdot H_2O$ 溶解，至溶完；$NaCl$、$MgCl_2 \cdot 6H_2O$ 和 $Li_2SO_4 \cdot H_2O$ 继续共析；$NaCl$、$MgCl_2 \cdot 6H_2O$、$Li_2SO_4 \cdot H_2O$ 和 $LiCl \cdot MgCl_2 \cdot 7H_2O$ 共析；$NaCl$、$Li_2SO_4 \cdot H_2O$ 和 $LiCl \cdot MgCl_2 \cdot 7H_2O$ 继续共析，$MgCl_2 \cdot 6H_2O$ 溶解，至溶完；$NaCl$、$Li_2SO_4 \cdot H_2O$、$LiCl \cdot MgCl_2 \cdot 7H_2O$ 和 $LiCl \cdot H_2O$ 共析，至蒸干。

　　由以上老卤不同温度下等温蒸发析盐顺序可知，干盐点固相为 $NaCl$、$Li_2SO_4 \cdot H_2O$、$LiCl \cdot MgCl_2 \cdot 7H_2O$ 和 $LiCl \cdot H_2O$，其余五元体系中共饱点均为转溶点。整个蒸发过程中，只有 0℃ 蒸发中只析出一种锂盐 $Li_2SO_4 \cdot H_2O$，其他温度下则析出多种锂盐，很明显不利于回收锂盐；而 0℃ 下的蒸发速度很慢，卤水继续蒸发失去意义，因此采用单一温度下直接蒸发制取 $Li_2SO_4 \cdot H_2O$ 比较困难。

8.1.2　五元体系(Li^+，Na^+，Mg^{2+}//Cl^-，SO_4^{2-}–H_2O)相图应用探讨

　　本书主要考察锂的富集情况，且实际生产操作中，卤水锂盐饱和后，会转入车间提取锂产品，不会在盐田中继续蒸发；且卤水蒸发当 $MgCl_2 \cdot 6H_2O$ 析出时，卤水黏度变大，蒸发缓慢；因此，我们选择相图中共饱点固相为 $NaCl$、$Li_2SO_4 \cdot H_2O$、$MgCl_2 \cdot 6H_2O$ 和硫酸镁盐水合物（不同温度下硫酸镁盐水合物不同）时作为蒸发终点。

　　为得到 $Li_2SO_4 \cdot H_2O$，需要使卤水组成点落在 $Li_2SO_4 \cdot H_2O$ 相区，因此，为充分利用多温相图差异，将 0℃、35℃、50℃ 和 75℃ 相图中 $Li_2SO_4 \cdot H_2O$ 相区绘制于图 8-1，由图可见，随着温度升高，$Li_2SO_4 \cdot H_2O$ 相区增大，主要原因是一方面单盐 $Li_2SO_4 \cdot H_2O$ 溶解度随温度升高而降低，另一方面其他盐类溶解度随温度升高而升高，对 Li_2SO_4 的盐析作用增强。说明高温时有利于 $Li_2SO_4 \cdot H_2O$ 析出。因 35℃ 和 50℃ 相图中析出盐的种类接近，且 35℃ 和 0℃ 相图中 $Li_2SO_4 \cdot H_2O$ 相区差别比别的温度较小，本书选取 0℃ 和 50℃、0℃ 和 75℃ 实验介稳相图进行 $Li_2SO_4 \cdot H_2O$ 的提取分析。

　　根据该五元体系(Li^+，Na^+，Mg^{2+}//Cl^-，SO_4^{2-}–H_2O)0℃ 和 50℃ 实验介稳相图，可简单进行 $Li_2SO_4 \cdot H_2O$ 提取工艺分析，如图 8-2。东台吉乃尔盐湖提钾后卤水组成点在 A 点，A 点卤水进行 0℃ 等温蒸发，$NaCl$ 和 $MgSO_4 \cdot 7H_2O$ 共析，至 $MgCl_2 \cdot 6H_2O$ 饱和，继续共析至 $Li_2SO_4 \cdot H_2O$ 饱和，停止蒸发，除去固相；卤水组成点 B 落在 50℃ 相图中 $Li_2SO_4 \cdot$ H_2O 相区，升温至 50℃，蒸发可析出 $Li_2SO_4 \cdot H_2O$ 和 $NaCl$，继续蒸发至 $MgCl_2 \cdot 6H_2O$ 饱和，停止蒸发，分离固相得到 $NaCl$ 和 $Li_2SO_4 \cdot H_2O$ 混合物。卤水组成点落在 0℃ 相图中 $MgCl_2 \cdot$

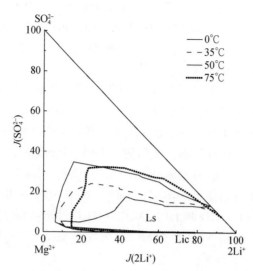

图 8-1　五元体系(Li^+，Na^+，$Mg^{2+}//Cl^-$，$SO_4^{2-}-H_2O$)多温相图 NaCl 和 $Li_2SO_4 \cdot H_2O$ 共饱和面

$6H_2O$ 相区，降温可析出 $MgCl_2 \cdot 6H_2O$，少量 NaCl，卤水组成点 D 落在 0℃ 相图中 $MgCl_2 \cdot 6H_2O$ 和 $Li_2SO_4 \cdot H_2O$ 饱和线上，但在 50℃ 相图中 $Li_2SO_4 \cdot H_2O$ 相区，重复上述步骤，可分别得到 NaCl 和 $Li_2SO_4 \cdot H_2O$ 混合物，NaCl 和 $MgCl_2 \cdot 6H_2O$ 混合物，直到锂光卤石析出。下一步可采用反浮选或其他手段首先分离出 NaCl，再得到 $Li_2SO_4 \cdot H_2O$。

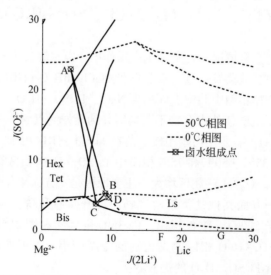

图 8-2　五元体系(Li^+，Na^+，$Mg^{2+}//Cl^-$，$SO_4^{2-}-H_2O$)0℃ 和 50℃ 相图等温蒸发分析

　　由图 8-3 可见，根据五元体系(Li^+，Na^+，$Mg^{2+}//Cl^-$，$SO_4^{2-}-H_2O$)0℃ 和 75℃ 实验介稳相图，东台吉乃尔盐湖提钾后卤水组成点在 A 点，A 点卤水进行 0℃ 等温蒸发，NaCl 和 $MgSO_4 \cdot 7H_2O$ 共析，蒸发射线为图中 $MgSO_4$ 点和 A 点的反向延长线变化，当蒸发射线与 75℃ 相图中 $6Na_2SO_4 \cdot 7MgSO_4 \cdot 15H_2O$ 和 $MgSO_4 \cdot H_2O$ 共饱线相交时，停止蒸发，除去固

相；此时卤水组成点 B 落在 75℃相图中 $MgSO_4 \cdot H_2O$ 相区，进行 75℃等温蒸发，NaCl 和 $MgSO_4 \cdot H_2O$ 共析，卤水组成点延 $MgSO_4$ 点和 B 点的反向延长线变化（$MgSO_4$ 点、A 点和 B 点位于同一直线），至 C 点 $MgCl_2 \cdot 6H_2O$ 饱和，继续蒸发至 D 点 $Li_2SO_4 \cdot H_2O$ 饱和，停止蒸发，除去固相；此时卤水组成点 D 落在 0℃相图中 $Li_2SO_4 \cdot H_2O$ 相区，降温至 0℃，因氯化钠溶解度随温度变化不明显，此时析出大量 $Li_2SO_4 \cdot H_2O$，少量 NaCl，并因温度降低，溶解度下降，析出部分 $MgSO_4 \cdot 7H_2O$ 和 $MgCl_2 \cdot 6H_2O$，为防止 $MgSO_4 \cdot 7H_2O$ 和 $MgCl_2 \cdot 6H_2O$ 析出，可与原始卤水兑卤（淡水稀释降温），兑卤后组成点 E，仍然落在 0℃相图中 $Li_2SO_4 \cdot H_2O$ 相区，此时进行 0℃蒸发，析出 NaCl 和 $Li_2SO_4 \cdot H_2O$ 混合物，至 E 点 $MgCl_2 \cdot 6H_2O$ 饱和，停止蒸发，分离固液相，可得到 NaCl 和 $Li_2SO_4 \cdot H_2O$ 混合物；此时卤水组成点 F 落在 75℃图中 $MgSO_4 \cdot H_2O$ 相区，重复上述步骤。

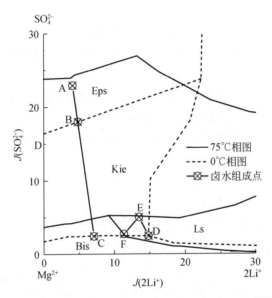

图 8-3 五元体系（Li^+，Na^+，$Mg^{2+}//Cl^-$，$SO_4^{2-}-H_2O$）0℃和 75℃相图等温蒸发分析

通过上述五元体系 0℃和 50℃、0℃和 75℃实验介稳相图分析，均可得到 NaCl 和 $Li_2SO_4 \cdot H_2O$ 的混合物，进而得到 $Li_2SO_4 \cdot H_2O$。但采用图 8-2 进行分析中，原始卤水蒸发至 $MgCl_2 \cdot 6H_2O$ 饱和时，此时卤水的水活度很低，0℃下的蒸发速度很慢，卤水继续蒸发失去意义，因此本书拟采用 0℃和 75℃实验介稳相图进行 $Li_2SO_4 \cdot H_2O$ 提取工艺分析。

8.1.3 工艺过程理论计算

本书以东台吉乃尔除钾后原始卤水为例，原始卤水组成采用文献［2］数据（不包含 KCl 的数据），以 100kg 老卤物料溶液为基准，根据 0℃和 75℃实验介稳相图进行卤水加工工艺计算，卤水组成点数据见表 8-1。

根据五元体系（Li^+，Na^+，$Mg^{2+}//Cl^-$，$SO_4^{2-}-H_2O$）0℃和 75℃实验介稳相图，卤水加工过程可化为以下七步，并将每步进行液固相分析。

表 8-1　卤水蒸发过程液固相组成 *

| No. | 液相离子浓度/（mol/kg） | | | | | H_2O /g | 耶涅克指数 J（mol/mol 干盐） | | | | 饱和固相 |
	Li^+	Na^+	Mg^+	Cl^-	SO_4^{2-}		$2Li^+$	SO_4^{2-}	$2Na^+$	H_2O	
A_1**	0.2126	2.7117	1.8952	5.5231	0.5958	1000	4.09	22.94	52.20	2137.19	
B	0.4916	1.0952	3.9222	7.5961	0.9176	432.45	4.83	18.04	12.27	1120.00	Ha + Kie
C	1.0345	0.2212	6.5400	13.9015	0.2171	205.51	7.11	2.98	1.52	763.00	Ha + Kie + Bis
D	2.2339	0.1927	6.2322	14.5190	0.1845	95.17	14.83	2.45	1.27	736.87	Ha + Kie + Ls + Bis
E	1.6199	0.0603	4.9148	10.8910	0.3094	136.69	13.42	5.13	0.50	919.90	Ha + Ls + Eps
F	1.3345	0.0526	5.0226	11.1262	0.1531	133.75	11.42	2.62	0.45	950.00	Ha + Ls + Bis

　　* 卤水组成点由相图获得，存在误差；** 原始卤水组成。

　　（1）卤水不饱和蒸发阶段，原始卤水为不饱和卤水，该阶段卤水蒸发，不析出固体，直到 NaCl 饱和为止，该阶段可采用 0℃ 或 75℃ 下蒸发，该阶段卤水组成点位于图 8-3 点 A。

　　（2）NaCl 析出阶段，只有 NaCl 饱和析出，该阶段可采用 0℃ 下蒸发，直到 $MgSO_4 \cdot 7H_2O$ 饱和析出，该阶段卤水组成点仍位于图 8-3 点 A。

　　（3）A 到 B 阶段，0℃ 下等温蒸发过程，NaCl 和 $MgSO_4 \cdot 7H_2O$ 析出，该阶段结束使卤水组成点仍位于图 8-3 点 B，卤水升温至 75℃，卤水继续蒸发，NaCl 和 $MgSO_4 \cdot H_2O$ 析出，此由表 8-1 计算可得，至 75℃ 时 $MgSO_4 \cdot H_2O$ 饱和时，共析出 NaCl 2.2381mol，$MgSO_4 \cdot 7H_2O$ 和 $MgSO_4 \cdot H_2O$ 共 0.1990mol。

　　（4）B 到 C 阶段，75℃ 下等温蒸发过程，阶段（3）结束时卤水组成点位于 75℃ 相图中 $MgSO_4 \cdot H_2O$ 相区，但此时卤水为 75℃ 时不饱和卤水，首先蒸发析出水分，继续蒸发，析出 NaCl，然后 $MgSO_4 \cdot H_2O$ 析出，直到 $MgCl_2 \cdot 6H_2O$ 析出，表 8-1 中 B 点数据为 75℃ 时析出 $MgSO_4 \cdot H_2O$ 数据。该阶段共蒸发掉 H_2O 220.60g，析出 NaCl 0.4282mol，$MgSO_4 \cdot H_2O$ 0.3521mol。

　　（5）C 到 D 阶段，75℃ 下等温蒸发过程，NaCl、$MgSO_4 \cdot H_2O$ 和 $MgCl_2 \cdot 6H_2O$ 共析，直到 $Li_2SO_4 \cdot H_2O$ 开始析出。该阶段共蒸发掉 H_2O 31.60g，析出 NaCl 0.0271mol，$MgSO_4 \cdot H_2O$ 0.0270mol，$MgCl_2 \cdot 6H_2O$ 0.7240mol。

　　（6）D 到 E 阶段，兑卤阶段，采用卤水组成为 D 点卤水与原始卤水兑卤，使卤水降温至 0℃，此时不析出盐。95.17g D 点卤水与 41.52g 原始卤水混合，混合后卤水析出 NaCl 0.1225mol，混合卤水组成点为 E 点，处于 0℃ 相图中 $Li_2SO_4 \cdot H_2O$ 饱和相区。

　　（7）E 到 F 阶段，0℃ 下等温蒸发过程，NaCl 和 $Li_2SO_4 \cdot H_2O$ 共析。该阶段共蒸发掉 H_2O 2.94g，析出 NaCl 0.0012mol，$Li_2SO_4 \cdot H_2O$ 0.0429mol。

　　由以上各步分析可知，整个过程 1041.52g 原始卤水，蒸发后析出 H_2O 为 133.74g，整个过程中蒸发和析出固相中水为 907.78g，占总水量 87.16%；析出 NaCl 共 2.8173mol，占总含量 99.75%，说明在卤水蒸发后期 NaCl 已基本析出；析出 $MgSO_4 \cdot 7H_2O$、$MgSO_4 \cdot H_2O$ 和 $MgCl_2 \cdot 6H_2O$ 共 1.3021mol，占总镁量的 65.97%，部分实现锂镁分离。

8.2　卤水体系 Pitzer 化学模型应用

8.2.1　卤水 0℃ 等温蒸发过程规律

盐湖卤水等温蒸发过程中盐类结晶析出顺序、析出量、剩余母液量及其组成变化规律是盐湖资源综合利用的一项基础性研究工作。它不仅给盐田工艺设计提供最基本的资料和依据，还会对后续工艺的选择起决定性作用[1]。采用本书得到的五元体系(Li^+ ， Na^+ ， $Mg^{2+}//Cl^-$ ， $SO_4^{2-}-H_2O$) Pitzer 模型（Pitzer 参数和固相介稳平衡常数），可进行等温蒸发时上述参数的计算。

根据实验相图可判断卤水蒸发过程中部分饱和点数据，如图 8-2 和图 8-3 所示，卤水 0℃ 等温蒸发析出 $MgSO_4 \cdot 7H_2O$ 前，卤水组成点一直在 A 点，因此很难确定 $MgSO_4 \cdot 7H_2O$ 析出前卤水数据。而采用 Pitzer 模型可准确计算等温蒸发过程中各离子浓度的变化，并得到所有盐类饱和点数据（某种盐类刚开始饱和时卤水组成数据），这类数据对于盐田蒸发过重的控制具有重要的实用价值，可为盐田中矿物之间的分离工艺等提供基本依据，以便实施析出盐类的分段采收，确保析出的混合盐类的最佳质量和各有用成分的最佳回收率[1]。

计算的基本原理如下[3]：首先取一定量的某确定组成的卤水，从中减掉一确定量的水，则溶液变成一个新的组成。检验这一新组成的溶液对体系中 23 个固相的饱和程度。令过饱和的固相析出，减少一定量该固相后，液相达到一个新的平衡组成。然后再减少一定量的水，又形成一个新组成的液相。再重复进行固相过饱和程度的判断，如此反复，直至达到最终共饱和点。计算中，每次析出的固相都扣除掉，由平衡母液再继续进行蒸发，即所谓"fractionation"方式，这样符合盐田工艺的实际，也和通常等温蒸发实验研究相一致。

本书选择东台吉乃尔盐湖提钾后老卤，以 100kg 老卤物料溶液为基准，根据 0℃ Pitzer 化学模型进行卤水等温蒸发计算，其他温度下卤水蒸发规律与 0℃ 类似，不再列出。原始老卤组成为表 8-1 中 A 点卤水组成，0℃ 等温蒸发过程中卤水各盐类饱和点数据见表 8-2。

表 8-2　卤水 0℃ 等温蒸发过程液固相组成

No.	蒸水率/%	液相离子浓度/（mol/kg）					a_w	固相
		Li^+	Na^+	Mg^+	Cl^-	SO_4^{2-}		
A	0	0.2126	2.7117	1.8952	5.5231	0.5958	0.7160	
B	3.29	0.2198	2.8039	1.9596	5.7109	0.6161	0.7020	Ha
C	6.98	0.2285	2.7142	2.0373	5.7364	0.6405	0.6972	Ha + Eps
D	74.09	0.8206	0.0540	5.3806	10.906	0.3649	0.3119	Ha + Eps +Bis
E	78.74	1.0000	0.0540	5.2900	11.074	0.2800	0.3090	Ha + Kie + Ls + Bis

由表 8-2 可见，0℃时蒸发析盐顺序的理论计算预测结果与根据相图预测结果相同，等温蒸发的析盐可分为 4 个阶段。A 到 B 阶段：溶液浓缩阶段，只有水蒸发，未析出固体；B 到 C 阶段：NaCl 析出；C 到 D 阶段：NaCl 和 $MgSO_4 \cdot 7H_2O$ 共析，卤水组成延 C 与相图中 $MgSO_4$ 点反向延长线变化；D 到 E 阶段：NaCl、$MgSO_4 \cdot 7H_2O$ 和 $MgCl_2 \cdot 6H_2O$ 共析，卤水组成延相图中共饱线 Eps +Bis 向共饱点 E 变化。

根据等温蒸发计算结果，将蒸发过程中 Li^+、Na^+ 和 Mg^{2+} 离子浓度随蒸水率变化的关系绘图如图 8-4 所示；整个蒸发过程中，水活度逐渐变小，水活度随蒸水率关系图如图 8-5 所示；蒸发终点 E 点 $Li_2SO_4 \cdot H_2O$ 析出，整个蒸发过程中该盐的离子活度积小于溶解平衡常数（1.22585），$Li_2SO_4 \cdot H_2O$ 的离子活度积随蒸水率关系图如图 8-6 所示。

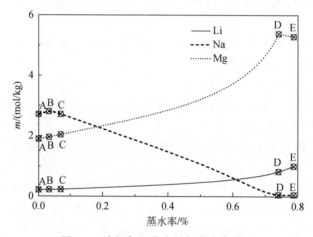

图 8-4　液相各组分含量与蒸水率关系

由图 8-4 可见，液相中离子浓度在蒸发过程中随蒸水率的变化呈现规律性的变化，蒸发过程中每个阶段的变化趋势不同。锂富集行为：A 到 E 阶段，锂离子的浓度随蒸水率增大逐渐增大，整个过程中，锂盐未析出，锂浓度由 0.2126mol/kg 升高到 1.0000mol/kg，富集达到 4.70 倍时，在 E 点 $Li_2SO_4 \cdot H_2O$ 开始饱和析出。这为低温下，锂盐的浓缩富集提取提供了理论基础。钠盐析出情况：由分析和实验结果可知，在整个蒸发过程中，A 到 B 阶段，NaCl 未饱和，B 到 E 阶段，NaCl 始终处于饱和状态，NaCl 持续析出，液相中钠含量一直在减小。至共饱点 E，蒸水率为 78.74%，共析出 NaCl 2.7002mol，占总 NaCl 量 99.58%。镁盐析出情况：A 到 D 阶段，镁离子的浓度随蒸水率增大逐渐增大，其中在 C 点析出 $MgSO_4 \cdot 7H_2O$，D 点开始析出 $MgCl_2 \cdot 6H_2O$，D 到 E 阶段，镁离子的浓度随蒸水率增大逐渐减小。整个过程中，共析出镁 0.7705mol，占总镁量 40.66%。由以上分析可知，锂盐饱和时，锂富集倍数为 4.7 倍，大部分的石盐析出率达到 99% 以上，镁盐的析出量超过 40%，降低了镁锂比，这有利于后续车间中锂产品的提取。

由图 8-5 可见，整个蒸发过程中水活度随蒸水率的增大而逐渐降低，在卤水蒸发的 4 个阶段，水活度变化趋势不同。A 到 D 阶段，水活度降低较大，此时卤水浓度较小，蒸发速度大，D 点 $MgCl_2 \cdot 6H_2O$ 析出，此时水活度随蒸水率增大，变化较小，卤水蒸发速度缓慢。

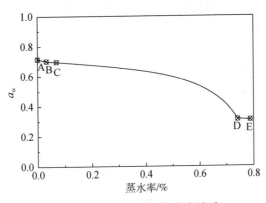

图 8-5　液相水活度与蒸水率关系

由图 8-6 可见，$Li_2SO_4 \cdot H_2O$ 的离子活度积随蒸水率的增大而逐渐增大，在卤水蒸发的 4 个阶段，水活度变化趋势不同，A 到 D 阶段，离子活度积增大迅速，D 到 E 阶段曲线平缓上升。整个蒸发过程 A 到 E 阶段 $Li_2SO_4 \cdot H_2O$ 处于不饱和状态，在 E 点 $Li_2SO_4 \cdot H_2O$ 饱和，开始析出。

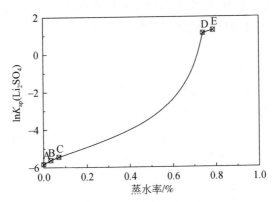

图 8-6　一水硫酸锂离子活度积与蒸水率关系

8.2.2　卤水多温等温蒸发过程规律

采用本书得到的五元体系（Li^+，Na^+，Mg^{2+}//Cl^-，SO_4^{2-}–H_2O）多温 Pitzer 模型（Pitzer 参数和固相介稳平衡常数），同样可对上述 8.1.2 节中 0℃和 75℃卤水加工过程进行卤水蒸发析盐计算。通过 Pitzer 化学模型可获得所有盐类饱和点数据，因此可将 8.1.2 节中卤水加工过程进一步细化，如表 8-3 所示，在 $Li_2SO_4 \cdot H_2O$ 析出前，可将整个过程分为 8 步，并可获得每个步骤的液固相变化，因 8.1.2 节中已经讲述了析出固相量的分析方法，因此该部分只简单陈述卤水加工步骤。

表8-3　卤水蒸发过程液固相组成

No.	液相离子浓度/（mol/kg）					H₂O /g	2Li⁺	SO₄²⁻	a_w	饱和固相
	Li⁺	Na⁺	Mg⁺	Cl⁻	SO₄²⁻					
A_1	0.2126	2.7117	1.8952	5.5231	0.5958	1000.00	4.09	22.94	0.7160	
A_2	0.2198	2.8039	1.9596	5.7109	0.6161	967.12	4.09	22.94	0.7020	Ha
A_3	0.2285	2.7141	2.0373	5.7364	0.6405	930.23	4.09	22.94	0.6972	Ha + Eps
B_1	0.2998	2.0497	2.3916	6.0137	0.5595	709.22	4.83	18.04	0.6774	Ha + Eps
B_1	0.2998	2.0497	2.3916	6.0137	0.5595	709.22	4.83	18.04	0.7192	
B_2	0.3402	2.3264	2.7145	6.8255	0.635	624.86	4.83	18.04	0.6682	Ha
B_3	0.4916	1.0952	3.9222	7.5961	0.9176	432.45	4.83	18.04	0.5969	Ha + Kie
C	1.0345	0.2212	6.5400	13.9015	0.2171	205.51	7.11	2.98	0.2613	Ha + Kie + Bis
D	2.2339	0.1927	6.2322	14.519	0.1845	95.17	14.83	2.45	0.2397	Ha + Kie + Ls + Bis

由表8-3可见，A_1到B_1阶段是0℃卤水等温蒸发阶段，该部分与表8-2中0℃等温蒸发部分相同。其中A_1到A_2阶段：溶液浓缩阶段，只有水蒸发，未析出固体；A_2到A_3阶段：只有NaCl析出；A_1、A_2和A_3组成点均在相图中图8-3中A点。A_3到B_1阶段：NaCl和MgSO₄·7H₂O共析。在B_1点在升温至75℃，以下阶段为75℃等温蒸发部分。B_1到B_2阶段：溶液浓缩阶段，只有水蒸发，未析出固体；B_2到B_3阶段：只有NaCl析出，在B_3点，MgSO₄·H₂O饱和；B_1、B_2和B_3组成点均在相图中图8-3中B点。B_3到C阶段：NaCl和MgSO₄·H₂O共析；C到D阶段：NaCl、MgSO₄·H₂O和MgCl₂·6H₂O共析，在D点，Li₂SO₄·H₂O饱和。通过表8-3可求得每步析出固相的量。

根据表8-3等温蒸发计算结果，绘制蒸发过程中Li⁺、Na⁺和Mg²⁺离子浓度随蒸水率关系图如图8-7所示。由图8-7可见，锂浓度随蒸水率的增大逐渐增大；钠离子浓度在0℃蒸发过程中随蒸水率的增大逐渐降低，在B_1点在升温至75℃时后蒸发，钠离子浓度升高，在B_2点达到最大值后析出，然后浓度随蒸水率的增大逐渐降低。镁浓度随蒸水率的增大逐

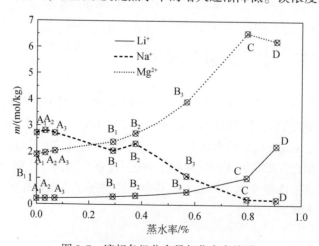

图8-7　液相各组分含量与蒸水率关系

渐增大，在 C 点（$MgCl_2 \cdot 6H_2O$ 开始饱和）达最大值后，随着 $MgCl_2 \cdot 6H_2O$ 的析出浓度逐渐降低。说明整个过程中不同的蒸发阶段，卤水浓度呈现规律性的变化。

根据表 8-3 等温蒸发计算水活度的计算结果，绘制水活度与蒸水率关系图，见图 8-8。由图 8-8 可见，水活度在 0℃蒸发过程中随蒸水率的增大逐渐降低，因 A_1 到 B_1 阶段析出水量较小，0℃蒸发过程中水活度变化较小。在 B_1 点在升温至 75℃时，虽然水量没有减少，但同浓度下，75℃时水活度大于 0℃时水活度，然后水活度随蒸水率的增大逐渐降低。每一个阶段，水活度随蒸水率的变化趋势不同，因此可通过水活度的变化规律确定卤水蒸发析盐的阶段。

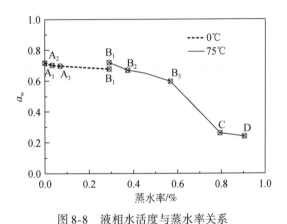

图 8-8　液相水活度与蒸水率关系

8.3　小　　结

本章采用五元体系（Li^+, Na^+, Mg^{2+}//Cl^-, SO_4^{2-}–H_2O）多温相平衡实验和 Pitzer 化学模型，利用多温相图差异和盐类矿物温差效应，对东台吉乃尔盐湖提钾后老卤，进行含锂盐类的加工工艺过程分析。

（1）采用卤水体系介稳相图，进行卤水在 0℃、35℃、50℃和 75℃等温蒸发中析盐顺序的预测，确定采用 0℃和 75℃的相图进行老卤中锂盐的提取分析，在此基础上进行卤水蒸发过程物料平衡关系的理论计算。

（2）采用卤水体系 0℃的 Pitzer 化学模型，理论预测了 0℃的蒸发过程中盐类矿物的析出顺序，锂、钠和镁盐的饱和点数据，卤水中离子浓度变化规律，整个蒸发过程中水活度和 $Li_2SO_4 \cdot H_2O$ 的离子活度积的变化规律。

（3）采用卤水体系 0℃和 75℃的 Pitzer 化学模型，理论预测了卤水加工过程中，锂、钠和镁盐的饱和点数据，卤水中离子浓度和整个蒸发过程中水活度的变化规律。

采用实验相图或 Pitzer 化学模型，可以进行卤水加工工艺分析，但实际卤水远比本章采用的相图组成复杂得多，因此天然卤水的等温蒸发结晶路线与本章预测的蒸发结晶路线必然存在一定的偏差，但考虑到卤水其他组分含量较低，本章采用的简单五元体系的相图对天然液固相盐类资源加工工艺进行理论分析，进而寻找最佳的基本工艺条件，仍然具有一定的参考价值。

　　盐湖卤水在天然条件下温度不断变化，每个季度差别较大，例如东台吉乃尔盐湖卤水温度变化范围−15～16℃左右，而且卤水工业加工过程中温度可达100℃以上[1]，因此，进一步开展低温到高温（−15～100℃）的复杂卤水体系相平衡研究，进一步扩大多离子体系化学模型的应用范围，对于开发卤水具有重要的意义。

参 考 文 献

［1］宋彭生，姚燕．盐湖卤水体系的热力学模型及其应用Ⅲ：在 Li^+，Na^+，K^+，Mg^{2+}/Cl^-，SO_4^{2-}–H_2O 体系加工工艺方面的应用．盐湖研究，2004，12（3）：1～11

［2］陈敬清，刘子琴，符挺进，等．硫酸盐类型盐湖卤水25℃等温蒸发．东台吉乃尔湖晶间卤水25℃等温蒸发//柳大纲科学论著选集．北京：科学出版社，1997，109：117～124

［3］卜令忠，乜贞，宋彭生．硫酸钠亚型富锂卤水25℃等温蒸发过程的计算机模拟．地质学报，2010，84（11）：1708～1714

附录 1 矿物盐类名称表

No.	化学式	中文名	英文名	缩写
1	NaCl	氯化钠	Halit	Ha
2	Na_2SO_4	硫酸钠	Thenardite	Th
3	$Na_2SO_4 \cdot 10H_2O$	芒硝	Mirabilite	Mir
4	$LiCl \cdot H_2O$	一水氯化锂	Lithium chloride monohydrate	Lc
5	$LiCl \cdot 2H_2O$	二水氯化锂	lithium chloride dihydrate	Lc
6	$Li_2SO_4 \cdot H_2O$	一水硫酸锂	Lithium sulfate monohydrate	Ls
7	$MgSO_4 \cdot 7H_2O$	泻利盐	Epsomite	Eps
8	$MgSO_4 \cdot 6H_2O$	六水泻盐	Hexahydrite	Hex
9	$MgSO_4 \cdot 5H_2O$	五水泻盐	Pentahydrite	Pen
10	$MgSO_4 \cdot 4H_2O$	四水泻盐	Tetrahydrite	Tet
11	$MgSO_4 \cdot H_2O$	硫镁矾	Kieserite	Kie
12	$MgCl_2 \cdot 6H_2O$	水氯镁石	Bischofite	Bis
13	$Na_2SO_4 \cdot MgSO_4 \cdot 4H_2O$	白钠镁矾	Astrakhanite	Ast
14	$Na_2SO_4 \cdot MgSO_4 \cdot 5H_2O$	孔矾钠石	Konyaite	Ko
15	$3Na_2SO_4 \cdot MgSO_4$	无水钠镁矾	Vanthoffite	Van
16	$6Na_2SO_4 \cdot 7MgSO_4 \cdot 15H_2O$	钠镁矾	Loeweite	Loe，Low
17	$Li_2SO_4 \cdot 3Na_2SO_4 \cdot 12H_2O$	锂复盐 1	Double salt 1	Db1
18	$Li_2SO_4 \cdot Na_2SO_4$	锂复盐 2	Double salt 2	Db2
19	$LiCl \cdot MgCl_2 \cdot 7H_2O$	锂光卤石	Lithium carnallite	Lic

附录 2 有关水盐体系相平衡数据

表 1 三元体系($Mg^{2+}//Cl^-$，$SO_4^{2-}-H_2O$)在 25℃ 稳定相平衡溶解度数据

No.	液相组成/%			平衡固相
	$MgCl_2$	$MgSO_4$	H_2O	
1	35.70	0.00	64.30	Bis
2	34.30	2.25	63.45	Bis + Tet
3	33.00	2.70	64.30	Tet
4	31.50	3.20	65.30	Tet + Pen
5	30.00	3.85	66.15	Pen
6	29.80	3.95	66.25	Pen + Hex
7	28.00	4.30	67.70	Hex
8	26.30	4.80	68.90	Hex + Eps
9	25.00	5.10	69.90	Eps
10	20.00	7.10	72.90	Eps
11	15.00	10.20	74.80	Eps
12	10.00	14.30	75.70	Eps
13	5.00	20.00	75.00	Eps
14	0.00	27.20	72.80	Eps

资料来源：Pelsh A D. Handbook of experimental data on solubility multi-component salt-water systems, Volume 1: Three-component system. Leningrad department: Leningrad publishing, 1973, 935-936。

表 2 三元体系($Mg^{2+}//Cl^-$，$SO_4^{2-}-H_2O$)在 35℃ 稳定相平衡溶解度数据

No.	液相组成/%			平衡固相
	$MgCl_2$	$MgSO_4$	H_2O	
1, A	36.14	0.00	63.86	Bis
2, E_1	34.77	2.45	62.78	Bis + Hex
3	25.16	6.20	68.64	Hex
4, E_2	21.21	8.32	70.47	Hex + Eps
5	18.30	9.93	71.77	Eps
6	13.31	13.65	73.04	Eps
7, B	0.00	29.22	70.78	Eps

资料来源：Resurrection N K. Phase equilibrium of the ternary system $MgCl_2 - MgSO_4 - H_2O$ at 35℃. Russ. J. Inorg. Chem., 1930, 3 (326): 334。

表 3 三元体系 (Li^+, Mg^{2+}//SO_4^{2-}–H_2O) 在 25℃稳定相平衡溶解度数据

No.	液相组成/%			平衡固相
	Li_2SO_4	$MgSO_4$	H_2O	
1	25.55	0.00	74.45	Ls
2	25.07	1.76	73.17	Ls
3	23.66	3.59	72.75	Ls
4	22.69	5.63	71.68	Ls
5	21.22	7.33	71.45	Ls
6	20.41	9.09	70.50	Ls
7	18.45	10.98	70.57	Ls
8	17.34	13.78	68.88	Ls
9	16.57	15.13	68.30	Ls
10	14.84	17.89	67.27	Ls + Eps
11	11.55	19.89	68.56	Eps
12	7.03	22.33	70.64	Eps
13	5.43	23.84	70.73	Eps
14	3.50	24.63	71.87	Eps
15	1.46	26.15	72.39	Eps
16	0.00	26.63	73.37	Eps

资料来源：Lepeshkov E N，Romashov N N. Phase equilibrium of the ternary system Li_2SO_4–$MgSO_4$–H_2O at 25℃. Russ. J. Inorg. Chem.，1959，4（2）：2812。

表 4 三元体系 (Li^+, Mg^{2+}//SO_4^{2-}–H_2O) 在 50℃稳定相平衡溶解度数据

No.	液相组成/%			平衡固相
	Li_2SO_4	$MgSO_4$	H_2O	
1，A	24.69	0.00	75.31	Ls
2	23.73	1.15	75.12	Ls
3	22.58	3.63	73.79	Ls
4	21.01	6.99	72.00	Ls
5	19.47	11.64	68.89	Ls
6	16.81	17.46	65.73	Ls
7	14.35	22.24	63.41	Ls
8，E	11.91	26.77	61.32	Ls + Hex
9	9.20	28.85	61.95	Hex
10	2.62	32.43	64.95	Hex
11，B	0.00	34.43	65.57	Hex

资料来源：Vaysfeld M E，Shevchuk B G. Phase equilibrium of the ternary system Li_2SO_4–$MgSO_4$–H_2O at 50℃. Russ. J. Inorg. Chem.，1967，12（6）：1688。

表 5　三元体系(Li⁺，Mg²⁺//SO₄²⁻-H₂O)在75℃稳定相平衡溶解度数据

No.	液相组成/%			平衡固相
	Li_2SO_4	$MgSO_4$	H_2O	
1，A	24.37	0.00	75.63	Ls
2	23.21	2.28	74.51	Ls
3	22.82	4.02	73.16	Ls
4	20.00	8.54	71.46	Ls
5	17.67	13.47	68.86	Ls
6	14.25	19.69	66.06	Ls
7	12.44	24.52	63.04	Ls
8，E	11.75	27.03	61.22	Ls + Kie
9	8.80	29.75	61.45	Kie
10	4.40	34.08	61.52	Kie
11	1.66	36.66	61.68	Kie
12，B	0.00	37.65	62.35	Kie

资料来源：Lepeshkov E N, Romashov N N. Phase equilibrium of the ternary system Li_2SO_4-$MgSO_4$-H_2O at 75℃. Russ. J. Inorg. Chem., 1960, 5 (11): 2512。

表 6　四元体系(Li⁺，Na⁺，Mg²⁺//Cl⁻-H₂O)在25℃稳定相平衡溶解度数据

No.	液相组成/%				干基质量浓度/(g/100g S)				平衡固相
	LiCl	NaCl	$MgCl_2$	H_2O	LiCl	NaCl	$MgCl_2$	H_2O	
1	0.00	0.34	33.99	65.67	0.00	0.99	99.01	191.29	Ha + Bis
2	2.71	0.33	31.72	65.24	7.80	0.95	91.25	187.69	Ha + Bis
3	5.87	0.34	29.21	64.58	16.57	0.96	82.47	182.33	Ha + Bis
4	8.67	0.32	26.96	64.05	24.12	0.89	74.99	178.16	Ha + Bis
5	11.55	0.32	24.69	63.44	31.59	0.88	67.53	173.52	Ha + Bis
6	16.66	0.27	21.3	61.77	43.58	0.71	55.72	161.57	Ha + Bis
7	18.39	0.30	20.48	60.83	46.95	0.77	52.28	155.30	Ha + Bis
8	21.81	0.32	17.82	60.05	54.59	0.80	44.61	150.31	Ha + Bis
9	27.31	0.30	14.57	57.82	64.75	0.71	34.54	137.08	Ha + Bis + Lic
10	26.96	0.00	14.48	58.56	65.06	0.00	34.94	141.31	Bis + Lic
11	30.18	0.32	11.74	57.76	71.45	0.76	27.79	136.74	Ha + Lic
12	32.01	0.30	10.68	57.01	74.46	0.70	24.84	132.61	Ha + Lic
13	36.04	0.30	7.81	55.85	81.63	0.68	17.69	126.50	Ha + Lic
14	39.64	0.25	5.80	54.31	86.76	0.55	12.69	118.87	Ha + Lic + Lc
15	39.70	0.00	5.91	54.39	87.04	0.00	12.96	119.25	Lic + Lc
16	42.79	0.28	2.08	54.85	94.77	0.62	4.61	121.48	Ha + Lc
17	45.57	0.19	0.00	54.24	99.58	0.42	0.00	118.53	Ha + Lc

资料来源：Lepeshkov I N, Romashov N N. Phase equilibrium of the quaternary system $LiCl$-$NaCl$-$MgCl_2$-H_2O. Russ. J. Inorg. Chem., 1968, 6 (8): 1968。

表 7　四元体系(Li⁺, Na⁺, Mg²⁺//Cl⁻ –H₂O) 在 75℃稳定相平衡溶解度数据

No.	液相组成/%				干基质量浓度/(g/100g S)				平衡固相
	LiCl	NaCl	MgCl₂	H₂O	LiCl	NaCl	MgCl₂	H₂O	
1	0.20	0.34	38.77	60.89	0.51	0.86	98.63	154.39	Ha + Bis
2	3.14	0.35	36.14	60.37	7.92	0.88	91.19	152.33	Ha + Bis
3	9.89	0.32	31.41	58.38	23.76	0.77	75.47	140.27	Ha + Bis
4	16.35	0.38	28.27	55.00	36.33	0.84	62.82	122.22	Ha + Bis
5	20.16	0.00	25.14	54.70	44.50	0.00	55.50	120.75	Bis + Lic
6	19.91	0.47	24.97	54.65	43.90	1.04	55.06	120.51	Ha + Bis + Lic
7	28.59	0.50	18.61	52.30	59.94	1.05	39.01	109.64	Ha + Lic
8	34.64	0.43	15.50	49.43	68.50	0.85	30.65	97.75	Ha + Lic
9	36.59	0.43	13.82	49.16	71.97	0.85	27.18	96.70	Ha + Lc + Lic
10	36.71	0.00	13.78	48.51	72.71	0.00	27.29	98.06	Lc + Lic
11	40.62	0.43	11.05	47.90	77.97	0.83	21.21	91.94	Ha + Lc
12	44.41	0.44	6.42	48.73	86.62	0.86	12.52	95.05	Ha + Lc

资料来源：Lepeshkov I N, Romashov N N. Phase equilibrium of the quaternary system LiCl–NaCl–MgCl₂–H₂O. Russ. J. Inorg. Chem., 1968, 6 (8): 1968。

表 8　四元体系(Na⁺, Mg²⁺//Cl⁻, SO₄²⁻–H₂O) 在 0℃稳定相平衡溶解度数据

No.	液相组成/%					耶涅克指数 J_b/[mol/100mol (2Na⁺ + Mg²⁺ = 100mol)]			平衡固相
	NaCl	Na₂SO₄	MgCl₂	MgSO₄	H₂O	Mg²⁺	SO₄²⁻	H₂O	
1	23.80	1.39	1.45	0.00	73.36	6.66	4.28	1782.50	Ha + S₁₀
2	19.41	2.04	4.93	0.00	73.62	22.30	6.18	1761.34	Ha + S₁₀
3	15.62	2.84	7.75	0.00	73.79	34.63	8.51	1744.19	Ha + S₁₀
4	14.38	3.18	8.81	0.00	73.63	38.89	9.41	1719.06	Ha + S₁₀
5	10.47	4.61	11.55	0.00	73.37	49.85	13.34	1675.03	Ha + S₁₀
6	6.37	6.92	14.18	0.00	72.53	59.06	19.32	1598.02	Ha + S₁₀ + Eps
7	0.00	3.98	0.00	19.60	76.42	85.32	100.00	2224.53	S₁₀ + Eps
8	4.07	0.00	0.55	18.02	77.36	81.70	78.67	2258.38	S₁₀ + Eps
9	4.63	0.00	3.40	14.11	77.86	79.43	60.88	2246.51	S₁₀ + Eps
10	6.46	0.00	6.89	9.66	76.99	73.41	38.60	2057.45	S₁₀ + Eps
11	7.59	0.00	8.34	8.08	75.09	70.44	30.56	1899.14	S₁₀ + Eps
12	10.73	0.00	9.63	6.27	73.37	62.53	21.26	1663.46	S₁₀ + Eps
13	5.36	6.15	15.66	0.00	72.83	64.85	17.07	1595.25	Ha + Eps
14	3.20	4.24	19.27	0.00	73.29	77.96	11.50	1568.29	Ha + Eps
15	0.33	2.44	25.57	0.00	71.66	93.07	5.95	1379.62	Ha + Eps
16	0.00	0.55	33.54	1.11	64.80	98.94	3.58	985.31	Ha + Eps + Hex
17	0.00	0.00	33.56	1.58	64.86	100.00	3.59	985.57	Eps + Hex
18	0.33	0.00	34.40	0.00	65.27	99.22	0.00	995.83	Ha + Hex

资料来源：Pel'sh A D. Phase equilibrium of the quaternary system Na⁺, Mg²⁺//Cl⁻, SO₄²⁻–H₂O. Trudy Vses. Nauch. Issl. Inst. Gal., 1952, 27: 3。

表9　四元体系(Na$^+$，Mg^{2+}//Cl$^-$，SO$_4^{2-}$–H$_2$O)在25℃稳定相平衡溶解度数据

No.	液相组成/%					耶涅克指数 J_b/[mol/100mol (2Na$^+$ + Mg^{2+} = 100mol)]			平衡固相
	NaCl	Na$_2$SO$_4$	MgCl$_2$	MgSO$_4$	H$_2$O	Mg^{2+}	SO$_4^{2-}$	H$_2$O	
1	22.85	6.91	0.00	0.00	70.24	0.00	19.93	1598.30	Ha + Th
2	20.73	7.53	1.45	0.00	70.19	6.20	21.58	1587.70	Ha + Th
3	15.35	9.98	5.05	0.00	69.62	20.83	27.59	1518.96	Ha + Th
4	15.19	10.10	5.21	0.00	62.50	21.39	27.80	1357.45	Ha + Th
5	6.33	13.95	10.89	0.00	68.83	42.88	36.82	1433.52	Ha + Th
6	0.00	16.40	14.67	1.44	67.49	58.98	45.27	1331.93	Ha + Th + Eps
7	9.12	15.26	5.99	0.00	69.63	25.33	43.25	1557.45	Th + Ast
8	5.95	18.75	6.15	0.00	69.15	26.10	53.33	1552.15	Th + Ast
9	3.96	21.08	6.38	0.00	68.58	26.88	59.53	1528.28	Th + Ast
10	14.05	14.94	0.00	0.00	70.01	0.00	46.67	1725.65	Th + S$_{10}$
11	7.60	19.88	3.17	0.00	69.35	13.97	58.74	1616.92	Th + S$_{10}$
12	5.87	21.28	4.03	0.00	68.82	17.46	61.81	1577.50	Th + S$_{10}$
13	4.02	22.79	4.90	0.00	68.29	20.89	65.14	1540.31	Th + S$_{10}$
14	1.10	24.71	6.11	0.00	68.08	25.92	70.27	1527.86	Th + S$_{10}$
15	1.19	24.97	6.27	0.00	67.57	26.15	69.81	1490.64	Th + S$_{10}$
16	1.15	24.98	6.30	0.00	67.57	26.27	69.82	1490.38	Th + S$_{10}$
17	0.00	24.64	5.72	2.87	56.77	32.60	76.66	1225.32	Th + S$_{10}$
18	0.00	18.92	0.00	18.46	62.62	53.52	100.00	1214.01	Th + S$_{10}$
19	0.00	19.12	0.00	15.64	65.24	49.12	100.00	1370.08	Ast + S$_{10}$
20	0.00	20.97	1.96	11.04	66.03	43.20	92.08	1411.24	Ast + S$_{10}$
21	0.00	21.77	2.63	9.26	66.34	40.55	89.29	1429.51	Ast + S$_{10}$
22	0.00	23.06	3.89	6.39	66.56	36.65	84.06	1442.80	Ast + S$_{10}$
23	0.00	24.14	5.25	3.42	67.19	32.96	78.25	1472.46	Ast + S$_{10}$
24	0.00	25.05	6.22	1.34	67.39	30.24	74.16	1480.85	Th + Ast + S$_{10}$
25	0.00	12.36	0.00	21.79	65.85	67.54	100.00	1364.83	Eps + Ast
26	0.00	10.92	5.41	14.90	68.77	70.14	77.93	1483.79	Eps + Ast
27	0.00	9.72	13.58	5.69	71.01	73.51	44.79	1527.09	Eps + Ast
28	0.00	8.77	17.16	3.12	70.95	76.95	32.72	1471.34	Eps + Ast
29	0.00	6.76	20.89	1.98	70.37	83.21	22.59	1379.23	Ha + Eps + Ast
30	0.00	18.48	0.00	19.16	62.36	55.02	100.00	1197.61	Th + Eps +D1*
31	0.00	18.83	1.07	17.52	62.58	54.19	96.12	1201.51	Th + Eps
32	0.00	17.38	9.40	7.13	66.09	56.35	64.78	1309.80	Th + Eps
33	0.00	12.13	17.38	1.09	69.40	69.17	34.10	1391.91	Ha+ Eps

| No. | 液相组成/% | | | | | 耶涅克指数 J_b/[mol/100mol $(2Na^+ + Mg^{2+} = 100mol)$] | | | 平衡固相 |
	NaCl	Na$_2$SO$_4$	MgCl$_2$	MgSO$_4$	H$_2$O	Mg^{2+}	SO$_4^{2-}$	H$_2$O	
34	0.00	7.28	20.55	1.93	70.24	81.90	23.77	1378.26	Ha + Eps
35	0.00	6.76	20.89	1.98	70.37	83.21	22.59	1379.23	Ha + Eps
36	0.00	3.87	24.01	2.72	69.40	90.98	16.50	1276.58	Ha + Eps
37	0.00	2.60	25.35	3.17	68.88	94.11	14.36	1230.86	Ha + Eps
38	13.92	10.55	5.99	0.00	69.54	24.55	28.98	1507.44	Ha + Th + Ast
39	0.00	0.40	26.05	4.50	69.05	99.10	12.81	1222.44	Eps + Hex
40	0.00	0.00	25.99	4.75	69.26	100.00	12.63	1231.54	Eps + Hex
41	0.00	2.29	25.93	3.27	68.51	94.89	13.71	1205.86	Ha + Eps + Hex
42	0.34	0.00	35.46	0.00	64.21	99.22	0.00	950.38	Ha + Hex
43	0.00	0.00	33.29	3.90	62.81	100.00	8.48	913.35	Eps + Hex
44	0.00	18.92	0.00	18.46	62.62	53.52	100.00	1214.01	Ha + S$_{10}$
45	0.00	19.12	0.00	15.64	65.24	49.12	100.00	1370.08	S$_{10}$ + Ko
46	0.00	12.36	0.00	21.78	65.86	67.53	100.00	1365.46	Ko + Eps
47	0.00	18.48	0.00	19.16	62.36	55.02	100.00	1197.61	Eps + Th

资料来源：Pel'sh A D. Phase equilibrium of the quaternary system Na$^+$, Mg^{2+}//Cl$^-$, SO$_4^{2-}$–H$_2$O. Trudy Vses. Nauch. Issl. Inst. Gal., 1952, 27：3。

* D1：Na$_2$SO$_4$·MgSO$_4$·7H$_2$O。

表10 四元体系(Na$^+$, Mg^{2+}//Cl$^-$, SO$_4^{2-}$–H$_2$O)在35℃稳定相平衡溶解度数据

| No. | 液相组成/% | | | | | 耶涅克指数 J_b/[mol/100mol $(2Na^+ + Mg^{2+} = 100mol)$] | | | 平衡固相 |
	NaCl	Na$_2$SO$_4$	MgCl$_2$	MgSO$_4$	H$_2$O	Mg^{2+}	SO$_4^{2-}$	H$_2$O	
1	0.00	4.07	22.65	4.95	68.33	90.69	22.68	1233.82	Ha + Hex + Ast
2	23.46	0.00	6.06	0.00	70.48	24.08	0.00	1481.10	Ha + Th
3	21.83	1.2	6.79	0.00	70.18	26.76	3.17	1462.79	Ha + Th
4	17.76	3.92	8.31	0.00	70.01	32.71	10.34	1457.65	Ha + Th
5	14.38	6.15	9.75	0.00	69.72	38.11	16.11	1441.32	Ha + Th + Ast
6	0.00	0.00	24.86	10.99	64.15	100.00	25.91	1011.29	Th + Ast
7	0.00	3.41	24.33	5.69	66.57	92.65	21.81	1131.62	Th + Ast
8	0.64	7.13	23.87	0.00	68.36	81.83	16.38	1239.56	Th + Ast
9	2.36	6.89	22.10	0.00	68.65	77.16	16.13	1267.84	Th + Ast
10	3.63	6.89	20.37	0.00	69.11	72.89	16.53	1308.10	Th + Ast
11	13.06	7.32	9.45	0.00	70.17	37.81	19.63	1484.92	Ha + Ast
12	11.86	8.73	9.10	0.00	70.31	36.97	23.78	1511.00	Ha + Ast
13	7.92	12.57	8.58	0.00	70.93	36.58	35.92	1599.42	Ha + Ast

续表

No.	液相组成/%					耶涅克指数 J_b/[mol/100mol $(2Na^+ + Mg^{2+} = 100mol)$]			平衡固相
	NaCl	Na_2SO_4	$MgCl_2$	$MgSO_4$	H_2O	Mg^{2+}	SO_4^{2-}	H_2O	
14	4.25	16.33	8.58	0.00	70.84	37.32	47.62	1629.99	Ha + Ast
15	0.00	20.83	8.83	0.00	70.34	38.74	61.26	1632.38	Ha + Ast
16	0.00	21.62	5.38	3.37	69.63	35.70	76.13	1634.18	Ha + Ast
17	0.00	0.00	8.83	25.69	65.48	100.00	69.71	1188.17	Eps + Ast
18	0.00	2.52	8.34	22.42	66.72	93.92	69.96	1271.16	Eps + Ast
19	0.00	6.88	8.06	17.13	67.93	82.41	69.26	1370.31	Eps + Ast
20	0.00	7.45	7.88	16.09	68.58	80.49	69.22	1416.96	Eps + Ast
21	0.00	7.47	7.72	16.09	68.72	80.33	69.67	1428.03	Eps + Ast
22	0.00	8.73	7.26	15.05	68.96	76.61	70.98	1458.11	Eps + Ast
23	0.00	9.51	7.27	14.40	68.82	74.54	70.96	1454.06	Eps + Ast
24	0.00	13.90	6.15	10.10	69.85	60.28	73.78	1575.15	Eps + Ast
25	0.00	16.53	5.71	8.17	69.59	52.35	75.44	1583.03	Eps + Ast
26	0.00	22.65	4.07	4.95	68.33	34.47	82.43	1560.05	Ha + Ast + Bis
27	0.00	19.61	0.00	9.45	70.94	36.25	100.00	1819.81	Eps + Ast
28	0.00	19.34	1.38	8.86	70.42	39.29	93.54	1744.51	Eps + Ast
29	0.00	18.88	4.05	7.47	69.60	44.04	82.09	1627.96	Eps + Ast
30	0.00	18.65	4.41	7.43	69.51	45.14	80.65	1613.42	Eps + Ast
31	0.00	18.68	5.18	7.08	69.06	46.26	77.77	1567.67	Eps + Ast + Hex
32	0.00	23.76	3.25	4.85	68.44	30.79	85.88	1573.09	Ha + Hex
33	0.00	24.40	2.74	4.90	67.96	28.80	88.07	1564.87	Ha + Hex
34	0.00	26.11	2.59	4.41	66.89	25.78	89.02	1500.48	Ha + Hex
35	0.00	27.09	1.88	4.50	66.53	23.05	92.03	1491.26	Ha + Hex

资料来源：Pel'sh A D. Phase equilibrium of the quaternary system Na^+, $Mg^{2+}//Cl^-$, $SO_4^{2-}-H_2O$. Trudy Vses. Nauch. Issl. Inst. Gal., 1952, 27: 3。

表 11　四元体系(Na^+, $Mg^{2+}//Cl^-$, $SO_4^{2-}-H_2O$)在 75℃稳定相平衡溶解度数据

No.	液相组成/(mol/1000mol H_2O)				耶涅克指数 J_b/[mol/100mol $(2Na^+ + Mg^{2+} = 100mol)$]			平衡固相
	Na_2Cl_2	Na_2SO_4	$MgCl_2$	$MgSO_4$	Mg^{2+}	SO_4^{2-}	H_2O	
1	55.40	8.40	0.00	0.00	0.00	13.17	1567.40	Ha + Th
2	55.20	7.70	0.00	1.20	1.87	13.88	1560.06	Ha + Th + Dan
3	52.80	0.00	2.20	10.90	19.88	16.54	1517.45	Van + Ha + Dan
4	41.20	0.00	13.90	12.90	39.41	18.97	1470.59	Van + Ha +Loe
5	16.90	0.00	45.80	12.70	77.59	16.84	1326.26	Ha + Kie +Loe

No.	液相组成/(mol/1000mol H₂O)				耶涅克指数 J_b/[mol/100mol (2Na⁺ + Mg²⁺ = 100mol)]			平衡固相
	Na₂Cl₂	Na₂SO₄	MgCl₂	MgSO₄	Mg²⁺	SO₄²⁻	H₂O	
6	55.34	8.50	0.00	0.00	0.00	13.31	1566.42	Ha + Th
7	54.98	7.68	0.00	1.25	1.96	13.97	1564.70	Ha + Th + Dan
8	55.21	5.55	0.00	3.69	5.73	14.34	1551.59	Ha + Dan
9	54.93	3.03	0.00	6.37	9.90	14.61	1554.48	Ha + Dan
10	54.93	0.71	0.00	9.36	14.40	15.49	1538.46	Ha + Dan
11	54.10	0.00	0.92	10.57	17.52	16.12	1524.62	Ha + Dan
12	50.55	0.00	4.44	11.16	23.58	16.87	1511.72	Ha + Van
13	46.13	0.00	8.96	11.83	31.07	17.68	1494.32	Ha + Van
14	37.26	0.00	19.14	12.62	46.02	18.28	1448.86	Ha + Loe
15	28.42	0.00	29.54	12.32	59.56	17.53	1422.88	Ha + Loe
16	21.61	0.00	38.96	12.57	70.45	17.19	1367.24	Ha + Loe
17	12.74	0.00	55.12	8.50	83.32	11.13	1309.59	Ha + Kie
18	10.32	0.00	60.56	6.76	86.71	8.71	1288.00	Ha + Kie
19	7.47	0.00	69.68	4.42	90.84	5.42	1225.94	Ha + Kie
20	4.94	0.00	79.33	3.50	94.37	3.99	1139.34	Ha + Kie
21	2.68	0.00	92.01	2.48	97.24	2.55	1029.12	Ha + Kie

资料来源：Autenrietn H, Braune G. Phase equilibrium of the quaternary system Na⁺, Mg²⁺//Cl⁻, SO₄²⁻–H₂O. Kali und Steinsalz, 1960, 3：15-30。

表 12　四元体系(Na⁺，Mg²⁺//Cl⁻，SO₄²⁻–H₂O)在50℃稳定相平衡溶解度数据

No.	液相组成/%					耶涅克指数 J_b/[mol/100mol (2Na⁺ + Mg²⁺ = 100mol)]			平衡固相
	NaCl	Na₂SO₄	MgCl₂	MgSO₄	H₂O	Mg²⁺	SO₄²⁻	H₂O	
1	13.20	9.00	8.30	0.00	69.50	33.09	24.05	1465.46	Ha + Th +Van
2	12.50	9.00	8.70	0.00	69.80	34.92	24.21	1481.84	Ha + Van + Ast
3	0.00	4.20	25.70	2.60	67.50	90.79	15.94	1167.86	Ha + Ast + D1*
4	0.00	2.60	26.70	3.80	66.90	94.46	15.10	1125.22	Ha + D1 + Kie
5	0.00	0.30	36.30	1.70	61.70	99.47	4.08	862.34	Ha + Kie + Bis

资料来源：Leimbach G, Pfeiffenberger A. Quaternary system：sodium nitrate-sodium sulfate-magnesium chloride-water from 0°to 100°. Caliche, 1960, 11：61-85。

　　* D1：Na₂SO₄·MgSO₄·2H₂O。

表 13　四元体系(Li⁺, Na⁺//Cl⁻, SO₄²⁻−H₂O)在 0℃稳定相平衡溶解度数据

表 13　四元体系(Li^+, Na^+//Cl^-, SO_4^{2-}−H_2O)在 0℃稳定相平衡溶解度数据

No.	液相组成/%					耶涅克指数 J_b/[mol/100mol $(2Li^+ + 2Na^+ = 100mol)$]			平衡固相
	LiCl	Li_2SO_4	NaCl	Na_2SO_4	H_2O	$2Na^+$	SO_4^{2-}	H_2O	
1	0.00	23.22	0.00	6.22	70.56	17.17	100.00	1537.30	S_{10} + Db1
2	0.00	0.00	25.65	1.20	73.15	100.00	3.71	1783.16	S_{10} + Ha
3	5.70	2.52	17.77	0.00	74.01	62.78	9.46	1697.71	S10 + Ha + Db1
4	13.70	3.42	8.38	0.00	74.50	27.12	11.77	1565.41	Ha + Ls + Db1
5	0.00	24.02	0.00	5.86	70.12	15.88	100.00	1499.82	Ls + Db1
6	40.62	0.04	0.099	0.00	59.41	0.18	0.08	687.15	Ha + Ls + LH
7	40.59	0.00	0.10	0.00	59.31	0.18	0.00	687.01	Ha + Lc

资料来源: Hu K Y. Phase equilibrium of the quaternary system Li^+, Na^+//Cl^-, SO_4^{2-}−H_2O at 0℃. Russ. J. Inorg. Chem., 1960, 5 (1): 191。

表 14　四元体系(Li⁺, Na⁺//Cl⁻, SO₄²⁻−H₂O)在 25℃稳定相平衡溶解度数据

表 14　四元体系(Li^+, Na^+//Cl^-, SO_4^{2-}−H_2O)在 25℃稳定相平衡溶解度数据

No.	液相组成/%					耶涅克指数 J_b/[mol/100mol($2Li^+ + 2Na^+ = 100mol$)]			平衡固相
	LiCl	Li_2SO_4	NaCl	Na_2SO_4	H_2O	$2Na^+$	SO_4^{2-}	H_2O	
1	0.00	7.14	0.00	22.15	70.71	70.60	100.00	1778.45	S_{10} + Db1
2	0.00	4.79	5.75	17.18	72.28	79.61	76.98	1878.92	S_{10} + Db1
3	0.00	3.51	8.98	16.02	71.49	85.59	65.32	1792.74	S_{10} + Db1
4	0.00	2.41	12.12	15.29	70.18	90.60	55.55	1671.46	S_{10} + Th + Db1
5	0.00	2.39	12.04	15.41	70.16	90.68	55.83	1671.14	S_{10} + Th + Db1
6	0.00	2.41	12.07	15.45	70.07	90.63	55.86	1663.86	S_{10} + Th + Db1
7	0.00	0.00	14.20	14.89	70.91	100.00	46.32	1740.64	S_{10} + Th
8	0.00	2.03	12.29	15.42	70.26	92.05	54.71	1681.20	S_{10} + Th
9	0.00	2.53	14.35	12.58	70.54	90.18	47.61	1672.21	Th + Db1
10	0.00	2.72	16.47	10.34	70.47	89.62	40.90	1641.85	Th + Db1
11	0.00	3.06	19.19	7.05	70.70	88.48	32.06	1625.38	Th + Db1
12	0.00	3.50	22.62	3.66	70.22	87.32	22.94	1553.40	Th + Db1 + Ha
13	0.00	3.50	22.60	3.59	70.31	87.29	22.80	1559.51	Th + Db1 + Ha
14	0.00	0.00	22.93	6.91	70.16	100.00	19.87	1592.02	Th + Ha
15	0.00	2.17	22.68	4.83	70.32	92.03	21.69	1576.62	Th + Ha
16	0.00	4.20	22.90	2.27	70.63	84.73	21.66	1568.86	Db1 + Ha
17	0.00	4.81	23.13	1.12	70.94	82.47	20.69	1579.41	Db1 + Ha
18	3.98	5.04	18.82	0.00	72.16	63.44	18.06	1579.51	Db1 + Ha
19	6.67	5.35	15.58	0.00	72.40	51.14	18.67	1543.25	Db1 + Ha + Db2
20	6.69	5.33	15.54	0.00	72.44	51.07	18.62	1545.81	Db1 + Ha + Db2

续表

No.	液相组成/%					耶涅克指数 J_b/ [mol/100mol (2Li⁺ + 2Na⁺ = 100mol)]			平衡固相
	LiCl	Li₂SO₄	NaCl	Na₂SO₄	H₂O	2Na⁺	SO₄²⁻	H₂O	
21	8.62	4.70	13.70	0.00	72.98	44.80	16.34	1549.65	Ha + Db2
22	10.57	4.19	11.99	0.00	73.25	38.66	14.36	1533.51	Ha + Db2
23	12.02	3.89	10.64	0.00	73.45	33.94	13.19	1521.51	Ha + Db2 + Ls
24	11.96	3.86	10.72	0.00	73.46	34.24	13.11	1523.40	Ha + Db2 + Ls
25	6.17	8.14	12.03	0.00	73.66	41.21	29.65	1638.59	Db1 + Db2
26	4.84	11.08	10.54	0.00	73.54	36.36	40.63	1647.10	Db1 + Db2
27	2.79	14.80	9.74	0.00	72.67	33.22	53.66	1609.37	Db1 + Db2
28	8.99	7.32	9.49	0.00	74.20	31.99	26.23	1624.13	Db2 + Ls
29	5.94	11.01	9.26	0.00	73.79	31.76	40.15	1643.51	Db2 + Ls
30	3.31	14.61	9.13	0.00	72.95	31.24	53.15	1620.83	Db2 + Ls
31	1.14	17.89	9.08	0.00	71.79	30.60	64.10	1571.11	Db2 + Ls + Db1
32	0.94	17.97	9.37	0.00	71.82	31.47	64.17	1566.52	Db2 + Ls + Db1
33	1.03	17.93	9.16	0.00	71.88	30.90	64.31	1574.62	Db2 + Ls + Db1
34	1.13	17.83	9.19	0.00	71.85	30.94	63.82	1570.70	Db2 + Ls + Db1
35	0.00	19.81	6.68	2.75	70.76	29.81	77.74	1531.41	Ls + Db1
36	0.00	20.99	1.69	8.71	68.61	28.41	94.58	1429.20	Ls + Db1
37	0.00	21.61	0.00	10.57	67.82	27.46	100.00	1390.46	Ls + Db1
38	15.81	2.07	7.97	0.00	74.15	24.93	6.88	1506.22	Ls + Ha
39	18.99	1.10	5.79	0.00	74.12	17.47	3.53	1452.33	Ls + Ha
40	45.61	0.025	0.02	0.00	54.345	0.03	0.04	560.80	Ls + Ha + Lc
41	18.99	1.10	5.79	0.00	74.12	17.47	3.53	1452.33	Ls + Ha + Lc
42	45.61	0.025	0.02	0.00	54.345	0.03	0.04	560.80	Ls + Ha + Lc
43	45.54	0.00	0.18	0.00	34.28	0.29	0.00	353.54	Ha + Lc
44	45.86	0.025	0.00	0.00	54.11	0.00	0.04	555.51	Ls + Lc

资料来源：Hu K Y. Phase equilibrium of the quaternary system Li⁺, Na⁺//Cl⁻, SO₄²⁻–H₂O at 0℃. Russ. J. Inorg. Chem., 1960, 5 (1): 191。

表 15　四元体系(Li⁺, Na⁺//Cl⁻, SO₄²⁻–H₂O)在35℃稳定相平衡溶解度数据

No.	液相组成/%					耶涅克指数 J_b/[mol/100mol (2Li⁺ + 2Na⁺ = 100mol)]			平衡固相
	LiCl	Li₂SO₄	NaCl	Na₂SO₄	H₂O	2Na⁺	SO₄²⁻	H₂O	
1	0.00	4.92	22.05	28.35	66.73	89.66	56.43	856.18	Th + Db1
2	0.00	0.00	23.43	6.12	70.45	100.00	17.69	1607.03	Th + Ha + Db1
3	0.45	6.96	22.05	0.00	70.54	73.33	24.61	1523.27	Th + Ha + Db1

No.	液相组成/%					耶涅克指数 J_b/[mol/100mol $(2Li^+ + 2Na^+ = 100mol)$]			平衡固相
	LiCl	Li_2SO_4	NaCl	Na_2SO_4	H_2O	$2Na^+$	SO_4^{2-}	H_2O	
4	1.96	6.86	20.41	0.00	70.77	67.13	23.99	1511.38	Db2 + Ha + Db1
5	0.00	18.90	0.00	14.80	66.3	37.74	100.00	1334.03	Db2 + Db1
6	0.00	20.97	0.00	11.55	67.48	29.89	100.00	1378.00	Db2 + Ls
7	0.00	3.36	10.33	0.00	73.47	74.31	25.69	3431.62	Db2 + Ls + Ha

资料来源：Hu K Y. Phase equilibrium of the quaternary system Li^+, Na^+//Cl^-, SO_4^{2-}–H_2O at 0℃. Russ. J. Inorg. Chem., 1960, 5 (1): 191。

表16　四元体系(Li^+, Na^+//Cl^-, SO_4^{2-}–H_2O)在50℃稳定相平衡溶解度数据

No.	液相组成/%					耶涅克指数 J_b/[mol/100mol $(2Li^+ + 2Na^+ = 100mol)$]			平衡固相
	LiCl	Li_2SO_4	NaCl	Na_2SO_4	H_2O	$2Na^+$	SO_4^{2-}	H_2O	
1	0.00	10.36	0.00	24.54	64.90	64.71	100.00	1350.40	Th + Db2
2	0.00	9.98	3.21	20.67	66.14	65.58	89.59	1393.09	Th + Db2
3	0.00	9.16	8.58	113.81	68.45	91.30	92.34	396.96	Th+ Db2
4	0.00	8.94	12.23	8.90	69.93	67.29	57.91	1562.68	Th + Db2
5	0.00	8.61	14.75	6.36	70.28	68.58	49.38	1566.24	Th + Db2
6	0.00	8.19	19.52	1.49	70.80	70.44	33.72	1560.89	Th + Db2
7	0.00	0.00	24.16	5.33	70.51	100.00	15.36	1603.89	Th + Ha
8	0.00	2.45	23.97	3.37	70.21	91.12	18.32	1553.43	Th + Ha
9	0.50	5.96	23.09	0.00	70.45	76.67	21.04	1519.01	Th + Ha
10	1.24	6.40	22.02	0.00	70.34	72.12	22.28	1495.88	$Na_2SO_4 \cdot NaCl$+ Db2
11	1.24	6.45	22.04	0.00	70.27	72.01	22.40	1490.82	$Na_2SO_4 \cdot NaCl$+ Db2
12	1.20	6.40	22.01	0.00	70.39	72.24	22.33	1500.14	$Na_2SO_4 \cdot NaCl$+ Db2
13	5.42	4.54	18.22	0.00	71.82	59.70	15.82	1528.09	Db2 + Ha
14	10.52	3.15	13.59	0.00	72.74	43.22	10.65	1502.23	Db2 + Ha
15	12.72	2.90	11.23	0.00	73.15	35.26	9.68	1491.39	Db2 + Ha
16	13.51	2.85	10.52	0.00	73.12	32.70	9.42	1475.67	Db2 + Ha + Ls
17	13.57	2.84	10.52	0.00	73.07	32.62	9.36	1471.37	Db2 + Ha + Ls
18	8.42	7.83	8.79	0.00	74.96	30.60	28.98	1694.67	Db2 + Ls
19	4.75	12.65	8.53	0.00	74.07	29.90	47.14	1686.01	Db2 + Ls
20	2.86	15.13	8.54	0.00	73.47	29.89	56.30	1669.95	Db2 + Ls

续表

| No. | 液相组成/% | | | | | 耶涅克指数 J_b/[mol/100mol ($2Li^+ + 2Na^+ = 100mol$)] | | | 平衡固相 |
	LiCl	Li$_2$SO$_4$	NaCl	Na$_2$SO$_4$	H$_2$O	2Na$^+$	SO$_4^{2-}$	H$_2$O	
21	0.00	19.33	7.73	1.23	71.71	29.84	73.61	1589.64	Db2 + Ls
22	0.00	20.34	3.39	6.79	69.51	29.34	88.92	1474.96	Db2 + Ls
23	0.00	21.24	0.00	10.84	67.92	28.32	100.00	1400.08	Db2 + Ls
24	16.33	1.74	8.45	0.00	73.48	25.75	5.64	1454.12	Ha + Ls
25	19.39	1.04	6.25	0.00	73.32	18.34	3.24	1396.71	Ha + Ls
26	32.25	0.10	1.12	0.00	66.53	2.45	0.23	945.59	Ha + Ls
27	48.38	0.00	0.33	0.00	51.29	0.49	0.00	496.88	Lc + Ha
28	48.40	0.054	0.00	0.00	51.546	0.00	0.09	501.20	Lc + Ls
29	48.12	0.058	0.33	0.00	51.492	0.49	0.09	501.06	Ha + Lc + Ls
30	48.20	0.052	0.33	0.00	51.418	0.49	0.08	499.56	Ha + Lc + Ls

资料来源：Hu K Y. Phase equilibrium of the quaternary system Li$^+$, Na$^+$//Cl$^-$, SO$_4^{2-}$–H$_2$O at 0℃. Russ. J. Inorg. Chem., 1960, 5 (1)：191。

表17　四元体系(Li$^+$, Mg^{2+}//Cl$^-$, SO$_4^{2-}$–H$_2$O)在25℃稳定相平衡溶解度数据

| No. | 液相组成/% | | | | | 耶涅克指数 J_b/[mol/100mol ($2Li^+ + Mg^{2+} = 100mol$)] | | | 平衡固相 |
	LiCl	MgCl$_2$	Li$_2$SO$_4$	MgSO$_4$	H$_2$O	Mg^{2+}	SO$_4^{2-}$	H$_2$O	
1	0.00	5.26	15.28	10.07	69.39	49.98	80.12	1386.00	Eps + Ls
2	0.00	7.21	14.78	7.76	70.25	51.05	72.43	1420.00	Eps + Ls
3	0.00	11.94	13.95	2.50	71.61	53.52	54.08	1456.00	Eps + Ls
4	0.70	14.71	11.94	0.00	72.65	56.99	39.99	1400.00	Eps + Ls
5	1.84	19.04	8.65	0.00	70.47	66.58	26.20	1303.00	Eps + Ls
6	7.31	17.40	0.00	6.85	68.44	73.36	16.89	1179.00	Eps + Ls
7	6.58	18.96	0.00	6.10	68.36	76.30	15.48	1159.00	Eps + Ls + Hex
8	0.00	26.49	6.12	0.65	66.74	83.59	18.01	1092.00	Eps + Hex
9	0.00	24.59	2.04	5.11	68.26	94.26	18.89	1167.00	Eps + Hex
10	2.17	27.15	5.02	0.00	65.66	80.01	12.81	1023.00	Ls + Hex
11	3.24	27.47	0.00	4.22	65.07	89.44	9.69	999.00	Ls + Hex + Pen
12	0.00	30.57	3.33	1.13	64.97	91.60	11.00	1000.00	Hex + Pen
13	0.00	29.90	0.00	4.15	65.95	100.00	9.89	1051.00	Hex + Pen
14	2.82	32.31	0.00	2.30	62.57	91.51	4.88	887.00	Bis + Ls + Pen
15	0.00	33.43	2.11	0.39	64.07	94.86	6.01	952.00	Bis + Pen
16	0.00	33.43	0.00	3.28	63.29	100.00	7.20	929.00	Bis + Pen
17	5.32	31.93	1.17	0.00	61.58	82.05	2.60	837.00	Bis + Ls

续表

No.	液相组成/%					耶涅克指数 J_b/[mol/100mol ($2Li^+ + Mg^{2+} = 100mol$)]			平衡固相
	LiCl	MgCl$_2$	Li$_2$SO$_4$	MgSO$_4$	H$_2$O	Mg^{2+}	SO$_4^{2-}$	H$_2$O	
18	5. 63	29. 75	0. 50	0. 00	64. 12	81. 50	1. 19	929. 00	Bis + Ls
19	14. 99	23. 53	0. 18	0. 00	61. 30	58. 07	0. 38	800. 00	Bis + Ls
20	28. 45	13. 83	0. 09	0. 00	57. 63	30. 16	0. 17	664. 00	Bis + Ls + Lic
21	27. 49	12. 70	0. 14	0. 00	59. 67	29. 07	0. 28	722. 00	Ls + Lic
22	37. 22	5. 95	0. 16	0. 00	56. 67	12. 43	0. 29	626. 00	Ls + Lic + Lc
23	40. 54	4. 32	0. 21	0. 00	54. 93	8. 64	0. 36	580. 00	Lc + Ls

资料来源：任开武，宋彭生. 四元体系 Li$^+$，Mg^{2+}//Cl$^-$，SO$_4^{2-}$–H$_2$O 25℃相平衡及物化性质研究. 无机化学学报，1994，10（1）：69-74。

附录3　偏光显微镜下固相鉴定图片（正交偏光图）

（1）$Li_2SO_4 \cdot H_2O$

（2）$Li_2SO_4 \cdot Na_2SO_4$

（3）$Li_2SO_4 \cdot 3Na_2SO_4 \cdot 12H_2O$

（4）$Li_2SO_4 \cdot H_2O + Li_2SO_4 \cdot 3Na_2SO_4 \cdot 12H_2O$

（5）$Li_2SO_4 \cdot H_2O + MgSO_4 \cdot 7H_2O$

（6）$NaCl + MgSO_4 \cdot 7H_2O + Li_2SO_4 \cdot H_2O$

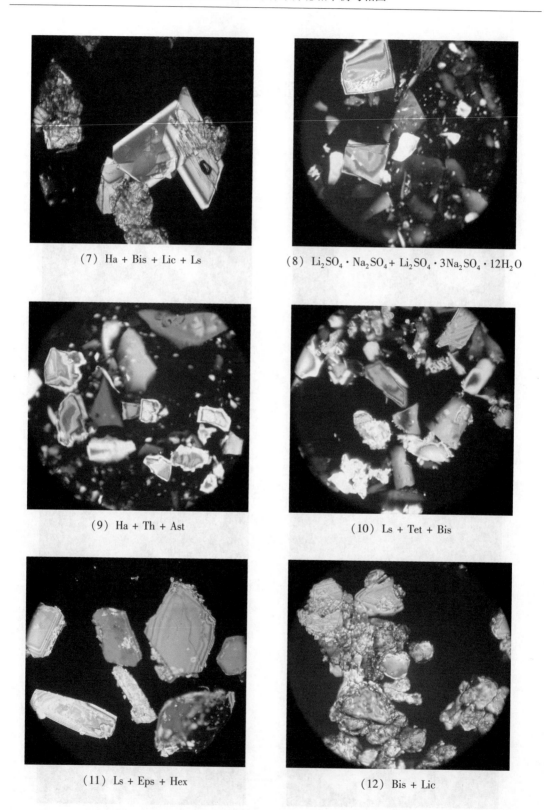

(7) Ha + Bis + Lic + Ls

(8) $Li_2SO_4 \cdot Na_2SO_4 + Li_2SO_4 \cdot 3Na_2SO_4 \cdot 12H_2O$

(9) Ha + Th + Ast

(10) Ls + Tet + Bis

(11) Ls + Eps + Hex

(12) Bis + Lic

附录4 偏光显微镜下固相鉴定图片（单偏光图）

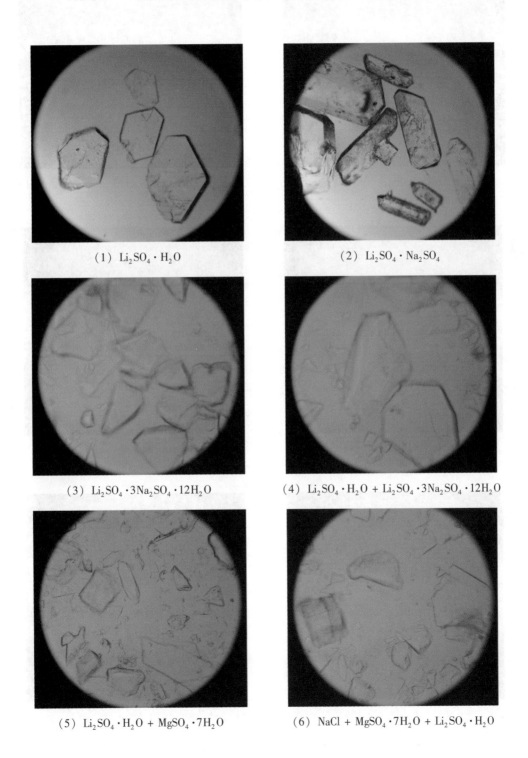

（1）$Li_2SO_4 \cdot H_2O$

（2）$Li_2SO_4 \cdot Na_2SO_4$

（3）$Li_2SO_4 \cdot 3Na_2SO_4 \cdot 12H_2O$

（4）$Li_2SO_4 \cdot H_2O + Li_2SO_4 \cdot 3Na_2SO_4 \cdot 12H_2O$

（5）$Li_2SO_4 \cdot H_2O + MgSO_4 \cdot 7H_2O$

（6）$NaCl + MgSO_4 \cdot 7H_2O + Li_2SO_4 \cdot H_2O$

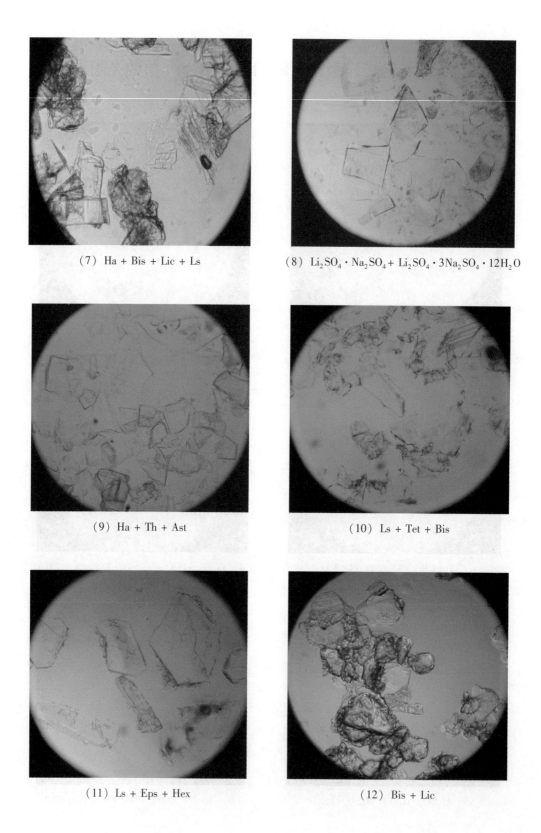

（7）Ha + Bis + Lic + Ls

（8）$Li_2SO_4 \cdot Na_2SO_4 + Li_2SO_4 \cdot 3Na_2SO_4 \cdot 12H_2O$

（9）Ha + Th + Ast

（10）Ls + Tet + Bis

（11）Ls + Eps + Hex

（12）Bis + Lic

附录 5   体系中盐类矿物 X-ray 粉晶衍射图

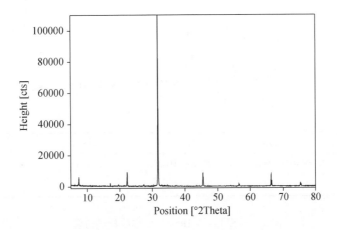

No.	Ref. Code	Chem. Formula	Score
1	00-001-0994	NaCl	32
2	00-035-0649	$Na_2Mg(SO_4)_2 \cdot 5H_2O$	6
3	00-005-0631	Na_2SO_4	1

图 1   固相 Ha + Th + Ko 的 X-射线粉晶衍射图

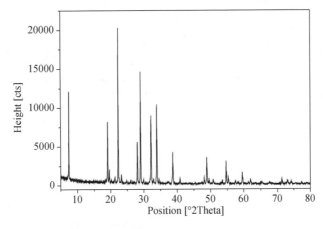

No.	Ref. Code	Chem. Formula	Score
1	01-086-0803	Na_2SO_4	66
2	00-035-0649	$Na_2Mg(SO_4)_2 \cdot 5H_2O$	34

图 2   固相 Th + Ko 的 X-射线粉晶衍射图

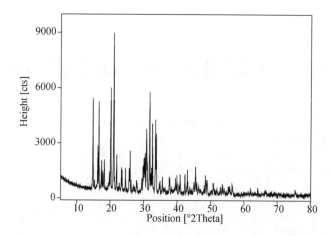

No.	Ref. Code	Chem. Formula	Score	Semi Quant/%
1	01-072-1068	$MgSO_4(H_2O)_6$	62	44
2	01-072-0696	$MgSO_4(H_2O)_7$	53	56

图3　固相 Eps + Hex 的 X-射线粉晶衍射图

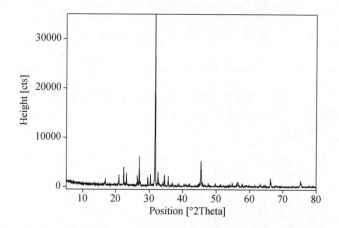

No.	Ref. Code	Chem. Formula	Score
1	01-071-2172	$LiNaSO_4$	68
2	01-075-0306	$NaCl$	37
3	00-033-1258	$Na_3Li(SO_4)_2 \cdot 6H_2O$	50
4	01-072-1112	$MgSO_4(H_2O)_7$	29

图4　固相 Eps + Db1 + Db2 + Ha 的 X-射线粉晶衍射图

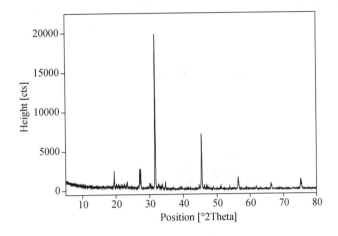

No.	Ref. Code	Chem. Formula	Score
1	01-075-0306	NaCl	50
2	01-071-0307	$Na_2Mg(SO_4)_2 \cdot 4H_2O$	61
3	00-024-0719	$MgSO_4(H_2O)_6$	35
4	01-079-2437	$LiNaSO_4$	38

图 5　固相 Ast + Hex + Db2 + Ha 的 X-射线粉晶衍射图

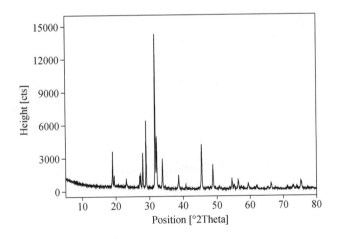

No.	Ref. Code	Chem. Formula	Score
1	01-070-2509	NaCl	48
2	01-071-0307	$Na_2Mg(SO_4)_2 \cdot 4H_2O$	44
3	01-074-2036	Na_2SO_4	77
4	00-033-1258	$Na_3Li(SO_4)_2 \cdot 6H_2O$	33

图 6　固相 Ast + Th + Db1 + Ha 的 X-射线粉晶衍射图

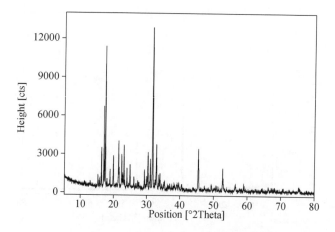

No.	Ref. Code	Chem. Formula	Score
1	01-073-0553	$Li_2SO_4(H_2O)$	64
2	01-072-1096	$MgSO_4(H_2O)_4$	48
3	01-077-1268	$MgCl_2(H_2O)_6$	50
4	01-070-2509	NaCl	25

图 7　固相 Ls + Tet + Bis + Ha 的 X-射线粉晶衍射图

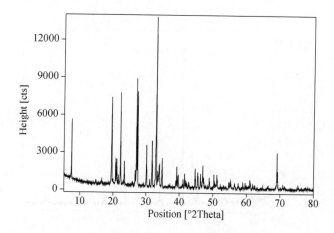

No.	Ref. Code	Chem. Formula	Score
1	01-070-2509	NaCl	25
2	01-088-1789	$Na_2Mg(SO_4)_2 \cdot 4H_2O$	71
3	00-035-0649	$Na_2Mg(SO_4)_2 \cdot 5H_2O$	34
4	01-072-1112	$MgSO_4(H_2O)_7$	41

图 8　固相 Ko + Ast + Eps + Ha 的 X-射线粉晶衍射图

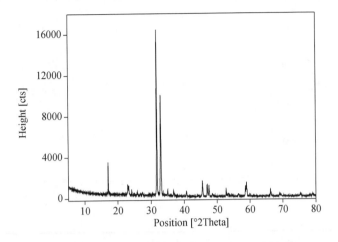

No.	Ref. Code	Chem. Formula	Score	Semi Quant/%
1	01-075-0306	NaCl	33	—
2	01-073-1273	$LiCl(H_2O)$	48	—
3	01-076-0583	$Li_2SO_4(H_2O)$	33	—
4		$LiCl \cdot MgCl_2 \cdot 7H_2O$		—

图 9 固相 Ls + Lic + Lc + Ha 的 X-射线粉晶衍射图

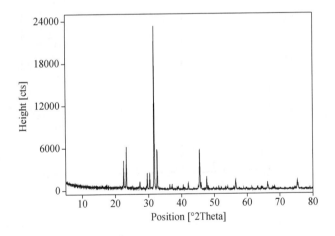

No.	Ref. Code	Chem. Formula	Score	Semi Quant/%
1	01-075-0306	NaCl	33	—
2	01-070-9144	$LiNaSO_4$	62	—
3	01-078-0955	$Li_2SO_4(H_2O)$	34	—
4	00-024-0719	$MgSO_4(H_2O)_6$	24	—

图 10 固相 Ls + Db2 + Hex + Ha 的 X-射线粉晶衍射图

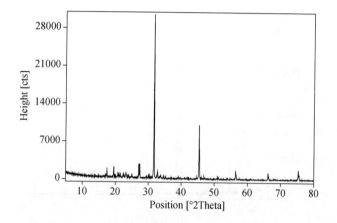

No.	Ref. Code	Chem. Formula	Score	Semi Quant/%
1	01-075-0306	NaCl	48	59
2	00-019-1215	$Na_2Mg(SO_4)_2 \cdot 4H_2O$	54	20
3	01-075-0673	$MgSO_4(H_2O)_7$	26	7
4	01-070-9144	$LiNaSO_4$	33	14

图 11　固相 Ast + Eps + Db2 + Ha 的 X-射线粉晶衍射图

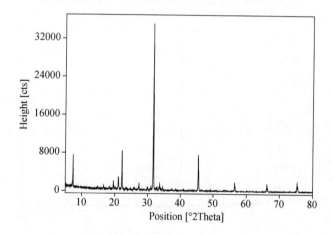

No.	Ref. Code	Chem. Formula	Score
1	01-070-2509	NaCl	38
2	00-035-0649	$Na_2Mg(SO_4)_2 \cdot 5H_2O$	44
3	00-008-0467	$MgSO_4(H_2O)_7$	57
4	00-033-1258	$Na_3Li(SO_4)_2 \cdot 6H_2O$	33

图 12　固相 Ko + Eps + Db1 + Ha 的 X-射线粉晶衍射图

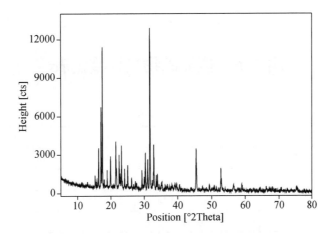

No.	Ref. Code	Chem. Formula	Score
1	01-073-0553	$Li_2SO_4(H_2O)$	64
2	01-072-1096	$MgSO_4(H_2O)_4$	48
3	01-077-1268	$MgCl_2(H_2O)_6$	50
4	01-070-2509	NaCl	25

图 13 固相 Ls + Bis + Hex + Ha 的 X-射线粉晶衍射图

附录6 盐类矿物光性鉴定表

表1 均质体

矿物名称	化学式	N
钾石盐	KCl	1.490
石盐	NaCl	1.544
卤砂	NH_4Cl	1.639
盐镁芒硝	$Na_{21}Mg(SO_4)_{10}Cl_3$	1.488
无水钾镁矾	$K_2SO_4 \cdot 2MgSO_4$	1.535
钡硝石	$Ba(NO_3)_2$	1.571
偏硼石	HBO_2	1.618
氯化锂	LiCl	1.663

表2 一轴晶

矿物名称	化学式	N_e	N_o	光性符号
冰	H_2O（-3℃）	1.311	1.309	+
三方硼砂	$Na_2B_4O_7 \cdot 5H_2O$	1.474	1.461	+
碳酸芒硝	$9Na_2SO_4 \cdot 2Na_2CO_3 \cdot KCl$	1.461	1.481	-
钾芒硝	$Na_2SO_4 \cdot 3K_2SO_4$	1.498	1.489	+
		1.496	1.490	+
钠镁矾	$6Na_2SO_4 \cdot 7MgSO_4 \cdot 15H_2O$	1.490	1.473	+
		1.471	1.490	-
硫酸镁	$MgSO_4$	1.560	1.540	+
三方硼镁石	$MgB_6O_{10} \cdot 7.5H_2O$	1.464	1.507	-
		1.464	1.508	-
氯硼钠石	$2NaBO_2 \cdot 2NaCl \cdot 4H_2O$	1.503	1.519	-
单水方解石	$CaCO_3 \cdot H_2O$	1.590	1.545	+
南极石	$CaCl_2 \cdot 6H_2O$	1.495	1.550	-
方解石	$CaCO_3$	1.495	1.657	-
		1.487	1.658	-
半水石膏	$CaSO_4 \cdot 1/2H_2O$	1.586	1.558	+
柱硼镁石	$MgB_2O_4 \cdot 3H_2O$	1.576	1.565	+
硫锶钾石	$K_2SO_4 \cdot SrSO_4$	1.549	1.569	-
钠硝石	$NaNO_3$	1.336	1.587	-

续表

矿物名称	化学式	N_e	N_o	光性符号
白云石	$CaCO_3 \cdot MgCO_3$	1.500	1.679	−
益晶石	$CaCl_2 \cdot 2MgCl_2 \cdot 12H_2O$	1.512	1.520	−
硫酸锂钠	$Li_2SO_4 \cdot Na_2SO_4$	1.497	1.488	+
十二水硫酸锂钠	$Li_2SO_4 \cdot Na_2SO_4 \cdot 12H_2O$	1.460	1.464	−
硫酸锂钾	$Li_2SO_4 \cdot K_2SO_4$	1.471	1.474	−
锂光卤石	$LiCl \cdot MgCl_2 \cdot 7H_2O$	1.482	1.471	+
		1.492	1.464	+
偏硼酸锂	$LiBO_2 \cdot 8H_2O$	<1.4571	1.4375	+

表3 二轴晶正光性

矿物名称	化学式	N_g	N_m	N_p	$2V$
史硼钠石	$NaB_5O_8 \cdot 5H_2O$	1.509	1.438	1.431	35°
软钾镁矾	$K_2SO_4 \cdot MgSO_4 \cdot 6H_2O$	1.476	1.463	1.461	48°
		1.472	1.462	1.460	48°
多水菱镁矿	$MgCO_3 \cdot 5H_2O$	1.507	1.468	1.456	59°30′
光卤石	$KCl \cdot MgCl_2 \cdot 6H_2O$	1.494	1.475	1.467	68°48′
无水芒硝	Na_2SO_4	1.484	1.477	1.471	85°
		1.481	1.476	1.469	85°
孔矾钠石	$Na_2SO_4 \cdot MgSO_4 \cdot 5H_2O$	1.474	1.468	1.464	74°
钾镁矾	$K_2SO_4 \cdot MgSO_4 \cdot 4H_2O$	1.487	1.482	1.479	~90°
		1.486	1.483	1.480	~90°
		1.490	1.487	1.483	~90°
多水硼镁石	$Mg_2B_6O_{11} \cdot 15H_2O$	1.506	1.492	1.489	52°
		1.505	1.494	1.488	37°
硫镁矾	$MgSO_4 \cdot H_2O$	1.584	1.533	1.520	55°
四水泻盐	$MgSO_4 \cdot 4H_2O$	1.497	1.491	1.490	50°
硫钾石	K_2SO_4	1.497	1.495	1.494	67°20′
高硼钙石	$CaB_6O_{10} \cdot 5H_2O$	1.550	1.501	1.484	63°
水氯镁石	$MgCl_2 \cdot 6H_2O$	1.528	1.507	1.495	74°
		1.519	1.506	1.492	74°
诺硼钙石	$CaB_6O_{10} \cdot 4H_2O$	1.555	1.521	1.501	76°
石膏	$CaSO_4 \cdot 2H_2O$	1.530	1.523	1.521	58°
硬石膏	$CaSO_4$	1.614	1.575	1.570	43°41′
氯钙石	$CaCl_2$	1.613	1.605	1.600	小
天青石	$SrSO_4$	1.631	1.624	1.622	50°25′
重晶石	$BaSO_4$	1.648	1.637	1.636	37°02′
一水氯化锂	$LiCl \cdot H_2O$	—	1.582	1.5748	75°
四水四硼酸钾	$K_2B_4O_7 \cdot 4H_2O$	1.479	1.471	1.463	40°~50°
史硼钠石	$NaB_5O_8 \cdot 5H_2O$	1.509	1.428	1.431	35°

表4 二轴晶负光性

矿物名称	化学式	N_g	N_m	N_p	$2V$
芒硝	$Na_2SO_4 \cdot 10H_2O$	1.398	1.396	1.394	76°
苏打	$Na_2CO_3 \cdot 10H_2O$	1.440	1.425	1.405	71°
重碳钠盐	$NaHCO_3$	1.583	1.503	1.377	75°
水碱	$Na_2CO_3 \cdot H_2O$	1.524	1.506	1.420	48°
天然碱	$Na_2CO_3 \cdot NaHCO_3 \cdot 2H_2O$	1.540	1.492	1.412	76°16′
硼砂	$Na_2B_4O_7 \cdot 10H_2O$	1.471	1.466	1.446	39°58′
贫水硼砂	$Na_2B_4O_7 \cdot 4H_2O$	1.488	1.472	1.454	80°
四水硼钠石	$Na_2B_6O_{10} \cdot 4H_2O$	1.538	1.528	1.429	33°
白钠镁矾	$Na_2SO_4 \cdot MgSO_4 \cdot 4H_2O$	1.487	1.486	1.484	71°
		1.492	1.488	1.484	71°
无水钠镁矾	$3Na_2SO_4 \cdot MgSO_4$	1.489	1.488	1.486	84°
钙芒硝	$Na_2SO_4 \cdot CaSO_4$	1.536	1.535	1.515	7°
章氏硼镁石	$MgB_4O_7 \cdot 9H_2O$	1.489	1.485	1.442	36°
库水硼镁石	$Mg_2B_6O_{11} \cdot 15H_2O$	1.525	1.510	1.491	80°
六水泻盐	$MgSO_4 \cdot 6H_2O$	1.456	1.453	1.426	38°
泻利盐	$MgSO_4 \cdot 7H_2O$	1.461	1.455	1.424	52°
五水泻盐	$MgSO_4 \cdot 5H_2O$	1.518	1.512	1.495	55°
		1.493	1.492	1.482	55°
二水泻盐	$MgSO_4 \cdot 2H_2O$	1.547	1.493	1.490	大
硫镁矾	$MgSO_4 \cdot H_2O$	1.584	1.533	1.520	55°
三水菱镁矿	$MgCO_3 \cdot 3H_2O$	1.527	1.503	1.417	53°3′
镁硝石	$Mg(NO_3)_2 \cdot 6H_2O$	1.506	1.506	1.340	5°
钙硝石	$Ca(NO_3)_2 \cdot 4H_2O$	1.504	1.498	1.465	50°
六水方解石	$CaCO_3 \cdot 6H_2O$	1.545	1.535	1.460	38°
文石	$CaCO_3$	1.686	1.681	1.530	18°
		1.685	1.681	1.531	18°15′
四水氯化钙	$CaCl_2 \cdot 4H_2O$	1.566	1.551	1.548	40°~50°
钾硝石	KNO_3	1.504	1.504	1.332	7°
钾盐镁矾	$KCl \cdot MgSO_4 \cdot 2.75H_2O$	1.516	1.505	1.494	85°
重碳钾盐	$KHCO_3$	1.578	1.482	1.380	81.5°
菱锶矿	$SrCO_3$	1.669	1.667	1.520	7°07′
一水硫酸锂	$Li_2SO_4 \cdot H_2O$	1.487	1.477	1.460	60°
铵光卤石	$NH_4Cl \cdot MgCl_2 \cdot 6H_2O$	1.492	1.484	1.477	>80°